20世纪80年代
上海典型高层建筑

华东建筑设计院口述记录

主 编　沈 迪　张俊杰　姜海纳

同济大学出版社
TONGJI UNIVERSITY PRESS
·上海·

本书编写组

主　　编：沈　迪　张俊杰　姜海纳

特约顾问：沈　恭　汪大绥　汪孝安

特约指导：彭　怒　江　岱

编写成员：姜海纳　吴英华　张应静　孙佳爽　忻　运

序言

序一

读了《20 世纪 80 年代上海典型高层建筑：华东建筑设计院口述记录》一书，我脑海中又浮现出那段如火如荼创造上海建设又一辉煌历史的日子。事情还得从三四十年前说起，那正是 20 世纪 80 年代的十年，这十年对我个人来说是人生的一大转折。因工作需要，我不得不离开培育我长达 30 年的华东院，从一个工程技术人员转型成为一名上海市政府的公务员，我去了上海市建设委员会，主要从事上海城市的规划、设计、建设和管理。

这十年对上海城市建设而言是充满挑战的十年：交通拥挤、住房困难、环境污染三大难题摆在我们面前，全市上下急于要摆脱市容市貌脏、乱、差的被动局面。这是对我所去的机构——上海市建设委员会的巨大考验。回忆当时，我们这些新公务员，没有被困难吓倒，也没有什么畏难情绪，而是下定决心去迎接挑战。

这十年是抓住机遇改变城市面貌的最有力的十年：坚持改革开放，扩大投资，引进外资，各种资金和技术流向上海。有党中央的坚强领导，上海市委、市政府的贯彻和落实，全市人民空前团结和努力。

这十年是投入的十年：上海在大好形势下，在人、财、物三方面做了重大整体布局，人们的精神面貌也发生了很大变化。上海城市的建设者、广大工程技术人员，包括我最熟悉的设计人员，无不全身心地投入到建设美好城市的洪流中忘我地劳动。本书的口述访谈真实地印证了当时华东院的热切景象。我和华东院的同事们都经历了改变上海城市面貌、激励人生的十年。

经历了 20 世纪 80 年代的十年拼搏，终于迎来了 20 世纪 90 年代的大丰收。如果概括地回忆一下，南浦大桥的建成让黄浦江两岸人民百年建桥的梦想终于实现，内环线高架的通车、地铁一号线的运营使上海人民喜悦兴奋，华东院设计的一大批高层建筑建成并投入使用，使得上海城市的天际线大大地丰富了，由外籍设计师邬达克领衔设计的南京路国际饭店作为上海第一高楼独领风骚的历史就此终结。

华东院是善于归纳总结的设计院，这个优良传统始于 1955 年，华东院承担了国家重点工程沈阳重型机械厂的改扩建设计任务。当时华东院建院仅两年多，我们这些年轻的设计人员对此项艰巨的任务还缺乏技术储备，但不懂就学，边做边学，终于在不到一年的时间圆满地完成了任务，交出了优秀的答卷。现场设计完成后，近 20 位设计人员返回上海，华东院技术领导要求设计组全面完整地总结这一成果，并分工种写出工程技术总结在全院交流。至此，这一技术决策在华东院开始执行，为华东院此后技术水平的不断提高提供了制度性的支撑。

华东院的优良作风和传统使我离开华东院后仍然保持良好的工作习惯。经历了上海 20 世纪 80 年代的建设洗礼，在收获的时刻，我下决心全面记载广大工程建设者建设上海所取得的丰硕成果。成果来之不易，是投入千百亿元资金所换来的实物，是全体技术人员心血的结晶。但我们不应该轻易地把实物的建筑作为唯一成果，还应该用文字和图片来记录、反映这些实物，作为今后学习参考的宝贵财富。

在上海市建设委员会党政领导的支持下，在上海市建设委员会科学技术委员会编辑部的配合协助下，我将想法付诸行动。“上海八十年代高层建筑”系列丛书记载了当时上海高层建筑的发展；“上海大型市政工程设计与施工丛书”完整地记录了上海每项重大市政工程设计、施工的全过程，包括大桥、隧道、地铁、供水、排污等，每一单项工程都有一本完整的工程实录；“上海高层超高层建筑设计与施工”系列选编了“上海八十年代高层建筑”丛书出版后的新建项目。除了这些系列丛书外，在科学技术委员会编辑部的配合下，我们还归纳总结了其他专著，给上海工程建设技术人员借鉴和学习。编撰上述这许多的“工程实录”书籍后，我终于舒了一口气，作为从华东院出来的一名设计人员，这些著作的编纂也是我秉承了华东院一向善于总结经验和推陈出新精神的体现，内心感觉这些书是上海广大的城市建设者辛勤劳动的展现，是向他们的致敬！

拿到这本《20 世纪 80 年代上海典型高层建筑：华东建筑设计院口述记录》后，我十分高兴。因为这是一本活生生的教材，它记录了参加设计工作的各专业同事的思想、行动、创新和探索，它充分地反映了华东院的精神和传承。在此，我也来参与口述一下，作为补充。

其一，典型高层公共建筑——花园饭店，这对华东院来说是当时的重要项目，也是本书收录的两个合作项目之一。花园饭店是上海首个中日合作开发的高级旅馆建筑，中方由时任上海市长的汪道涵亲自参与，日方由日本野村证券株式会社董事长伊藤正则先生领衔。上海市政府把最好的地段、最具代表性的原法国俱乐部建筑作为项目所在地。为确保该项目在建设过程中顺利进行，汪市长要求相关委办主要人员直接参加全过程工作。我代表市建委参与了项目建设的全过程，包括难点和堵点的排除工作，并与日方商定，把项目咨询交由设计质量信得过的华东院来承担。有了华东院作为后盾，我的工作顺利多了。

其二，虹桥宾馆和银河宾馆。这个项目可以说是我离开华东院前最后参加的设计工程。这个工程结构设计的最大创新是把板柱体系运用到了大型公共建筑上。板柱体系的优越性在本书口述里，各位同事均已讲到了。为什么用这个体系？因为项目设计组已经有了技术储备——我们在小北门高层住宅工程中设计并建成板柱结构的高层住宅。《上海建筑施工志》中明确提到，上海板柱结构的首次成功实践是小北门高层住宅。有了成功经验，才得以在虹桥宾馆和银河宾馆工程中再次应用，我们在技术上已经有了底气。我与建筑科学研究所实验室的同事讨论和确定了试验方案，可惜我因调任上海市建设委员会无缘继续参与后续工作。读了虹桥宾馆和银河宾馆的口述后，我要衷心感谢组里的同事们，他们终于胜利地完成了任务，为当时上海自行投资建造高层旅馆作出了典范。

最后，我想对参与本书编写的主编、编写人员和所有参与口述的设计人员说声感谢，是你们忠实地还原了华东院在 20 世纪 80 年代为上海城市建设作出的卓越贡献。华东院的建院精神永存！

原华东院副总工程师

曾任上海市建设委员会副主任、科学技术委员会主任

序二

获悉《20 世纪 80 年代上海典型高层建筑：华东建筑设计院口述记录》一书出版，我心感宽慰。华东院能有许多优秀作品的问世，与 1978 年 12 月党的十一届三中全会做出实行改革开放的决策、1990 年 4 月决议浦东开发开放的政策，以及 1992 年邓小平同志南方谈话后具体举措的影响密不可分。本书体现了华东院广大工程设计人员在建设上海的项目实践中不断总结经验、积累智慧结晶的历程。书中还从侧面展现了华东院专业设计人员辛勤劳动、奋发图强的奉献精神，以及团结合作的创新精神，反映了华东院的企业文化。本书的内容既是建设者群体的缩影，也充满了榜样的力量。

我曾目睹书中采写的项目从设计到施工到最终建成的全过程，并且亲自参加了一些项目的具体设计工作。当一幢幢全新的建筑物拔地而起，并悄然改变着上海的城市面貌的时候，这一时期的项目主要依靠的还是中国人自己的设计和建造队伍，他们向着建设上海国际大都市的目标努力地迈进着。更为可贵的是，华东院有总结工程经验的优良传统，例如《建筑选录 1952—1982》《建筑声学与噪声控制技术资料选编》《高层公共建筑空调设计实例》等成果都是在工程实践基础上的积累，这些成果成为研究者研究华东院技术发展历程的宝贵资料。本书的问世也一样，字里行间令人回味。

最后，借助此机会祝华东院不断改革创新，不断总结经验，不断前进！

计育根

原华东院党委书记

原华东院顾问总工程师

序三

上海最早的一批高层建筑是 20 世纪 30 年代建造的，如国际饭店及外滩的高层建筑，大多是外国建筑师设计建造。中华人民共和国成立后直至 20 世纪 80 年代前后，上海又涌现了一批新的高层建筑，这是我们中国的建筑师、工程师自主设计建造的，经过不断的学习实践，探索出自己的新路，为今后的大规模建设高层建筑和超高层建筑打下了坚实的基础。

在这些华东院典型高层建筑代表案例的研究中，除华亭宾馆与香港合作设计、花园饭店与日本合作设计外，其余高层建筑均为华东院原创设计，这其中也包括大量高层住宅设计。创作是华东院的灵魂，是本土设计师的追求和自信的体现。在之后的 40 年发展中，超高层专项化发展成为华东院企业的高端品牌。

项祖荃

原华东院院长
原中国建筑设计协会副理事长
原上海市勘察设计行业协会理事长

序四

1978年，党的十一届三中全会做出实行改革开放的决策，掀开了中华民族五千年文明史上极其宏伟的篇章。短短的几十年间，中国一跃成为世界第二大经济体。我作为见证和参与这一伟大变革过程的几代人中的一员感到由衷的自豪。

20世纪80年代是一个承上启下的年代，具有非常特殊的意义。中国改革开放初期，依靠的是自力更生、艰苦奋斗的精神。早期的项目如华亭宾馆、联谊大厦等都是国家最急需的项目，设计力量也是以国内设计院为主。令人欣慰的是，当时的华东院依靠自身30余年投身国家建设形成的技术积累，在老一辈技术领导的引领下，群策群力、迎难而上、敢于创新，顺利地完成了一系列高层项目的设计。就结构专业而言，华东院在20世纪70年代后期就建立了电算站，而且自主开发了SPS系列分析软件，20世纪80年代早期高层建筑结构的分析就是基于这些软件。通过在实际工程中的应用，软件的性能得到进一步提升，从而广泛应用于高层建筑结构的设计。

20世纪80年代起，上海开始了虹桥、闵行、漕河泾三个开发区的大规模建设，华东院在其中承担了大量的项目设计。之后华东院又依靠自身的技术实力，原创设计东方明珠广播电视塔，以及其他一些重要的、设计难度更高的项目，华东院的结构技术水平又有了进一步的提升。这些为华东院在20世纪90年代浦东开发的建设高潮中与国际一线设计机构的合作设计做好了准备。

我们会永远记住这难忘的20世纪80年代！

汪大绥

全国工程勘察设计大师

华东院资深总工程师

序五

曾几何时，南京路二十四层的国际饭店，一直是展示上海高度的地标，这个高度，随着 20 世纪 80 年代的改革开放，被屡屡突破，今天看来很是平常的高层建筑设计，在当时则充满着重重困难，一切都是从头开始。当时，华东院刚建不久的电算站还在用穿孔纸带输入数据，为了验证结构设计的数据准确性，需要做大量的结构试验，记得我刚刚进入华东院时，1979 年还曾被指派前往建筑科学研究所为上海电信大楼结构构件试验进行测试记录。华东院的工程技术人员在简陋的条件下，开始了高层建筑艰难的技术攻关，需要特别提及的是，华东院在 1952 年建院后，在各种建筑形式设计实践中积累技术，为 20 世纪 80 年代高层建筑设计的技术转型创造了良好的条件。

这本《20 世纪 80 年代上海典型高层建筑：华东建筑设计院口述记录》，涵盖了对办公楼、通信电调技术楼、宾馆、住宅等多种类型案例的回顾与分析，真实地反映了当时工程技术人员的探索历程。没有当年打下的坚实基础，就不会有此后高层建筑如雨后春笋般的生长，也不会有如今华东院对于高层建筑的技术积累。

20 世纪 80 年代高层建筑为上海、为华东院带来的是全面的技术进步：对高层建筑的总体布局和与周边环境关系的研究，对高层建筑由于其较高容积率所造成的城市交通影响的分析，对高层建筑空间和功能组合的研究、内部空间和室内设计研究，对高层建筑的立面处理、材料的选用、幕墙体系的引入，等等。此外，当时的国家经济条件有限，高层建筑的经济性问题也是建筑设计需要重点考虑的问题。高层建筑的施工技术也与设计密切相关，设计单位与施工单位密切配合，共同解决施工难题也是 20 世纪 80 年代高层建筑建设一道独特的风景线。总之，20 世纪 80 年代高层建筑方兴未艾，为上海建设系统带来了深刻全面的技术进步，对于从设计技术、施工技术、材料技术到设计、施工、材料规范、标准的形成等均起到了重要的作用，为上海城市建设前所未有的发展奠定了良好的基础。

20 世纪 80 年代华东院的工程技术人员在高层建筑技术进步中作出了难以磨灭的贡献，谨以此文向当年勇于担当、积极探索的老华东院人致敬。

全国工程勘察设计大师
原华东院首席总建筑师

序六

20世纪80年代，是上海现代建筑自20世纪50年代以来发展最为迅猛的十年。20世纪80年代的上海高层建筑，从代表性时段和代表性建筑类型来看，是上海现代建筑史及中国现代建筑史极为重要的研究内容。

随着对外开放所促进的经济转型和体制改革，在20世纪80年代“繁荣建筑创作”的倡议下，以“广州新建筑风格”为代表的岭南公共建筑率先打破“京天下”的局面；上海在向广州、香港学习的过程中，以“上海新建筑风格”为核心的“海派建筑”为建筑学界广泛讨论。从1983年曾昭奋首提“海派建筑”，到1991年在上海召开的《建筑学报》编委会对上海几组新建筑的评论，学界在讨论“海派建筑”时，主要指向了上海宾馆、上海电信大楼、联谊大厦、新锦江酒店、花园饭店、华东电力调度大楼、华亭宾馆、虹桥宾馆等一大批高层公共建筑。今天来看，当时的学者主要从风格角度，分别从地方文脉、形式功能表征、设计特点三个层面来定义“海派建筑”的独特性：历史意识与地方性、朴素实用和现代化、精心设计和创新性。

当我们今天从结构技术为主的技术史维度，来研究这批被称为“海派建筑”的20世纪80年代上海高层建筑的历史时，无疑可悬置“海派”与“广派”“京派”的风格之争。梳理“海派建筑”的技术发展逻辑，不仅可以揭示“海派建筑”的技术先进性与务实变通，而且可以更好地阐释“海派建筑”文化、风格与技术的关联。

从高层结构体系的受力机制出发，解释结构计算的基本原理，研究新的形式创新如何对结构提出挑战，以及结构如何支撑建筑设计的实现，是上海高层建筑技术史研究的核心。

本书系华建集团 “本土设计辉煌十年：20世纪80年代上海高层建筑形制与建造技术的关联”课题中，华东院20世纪80年代的12个典型高层公共建筑项目和代表性高层住宅项目的口述研究成果。2019年3月始，华东院研究团队在查阅了大量的项目背景资料、分析相关图纸后，采访了相关项目的建筑师、各工种的工程师，为课题研究打下了非常坚实的基础。在此基础上，研究成员还从建筑类型、结构电算、室内设计的专业建制、合作设计等角度进行了专项研究，并总结华东院设计的高层建筑的发展特征，为上海高层建筑技术史研究和中国现代建筑史研究作出开拓性的贡献。

同济大学建筑与城市规划学院教授

前言

改革开放以来，经过四十多年的高速发展，社会和经济的发展包括与我们建筑设计行业息息相关的城市建设亦已进入了转型期。针对未来的不确定性，我们不仅面临如何把握今后发展机会的问题，还需要思考如何面对更好、更高质量发展要求的挑战。因此总结过去，汲取以往的经验和教训，并在时代急剧变化之后重新找回自我，成为当下我们必须去补上的一课。这也是开展这一课题研究工作，编辑出版本书的目的之一。

回顾过去，在改革开放初期的 20 世纪 80 年代，同样也是处在一个历史意义上的转折点。传统的建筑设计院恰好处在体制、机制转型期，建筑设计市场也从计划经济模式摸索着向市场经济过渡，并且逐步地走向开放，向世界敞开大门。境外建筑设计事务所伴随着境外投资者来到了上海，参与到日新月异的上海城市建设中。那时，作为城市建设现代化标志之一的高层建筑建设自然成为我们建筑设计关注的焦点。本书以此为切入点，通过参与这一时期典型高层建筑设计工作的工程技术人员对其设计经历的回忆，从不同的角度来反映这一转型期在宏观层面上上海城市建设和建筑设计的发展状况，以及在微观层面上每个高层建筑项目设计工作的方方面面。

为了能更生动、多维度地反映出 20 世纪 80 年代华东院在这些典型高层建筑项目中的设计过程，以及伴随其中的建筑设计行业变化状态和建筑技术发展状况，本书改变了以介绍建筑物为主体对象的设计作品集形式，把关注的镜头对准了人，让当时的设计参与者以口述、回忆的方式，描述当时的亲身经历和感触，以此来全景式地收集、记录在工程设计蓝图和建筑照片之外无法看到和听到的每个项目背后生动的故事。

在此，我们希望读者能从书中真切地看到：记录并象征着上海改革开放初期建设成就的这些典型高层建筑，不仅是建立在钢材、水泥、玻璃等物质基础上的，它们身后还有一个个鲜活的故事。这些高层建筑离不开我们工程技术设计人员辛勤的付出，这些高层建筑是由执着的工程技术人员的智慧和汗水支撑起来的。华东院作为建筑设计行业的代表机构，其技术设计人员在艰难的条件下，冲破传统思想、观念上的束缚，大胆尝试，敢于创新，克服了技术能力、物质条件、建设周期等多方面的困难，艰苦奋斗、努力攻关，创造出当时具有很大社会和行业影响力的设计作品，留下了今天我们引以为豪，在上海城市发展建设历程中值得大笔书写的历史记忆。我们也希望华东院的年轻设计者能从这些回忆中，看到华东院的前辈们是如何敢为人先、抓住发展的机遇突破自我，从而在改革开放的大潮中很好地提升了自己，促进了华东院的不断进步；看到华东院的前辈们在各种挑战面前，坚持技术的底线、坚守自己设计的立场，兢兢业业，将华东院品牌牢牢地树立在建筑设计行业的前列；看到在华东院的企业文化中，镌刻着我们对技术的执着、对设计的认真、对人才的尊重；看到华东院集体的认同和价值观，以及由此产生的强大企业凝聚力，从而切身地体验到什么是华东院的精神，什么是华东院的企业文化。

我们更希望，华东院的年轻设计者在感受、理解的基础上认真地思考：在新形势、新环境下，怎样去学习、传承华东院的这种精神文化？因为，我们必须认识到：今天，站在时代新的转型时刻，这既是华东院作为建筑设计企业发展的需要，也是每一位华东院员工的历史责任和使命。

沈迪

全国工程勘察设计大师

华东建筑集团股份有限公司总建筑师

编写说明

在两年多的课题相关的采访和口述文字的整理过程中，有些话必须在文前陈述，便于读者更好地理解此后的行文。

本书以华建集团两年期课题——“本土设计辉煌十年：20世纪80年代上海高层建筑形制与建造技术的关联”为研究基础，收录了12个典型高层公共建筑项目和代表性高层住宅项目的口述及研究成果，从全专业（建筑、结构、强电、弱电、暖通、给排水、动力、室内）的角度阐述技术发展的历程。

本书的主要采访及编写成员来自华东院。编写成员在编写过程中对访谈后记下的文字内容进行了挖掘，补充了部分史料文献、出版物及期刊论文等相关资料作为注释，使本书更具参考价值。以真实再现在特定历史、社会、经济、文化环境下，上海典型国有设计机构的设计人员在工程项目中的设计创新、专业发展、技术研发，以及由此对施工技术、设备及材料发展的促进和推动作用，展现特定时期中国建筑行业的迅速成长、企业技术积累和文化传承的发展历程。

本书项目简介中的部分图纸来源于沈恭主编的《上海八十年代高层建筑》（上海科学技术文献出版社，1991 年）一书及华东院，后不另做标注。与项目相关的受访人简介，按口述记录的出场顺序排序，因本书的研究以展现专业和技术发展为主线，对受访人个人成就、获奖情况等履历进行了简化，着重补充个人在相关项目里担任的设计角色，以便读者理解被访人和陈述项目的关联。另外，20 世纪 80 年代的华东院留存项目图纸的图签中无工种负责人（也叫专业负责人）一栏，读者可在受访人简介及其口述中获得相关角色信息。

需要特别说明的是，华东院在不同时期经历了名称的变更，为便于阅读，本书中除非特殊表达，一律采用“华东院”代表机构名称（1955 年 3 月—1970 年 7 月，名称为“华东工业建筑设计院”；1970 年 11 月—1985 年 4 月，名称为“上海工业建筑设计院”；1985 年 5 月—1993 年 4 月，名称为“华东建筑设计院”，其余名称更迭不作赘述）。

时间仓促，疏漏难免。欢迎各位尊敬的读者在掩卷之余，联系我们对内容给予补充和指正。

本书编写组

2021 年 12 月 13 日

目录

典型高层公共建筑

· 再绽芳华——花园饭店口述记录
· 历久弥新忆华亭——华亭宾馆口述记录
· 隐藏于平凡背后的探索——百乐门大酒店口述记录
· 为国际电影节而设计——上海电影艺术中心及银星宾馆口述记录
· 1949 年后上海第一幢现代化智能型办公楼——联谊大厦口述记录
· 空军招待所扩建工程——蓝天宾馆项目设计回顾
· 建筑交响乐的“民族化”——上海建国宾馆口述记录
· 走过 20 世纪 80 年代——联合大厦口述记录
· 上海“自己的”高级旅游宾馆——虹桥宾馆口述记录
· 进一步优化的“姊妹楼”——银河宾馆口述记录
· 琴抒——上海电信大楼口述记录
· 现代语言，一切从功能出发——华东电力调度大楼设计回顾

再绽芳华——花园饭店口述记录

受访者简介

袁云阁（1938.7—2021.5）

男，江苏启东人。1957—1962 年就读于浙江大学工业民用建筑专业。1962 年 10 月进入华东院工作，2000 年 7 月退休。高级工程师、华东院结构专业主任工程师。擅长工业厂房、实验楼、医院等特种建筑的结构设计，主要项目包括安徽“6708”工程、“061”工程、上海原子核物理研究所零功率实验室、上海重型货车厂、苏州电视机厂、华东医院等，参与阿尔及利亚医疗机械厂、赞比亚党部大楼宴会厅、贝宁体育场等援外项目。主要参与设计的“半地下式 40 米直径钢筋混凝土无脚手（架）装配式球壳油缸”系全国首创，获全国第一届科学大会成果奖。承担花园饭店设计咨询及汽车库工程结构设计工作。

许庸楚（1941.6—2023.2）

男，浙江杭州人。1959—1965 年就读于同济大学建筑系建筑学专业。1965 年 9 月进入华东院工作，2003 年 6 月退休。教授级高级工程师、华东院五所副总建筑师。工作期间创作及担任设计总负责人的项目众多，主要包括上海国际通信卫星地面站、上海电信大楼、上海京银大厦、上海胸科医院、华东医院、合肥精品商厦、合肥交通银行、苏州金狮大厦、上海国际航运大厦、中联部改扩建工程等原创项目，以及多个合作项目。曾获国家科技进步奖，建设部优秀设计一等奖，上海市七十年代、八十年代优秀设计，上海市十佳建筑奖，上海市优秀设计一、二、三等奖等奖项。承担花园饭店设计咨询及汽车库工程建筑设计工作。

丁文达（1939.6—2022.5）

男，江苏江阴人。1959—1964 年就读于同济大学建筑机电系工业企业电气化自动化专业，1964 年 9 月进入华东院工作，1999 年 6 月退休。华东院电气专业副主任工程师、高级工程师。先后承担江西小三线“9333”厂、上海市 58 号工程改建、“414”工程、“708”工程等保密工程的电气设计工作。此后陆续负责赞比亚党部大楼、上海龙柏饭店、上海西郊宾馆、上海展览馆中央大厅改建工程、上海锦江乐园、印尼雅加达电视塔、浦东国际机场 T1 航站楼等项目的电气设计。曾获上海市优秀设计一等奖、上海市科技进步二等奖。

程超然

男，1936 年 7 月生，广东中山人。1958—1963 年就读于同济大学建筑工程系施工组织与经济专业。1963 年进入冶金工业部武汉钢铁设计院工作，1975 年调入华东院，1996 年退休。高级工程师、华东院结构专业主任工程师。曾经参与湖北黄石钢铁厂 35 吨炼钢平炉、上海虹桥机场 57 米大机库、武汉钢铁厂 2800 轧板车间、上海植物园植物楼、赞比亚党部大楼会议中心、上海铁路新客站等项目的结构设计。承担花园饭店法国总会建筑的改建加固设计与施工监理工作。

杨梦柳

女，1930 年 9 月生，江苏无锡人。1953 年 1—9 月就读于上海建筑工程训练班建筑专业，1960—1962 年在上海市业余土木建筑学院学习。1953 年 9 月进入华东院工作，1988 年 1 月退休。高级工程师。先后参加大小三线建设，参与和负责不少技术难度较大的工业建设项目，包括“7013”工程、“4455”工程、上海天文台 1.56 米天体测量望远镜观测室工程等一批复杂建筑项目，还参与虹口体育馆等民用建筑的设计。曾获建设部科技进步二等奖、上海市优秀设计一等奖、上海市科技进步二等奖。承担花园饭店法国总会改建修复建筑的设计工作。

温伯银

男，1938 年 12 月生，江苏宜兴人。1958 年 9 月—1960 年 12 月就读于华中工学院无线电系，1960 年 12 月—1962 年 8 月就读于同济大学机电系。1962 年 10 月进入华东院工作，2000 年 11 月退休。教授级高级工程师、上海现代集团资深电气总工程师、华东院电气总工程师。主持及指导的重大工程电气设计有上海商城、上海世贸商城、上海大剧院、东方明珠电视塔、上海广电大厦、上海金茂大厦、上海环球金融中心、浦东国际机场等，获多项上海市优秀设计一、二等奖。主编《智能建筑设计标准》（获上海市科技进步三等奖）、《智能建筑设计技术》。上海市建设系统专业技术学科带头人，享受政府特殊津贴。承担花园饭店设计咨询及汽车库工程强电设计工作。

孙传芬

女，1934 年 4 月生，四川成都人。1953—1955 年就读于重庆大学电机系电讯专业，1955 年 8 月随本专业师生一同并入北京邮电学院有线通讯工程系学习。1957 年 9 月进入华东院工作，1989 年 7 月退休。高级工程师、华东院弱电专业副主任工程师。完成大量国防、民用和工业的弱电通信设计。担任杭州西泠宾馆、虹桥机场候机楼、上海铁路新客站主站屋、华东电力调度大楼、瑞金医院等重点项目的弱电专业负责人。曾获上海科技进步奖一等奖。承担花园饭店设计咨询及汽车库工程弱电设计工作。

黄秀媚

女，1941 年 11 月生，广西贵港人。1960—1965 年就读于同济大学暖通专业。1965 年进入华东院工作，1992 年调离华东院，1998 年退休。高级工程师、注册公用设备工程师、华东院暖通工程师。先后承担上海胸科医院外科楼、上海卫生防疫站动物实验楼、苏州饭店、华东电力大楼、花园饭店、深圳农业银行大楼、海口市海南置地 188 工程等重点项目的暖通设计。曾获国家科技进步二等奖、上海市优秀设计一等奖、上海市科技进步二等奖、上海七十年代优秀设计奖。承担花园饭店设计咨询及汽车库工程暖通设计工作。

王长山

男，1935 年 3 月生，江苏江都人。1955—1956 年就读于苏州建筑工程学校，1956—1958 年就读于上海建筑工程学校。1961—1966 年就读于同济大学给排水专业。1958 年 10 月进入华东院工作，1997 年 3 月退休。高级工程师、华东院给排水组长。先后承担金山石化一厂、上海电信大楼、苏州南林饭店、上海电视大厦、上海浦东工商银行等重点项目的给排水设计，参与“1211”灭火装置的设计和试验。曾获上海市优秀设计一、二等奖，江苏省优秀设计二等奖。承担花园饭店设计咨询及汽车库工程给排水设计工作。

采访者： 吴英华、姜海纳
文稿整理： 吴英华
访谈时间： 2020 年 5 月 19 日—2020 年 8 月 24 日，其间进行了 11 次访谈
访谈地点： 上海市黄浦区汉口路 151 号，受访者家中，电话采访

花园饭店

花园饭店

建设单位：上海市锦江联营公司、日本野村证券集团

设计单位：日本株式会社大林组东京本社

合作设计：华东院（设计咨询）

施工单位：上海第一建筑工程公司

管理集团：日本大仓酒店集团

经济技术指标：占地面积 37 000 平方米（含改建部分 2470 平方米），建筑面积 54 000 平方米（含改建部分 5470 平方米）

结构选型：框剪结构

层数：主楼地上 34 层，地下 1 层

总高度：119.2 米[1]

层高：标准层层高 3 米，净高 2.6 米

开间：南侧客房为 4 米 ×8.8 米，北侧客房为 4 米 ×7.8 米

开工时间：1986 年 5 月

竣工时间（结构封顶）：1989 年 11 月

地点：上海市黄浦区茂名南路 58 号

项目简介

上海锦江花园饭店（以下简称“花园饭店”）是由上海市锦江联营公司和日本野村证券集团投资建造的豪华型五星级宾馆，由日本株式会社大林组东京本社（以下简称“大林组”）和华东院合作设计，包含新建的主楼、裙房、汽车库，以及改建的法国总会建筑四个部分。整个饭店主楼及裙房设计以大林组为主，共有 500 套（540 间）客房，11 间不同规模的宴会厅，中式、西式、日式餐饮及酒吧，以及室内游泳池、屋顶网球场、桑拿浴室等健身康乐设施，主楼屋顶设有直升机停机坪。华东院主要承担该项目的技术和施工咨询、法国总会建筑的加固改建，以及多层汽车库的设计工作。设计合理利用始建于 20 世纪 20 年代的法国总会建筑，将其改造为花园饭店裙房的主要部分，包括饭店入口、大堂、中庭、大小宴会厅及商店、酒廊等。改造后，原建筑外貌及内部彩色玻璃天棚、弹簧地板舞厅和大扶梯保存完好，既保持了原有的法国古典建筑风貌，又与新建的饭店主楼浑然一体。

1. 主楼
2. 裙房
3. 停车库
4. 原锦江4号楼
5. 原锦江3号楼

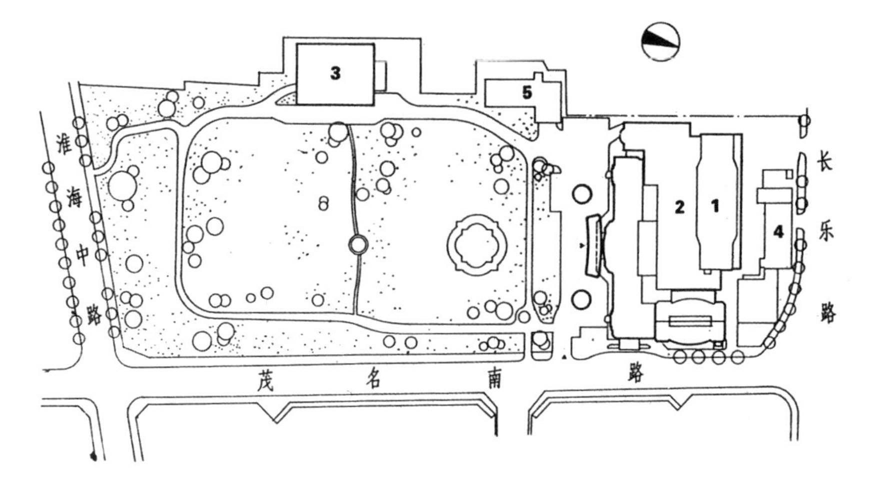

花园饭店总平面图

1. 客用电梯厅
2. 服务电梯厅
3. 服务台
4. 客房
5. 卫生间
6. 观光电梯

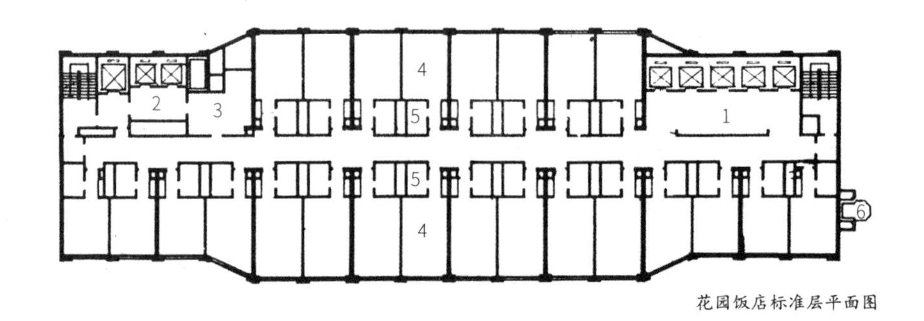

花园饭店标准层平面图

1. 前厅后勤办公室
2. 花店
3. 前厅办公室
4. 商事酒廊
5. 酒吧
6. 珠宝店
7. 咖啡厅
8. 餐具室
9. 商店
10. 电话控制室
11. 干货库
12. 冷库
13. 服务台
14. 资料室
15. 锅炉房
16. 控制室
17. 消防控制室
18. 破瓶库
19. 被服储存室
20. 食物处理室
21. 机械室
22. 衣帽间
23. 男洗手间
24. 女洗手间

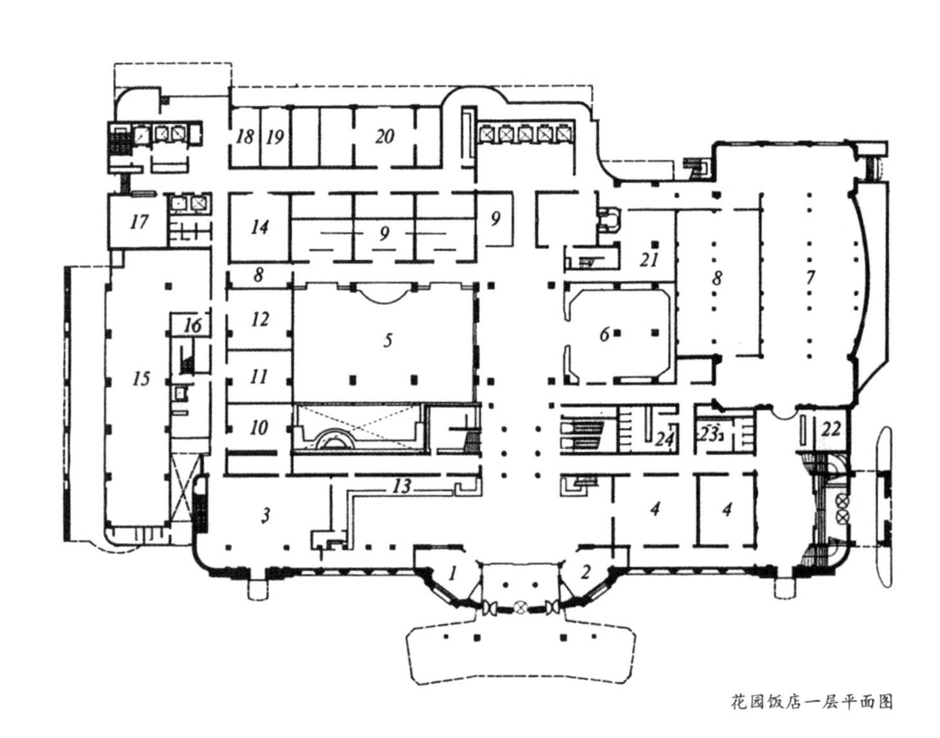

花园饭店一层平面图

1. 大宴会厅
2. 中宴会厅
3. 小宴会厅
4. 日式餐厅
5. 中餐厅
6. 厨房
7. 餐具室
8. 家具库
9. 机械室
10. 健身室
11. 仓库
12. 衣帽间
13. 洗手间
14. 冷库

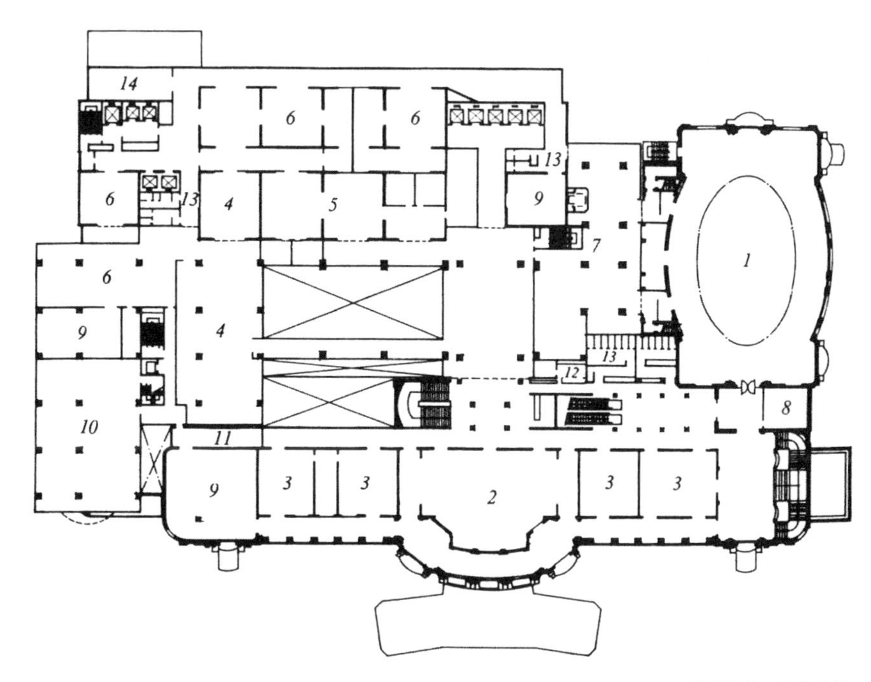

花园饭店二层平面图

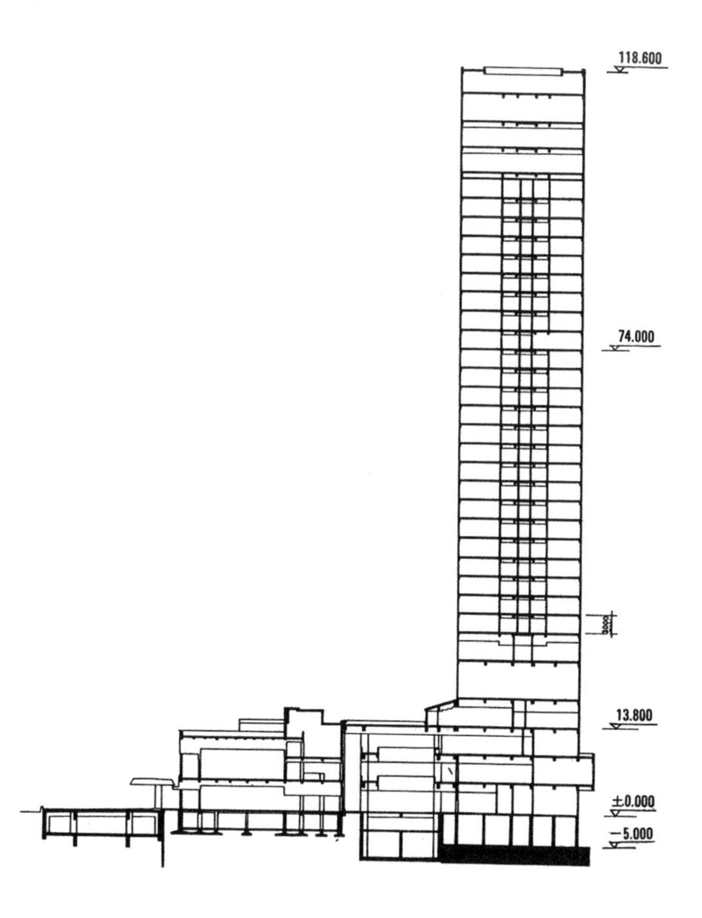

花园饭店剖面图

大林组挺喜欢跟我们合作

吴英华 花园饭店项目由日本株式会社大林组[2]东京本社设计，华东院作为咨询顾问单位做了哪些工作？

| 袁云阁 华东院前期主要参与花园饭店的咨询顾问工作，后期还参与了汽车库设计和主楼部分施工图绘制工作。时任华东院副总建筑师张乾源[3]参与了项目前期的沟通洽谈。花园饭店主楼结构设计以日本大林组为主，像面宽、开间、进深、层高这些尺寸都是他们考虑的，根据酒店要求、住客多少等决定。大林组画的设计图纸比较详细，我们主要检查设计是否符合（国内）规范要求，在花园饭店所有建筑里只有一个汽车库是我们（原创）设计的。1986 年，我带队去日本大林组的事务所审图[4]，去的人包括建筑、结构、给排水、暖通、动力 5 个专业，每个专业 1 人。大林组缺少设备工种，而华东院以前做了很多工业项目，设备工种比较强。

| 许庸楚 花园饭店主楼的方案是大林组做的，日方做设计的过程中我们提供一些意见，按照国内的设计规范审核日方设计，协助日方解决了如消防、环保、园林绿化、卫生防疫、交通等一系列问题。大林组有个特点，它由设计和施工团队两部分组成。施工力量比较强，但设计的力量不算强。日本人做事很认真，我与日方建筑师米山先生相处得很好，尽管他年龄比我大，但是非常尊重我，事实上多是我向他请教。一方面我协助他解决了一些建筑方面的问题；另一方面，我也学到了一些高级宾馆设计方面的知识。当时刚刚改革开放不久，像花园饭店这样新建的五星级宾馆国内还是很少见的。

姜海纳 他们的施工图和我们当地的规范要求出入大吗？

| 袁云阁 他们前期做过调查，跟我们沟通之后再进行设计的，所以规范方面基本上都符合。当时已经有酒店方面的设计规范[5]，基本上没啥问题。

姜海纳 外立面的材料选取、造价控制、施工配合这一块是怎么做的？

| 许庸楚 这些都由日方来管，他们自己专门成立了一个部门。我们主要管一些标准的问题，例如客房面积、卫生设施、走道宽度，要求标准都很详细，最重要一点是消防是否达到要求。花园饭店建在上海市中心非常重要的位置，对建筑造型的要求很高，但日方设计的时候不太强调这些。比如他们区分了正立面和背立面，对正立面考虑得比较多，却觉得背立面不重要。我跟他们说，在淮海路那个地方四个面都是主立面，没有次立面，要求他们改，结果改掉了。立面有很多地方都是实墙面，比方说多台电梯成一排布置，导致电梯机房（外墙）是一片实墙，但已经建起来了，他们说有办法处理，后来在实墙面上做了一些假窗，看上去好一些。

吴英华 去日本大林组考察有什么体会，有没有设计上碰撞的情况，或者感觉双方存在较大差距？

| 许庸楚 我们去大林组那边考察[6]，一次跑了两个地方，因为大林组总部在大阪，分部在东京。我看了他们的建筑规范，感觉和国内没有太大差别，只是日本设计师做的图纸一般都比较细致。当时日本的高层建筑也不多，因为当地抗震要求比较高，地震区以前不允许建高层。后来他们解决了抗震问题，高层建筑才多起来。大林组还特地带我们去参观了东京最早的超高层建筑——霞关大厦[7]。

吴英华 花园饭店项目还是很复杂的，既有保留下来的建筑，还要在有限的空间之内建新的三十四层塔楼。除了审图工作以外，请您详细谈谈华东院在这个项目中还做了哪些其他工作？

| 许庸楚 除了审图，我努力协助大林组和上海市消防部门沟通，一起解决了人员疏散、防排烟、消防扑救等一系列问题。对于法国总会[8]历史建筑的保护及修缮，我也提出了一些有益的建议。时任上

钢支撑系统

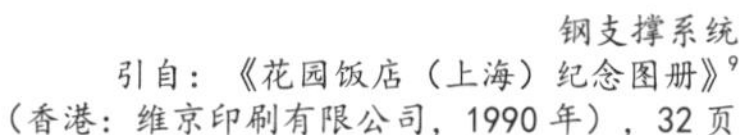

引自：《花园饭店（上海）纪念图册》[9]
（香港：维京印刷有限公司，1990 年），32 页

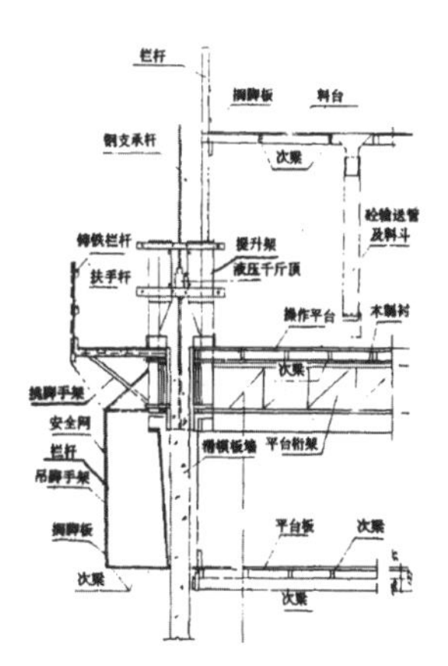

滑模及操作平台剖面图
引自：马兴宝、曹建华《上海花园饭店主楼结构施工介绍》，《建筑施工》，1989 年，第 4 期，7 页

海市副市长的倪天增[10]原来做过华东院的副院长，我们沟通之后他的意见是历史建筑要尽量保留下来。两层楼也不高，跟新建筑俨然融合成一体，这些我们大家都意见一致。

丨袁云阁　结构方面的工作是花园饭店的桩基设计和法国总会的改造。因为我们对（上海当地的）地质条件比较熟悉，可以根据地质条件来计算摩擦力、桩基长度和直径。桩基部分用的是钢管桩[11]，当时还比较少见。为了保障周边的建筑不受影响，深基坑施工采用了钢板桩和 H 型钢支撑结构[12]。法国总会的改建以华东院为主，包括原有建筑的结构测定、加固改建设计及施工配合等。

花园饭店新建的三十四层主楼采用剪力墙结构[13]，汽车库等其余建筑是框架结构。施工的时候我们协助日方解决了很多与结构有关的问题，如沉降计算[14]、滑模施工给结构设计带来的调整等。花园饭店项目采用滑模工艺[15]加泵送技术，大大加快了施工速度，在当时的超高层建筑施工中是一种新的尝试。但当时是日本大林组先负责结构设计，新加坡林麦公司后做滑模设计，因为滑升方案没有跟前期结构设计相结合，在处理节点及体形方面存在很多问题，结果给施工造成不少影响。

吴英华　花园饭店汽车库是由华东院原创设计的？

丨许庸楚　对，张乾源[16]当时是院里的副总建筑师，业主找到张总来做这个项目，建筑方面他找了我负责。当时国内还没有地上多层汽车库，（原场地内）只有一个非常老的车库，是 1949 年以前设计的，早就不适用了。地上多层车库的设计要点是车子上下要方便，坡道不宜太陡[17]，太缓的话经济上不合算。层高控制了，外立面敞开，技术上没有什么大的难度。设计做完以后，大家也都表示认可。

值得一讲的是汽车库外立面的处理。我跟日方建筑师米山先生很熟，请他提点建议。他考虑了半天说就敞开吧，这样里边空气自然流通，空调等通风设计都不要了，我也觉得蛮好。汽车库的场地还有一个好处，外面的景观很好，我建议朝西的方向全部打开。日方同意以后就这么建起来了，（建筑设计）非常简单。

从法国总会、58 号工程到花园饭店

吴英华　您提到花园饭店是一个很有讲头的建筑？

丨丁文达　就是现在花园饭店南面的一排房子，这个建筑历史比较久了。最早叫法国总会，是一个很高级的俱乐部，旁边的两层辅楼是后造的，还有一个（露天）游泳池。20 世纪 50 年代改为供中央领

导在沪居住的招待所，位于茂名南路 58 号，因此也叫 58 号工程。当年毛泽东主席来上海就住在这里，房子很高大，有一些比较高级的活动场所，包括会议厅、跳舞厅、保龄球馆。

“414”工程[18]，就是西郊宾馆的前身，1960 年由华东院按照 58 号工程的模式设计。这个项目也是保密工程，电气部分由我一人负责。整个建筑分为甲、乙、丙三部。主建筑的房间都在中间，外面是走廊，主要是为了隔声、安全。绿化非常好，即使和当时全上海顶尖的公园相比也不逊色。“414”工程建好以后，毛泽东主席就搬到那边去住，58 号工程改为周恩来总理在上海时的住所，过马路就是锦江饭店，接待外宾很方便。

后来 58 号工程主楼的屋顶因为地下挖了人防工程，出现了整体倾斜、漏水等问题。1964 年我从同济大学毕业以后进入华东院，1965 年开始参与 58 号工程的加固改建工作。那个时候我们室的主任工程师叫田志轩，几个工程配合下来，他觉得我这个人比较可靠，挑选我加入 58 号工程。这是保密工程，不好跟院里其他人讲。

吴英华　20 世纪 60 年代 58 号工程的修缮改建工程，华东院主要做了哪些工作？

| **丁文达**　58 号工程的设计总负责人叫魏志达[19]，周礼庠[20]是结构负责人。法国总会顶上原来有个好大的亭子[21]，考虑亭子的荷载让建筑主体更容易倾斜，当时把整个屋顶都敲掉重新做了。下面的房子一点都没有动，还是保持原样。

吴英华　室外部分主要是屋顶的翻修重建，那室内部分呢？

| **丁文达**　舞厅、保龄球房的样子、设施一点没动。室内有很多精美的绘画、雕塑，有部分廊柱上的裸女浮雕当年经历了一些风波才保存下来[22]；建筑的彩色玻璃窗不是一整块，而是拼花图案，都是嵌缝的，只有徐家汇一个教堂里的师傅会做。舞厅的弹簧地板，走起来会唰啦唰啦响，跳踢踏舞效果特别好。主人有主人的通道，陪舞有陪舞的走道，进出流线设计得都很好。这些都保留下来，然后靠近长乐路那里加建了北京“8341”部队[23]住的宿舍，中央领导来的时候，部队也调到上海（做保卫工作）。

吴英华　电气改造部分您主要做了哪些工作？

| **丁文达**　58 号工程是我进华东院后，投入时间最长、花费精力最多的项目。这栋建筑是 20 世纪 20 年代后期建造的，好多线路都老化了。原来这个地方的电压是 110 伏的，是法国标准。1965 年，我配合主楼翻建的土建工程，调换了线路，绘制竣工图，把电压改成 220 伏，系统、线路都重新改造了。当时留存的原始设计图纸我看到过，是白线蓝底，国内的手绘蓝图是蓝线白底，正好反过来。但是这批图纸只有建筑和结构专业的，其他设备图纸一概没有。于是我一个个配电箱进行检查，把每个回路都摸清楚以后，重新绘制了一份完整的电气图纸。1970 年 9 月到 1973 年 7 月，我陆续做了 58 号工程 2 号楼扩建的电力、照明设计，主楼加装温度自动控制装置[24]，还进行了总配电改造、主楼主干线改造、总体路灯设计等。

吴英华　院内存档的花园饭店设计图纸上写着您是这个项目电气专业的组长，能谈谈您参与花园饭店项目的情况吗？从 58 号工程到花园饭店，设计上有哪些变动？

| **丁文达**　改革开放以后，市里决定改造 58 号工程，引进投资兴建花园饭店，由日本大林组设计，华东院做项目咨询。1982 年赞比亚党部大楼项目开工，我就去非洲工作了，正好错过花园饭店项目。不然这个项目（电气部分）肯定是我负责，我对里边再熟悉不过了。后来我进花园饭店看过几次，它前面有一个大的花园一直到淮海路，沿长乐路的房子全部保留，旁边加建了一个高层建筑。

法国总会建筑南立面（加固改建前）
引自：《花园饭店（上海）纪念图册》，49 页

法国总会建筑南立面（加固改建后）
引自：《花园饭店（上海）纪念图册》，29 页

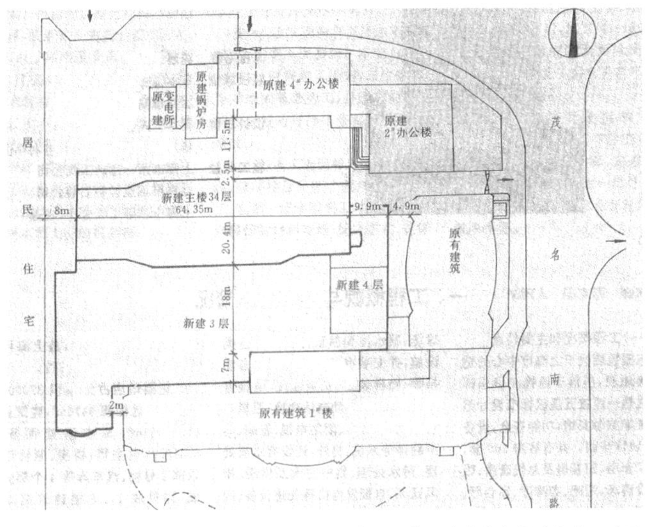

花园饭店既有建筑和新建部分示意图
引自：沈恭《上海八十年代高层建筑结构施工》
（上海科学普及出版社，1993 年），68 页

花园饭店庭院中仿法国总会
顶部原有拱亭形制建造的圆拱亭
引自：李兴龙《回眸文化遗产——从法国俱乐部到
上海花园饭店》，《家具与室内装饰》，2003 年，
第 7 期，22 页

吴英华 华东院是在什么情形下承接了法国总会的结构加固改建工作？

| **程超然** 在花园饭店的设计方案中，原法国总会建筑进行加固改建以后成为饭店裙房（即花园饭店 1 号楼），是举办接待、宴会、商务活动等配套服务的主要场所。这幢老房子当时已有 60 多年的历史，属于市级重点保护性建筑。1926 年建造时建筑施工偷工减料严重，原始图纸几乎全部散失，房屋结构老化、沉降开裂都非常严重。花园饭店业主方之一的日本野村证券集团对加固要求又很高，明确提出承租期间 30 年内不得再有重大加固施工活动。而部分结构因为使用功能的改变，还得在现有荷载下改建。负责花园饭店设计的日本大林组做过 3 次实地勘察后正式提出报告，建议拆除重建。但是上海市政府坚持要求保留，大林组觉得风险过大、难度太高，最终决定放弃任务。1987 年 2 月，花园饭店业主方正式委托华东院负责加固改建设计。

吴英华 日本大林组做了 3 次勘察，还是认为加固改建工程风险大、难度高，最后放弃任务。华东院为什么敢于接下来？

| **程超然** 把法国总会的老建筑完全推倒重来，对我们来说是无法接受的。首先，别看只是二层建筑，它是近代优秀保护建筑，有很高的建筑价值。其设计有着典型的 19 世纪末、20 世纪上半叶欧洲古典主义风格，特点是运用古罗马建筑的古典巨柱，强调轴线对称、注重比例，并且常用穹顶来统领整幢建筑，给人以主次有序、完整统一的壮美感，法国卢浮宫和凡尔赛宫就是典型例子。其次，这是中央领导住过

的地方，毛泽东主席还在此接待过英国蒙哥马利元帅[25]等贵宾，有着重大的历史意义。从上海市政府到锦江集团都坚持对老房子进行加固和修复，最后这个光荣又艰巨的任务就交到了华东院手里。华东院接下来，不仅是因为我们院一贯敢挑重担，也是因为 20 世纪 50 年代起法国总会建筑的一些维护、改造工程都是华东院在承担，对这幢老建筑方方面面的情况都非常熟悉。我本人也非常荣幸能接过华东院前辈设计师的传承，担任这次加固改建工程的主要设计人并担任配合现场施工的结构工程师。

吴英华　根据资料记载，陈宗樑[26]是花园饭店的结构技术咨询总顾问。

| 程超然　陈宗樑当时是华东院的结构副总工程师。法国总会与新建主楼要一起构成花园饭店的整体，但法国总会本身损伤较为严重，如何处理是花园饭店设计的一大关键。陈总提了一些重要的指导性意见[27]，针对法国总会，他建议采取增强基础刚度和整体比、适当替换和改建、增大竖向构件的抗侧刚度等一系列措施，最终比较好地解决了问题。

吴英华　法国总会进行加固改建的难点在哪里？华东院主要做了哪些结构加固措施？

| 程超然　法国总会是二层砖混结构建筑，房屋已经严重开裂，沉降倾斜。1926 年建造时，房屋就存在严重偷工减料的情况。根据保存下来的原始蓝图记载，基础梁应该配有钢筋，实际勘测时发现都是砖块砌筑，部分混凝土柱内还凿出木块和砖屑。20 世纪 50 年代起，这里成了中央首长巡视上海时的住处，在南面花园地下建有高等级的地下人防设施，据说必要时可以作战时指挥部。这样大面积的土体开挖，使整个房屋朝向南面倾斜，东西端沉降差 22 厘米，已经达到 4% 坡度，9 米主梁有不少从根部断裂。虽然华东院 1965 年前后曾经对建筑进行一次结构加固，对部分屋面翻新，把南面门厅屋面上的法式拱亭拆除以卸掉荷载，但以上情况并没有得到根本改善，建筑仍属于危房。

1987—1989 年，上海建筑科学研究所运用先进检测手段提供了混凝土标号、碳化程度、钢筋截面等结构内在情况的调研资料，华东院和上海勘察设计研究院、日方业主、大林组、施工单位密切配合，准确、安全、有效、妥善地对法国总会进行加固和改建。为了保证 30 年不会有大的结构加固活动，保证使用安全，我们采取了多种针对性措施：整个房屋根据计算，在原先的 7 根混凝土基础梁之外又加了 15 根混凝土基础梁拉结；密肋楼面除局部拆除重做外，大部分梁板都用钢筋混凝土加固；建筑主立面尽量不动，北面有条 6 米长的过廊全部拆除重建；东面咖啡馆原是保龄球馆，房子沉降开裂，楼上又是宴会厅，用了型钢和高强螺栓加固；大宴会厅屋面是铆接钢屋架，吊顶经过多次修整，粉刷后又有白蚁侵蚀，用了钢木结构加固；三层的咖啡室屋面和四层的小音乐演奏厅也都进行了加固。

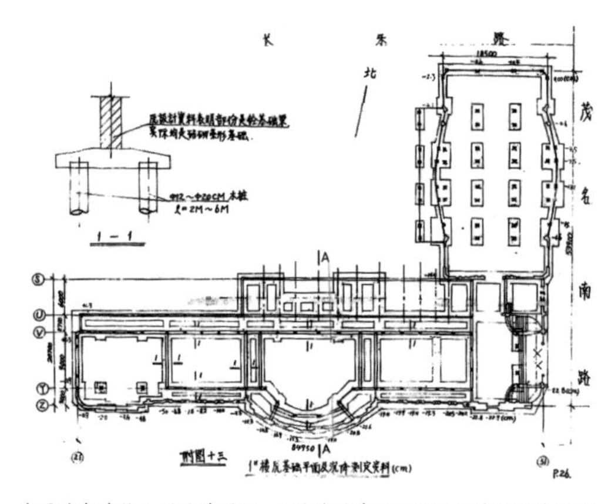

法国总会建筑加固改建图纸：1 号楼原基础平面及沉降测定资料图
程超然提供

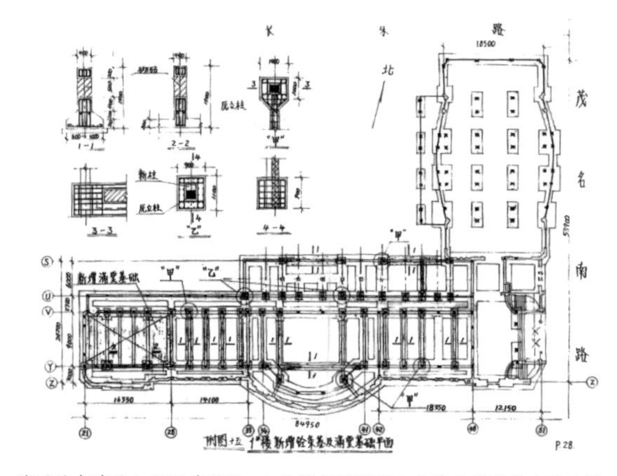

法国总会建筑加固改建图纸：1 号楼新增混凝土条基及满堂基础平面图
程超然提供

吴英华 建筑功能的改变是这次加固改建很重要的一点，这在结构方面有哪些体现？

| 程超然 花园饭店底层大堂原先是分割成小间的宴会包间、会议室和来往通道。由于原结构都是砖墙承重，要打通左面 2 道、右面 1 道共 3 道隔墙。经过检查发现，这里的 3 道墙直至屋面都没有大梁，基本上是砖墙承重，只有二楼上部是支座在砖墩上的混凝土拱圈。因此，拆除砖墙难度很大，关键是必须将屋面、楼面的荷载充分卸掉。我们提出多种方案讨论后，最后把这段的整座楼面、屋面用满堂脚手架托起，逐层浇筑大梁后达到所需强度，再逐步卸掉荷载。施工时严格检查每道工序，严密监视观测，终于顺利、安全、可靠地完成了改建工作。现在一进底层大堂，迎面就是服务总台，很宽敞。

花园饭店东面二楼的大宴会厅是上海有名的弹簧舞厅，也是法国总会的标志性设施。舞厅两侧楼梯上去的夹层据说是乐队演奏之地。椭圆形木地板舞池，低于舞池边缘踏步 15 厘米左右，木地板和格栅底下的钢管在翩翩起舞时略有滚动，大大增加了舞蹈的乐趣。现在改为大宴会厅，弹簧地板的设计不再合适。于是我们把地面撬开，用木块把钢管垫死固定，用格栅和木地板把地面铺平。这样既符合大宴会厅的使用要求，又为将来复原弹簧舞厅留下了可能性。

吴英华 您对加固改建工程怎么评价？

| 程超然 当时没有粘钢、碳纤维这样的加固手段，结构加固工艺比较复杂。如果算经济账，加固的造价整个算下来比拆除重建估计要多好几倍。工期前后花了 2 年时间，如果重建的话同等工作量只要花七八个月。但法国总会是有着重要历史意义的保护建筑，它的价值不能只用金钱和时间来简单衡量。加固改建完毕后，房屋局部和整体刚度已大大提高，房屋沉降得到了有力的控制，保留了法国总会原有的建筑风貌，得到日方业主和有关部门的好评。2020 年 7 月，我曾到花园饭店回访，据饭店工程部反映，自开业使用 30 年来，1 号楼加固部分基本上没有大问题和变化。

姜海纳 汽车库的设计和法国总会的加固改建您都参加了吗？

| 杨梦柳 我只参加了法国总会的建筑修复设计工作，汽车库的设计应该是许庸楚带着陆善祥等人做的。当时设计组要增加一个对历史建筑修复有经验的人，孔庆忠[28]院长亲自找二室室主任马锡元商量，把我借调过去支援现场设计。去了以后，我就叫他们领我去现场看：部分门窗要修修补补，外立面有些装饰线条破损，还有墙面几十年下来都是破的，重新修整要考虑材料、颜色和如何施工等问题。我去了大概半年时间，把这些问题一个一个解决，直到工程结束。

吴英华 张乾源在《建筑综合论：我的建筑生涯六十年》里回忆说，花园饭店原来外墙面使用的是人造花岗岩，后来改掉了？

| 杨梦柳 对，花园饭店外墙面是我们做的。我也记得原来是人造花岗石，改建的时候从节约造价的角度考虑，用的是粉刷（材料）。原来的人造花岗石，用了几十年以后有点破破烂烂，这里缺一块，那里缺一块，没法继续加固使用。再要去找同样的人造花岗石，（工艺）已经做不出来。那么只能重新调整，换成了当时很先进的一种粉刷（材料），用到现在也 30 多年了。[29]

率先成立总承包部

吴英华 设计花园饭店的时候，工程总承包这种形式是不是还比较少？

| 袁云阁 工程总承包就是包括施工所有的图纸（设计），包下来再委托到施工单位施工。先拿钞票进来，再分包出去，相当于执行代业主的角色。以前大家没做过，这是第一次。我们只对花园饭店主

楼旁边很小的一个汽车库进行了工程总承包。当时花园饭店的总经理找到冒怀功[30]商讨，决定由华东院和上海市建一公司[31]联合来做汽车库的工程总承包。相当于做一个试点，试验看看怎么样，因为工程总承包涉及施工管理，这一块我们不熟悉。

姜海纳 总承包管理的工作跟之前做结构工程师有什么不同?

| 袁云阁 总承包管理强调设计和施工的结合，都必须懂。在保证项目质量的前提下，我们和上海市建一公司强强联合，把业主的工程包下来，设计我们做，施工由合作的施工单位来完成。

姜海纳 那会不会低价中标?

| 袁云阁 我们要招标的，有规范。而且我们自己也要确定总承包的价格能包得下去，包不下去就要蚀本。

姜海纳 从花园饭店汽车库总承包尝试之后，华东院成立了总承包部?

| 袁云阁 对。项目总投资规模较大或非常复杂的话，以总承包的方式接下来。我在设计花园饭店的时候，负责做过一点总承包工作，后来院里就调我去总承包部[32]工作。那时候大家都没有经验，总承包部成立之初到处招有经验的人，冒怀功有花园饭店汽车库的总承包经验，就做了负责人。当时总承包部含管理人员 20 多人，管技术的人员有四五人。

姜海纳 当时上海全市都在实行这个改革吗？我院总承包部成立后都做了哪些工作?

| 袁云阁 总承包部是我们院最先成立的[33]。我到总承包部以后，紧接着参与了福州国贸大厦总承包项目，之后还做过标准厂房的总承包。1994 年成立上海华东建筑设计工程咨询监理有限公司，总承包部并到监理部[34]，我负责（监理部下辖部门）设计咨询部的工作，一直做到退休。

日方的“斤斤计较”值得学习

吴英华 您还记得参与花园饭店项目的情形吗?

| 温伯银 我们当时在 58 号二楼集体办公，我隔壁就坐着孙传芬一起看图纸。那时候我除了花园饭店，还参加了波特曼酒店项目。花园饭店是大林组工程总承包，波特曼酒店是鹿岛建设[35]工程总承包，两个都是日本公司。花园饭店是 1990 年开张[36]，波特曼酒店是 1991 年开张，两个项目建成只差一年，场地也隔得不远，我同时做这两个项目忙得不得了。

花园饭店机电的部分包括水、暖、电、动的施工图，华东院都参与了绘制。大林组只有建筑和结构专业，就是土建的部分。当时国内的综合性设计院不仅有土建专业，还包含了前面提到的设备工种，但是在国外，项目的机电部分是由独立的机电顾问公司做设计，不像国内的大设计院专业这么齐全。

姜海纳 您看到大林组的图纸有什么感受?

| 温伯银 大林组分为设计部和施工部，当时施工部包括工人在内有 3000 多人。大林组负责花园饭店的施工管理，由设计部做初步设计，施工部做施工图。当然，华东院也做初步设计和施工图设计，但国外的图纸很深，施工也比较精确，图纸上线路怎么画的，施工就一模一样，这点值得我们学习。我印象比较深的是电压降的计算，同样是 220 伏照明，线路越长电压损失越大。日方每个电路都要计算，以前我们是不算的。我们设计人员当时最大的问题是没有经济概念。日方的设计人员考虑经济问题，要他们增加线路，修改图纸很难。

不仅我们的设计院要向日方学习，我们的施工单位也要向他们学习。当时上海市工业设备安装公司[37]负责花园饭店的机电设备安装，他们是全国有名的，公认能力很强，但和国外一比就差得远。安装公司的工人师傅被花园饭店项目搞得苦死了，因为和以往粗放式的要求不同，安装要求高了。当时的上海市建委副主任沈恭[38]讲，我们国内规范有的要照国内规范做，国内规范没有的按照日方的规范做。我举个例子，华亭宾馆电梯每层有两扇玻璃门，不知道谁在上面画了线，我们一般就是想办法擦掉了事，而日方打电话去问厂家，厂家要求查一下有多少这样的门，从海路运回大阪换新的。还有日本进口的冷冻机需吊装到五楼，吊装图纸要求倾斜度不能大于15°，钢丝绳吊在什么地方都有说明。安装公司吊装的时候，师傅说我们吊了一辈子，不听（日方说明），结果倾斜角度大于15°，日方在现场要求拆下来，打电话跟冷冻机制造厂沟通以后，从上海运回日本重新测试，换了两台新的回来。

他们（日方）做事情很认真。举个我们电气专业的例子，花园饭店的吊平顶里，照明线路的走线横平竖直，都是90°，很规则的。好处是在交接分线部位可以开检修口，检修的人一目了然。开关安装的时候，开关到门框的距离有规定。花园饭店车库里的开关都安好了，日方看过后就说开关距离门框太远，安装规范里规定了是18厘米，然后就要求改过来。那时安装公司经常给工人培训，还要考试，考规范里的知识。日本大林组有本（安装）图册，卫生间放卫生纸的地方离地多少高度、离马桶多少距离，都要按照图册检查，测量了不对就是一个红叉。安装公司的人说这有什么了不得，觉得日方斤斤计较，但我在花园饭店和波特曼酒店这两个工地学到很多东西。

姜海纳　花园饭店用到的电气设备都是进口的吗？我们自己能生产吗？

| **温伯银**　都是日本进口的，国内那时候做不了。我们当时做花园饭店和波特曼酒店很苦的，规范都没有。做花园饭店的时候，我们问大林组要（电气）方面的规范，拿到以后到院里复印了一份作参考。

绘图样例跟国际接轨

吴英华　花园饭店是华东院和日本大林组合作设计的第一个项目吗？

| **孙传芬**　不是。我1984年先设计了虹桥机场候机楼扩建工程，它和花园饭店都是跟日本大林组合作的，我跟日方打交道打了很长时间。开始的时候，他们傲得不得了，为啥呢？因为很多设备我们都要用日本的。那个时候他们真的看不起我们，特别是女同志。当时在日本女性做技术工作很少见，但我们国家不一样，虹桥机场和花园饭店项目的建筑、暖通、动力等专业都有女同志。后来他们通过翻译讲："你们孙工很懂专业。"一是我在学校里学的东西给了我专业底气；二是跟日本交流有个好处，很多专业用词比较接近，日方的设计资料中有很多汉字词汇，所以我看他们的图纸资料一点都不费劲。几次谈判下来，我跟他们商量一些问题，对设计方案进行探讨，他们的态度有所改变，对我很客气。

吴英华　花园饭店这样的高级宾馆弱电设计是否很复杂？

| **孙传芬**　比较复杂。弱电设计包含多个系统，有程控电话交换机系统、无线呼叫与无线对讲系统、分部门调度对讲电话系统、广播音响系统、共用天线与闭路电视系统、安全电视监视系统、安全门电锁控制与报警系统、气管（文件）输送系统、电脑管理系统等，用的好多设备过去我们国家都没接触过。日方的设计相当不错，我主要就是把关、审图，保证设计符合高级宾馆的要求，还有国内设计规范的要求。

花园饭店的多层汽车库，是华东院新成立的总承包部负责的。我们不但要做汽车库的设计，还要下工地指导施工，出现的问题都要我们解决。我除了设计接入饭店有关部门的各种通信设备线路，还针对汽车库的需求，设计了汽车库的行车信号系统。施工是上海市建一公司负责，汽车库里有些日本

进口的设备他们都没见过，我们就去教他们怎么安装，例如汽车库里的行车信息系统的设备安装和线路敷设等。

吴英华 在花园饭店工作过程中，您觉得日本的设计图纸和中国的有什么不一样？

| 孙传芬 通过学习日本的设计图纸，我们引进了很多绘图的图例。比如数据线、设备的配置图例，跟国际标准接轨。以前我们的标准图纸是从苏联学来的，在这基础上再结合我们的工程设计资料进行修改。后来通过本专业的业务建设，我把学到的知识都教给院里的年轻人，毫无保留。

冷冻机房设计上楼

吴英华 花园饭店从 1984 年开始设计，到 1989 年建成，这期间您都做了哪些工作？

| 黄秀媚 我本人除了审核大林组的花园饭店暖通设计图纸，还承担了汽车库工程施工图的暖通设计、绘图工作。我们各工种都集中在锦江饭店办公，大林组的人也住在那里，大家合作得相当愉快。他们（大林组）从香港胡应湘建筑设计事务所聘请了两个上海人作为中方和日方设计的沟通桥梁，是一对夫妻——丈夫叫林润生，是土木工程师；妻子叫顾小凤，是设备工程师。日本大林组做的初步设计图纸，由华东院各个工种深化施工图设计。我们在锦江饭店里待了好几个月，边设计，边施工。1986 年，我们相关专业人员还专门去日本审图。

吴英华 在日本除了审图还有去参观当地建筑吗？

| 黄秀媚 主要是参观高层建筑。我印象比较深的是东京霞关大厦，我们参观了大厦的消防、各个（设备）机房，还有设备减振（做法）。他们的高层建筑主机房设在楼上，隔振、隔声措施很到位。减振设计非常重要，你想想看，整栋大楼的机房有多重，空调的大型主机振动得多么厉害，但是楼下一点感觉都没有，因为做了很好的隔振措施。

吴英华 当时的国内高层建筑设计，冷冻机房一般设在什么位置，也是在主楼里面吗？

| 黄秀媚 一般设在地下室，因为主机及水泵噪声大、振动也大，处理不当会影响饭店的使用。花园饭店的空调主机是吸收式冷冻机组与离心式冷冻机结合使用，空调分高、低区两个系统，冷冻机房分别设在三十三层及五层。空调热回收设计当时在我国刚刚起步，花园饭店设计了两个热回收系统，热交换器在顶层及五层，空调的排风系统将排到室外的冷空气先通过热交换器再排到室外，以达到节能的目的。花园饭店主要的空调设备都是从日本进口的，技术很先进。当时，日本的主机及风机盘管技术、性能、质量比我国的要好些，我国还处在刚起步的研制和仿制阶段。

吴英华 您能谈谈当时国内跟日本暖通设计方面的差距吗？

| 黄秀媚 有一定差距。那个时候我们也开始做隔振了，华东院的设计理念在国内还是比较超前的，设立了一个专门做隔振、隔声的部门叫声学室，由章奎生[39]负责。暖通设计要做隔振、隔声，就把机房和设备的技术图纸交给他们设计。

花园饭店项目组成员在锦江饭店做现场设计
引自：《花园饭店（上海）纪念图册》，25 页

当时我们也有些规范内容执行得比日本还严格。审图时，我发现花园饭店有些地方没按我国的暖通消防规范设计防排烟。经过和大林组的沟通，才知道我国的消防规范要比日方的严格。他们跟我说，在日本这一部分不需要做，最后他们还是按照我国的规范进行了修改，增设了防排烟系统。

吴英华 我院在花园饭店中的动力专业负责人是谁?

| **黄秀媚** 祝毓琮[40]。她是1957年同济大学采暖通风专业毕业的，在动力设备工程设计系统方面能力很强，现在已经去世了。当时我们一共5个人去日本大林组审图，大家在机场还合了一张影。

日本的消防设计相当先进

吴英华 请您大致介绍一下当年参加花园饭店项目的情况。

| **王长山** 花园饭店当时在国内是比较高级的饭店，时任上海市消防局总工程师的吴海泉亲自负责这个工程的消防设计（审定），他同意以后日方再按要求去做初步设计。

初步设计开始的时候，大林组跟我们院要相关规范，我是给排水专业的组长，特意去新华书店去买了一套最新的规范。当时我们国家只有高层建筑规范和水喷淋规范，我买了送到大林组，并提醒他们设计的时候要注意三个方面的问题：第一，我们的室内消火栓口径是 ϕ65毫米，国外包括日本、美国都是 ϕ50毫米；第二，中国的高层规范里面，消火栓栓口处压力不低于5公斤；第三，按中国的水喷淋规范，水喷淋是30升/秒，消火栓是40升/秒，喷淋口压力不能低于1公斤。其他的室内给排水规范，我国和国际的规范都差不多。

我们审查初步设计图时，发现日本（的水泵设计）大量应用减压阀，这是他们的一个特点。吴海泉听后说用减压阀好，有利于保持管网压力平衡。国内消防系统当时很少应用减压阀，现在已经逐渐增加了减压阀的应用。他们还有一些不错的做法，到现在为止国内还没应用。例如日本的泵房水泵设有流量计，确保试泵开启后按设计流量水压供水，室外水泵接合器均有供压要求，保证室内管网安全工作。这个做法可以保障设备管道的寿命，但国内消防泵上一直没有流量计。

吴英华 花园饭店的给排水设计具体是怎样的?

| **王长山** 花园饭店的给水系统设计很有水平。消防水池与冷却补充水合并成一个水池，这种设计可以保证消防水位，同时还设有充氧系统，让消防水夏季不容易变质；地下室设了生活水池，一路直供冲洗用水、抽水马桶、清洁用水，另一路经活性炭过滤供浴缸、洗面、厨房用水[41]；绿化用水由户外管网直供。室内管材都是紫铜管，采用插接式接头，避免焊接形成氧化铜堵管。

排水系统方面，花园饭店的污水全部直排到茂名路上的城市管网。室外接水管由日方设计，采用铸铁管卡式接口，这一做法是国内首次使用。当时国内管道经常用的是石棉水泥接口，上海工业设备安装公司不知道这种新工艺的做法，我建议用铸铁管配合橡胶承插口[42]解决了问题。这是以前我做非洲几内亚援助项目时得来的经验，从那以后这个方法就普及开了，连上海的自来水公司都这样做。

吴英华 那花园饭店的消防设计有哪些特色?

| **王长山** 第一，按我国消防局要求，花园饭店主楼设置了消火栓水喷淋全饱和系统。消火栓分高、中、低三区，水喷淋系统分多区，设减压阀保证不因水压高影响水量喷到规定面积上，当时属于国内首创。第二，花园饭店的消火栓上方设有专用电话、警铃、按钮和应急照明，相当先进。当时国内的消防箱

只有皮带龙头，打开门把龙头直接拖出去，根本没有电话。第三，法国总会里面的弹簧跳舞厅[43]的防火分区要分开来，因此跳舞厅设置了大型防火门，外表看上去是两扇屏风，发生火警时自动关闭，这在国内属于首次应用，后来在金茂大厦、申茂大厦等项目中得到广泛运用。

吴英华　《上海八十年代高层建筑设备设计与安装》一书记载，花园饭店在柴油发电机房、油锅炉房、电容器室、消防电梯机房和电脑机房这一类场所采用了卤代烷“1301”[44]灭火器。

| 王长山　当时卤代烷灭火器在我们国家是个新事物。卤代烷“1211”[45]和“1301”都是气体灭火剂，用于扑灭电气火灾。1976年，我在上海浦江输油套管项目里做了“1211”灭火的设计和试验，后来又到天津消防研究所参与进一步试验，取得了良好的效果。“1301”比“1211”出现要晚，毒性略低于“1211”，灭火性优于“1211”。后来国外研究发现卤代烷灭火器使用后产生的物质会破坏大气臭氧层，我们国家为了环保逐渐停止使用。

吴英华　做完设计审图工作，您又在花园饭店项目现场待了3年时间？

| 王长山　大林组的建筑事务所里只有建筑设计和结构设计，机电是外包的。那是20世纪80年代初，他们跟我们一样手工绘图。外国人的施工图不像国内一次完成，而是分几次出图，我主要看系统图是否满足设计要求，审图时发现没有消防泵房的图纸。他们说在国外施工图都是施工单位设计的，但当时国内的安装公司只有工人，没有设计人员。我就留在项目现场，指导上海工业建筑设备安装公司的大学毕业生小蒋，把大林组的设计图翻成国内设计图纸的标准。本来按照跟大林组签的合同，我们审查到施工图就结束了，大林组负责机电的顾小凤一定要求我做她的给排水专业顾问，因此做了很长时间。

吴海泉也经常往工地现场跑，他十分重视消防的施工环节，规定花园饭店新建主楼的所有隔墙，下到地板上到房顶不留缝。他的要求有道理，这样火灾的时候（火和烟）不会在水平方向串，就集中在这个房间里，不会影响其他房间和走道。花园饭店主楼是框架结构，中间的房间全都使用防火隔断。上海消防局管理很严格，要求花园饭店所有建材全部采用阻燃材料，由日方提供供货商证明，中方进行燃烧测试，合格才可以施工。管道穿墙必须用防火材料堵塞。

建成后上海消防局花了3天时间验收，大概是1989年的八九月里。验收时消防系统做了大量实验：吴海泉要求防火卷帘必须上下9次不卡牢，日本进口的卷帘需两端同时卷起，多次连续启动关闭无误。当时国内生产的卷帘设计都是单边卷起，容易卡住。消防自控系统逐一试验都没有问题，最终消防局验收一次性通过，全部合格投入营业，大林组方面高兴得不得了。

花园饭店项目华东院设计人员合影
（前排左起：黄秀媚、马锡元、陈宗樑、孙传芬、杨梦柳，后排左起：崔治中、王长山、袁云阁、许庸楚、程超然、温伯银）
黄秀媚提供

1　华东院无高层主楼图纸，花园饭店新建主楼总高度、主楼外形、层高、客房开间的数据来源于《上海八十年代高层建筑》。

2　日本株式会社大林组（Obayashi），1892 年在大阪创立，原名“大林店”，提供建筑设计、土木工程设计、建筑施工等服务，总部位于东京，在日本建筑行业内是与鹿岛建设、清水建设、大成建设、竹中工务店齐名的“大手五社”（指总承包型的综合工程公司）之一。

3　张乾源（1930.5—2013.2），男，浙江鄞县人。1947—1951 年就读于之江大学建筑工程系。1951—1952 年在中央贸易部华东基本建设处设计科任职，1953 年 9 月进入华东院工作，1990 年 6 月调离华东院。华东院副总建筑师。曾参与中苏友好大厦电影馆、上海龙柏饭店、衡山饭店改建工程的设计，担任联谊大厦工程设计总负责人。据资料记载，1983 年 1 月 31 日—2 月 7 日，在上海锦江联营公司组织下，受日本野村株式会社、大林组株式会社、大仓饭店邀请，张乾源等人赴日考察。考察期间调查了帝国饭店、新神户饭店、日航饭店、京都饭店等，对现代化五星级酒店有了初步认识，写有一份《五星级旅游旅馆》报告。

4　据资料记载，1986 年 8 月 2—11 日，由袁云阁带队，花园饭店中方设计团队出访日本，主要做了三件事：审核签字花园饭店（上海）工程地上部分图纸 514 张；和大林组讨论施工图合作设计技术分工；参观饭店客房装饰和水、暖、动、电的设备及管道安装。

5　1988 年 8 月 1 日国家旅游局发布《中华人民共和国评定旅游（涉外）饭店星级的规定》，1988 年 9 月 1 日实施。

6　据资料记载，许庸楚于 1986 年 8 月 2—11 日随团去日本，完成了预定的审图工作，签结建筑施工图 121 张，讨论了多层车库及屋顶网球场的有关技术问题，商讨了合作设计的图纸内容，并与日方取得一致意见。

7　东京霞关大厦（Kasumigaseki）建于 1968 年，是在日本建筑基准法和城市规划法修正之后才得以实现的日本首个超高层大厦，全高 147 米，共 36 层。建设首次挑战了许多前所未有的高难度技术，如使用电脑进行设计，采用大型 H 型钢打造建筑 H 形的侧面，采用预制装配化方式缩短工期，在墙壁和支柱之间设置间断以防因地震造成建筑变形等。东京霞关大厦的设计具有十分重要的时代意义，也是东京城市更新的标志性建筑。详见：同济大学建筑与城市空间研究所、株式会社日本设计《东京城市更新经验：城市再开发重大案例研究》，上海：同济大学出版社，2019 年。

8　法国总会由赉安洋行两位年轻的法国建筑师设计，钢筋混凝土结构，建于 1926—1927 年。法国文艺复兴风格，底层为仿粗石拱券门窗，二层两侧为爱奥尼式柱廊，室内装饰为装饰艺术派风格。1949 年之前是法国总会所在地，1949 年后用途几经变迁，曾用名 58 号工程、锦江俱乐部。1965 年由华东院进行第一次改造，20 世纪 80 年代再次改造为花园饭店裙房的主要部分。

9　这是一本花园饭店制作并赠送的工程纪念图册，由华东院工程师王长山保存并提供。

10　倪天增（1937.8—1992.6），男，浙江宁波人。1962 年自清华大学建筑系毕业进入华东院工作，承担了大量建筑项目设计，后担任技术领导工作。华东院副总建筑师、副院长。他主持的南京“9424”工程、贝宁体育中心、上海美术馆等项目被评为建工部和上海市优秀设计。1982 年他担任上海市城市规划建筑管理局局长助理，1983 年出任上海市副市长，任期内主持设计、审定了上海多项重大建设工程。

11　“花园饭店高层主楼采用 STK50，ϕ609×11 毫米的钢管桩，桩长 39 米，分三段焊接，总桩数为 450 根，其中主楼 355 根，裙房 95 根。为确保桩的承载力，由上海特种基础工程所进行了垂直荷载试验。”详见：沈恭《上海八十年代高层建筑结构设计》，上海科学普及出版社，1994 年，18 页。

12　据《花园饭店（上海）纪念图册》记载，主楼和裙房的深基坑施工时采用“拉森 400”钢板桩和三层 H 型钢支撑系统，保护周围土体的稳定并防止邻近的建筑位移。这套系统在上海尚属首次采用，实践证明是成功的。

13　“主楼呈梭子形平面，长度为 68 米，宽度为 20 米。高层主楼结构为全现浇框架剪力墙体系，纵横设有 39 道剪力墙，剪力墙按不同厚度作阶梯形变化，最厚处为 550 毫米，最薄处为 250 毫米。”详见：沈恭《上海八十年代高层建筑结构施工》，上海科学普及出版社，1993 年，67 页。

14　“主楼桩基总沉降量计算值为 306 毫米。由于新建主楼和作为裙楼的法国总会建筑相邻，考虑两者的沉降差异，在主楼和裙楼之间设置了 120 毫米宽的沉降缝，并预留了 100 毫米的差异量，以避免沉降差异对建筑物产生的不利影响。”详见：沈恭《上海八十年代高层建筑结构设计》，72-73 页。

15　“花园饭店主楼又窄又长，每层滑升面积近 1200 平方米，轴线开间达 8 米，梁、走道、楼板与滑升墙身结合处很多，滑升高度大、截面变化多、处理比较复杂。当时国内滑模操作平台普遍为一层，本工程滑模设计为二层操作平台，多了一层秤料台，使滑模工作可立体交叉进行。”详见：马兴宝、曹建华《上海花园饭店主楼结构施工介绍》，《建筑施工》，1989 年，第 4 期，6-8 页。

16 张乾源建议利用花园饭店外的网球场场地建造一座多层汽车库，网球场移到汽车库顶部。这一创意使汽车库脱离了酒店大楼，不但节省了在大楼下建造地下车库的大量投资，又能大大加快建设速度。详见：张乾源《建筑综合论：我的建筑生涯六十年》，上海科学技术文献出版社，2010 年，138 页。

17 据资料记载，王茂龙设计了花园饭店总体及汽车库车道。日本大林组对道路广场设计提出了广场标高变化平缓、汽车行驶安全舒适、道路广场排水迅速流畅的要求。经过多方案比较，最后采用放射形坡度方案排水，并严格控制标高，竣工后反响较好。

18 “414”工程是西郊宾馆的前身，建于 1960 年，由华东院和园林设计院负责设计，选址在原上海建筑富商姚锡舟先生儿子姚乃炽的别墅（俗称姚氏住宅，由协泰洋行设计）基础上扩大建设面积，兴建了一、二、三号楼。建成后作为中共上海市委办公厅“414”内部招待所，专门用来接待党和国家领导人。

19 魏志达(1922.11—2006.10)，男，浙江嵊县人。曾任上海市工程学会副理事长、中国工程学会常务理事。1938—1941 年就读于浙江省立宁波高级工业职业学校土木工程科，1946—1950 年就读于之江大学建筑工程系。1941 年 7 月参加工作，先后就职于浙江温岭水利工程处、温岭县政府建设科、南京大中华工程公司、上海市工务局建筑公司、上海市营造建筑工程公司。1952 年 6 月进入华东院工作，1988 年 7 月退休。华东院副总建筑师、顾问总建筑师。先后负责上海 58 号工程、“414”工程、杭州刘庄工程、长沙“201”工程、韶山滴水洞工程、上海虹桥机场改建工程、上海西郊宾馆、上海铁路新客站等项目，还参与过毛主席纪念堂的选址及设计。获上海优秀设计一等奖、上海科技进步一等奖、国家科技进步三等奖。

20 周礼庠（1919.2—2017.8），男，江苏嘉定县人。1938—1942 年就读于雷士德工学院土木工程系，1947—1948 年就读于美国纽约大学研究院土木工程系，获硕士学位。1942 年 9 月参加工作，先后就职于上海工部局工业社会处、协泰建筑师事务所。1954 年 6 月进入华东院工作，1988 年 1 月退休。华东院副总工程师、顾问总工程师。在华东院工作期间，先后承担南京下关码头、西安交大教学楼工程、“436”厂金工车间等大中型工程设计，指导设计金山石化总厂腈纶厂、贝宁体育中心、赞比亚党部大楼、华亭宾馆、上海色织四厂等大型工程。作为院 CAD 领导小组成员，为推动华东院 CAD 的发展应用作出重要贡献。多次荣获国家、部（市）级获优秀设计奖、科技进步奖，先后被评为上海市工业运输业劳动模范、上海市建设功臣、上海市先进生产者、全国先进生产者。

21 据李兴龙《回眸文化遗产——从法国俱乐部到上海花园饭店》（《家具与室内装饰》，2003 年，第 7 期，22 页）记载，现在花园饭店庭院中的圆拱形亭子是模仿屋顶原有的亭子建造的。

22 1959 年，中共中央八届七中全会在上海召开，法国总会也被列为会议场所之一。布置会场时，有关方面认为裸女浮雕不符合当时的价值取向和审美情趣，下令将浮雕全部毁掉。时任锦江饭店经理的任百尊（毕业于复旦大学土木工程系）冒着风险组织人用木板把浮雕封住并进行外观粉刷，保护了这批艺术佳作。

23 “8341”是当时中国人民解放军中共中央警卫团的代号。

24 根据资料记载，丁文达和上海市委招待处的老师傅一起设计安装了冷气和暖气的温度自动控制装置，精度在±0.5℃以内，多年来一直运行正常。

25 蒙哥马利元帅（1887—1976），分别在 1960 年与 1961 年两次访问中国，1960 年 5 月 27 日毛泽东在上海会见蒙哥马利元帅。

26 陈宗樑（1936.10—2019.7），男，浙江富阳人。1957—1962 年就读于浙江大学土木系工业民用建筑专业。1962 年 10 月进入华东院工作，2000 年 11 月退休。华东院结构总工程师。主管和参与了苏州南林饭店新楼、上海新苑饭店、华东电业管理大楼、海仑宾馆、上海广播电视新闻大楼、浦东金桥大厦、上海大剧院、苏州国贸大厦、花园饭店、上海环球金融中心等重大项目的结构设计。曾获上海市优秀设计奖、上海市科技进步奖等多项部市级奖项，参编上海市《建筑抗震设计规程》。据资料记载，他在花园饭店项目中担任结构技术咨询总顾问。

27 据资料记载，陈宗樑认为花园饭店设计建造涉及三个关键难点：环境保护（要求）很高；法国总会为近代优秀保护建筑，与新建宾馆需构成整体，且损伤较为严重；高层整体滑模施工。

28 孔庆忠，男，1940 年生。1985 年 2 月—1990 年 5 月任华东院院长，后调入上海虹桥经济技术开发区联合发展有限公司任公司党委书记、董事长。

29 经过实地论证，1926 年法国总会的外墙材料是人造花岗石，十分逼真，现在的工人无法建造且用工太大。为求新建大楼和法国总会建筑外观协调一致，外立面均采用（当时）最新试验成功的人造花岗石喷料外粉刷，既节约了大量投资，又大大加快了建设速度，以适应当时兴建旅游宾馆的迫切需要。详见：张乾源《建筑综合论：我的建筑生涯六十年》，140 页。

30 冒怀功，男，1937 年 9 月生。1961 年 10 月参加工作，1973 年 4 月调入华东院，2000 年 11 月退休。华东院工程总承包部主任，上海华东建筑设计工程咨询顾问公司董事长、总经理。

31 指上海第一建筑工程公司，是一家成立于 1953 年的大型国有施工企业。

32 华东院总承包部是上海华东建筑设计工程咨询顾问公司的前身，该公司成立于 1994 年 12 月，是上海建委系统第一家以工程项目总承包为主的股份制公司。这是华东院为进一步加强内部机制转换，摘掉“事业单位”帽子，向企业化转轨，实行现代化公司制度的一大举措。详见：华东建筑设计院院办《上海华东建筑设计工程咨询顾问公司94年12月12日正式开业》，《中国勘察设计》，1995 年，第 1 期，52 页。

33 根据资料记载，1987 年，中央确定全国 12 家设计单位展开全国项目总承包试点，其中建筑设计院仅包含华东院和广东省建筑设计研究院。

34 指上海华东建筑设计工程咨询监理有限公司。当时华东院正在由事业单位向现代企业转变，公司和院部关系密切：在经营方面均以华东院名义、华东院资质承接任务，公司独立或与设计所合作完成；在技术方面遵循华东院的审核管理制度。详见：冒怀功《抓住机遇 改革机制 为建立现代企业制度勇于探索》，《建筑设计管理》，1995 年，第 6 期，21-23 页。

35 鹿岛建设株式会社(Kajima)是日本大型综合建筑公司，创办于1840年，是全球第三大建筑承包商，世界500强企业，在日本建筑业的发展中发挥了重要作用。该公司在西式建筑、铁路和大坝建设中，尤其是最近在核电厂建设和高层建筑建造中享有盛誉。

36 据《花园饭店（上海）纪念图册》记载，花园饭店工程于 1986 年 5 月开工，1989 年 11 月举办竣工仪式，1990 年 3 月 20 日正式举行开幕典礼。

37 上海市工业设备安装公司，创立于 1958 年 6 月 23 日，是国家核准的具有机电安装工程施工总承包一级资质的大型安装企业，现更名为上海市安装工程集团有限公司，是上海建工集团骨干企业之一。

38 沈恭，男，1934 年 11 月生。教授级高级工程师、华东院结构副总工程师。1984 年 2 月，调任上海市城市规划建筑管理局（1991 年 5 月，改称上海市城市规划管理局）担任党政负责人、上海市建设委员会副主任、上海市建委科学技术委员会主任、顾问等职。

39 章奎生（1932.12—2021.3），男。1962 年自同济大学物理系毕业进入华东院工作，2000 年 11 月退休。教授级高级工程师、华东院副主任工程师、声学组组长、上海现代建筑设计（集团）有限公司章奎生声学研究所所长。专注于建筑声学领域，参与并完成大量重大工程设计项目及科研工作，出版《章奎生建筑声学论文选集》。获评上海市建设系统声学专业技术学科带头人，获得全国五一劳动奖章和国务院政府特殊津贴。

40 祝毓琮（1935.8—2014.12），女。1957 年 10 月参加工作，1958 年 8 月入华东院工作，1995 年退休。华东院动力副主任工程师。根据资料记载，1986 年 8 月 2—11 日，祝毓琮去日本审核了花园饭店动力工种施工图，内容包含锅炉房、蒸汽凝结水、煤气管道。

41 根据资料记载，日方原设计采用延时曝气法处理生活污水，容易导致污泥沉淀困难。王长山建议改为接触氧化法，并要求在立式沉淀池上加上机械刮渣装置。建成一年多后经检测出水质为当时上海涉外宾馆中的佼佼者。

42 “雨水、废水和透气管道均采用进口铸铁管法兰连接，每根长 2 米，接口采用橡皮套筒加不锈钢夹箍，施工非常方便。”详见：沈恭《上海八十年代高层建筑设备设计与安装》，上海科学普及出版社，1994 年，15 页。

43 现为花园饭店百花厅。

44 “1301”是三氟一溴甲烷的代号，该灭火剂是无色透明状液体，和“1211”一样属于卤代烷灭火剂，但它的沸点较低，蒸汽压力较高。由于该灭火剂毒性比“1211”小，“1301”在体积浓度不大于 7% 时，允许在有人的场所内直接应用。因其排放的氯氟烃类物质对大气臭氧层破坏力强，我国已于 2010 年停止生产“1301”灭火剂。

45 “1211”是二氟一氯一溴甲烷的代号，曾是我国生产和使用最广的一种卤代烷灭火剂。“1211”灭火剂是一种低沸点的液化气体，具有灭火效率高、毒性低、腐蚀性小、久储不变质、灭火后不留痕迹、不污染被保护物、绝缘性能好等优点。但由于该灭火剂排放的氯氟烃类物质对大气臭氧层破坏力强，我国已于 2005 年停止生产“1211”灭火剂。

历久弥新忆华亭 —— 华亭宾馆口述记录

受访者简介

沈久忍

男，1952 年 7 月生，浙江宁波人。1974—1977 年就读于华南理工大学建筑系建筑学专业，1978—1981 年留校任教。1981 年 6 月进入华东院工作，2016 年 3 月退休，并返聘至今。高级工程师、中国建筑学会工业建筑分会常务理事、华东院技术管理与发展中心主任。参与和主持设计华亭宾馆、联谊大厦、上海贸易信息中心、华东师范大学图书馆逸夫楼、远洋大厦、上海商务中心、东上海花园、紫竹科学园区等重点项目，以及科摩罗人民大厦、赞比亚党部大楼等援外项目。曾获国家外经贸部优秀工程奖、国家教委一等奖、上海市优秀设计二等、三等奖，上海市优秀工程住宅小区一等奖等奖项。华亭宾馆建筑专业初步设计及施工图主要设计人。

田文之

男，1937 年 4 月生，广东普宁人。1962 年天津大学建筑系毕业，同年 9 月进入华东院工作，2001 年 4 月退休。教授级高级工程师，华东院资深总建筑师。主持和负责大中型工程 100 多项，代表项目有宁波港客运站、上海港十六铺客运站、上海华亭宾馆裙房、上海中融国际大厦、上海华能大厦、北京国家电力调度中心大厦、无锡灵山胜境梵宫等。曾获中国建筑学会创作大奖、上海优秀设计一等奖、上海市优质工程一等奖、浙江省优质工程奖等。上海市建设系统学科带头人，享受国务院政府特殊津贴。华亭宾馆裙房建筑专业负责人。

汪大绥

男，1941 年 2 月生，江西乐平人。1959—1964 年就读于同济大学城市建设工程专业。1964 年 9 月进入江苏省连云港市建筑设计院工作，1979 年 12 月进入华东院工作至今。全国工程勘察设计大师、教授级高级工程师、华东院顾问、资深总工程师。曾任同济大学兼职教授、博士生导师，住建部超限高层建筑审查专家委员会委员。主要负责及参与设计的项目包括科摩罗人民大厦、华亭宾馆、光明大厦、宁波国际大厦、上海久事大厦、东方明珠广播电视塔、上海浦东国际机场、中央电视台新台址大厦、天津津塔、武汉绿地中心等。发表专业论文及课题研究成果百余篇，主编或参编《高层建筑混凝土结构技术规程》《组合结构设计规范》《钢结构设计标准》等多项规范标准。曾获得众多部级、市级各类奖项，被评为国家人事部“有突出贡献的中青年专家”、上海市建设功臣、全国劳动模范，2016 年获高层建筑和城市人居委员会（CTBUH）与中国建筑学会高层建筑人居环境学术委员会联合颁发的“中国高层建筑杰出贡献奖”。华亭宾馆高层部分结构专业负责人。

潘德琦

男，1934 年 11 月生，上海人。1953—1957 年就读于同济大学卫生工程系给排水专业。1957—1965 年，福建省建设厅规划处工作。1965 年 1 月进入华东院工作，1999 年 11 月退休。教授级高级工程师、上海现代集团顾问总工程师、华东院给排水专业副总工程师。曾任中国土木工程学会建筑给排水学会常务理事、上海消防协会常务理事、上海市给排水情报网理事、全国建筑水处理研究会副主任、上海建筑学会给排水学会副主任。参与设计的《新沪住 5 型住宅通用图》获上海市优秀设计二等奖、优秀建筑标准设计一等奖，《民用建筑水灭火系统设计规程》获上海市科技三等奖，“减压阀的开发应用研究”获上海市科技进步三等奖、国家科委科技成果重点推广项目，“推广 UPVC 排水雨水管课题”获国家建材行业科技二等奖。1997 年被聘为上海市建设系统专业技术学科带头人。华亭宾馆给排水专业负责人。

钱圣楼

男，1939 年 3 月生，浙江宁波人。1958—1963 年就读于同济大学力学专业。1963—1874 年在中南工业建筑设计院工作。1974 年 10 月调入华东院工作，1999 年 3 月退休。高级工程师、华东院结构副主任工程师。参与和主持设计第二汽车厂、郧阳汽车附件厂、上海灯泡一厂电影光源大楼、上海邮电“520”厂交换和生产大楼、重庆灯泡厂光源大楼、龙华肉联厂屠宰车间、上海中百六店商场、华亭宾馆、华东师范大学图书馆、上海交银金融大厦等项目。曾获国家教委优秀设计一等奖，上海市十佳建筑，上海市优秀设计一、二等奖等奖项。华亭宾馆结构专业初步设计及施工图设计、项目经理。

王国俭

男，1951 年 12 月生，浙江鄞县人。1974—1977 年就读于复旦大学数学系计算数学专业。1968—1970 年上海市第八建筑公司工作，1971—1974 年在空军第九航空学校修理厂任无线电员。1974 年 3 月进入华东院工作，2012 年 1 月退休。教授级高级工程师、华东院副总工程师。1989 年 1 月—1990 年 7 月赴比利时天主教鲁汶大学（KUL）工学院建筑系进修，学习医院建筑设计并结合中国医院建筑设计特点，研究开发“医院建筑设计 CAD 软件”，为华东院各类高层建筑项目提供结构计算程序开发支持。参与编制国家标准《建筑信息模型分类与编码标准》，任《土木建筑工程信息技术》杂志副主编。曾获国家工程设计计算机优秀软件二等奖，华夏建设科学技术一、二等奖，上海市科技进步三等奖。华亭宾馆结构设计电算支持。

吴文芳

男，1960 年 4 月生，上海人。1979—1983 年就读于上海铁道学院分院通信专业。1983 年 2 月进入华东院工作至今。教授级高级工程师、华东院资深弱电总工程师、中国建筑学会建筑电气分会理事（第八届）、中国建筑协会绿色建造与智能建筑分会专家。参与和主持华亭宾馆、衡山宾馆、金陵综合业务楼、东方明珠电视塔、上海商务中心、中国煤炭大厦、浦东国际机场（T1、T2 航站楼和卫星厅）、虹桥国际机场（T1、T2 航站楼）、上海磁悬浮龙阳路车站、交银金融大厦、复旦大学附属中山医院门急诊综合楼、远洋调度大厦等重要项目的弱电设计。曾获建设部勘察设计二等奖，上海市优秀建筑标准设计一等奖，上海市科技进步二、三等奖，上海市优秀设计一、二等奖，获评“当代杰出工程师”。华亭宾馆弱电专业主要设计人。

陆燕

女，1962 年 5 月生，江苏苏州人。1984 年 7 月自同济大学建筑工程分校供热通风专业毕业，进入华东院工作至今。教授级高级工程师、华东院暖动专业总工程师。参与和主持上海展览馆加建工程、衡山宾馆主楼改建、华东师大图书馆、海仑宾馆、上海商务中心、上海机场城市航站楼、远洋调度大厦、雅加达电视塔、浦东正大广场、杭州利群大厦、浦东机场 T2 航站楼、中山医院门急诊综合楼、重庆国际会展中心、虹桥机场扩建工程西航站楼及附属业务用房、南京禄口机场二期工程等重点项目的暖动设计工作，尤其在机场类建筑的设计和研究方面取得了丰硕成果。参与编写《建筑节能设计统一技术措施》等书，曾获全国优秀工程勘察设计一等奖，上海市优秀设计一、二、三等奖。参与华亭宾馆暖通设计。

林在豪

男，1935 年 7 月生，浙江鄞县人。1951—1952 年先后就读于宁波无线电工程学校、上海南洋模范无线电工程学校。1962—1967 年，就读同济大学供热通风专业函授本科。1953 年 2 月进入华东院工作，1999 年 12 月退休。教授级高级工程师、华东院动力专业主任工程师。承担大量锅炉房、煤气站、氮氧站、液氧气化站、油库及供油系统等设计。担任专业负责人的主要项目有戚野堰机车车辆工厂、嘉定核物理研究所、杭州西泠饭店、上海显像管玻璃厂、上海耀华皮尔金顿浮法玻璃厂、浦东国际机场一期能源中心等。主编上海市标准《城市煤气管道工程技术规程》《民用建筑锅炉房设置规定》。曾获全国科技大会重要研究成果奖、全国优秀建筑标准设计三等奖、上海市优秀设计二等奖，以及上海市科技进步二、三等奖。华亭宾馆动力专业设计审定人。

虞晴芳

女，1946 年 3 月生，浙江宁波人。1964—1970 年就读于上海交通大学冶金专业。1970 年 8 月进入沪东造船厂工作。1978 年 11 月调入华东院，2009 年 3 月退休。高级工程师、华东院动力副主任工程师。参与和主要负责的项目包括龙柏饭店、华亭宾馆、“876”工程、千鹤宾馆、上海商务中心、海仑宾馆、寿康大厦、宝山钢铁总厂生产指挥大楼、东方明珠电视塔、新世界城、虹桥机场航站楼改造、上海交银大厦、东方艺术中心、浦东干部学院、上海世博会世博轴、斯里兰卡 Havelock City、平安金融大厦等。曾获全国科技大会成果奖，国家银质奖，上海市优秀设计一、二、三等奖，八十年代十佳建筑，上海市优秀工程奖等奖项。华亭宾馆动力专业主要设计人。

陆仁德

男，1933 年 12 月生，上海人。1953—1956 年就读于上海建筑工程学校，1958 年在建设部煤气训练班学习，1963—1965 年于上海市南市区业余夜大学习。1956 年 8 月进入华东院工作，1994 年 1 月退休。高级工程师、华东院动力组组长。设计过高低压空压站、煤气站、空分站、氢氧站、乙炔站、锅炉房、远距离输油管线系统等多种不同类型的动力站房或成套系统。参与和负责的主要项目包括华东电真空研究所、“8312”工程、“101”工程、“701”工程、“4799”工程、龙柏饭店、华亭宾馆、海仑宾馆、长春生物制品研究所、铁路中心医院等。曾获国家银质奖、上海市优秀设计一等奖、南京空后油料部优秀工程、全国十佳建筑等奖项。华亭宾馆动力专业负责人。

邵民杰

男，1959 年 5 月生，江苏宜兴人。1982 年自上海工业大学电气自动化专业毕业后进入华东院工作，2019 年 6 月退休并返聘工作至今。教授级高级工程师、华东院资深总工程师、电气总工程师，曾任中国建筑学会电气分会副理事长、上海市电气工程设计研究会理事长、上海照明学会副理事长等职。长期致力于建筑电气、照明及智能化设计与研究，主持或参加上海展览中心改扩建、华亭宾馆、浦东国际机场、中山医院门急诊综合楼、上海世博中心、上海世博演艺中心、上海虹桥交通枢纽、天津高银 117 大厦、港珠澳大桥通关口岸交通枢纽、江苏大剧院、中国博览会会展综合体、乌鲁木齐国际机场 T4 航站楼、上海世博会博物馆等诸多超大、超高、综合性建筑。主编及参编专著 10 部、国家及地方标准规范 20 余项，获全国优秀工程勘察设计金奖等各类奖项 30 余项。获评全国建筑电气行业百位突出贡献人物、中国建筑电气行业模范学术带头人等诸多称号。华亭宾馆强电专业主要设计人。

采访者： 吴英华、姜海纳

文稿整理： 吴英华

访谈时间： 2020 年 5 月 25 日—2020 年 12 月 9 日，其间进行了 14 次访谈

访谈地点： 上海黄浦区市汉口路 151 号，受访者家中，电话采访

华亭宾馆

华亭宾馆建成照片

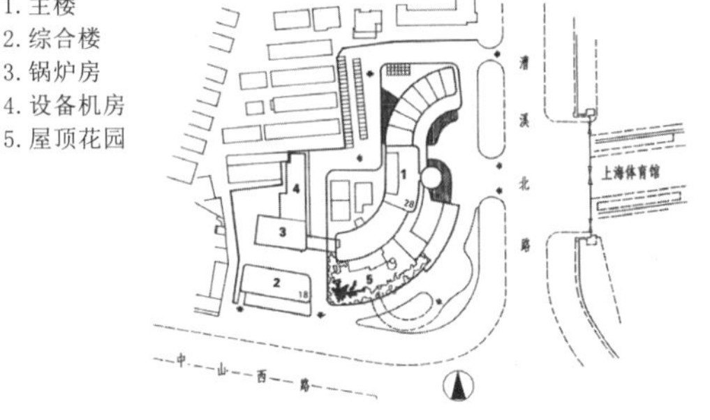

华亭宾馆总平面图

建设单位：上海市旅游局
设计单位：华东院
合作设计：香港王董建筑师事务所（概念设计）
施工单位：上海第七建筑工程公司
管理集团：喜来登集团
经济技术指标：占地面积 19 600 平方米，总建筑面积 109 212 平方米
结构选型：框剪结构
建筑总高度：90.35 米
层数：主楼地上 28 层，地下 1 层，裙房 4 层；综合楼地上 18 层，地下 2 层
标准层层高：2.9 米
开工时间：1983 年 8 月
设计时间：1979 年（概念设计）；1983—1985 年（设计深化、施工图设计）
建成时间：1986 年 6 月（主楼竣工）；1987 年 9 月（综合楼竣工）
地点：上海市徐汇区漕溪北路 1200 号

项目简介

华亭宾馆位于上海市中心城区西南部，是上海体育馆和游泳馆的重要配套组成部分。主楼是一幢拥有 1020 间客房的大型五星级旅游宾馆，综合楼是拥有 216 间客房的国内旅游宾馆。主楼一至四层为大堂、宴会厅、购物商场等，五层为技术层，六至二十六层为客房，二十七至二十八层为餐厅、厨房和各种设备用房。香港王董建筑师事务所受邀完成前期概念设计，华东院在此基础上完成方案调整、扩初设计、施工设计。主楼平面呈 S 形，呼应近旁圆形的上海体育馆，主楼立面平行的水平带窗亦加强了建筑的流动感和韵律感。北端立面有七阶退台造型，结合建筑的内部平面功能布置有雅致的屋顶花园，与北侧的高层住宅自然衔接。华亭宾馆不仅造型独特，而且在设计建造的过程中大量引进和应用先进技术及设备，成为当时体现上海国际化城市特质的标志性建筑。华亭宾馆落成后深受好评，先后荣获 1988 年国家质量银质奖、首届鲁班奖、上海市优秀设计一等奖、上海十佳建筑等奖项。

1. 大堂
2. 总服务台
3. 银行
4. 邮电
5. 餐厅
6. 厨房
7. 商场
8. 停车场
9. 电梯厅

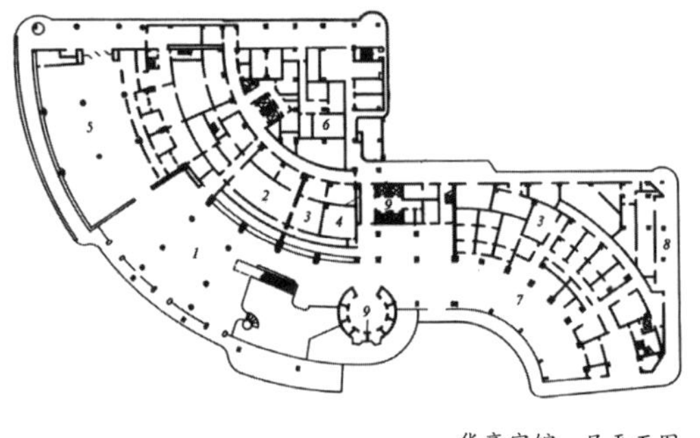

华亭宾馆一层平面图

1. 服务台
2. 单间客房
3. 套间客房
4. 室外平台
5. 电梯厅

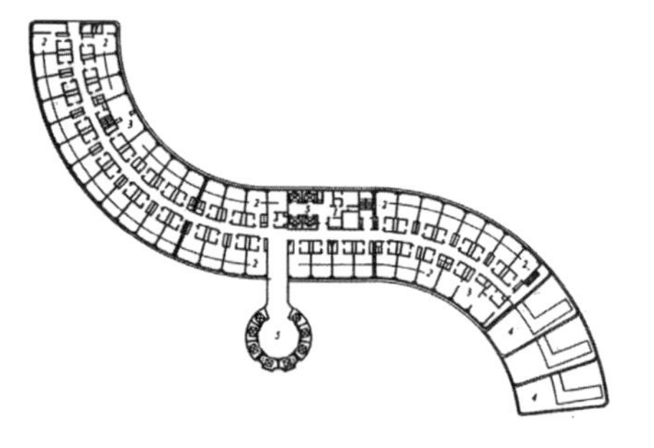

华亭宾馆标准层平面图

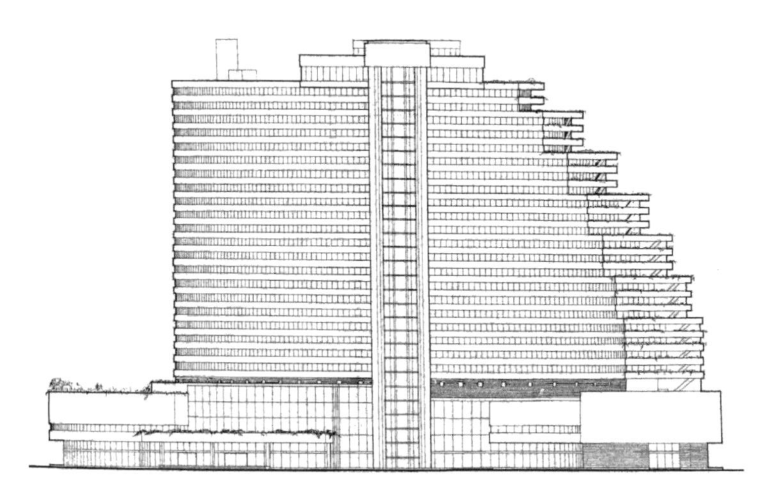

华亭宾馆主楼立面图

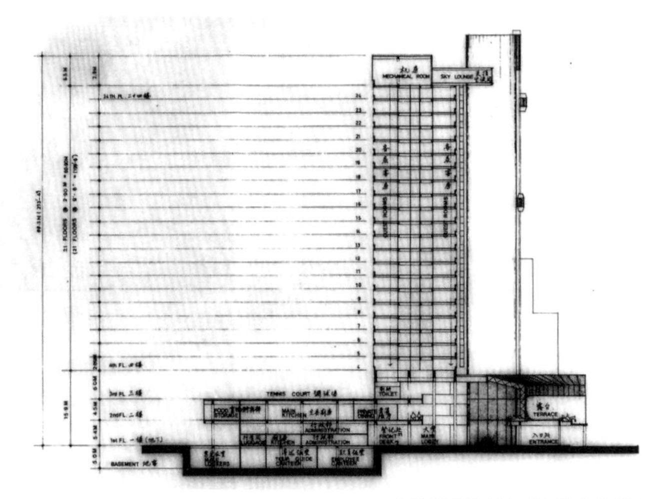

王董建筑师事务所概念设计图纸
王董建筑师事务所提供

设计在当时比较新奇

吴英华　作为同一时期上海新建的高层建筑，联谊大厦完全是本土建筑师设计的，华亭宾馆为何邀请王董建筑师事务所[1]（以下简称“王董”）来做方案？

| 沈久忍　这是上海市旅游局领导王力的建议，当时他认为华东院还缺少这样上千间客房的、超大型高档旅游宾馆的设计经验。华亭宾馆所在位置的重要性不言而喻，设计应赋予项目地标性的身份。随着周边体育场馆项目陆续开发建成，这里将成为上海市民的体育文化中心，展现给全世界一个改革开放、充满活力的新上海。因此邀请香港设计事务所来提供概念性方案，华东院全面负责方案的初步设计、施工图设计。

王董方面提供的结构方案是框架体系，因外立面需求，每层楼板都外挑 3 ～ 5 米。唐山大地震发生以后，全国都特别重视建筑抗震防震设计。华东院的结构专业组长张胜武[2]提出改为框架剪力墙结构布置。采用此结构方案，安全性增加了，使用功能和立面方案设计自然与概念性方案不一样，但 S 形平面布置这一重要设计理念始终保留不变。

| 田文之　改革开放初期，国内建筑造型大多比较呆板，王董的 S 形方案在当时而言比较新奇。华亭宾馆位于漕溪北路和中山南路的交叉路口，根据城市和地块的特点，建筑平面采取了 S 形的曲面造型，可以和周边环境及道路形成良好的对话关系，并且与东侧八万人体育馆的圆形平面相互呼应；建筑北端设计有 7 个阶梯形的退台屋顶花园，屋顶花园与邻近的高层住宅群高度基本一致、彼此协调，过渡衔接自然，形成了良好的天际线。

吴英华　华亭宾馆的 S 形曲面造型打破了 20 世纪 80 年代初内地常规设计的做法，这对华东院的后续设计落地产生了什么影响？

| 田文之　设计中最有影响的是客房，S 形的建筑形式让客房平面出现小扇形、不规整的问题，后来是通过装修来调整和弥补的。实际建设过程中，我们在徐汇中学进行现场设计，最困难的是手绘图纸的工作。要绘制华亭宾馆大堂和大宴会厅的超大弧度线条，那时根本没有那么大的模板，于是我自己制作了 2 米长的圆规：用 1 根长木条，一头固定圆心针头，另一端固定活络鸭嘴笔进行绘制。同一点圆心的多个弧线必须一次画好，不然圆心定位针头一旦变动，就无法画出准确的同心弧线。

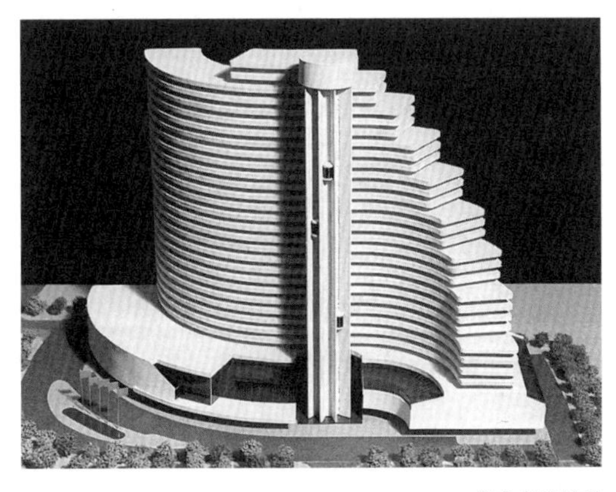

华亭宾馆模型
王董建筑师事务所提供

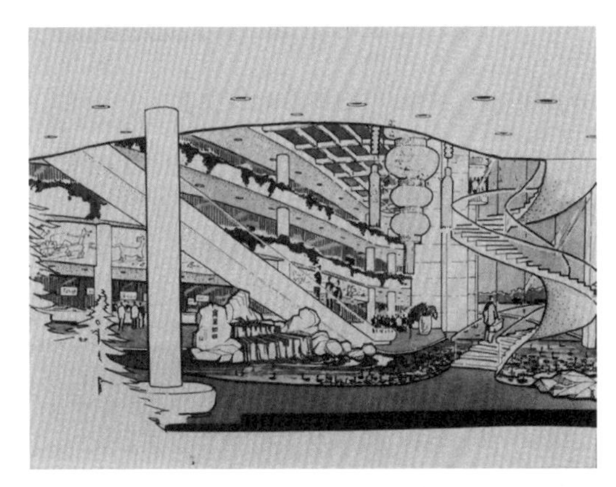

华亭宾馆大堂手绘稿
田文之提供

| 潘德琦 华亭宾馆造型不规则，院里的结构总工程师周礼庠[3]提出：在设计中要尽量利用空间。我们就用结构边角的空间设计了饮用水处理的水池，既起到压重又起到平衡水量的作用，节约了很多空间。图纸都是曲线形的，画图要套板，建筑专业先描好底图，我们在蓝图上接着画，大夏天热得汗直滴。

吴英华 1983 年您随团去香港考察[4]，特意跟王董建筑师事务所交流了华亭宾馆的设计方案，当时双方都谈了什么？

| 田文之 交流的时候，我们问王董方面对室内设计有什么要求？他们讲，室内设计要和建筑设计紧密结合：第一，要让来往的旅客有宾至如归的感觉；第二，室内空间和建筑设计、城市空间要融合在一起。根据这些要求，华亭宾馆的室内设计方案侧重考虑和城市的空间关系，室内外的视觉应该通透、无阻挡，在室内也能看到外部的景观。大堂是整个建筑的重点，四层楼高的中庭屋面设置了玻璃采光天窗，地面做了 1 个曲线形的水池，里面有喷泉、水草、观赏鱼群，旁边设有坐凳供人们休憩，为八方来客营造一种轻松愉悦、宾至如归的感受。透过大堂的玻璃幕墙，可以看到街道上的行人和车流，也能看见对面的体育馆。水池南面做了 1 个开敞的圆弧形扶梯，通到二层的大宴会厅和健身场所，北面可直达圆筒形的观光电梯。

吴英华 您谈的这些都是华亭宾馆的室内设计，为什么交给建筑师来做？

| 田文之 建筑师本来就应该有室内设计的修养，我在红都剧场、上海港十六铺客运站、宁波港客运站、龙柏饭店等工程中均参与了室内设计。在华亭宾馆项目中，我主要负责裙房的全过程设计[5]。完成施工图后，我绘制了大堂及宴会厅的室内设计效果草图，供业主及有关单位讨论审定。改革开放以前，建筑施工图说明里有一条“装修用料和做法”，涵盖了室内设计的相关内容。随着工程标准的提高，室内设计难度越来越大，专业化要求是大势所趋。1985 年我院设立室内设计室，之后发展演变为环境设计院[6]，最终从华东院独立出去。

吴英华 我们后期做方案调整的时候，还跟王董方面有交流吗？

| 田文之 我们不能随便改王董方案的设计意图，例如台阶形的层叠形式、横线条的曲线立面效果等。但这只是概念方案，后续需要由华东院来深化设计，参与的有设计总负责人李永宝[7]、建筑专业副组长张培杰[8]、张延文、沈久忍和我等人。接下来的结构设计和各设备工种的方案都是华东院来完成，施工图设计也是华东院做的，王董就没有参与了。

吴英华 当时华东院是在什么情形下承接的华亭宾馆项目，院里都有哪些人参与？

| 汪大绥 当时上海市建工局成立了高层办公室，负责三个项目：华亭宾馆、联谊大厦、雁荡公寓[9]。雁荡公寓由上海院设计，华亭宾馆和联谊大厦都交给华东院来做。20 世纪 80 年代，华东院四室又叫援外室。为了做这两个项目，四室的两个小组合到一起，这样比较好调配人手。大组长叫李永宝，他也是华亭宾馆的项目设计总负责人。

华亭宾馆项目建筑设计人员合影
左起：张培杰、张延文、沈久忍、田文之
沈久忍提供

当时我是四室二组结构专业的副组长，正组长叫张胜武，他是华亭宾馆项目的结构专业负责人，我作为他的助手具体负责华亭宾馆高层部分的结构设计。到 1983 年以后，华亭宾馆结构设计的责任就全在我身上了，我一直做到项目结束。除了我，高层部分的结构主要设计人员还有樊龙泉[10]和应菲菲等。钱圣楼负责桩基设计，在现场待得时间最长，扫尾的驻场工作也是他在做。

| **沈久忍**　院里很重视这个项目，专门把全院各专业骨干人员集中起来，组成一个项目团队。建筑专业有田文之、张延文、朱银龙[11]、陈凤英、黄志平、史雅谷、邵炳华等；水、电、暖通专业有游俊璧[12]、袁敦麟[13]、王巧臣[14]、计育根[15]等，一共 50 多人。田文之当时是主任建筑师，设计了“宾至如归”主题大堂、水池喷泉等室内方案；朱银龙负责地下车库和大堂旋转楼梯的设计；黄志平主要负责电梯厅和客房设计。我当时还年轻，1981 年才从华南理工大学调到院里，1982 年刚完成联谊大厦建筑初步设计的图纸，室里调我到李永宝小组做华亭宾馆项目。我从方案设计调整到初步设计，一直做到整个施工图全部完成。华亭宾馆项目施工图设计后期，建筑专业副组长张培杰离开了华东院，我被提升为三室[16]一组的建筑专业副组长。

当时方鉴泉[17]是院总建筑师，他悉心指导了华亭宾馆的设计。华亭宾馆的外立面装饰材料就是他和李永宝定下来的。下部装饰裙房采用枣红色花岗岩，上部客房外立面部分采用中黄颜色的面砖。面砖的颜色叫“鸡蛋壳”色，即使放到现在来看，这个颜色也很不错。当时国内建筑一般采用粉刷或者清水墙，华亭宾馆的面砖还是专门从日本进口的。

面对新东西都想尝试

吴英华　华亭宾馆有哪些具有开创性的设计？

| **汪大绥**　观光电梯是华亭宾馆的一大特色，也是上海最早采用的观光电梯[18]。华亭宾馆的结构比较复杂，高层部分主体水平向被分为三段，中部有个突出的垂直电梯井，设有 6 部客梯、2 部观光电梯。观光电梯的围护结构透明，是折线形的 3 片玻璃幕墙，幕墙必须有水平杆固定。为了让观光电梯的玻璃幕墙完全透明且不影响视线，建筑师要求拿掉水平杆。我们的解决方案是从电梯两边的剪力墙悬挑出来 2 个基础幕墙单元，这 2 个单元由檩条和型材通过连接件与边幕墙单元连接，以保证电梯中间景观最好的一块玻璃没有型材的全通透效果。为了保证安全，我们还让进口商香港高分子洋行配合进行了幕墙试验。

华亭宾馆裙房的屋面上设有屋顶花园。屋顶花园下面是大跨度的钢结构，跨度约 24 米的大跨度钢结构设计，屋顶花园上要栽树，做假山、亭子、水池，对我们来说是很大的考验。为了控制屋顶花园的荷载，降低土的厚度和容重，我们确定了保证植物生长的最小土层厚度，并采用了轻质土，栽大树的地方结构预留树坑，保证大树的稳定和营养。从 1985 年结构封顶到现在一直正常使用。钢结构的防火涂料也是从那个时候开始引进的。华亭宾馆二楼的餐厅上面是大跨度钢屋架，采用了英国进口的防火涂料，这是一种喷涂的发泡材料，质地很轻，可以保证达到设计耐火要求。

夜晚观光电梯彩灯变幻，成为华亭宾馆的标志
王董建筑师事务所提供

吴英华 华亭宾馆的室内大堂做了玻璃幕墙，在当时技术难度高吗？

| **田文之** 华亭宾馆大堂入口处南侧景观水池沿街面，设计有高 14 米的无金属框落地玻璃幕墙。这是上海首次使用无金属框全玻璃幕墙[19]：纵向采用 6 米加 8 米的分段，中间以圈梁连接的方式完成；横向采用 0.9 米宽的玻璃拼接成圆弧形墙面，玻璃拼接缝与 20 厘米宽、2 厘米厚的玻璃肋之间采用硅胶黏结固定，在视觉上非常通透。这一设计借鉴了美国著名建筑师约翰·波特曼（John Portman）[20]提出的"共享空间"[21]理论，使宾馆大堂的室内空间与（室外）城市空间在视觉上融合在一起。

| **汪大绥** 华亭宾馆工程后期标准越来越高，一楼大堂和二楼餐厅大面积的窗户要做全玻璃幕墙。在设计之初并没有这部分内容，做起来很难。玻璃很薄，不能受压，必须用玻璃肋支撑，并且悬挂在二楼的钢梁上。因为是新增设计，我对这部分的结构施工进行了重新考虑。先确定玻璃幕墙的形状，然后在华亭宾馆二楼的混凝土结构上加了一根贴着楼面曲线的钢梁，玻璃从钢梁上打洞吊下来不直接落地，而是落在地面上的一条槽内，槽的周边打硅胶固定。为了确保安全性，我和李永宝在 1985 年特地去日本的旭硝子玻璃（Asahi Glass）工厂考察，观看了日方进行的物理性能测试[22]。

| **沈久忍** 在改革开放之初，设计行业对宾馆、餐饮、娱乐方面的许多功能设计都不熟悉，很多材料和设备我们从未见过，国内也没有厂家生产，我们必须自己摸索。玻璃幕墙和传统的门窗相比，不仅是玻璃材料的区别，还有整套构造体系的不同，包含抗风压性能、水密性能、气密性能、耐撞击性能等技术性能指标。那个时候建筑师们很有想法，也很大胆，面对从来没做过的东西都想尝试。

吴英华 创新中有没有一些遗憾和不足？

| **沈久忍** 华亭宾馆二楼大宴会厅主席台前面曾经设计了室内音乐喷泉，这是上海当时罕见配有音乐的喷泉。音乐喷泉的设备是从香港引进的，喷水的时候伴奏音乐，但实际使用效果不大好，后来拆掉了。我吸取了其中的设计经验教训，2004 年在紫竹科学园区工程中尝试设计了上海当时最大的地下音乐喷泉广场，效果反映良好。

我们在设计客房部分的时候也有个不成熟的想法，在每层的中间部位设计了一个垂直的污物管井，就是把脏毛巾和被褥塞进去可以从高层客房区连通到地下室的洗衣房。这种污物通道的设计是工业建筑的做法。因为衣服丢下去有时会被卡住，而且万一着火产生烟囱效应，对防火不利，后来没有采用。

吴英华 我手头有本《华亭宾馆筹建工作报告》，里面提到华亭宾馆后期引入酒店管理企业喜来登集团，他们提出了大量设计修改意见[23]。

| **沈久忍** 华亭宾馆由喜来登（Sheraton）集团[24]作为专业的酒店管理方。项目投资方上海旅游局认为改革开放必须要引进一套外国的先进管理系统。通过国际招投标，起初是假日酒店（Holiday Inn）[25]中标，他们提出增加英餐和法餐，餐厅只要一个就行。后来酒店管理公司换成喜来登集团，又把英国餐厅的流程重新理了一遍。

华亭宾馆的开间、进深都是参照王董的概念性方案设计，也征求了酒店管理公司的意见。客房里的窗下墙我们设计成"凸肚皮"，这个窗是通长的，窗台高度要求低于 700 毫米。虽然高度不符合我们的规范，但是酒店管理公司提出，这样视野好、采光好，就在设计中采纳了。我们设计的开间尺寸低于国际通行标准，后期进行了调整。包括房间桌椅尺寸、床的摆设，以及壁橱、卫生间的设计，喜来登集团都有相应的标准，也提了很多要求。地下车库的坡道壁灯，当时华东院的传统做法是墙壁上挖洞，把灯埋在洞里再加一层玻璃罩。喜来登集团的人说用泛光灯直接固定在墙上就行，墙壁上的留

洞全部作废。我们以前惯用的设计方法和设计市场日新月异的功能需求产生了冲突，一切都需要不断学习、与时俱进。

｜潘德琦　设计初期华亭宾馆业主认为自动喷淋系统造价贵又需要进口，而且客人误触后容易造成水灾，要求尽可能不用或少用。经多次协调得到消防部门同意，仅在公共场所及客房走道内设置喷头。后来喜来登集团进驻，提出消防安全是宾馆第一要务，要进行补充改造，在客房、厕所、锅炉房甚至游泳池设喷头，达到喷淋全保护[26]的效果。这也为我们制定国家消防规范积累了实践经验。

｜汪大绥　华亭宾馆的客房和卫生间之间布置了一道圆弧剪力墙，喷淋管道从卫生间出来就必须在剪力墙上打洞。为此一共打了上千个洞，这件事给我印象特别深刻。这是后期没办法，需要补做喷淋系统才被迫这么做。

解决结构空间转换难题

吴英华　设计图签显示，华亭宾馆前后有过 3 位工程设计总负责人，李永宝、张胜武和您。

｜钱圣楼　华亭宾馆的工程设计总负责人是李永宝和张胜武，李永宝是建筑专业，张胜武是结构专业。我呢，按现在的讲法实际是项目经理的角色，但当时没有这个称呼。我从华亭宾馆扩初设计开始，到施工图设计，后来做现场配合，一直做到施工完成。

吴英华　请问华亭宾馆结构设计有什么特点？

｜钱圣楼　华亭宾馆的方案是非常新颖的 S 形曲线平面，在结构上给我们带来一些技术难题。地下部分设计主要由张胜武负责，他跟院地基专家许惟阳[27]敲定，地下基础没有采用当时常见的箱形基础，而是采用倒反梁结构，即倒过来的梁板结构，优点是地下空间比较大、好利用。地上部分结构设计主要由汪大绥负责，竖向采用框架剪力墙转换层设计，横向采用伸缩缝设计，S 形曲线在水平向被分成 3 段，优点是便于设计和施工，结构计算量小。

那时候外宾来上海旅游没地方住，要住到苏州、无锡去，因此华亭宾馆要尽快施工，以满足住宿需求。华亭宾馆的施工工期很紧张，一天到晚催进度。施工难度也很大，很多工艺没碰到过。华亭宾馆的钢筋混凝土楼板全部采用现浇，施工单位在现场要进行 1∶1 的圆弧放样[28]。以前根本没做过，基坑挖到地下 10 米，这是 1949 年后上海首个 10 米深基坑采用井底降水方法[29]的项目。

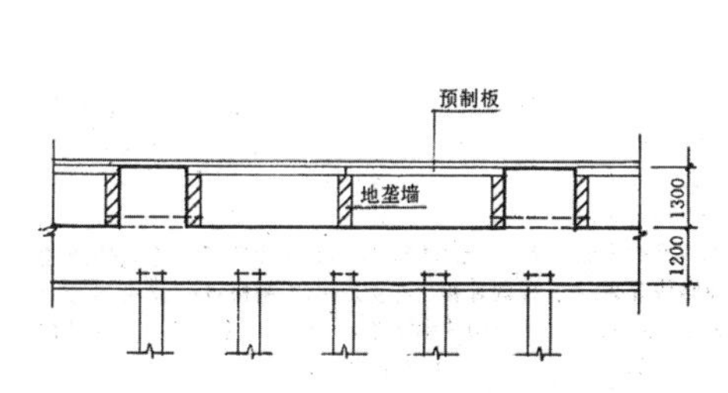

主楼地下室倒反梁结构剖面图
引自：沈恭《上海八十年代高层建筑结构设计》（上海：上海科学普及出版社，1994 年），15 页

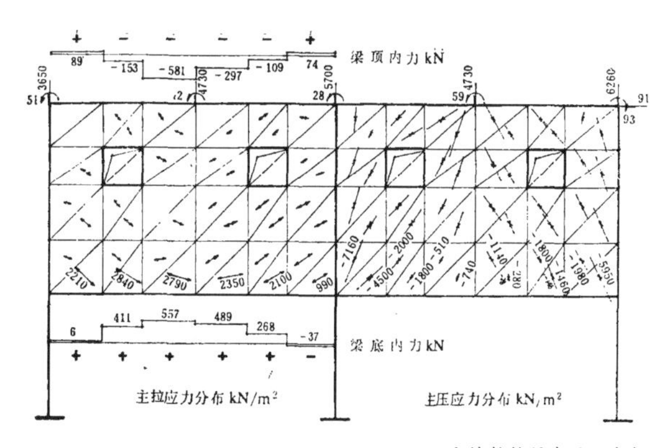

主楼转换梁有限元分析
引自：汪大绥《华亭宾馆结构设计介绍》，《结构工程师》，1987 年，第 2 期，62 页

| 汪大绥　华亭宾馆主楼采用剪力墙为主的框架剪力墙结构体系，利用技术转换层，解决了建筑上层标准客房和下部大空间转换的难题。横向（径向）每隔 22.5° 设置 1 道剪力墙，纵向（圆弧方向）设置 2 道剪力墙，纵向外侧设计 2 榀框架。主楼下部五层为公用部分和技术层，要求纵向外框架有半数左右的柱子不能落到基础上，因此在技术层设置了转换梁[30]来进行荷载传递。转换梁充分利用技术层的层高，梁全高为 5.85 米，是多跨连续深梁。在平面上，梁沿建筑外墙纵向设置，因此平面呈圆弧形，利用上下两层楼板中附加的水平钢筋来平衡圆弧在重力荷载下产生的扭矩。下柱伸至深梁面，上柱落至深梁底，以增强整体性。结构设计根据有限元分析得到的应力分布进行配筋。在地震作用时，S 形平面两端的相位差会加强扭转效应，为此在 S 形平面的水平向设置了 2 道抗震缝，将结构水平向分为 3 段，使每段的两向刚度较为接近，还能减少扭转的影响。

吴英华　这么复杂的结构受力是如何进行受力分析的？

| 汪大绥　华亭宾馆主楼的结构分析采用了华东院自行开发的三维协同空间分析程序（SPS-304）[31]和薄壁杆件空间分析软件[32]。SPS 是当时建工部的结构分析软件库，由华东院担任库长单位，院副总工程师周礼庠具体领导，联络国内几家大型设计院共同开发。支撑软件库的 TQ-16 计算机在当时属于国内领先水平。华亭宾馆的大跨度转换结构，也是用华东院自行开发的有限元分析软件进行计算的。这样一个大型复杂高层建筑的设计，在国内引起了广泛的兴趣，华亭宾馆建成后，恰逢第九届全国高层建筑会议在成都举行，我被邀请参会并在会上作了题为“复杂体型高层建筑的结构分析——华亭宾馆结构设计”的报告。

吴英华　华亭宾馆的结构总体分析是建立在电子计算机辅助计算基础上的，请您详细讲一讲。

| 王国俭　华亭宾馆体型比较复杂，平面呈 S 形，建筑北侧尾端还有阶梯状的 7 级退台设计，这些都对结构扭矩计算产生了不利影响，增加了结构分析计算的难度。建筑两端的弧形体块用薄壁杆件空间分析软件计算，由我来配合；中间的体块是直线带圆弧，采用 SPS-304 来计算，由盛左人、黄志康配合。华亭宾馆是个重要的工程，院里的设计人员都在现场集中办公，我们电算人员经常要去沟通数据，再把计算的结果给他们。当时我在院里电算站担任软件组组长，负责薄壁杆件空间分析软件的开发。结构专业给我们编软件的人提出了不少很新、很好的要求，例如希望把各种力整理好，输出水平力和位移，把钢筋配出来，等等。这样一来，薄壁杆件空间分析软件从力学分析和计算软件，逐渐变成一个结构设计软件，可以直接导出 dwg 格式的图形文件，这就是后来的中国建筑科学研究院建筑工程软件研究所研发的工程管理软件（PKPM）和盈建科（YJK）软件的雏形。

吴英华　后来我们为什么没有把自己研发的这些软件发展下去？

| 王国俭　有三方面原因：第一，当时设计院结构分析软件蓬勃发展，是因为我们能把诸多国家结构规范要求整合在软件设计里面，而国外软件做不到。但设计院开发的结构分析软件要发展成商品软件必须投入大量人力与资金，设计院缺乏这样的条件。第二，中国建筑科学研究院以结构规范编制单位的优势建立了自己的工程管理软件 PKPM，其他设计院没有这方面的

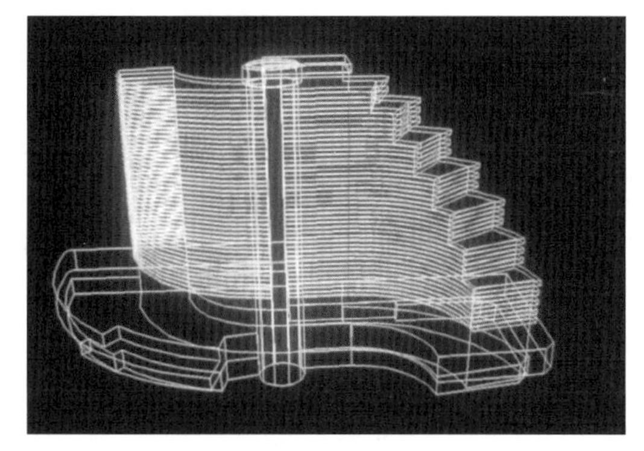

华亭宾馆 CAD 线框模型
王国俭提供

有利条件，在竞争中处于劣势。现在 PKPM，YJK 等国产结构计算设计软件不但可完成符合中国规范的结构计算，而且能满足结构工程师出图的需求。第三，结构设计越来越趋向复杂，需要考虑的因素增加，例如非线性计算、减震计算、弹塑性动力时程、流体动力学、几何大变形等问题。要解决上述问题，国外通用仿真软件具有得天独厚的优势，已覆盖了国产软件能力的不足。这也是在 20 世纪 90 年代华东院以及 21 世纪最初 10 年的现代集团（现华建集团）先后引进 ETABS，SAP2000，ANSYS，ABAQUS，CDSTAR，FLUENT 等国外软件的原因。现状是国产与国外软件融合应用：国外软件解决我们复杂结构精细化计算问题，并把结构方案调整到位；再通过模型数据转换至国产软件 PKPM 或 YJK 进行国家规范验证计算，并自动出图满足结构工程师实际需求。

吴英华 设计华亭宾馆的时候，有没有上海市或者全国的高层建筑规范？

| **汪大绥** 华亭宾馆工程设计的时候，国内已经有一套相对完整的结构设计规范，但高层建筑规范还在起步阶段，设计主要依据《钢筋混凝土高层建筑结构设计与施工规定》（JZ102—79）。这本规范内容比较少，对一些比较复杂的结构形式没有明确规定，设计中需要根据具体情况灵活处理。例如，该规范对不规则开洞的剪力墙分析无具体规定，而华亭宾馆五层以上为客房，五层以下是公共空间，存在大量不规则开洞。此时我们采取对开洞不规则部分以等刚度的规则墙体替代的方法进行墙体全高的总体分析，出结果后再把不规则开洞的墙体替代回去进行有限元补充分析，得出可用于配筋的结果。这个方法既解决了实际项目难题，在理论上也是有依据的，是一种有一定实用价值的创新。再如当时的计算分析、重力荷载都是一次性加在整体结构上的，对于层数不多的结构这样处理问题不大，而对于高层结构就夸大了重力荷载引起的竖向变形，由此又引起框架弯矩的不真实。当时施工模拟分析还没有应用，我们通过调整轴子竖向刚度的方法也得到了比较合理的内力数值。

剪力墙结构设计与管线综合

吴英华 除了公共建筑部分的设计，您还参与了哪些工作？

| **沈久忍** 公共建筑部分完成后，李永宝要我做整个大楼的管线综合。这一般是设总做的，但他当时比较忙，叫我来画，他总体把关。华亭宾馆共有 12 道纵向剪力墙，结构布置带来的最大问题就是管道走不通，尤其是暖通的管道，要在结构剪力墙上开洞。从上面客房下来的管道跟底下裙房上去的给排水、暖通、电气、动力的管线，全部通过每道剪力墙上的开洞进行管线综合。大楼上部是客房的管线，相对标准，下部则是设备机房的管线，更为复杂，上下部管线最终在技术层汇总，这个交叉非常厉害，而且技术层屋面又是屋顶花园。

华亭宾馆施工图的设计对我帮助很大，第一，各工种的管线在我心里面有一个系统的概念，尤其是管线系统和标高，此后我负责的工程里都是自己做管线综合设计。第二，我熟悉了建筑公共部分的设计。以前我们根本没见过迪斯科、三温暖（土耳其浴室）、保龄球室，就连高级饭店都很少进去过。这次从建筑设计到装修都是我们自己设计的，考验很大。做完华亭宾馆以后，我被派去非洲担任科摩罗联邦共和国人民大厦工程驻现场设计代表。这个项目功能很多，国际会议厅、演出厅大幕、同声传译室、接待厅，还有总统办公楼、检阅台，很多新功能的设计都源自华亭宾馆积累的实践经验。

姜海纳 华亭宾馆的管线相当复杂，给排水专业的难点是什么？

| **潘德琦** 华亭宾馆管线施工有三个难点：一是体形复杂，平面是弧形的，钢管要用千斤顶硬做出弧度。二是层高太低，客房里不做吊顶，设备管线很难做，电线管线都埋在楼板及墙内，给排水的管线

埋不进去了，没办法只能梁上留洞。客房层层高有限制，电线可以埋在墙里，水管却不行，因此华亭宾馆的喷淋采用侧喷而不是顶喷。三是 2 道混凝土剪力墙留洞、预埋件都要留好，设计工作量相当大。那时候马桶下水口位置都要留洞，图纸还没出，施工已经到了，必须去现场出图。还有管弄，都是越小越好，但管子多，施工也困难。华亭宾馆的卫生间很小，设计紧凑集约，为了几厘米各专业都要吵。

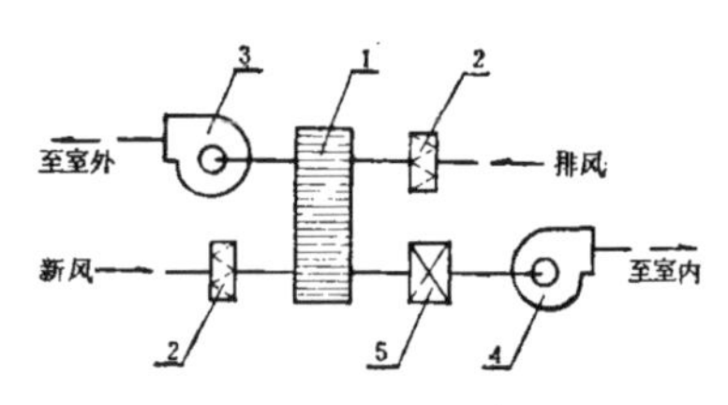

转轮式全热交换器应用示意图
引自：张仁豪、胡仰耆《上海地区应用转轮式全热交换器的经济分析》，《建筑技术通讯（暖通空调）》，1985 年，第 5 期，23 页

姜海纳　华亭宾馆这种特殊的结构在设计中有什么影响？

| **吴文芳**　几段结构之间存在沉降缝，我们的管道通过这些沉降缝都要进行处理。有的管线实际上是埋在楼板里穿过去的，在沉降缝的地方就要断开，两块楼板中间用 15 厘米左右的软管连起来。现在的设计很多楼板不埋管线了，管线都做在吊顶里面。但当时吊顶空间很小，层高有限，很多管子只能埋到楼板里。

首次应用转轮式全热交换机组

吴英华　根据华亭宾馆的暖通专业设计图签，我联系了不少人，由于种种原因都没能接受采访。请您作为代表谈谈当时华亭宾馆暖通设计的情形。

| **陆燕**　我 1984 年 7 月进华东院工作，刚进院就直接去了上海展览中心现场配合设计，其实没有深度参与华亭宾馆的暖通设计，只是出了几张图。那时候项目基本上都是现场设计。在华亭宾馆项目现场，暖通专业去了 6 个人。王巧臣是当时四室暖通组的大组长，负责总体把关，在上海展览中心和华亭宾馆两个项目现场来回跑；许禄申[33]是华亭宾馆暖通专业的设计负责人，其他参与设计的还有张仁豪、陆绍泽等人。我去过几次现场，当时条件特别艰苦，图纸全靠手画。

吴英华　暖通工程师张仁豪当年写的一篇文章[34]里提到华亭宾馆应用了转轮式全热交换机组技术。

| **陆燕**　转轮式全热交换机组的原理是新风和排风系统进行能量交换，在空调季节回收排风系统的能量，以节约运行能耗，该技术适合在酒店客房的新排风系统上使用。在 20 世纪 80 年代的暖通空调设计中，这项技术在世界上也算是一项先进的技术。华东院通过分析与研究，在华亭宾馆项目上进行了尝试，在那个年代是一种节能技术的应用和创新。

吴英华　是华东院自己分析和研究热交换数据？

| **陆燕**　对。这项技术需要分析计算。每个地方的气候特点不一样，适用性也不一样，要结合气候条件，进行技术经济分析，包含投资、能耗、回收年限分析等。现在由于规范对节能的要求，这项技术已常态化，但在当时确实是一项新技术。

吴英华　《上海八十年代高层建筑设备设计与安装》里提到，华亭宾馆主楼客房采用了四管制风机盘管加新风系统。据说当时国内公共建筑一般采用两管制，四管制设计有什么优点？

| **陆燕**　酒店采用四管制现在是常态化设计，但在当时也是一个技术难点。空调风机盘管采用两管制只能实现单独供冷或者供热，而四管制能够同时供冷和供热，可以更好地满足世界各地客人的舒适性

需求，但在系统设计与控制上比较复杂，在当时可以说是一种新的空调系统的尝试。

大胆取消消防水池

吴英华 《上海八十年代高层建筑设备设计与安装》华亭宾馆消防篇章里讲到，华亭宾馆主楼分成2个垂直给水区，屋顶水箱存有10分钟的消防水量，其余消防用水从室外环形供水管网中抽取。

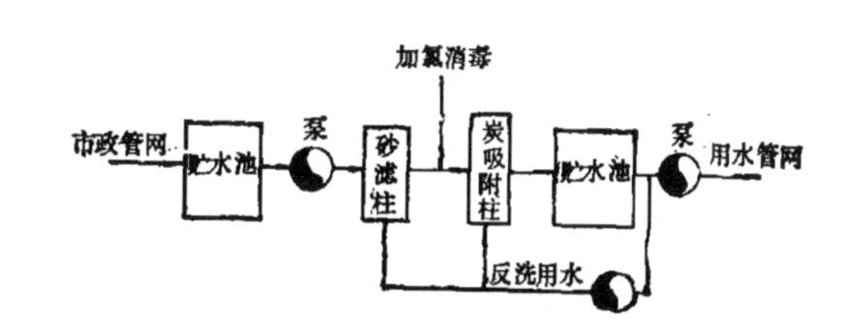

砂滤—活性炭吸附工艺路线简图
引自：潘德琦、舒其霖，等《华亭宾馆饮用水深度处理试验》，《建筑技术通讯（给水排水）》，1985年，第6期，23页

| 潘德琦 华亭宾馆首次采用环形供水管网设计，是我院取消消防水池做法的第一个项目。说起来，华东院经常做第一个吃螃蟹的人。华亭宾馆地下室面积很小，按规范要做几千吨的消防水池，却没有场地。我们同负责审批的上海市消防处协调，建议室外由市政自来水管网供水，取消消防水池；内部采用专用环形消防水管，由城市管网两路供水，这是现有条件下的唯一解决办法。消防泵直接从城市自来水管网里面抽取，优点是管网压力可借用，消防水泵压力保证至少0.1兆帕就行。华亭宾馆取消消防水池的做法节省了场地和投资，让业主很高兴，也给规范补充提供了依据。20世纪90年代，我们编制上海市标准《民用建筑水灭火系统设计规程》，把允许不设消防水池的相关内容补充进了规范，后经过几次修订一直沿用至今。

吴英华 您和舒其霖工程师当时对华亭宾馆饮用水做了深度处理试验，并且发表了论文[35]？

| 潘德琦 华亭宾馆对水质要求较高，生活用水全部经深度处理。水处理设备是我们院自己设计的，技术上有很多突破。那时候上海自来水水质很差，不能满足宾馆用水要求。供应华亭宾馆的水要经过三道工序处理以后，再到水箱里使用：先用石英砂滤池预处理，再用活性炭过滤，最后用液氯消毒。我们和上海无机化工研究所合作做了两周试验，得到水质过滤参数，并在《建筑技术通讯（给水排水）》杂志上发表过。当时国内市场上也没有相关水处理设备，都是自己画机械图、加工图，还要参考资料做设备图纸，工作量很大。测试的时候，做了好多方案才最终定下来。当时环境是大问题，生活污水甚至企业废水随意排放，苏州河水都发臭了。华亭宾馆采用生物转盘法[36]，对污水全部处理后再排放。原来华亭宾馆2号楼的地下两层楼都是污水处理空间，随着市政设备逐步完备，现在污水直接排到市政管网，原先污水处理空间被改成了棋牌室。

姜海纳 当时给排水管道用的什么材料？

| 潘德琦 华亭宾馆的生活用水采用进口薄壁铜管，室内排水采用铸铁管，排水管局部埋地采用UPVC塑料管。因华亭宾馆室外总体用地紧，道路局部地段宽度较窄，给水、电气、通信等埋地管线采用共同沟敷设，但当时造价太贵，只限于局部采用。在地下敷设大型地沟，将各种管线组合安装，优点是管线维修时人可入内，不需要开挖路面，目前市政建设也在试点推广这一做法。

高层民用锅炉房首次应用电除尘

姜海纳 请您给我们讲讲华亭宾馆动力部分的设计情况。

| 林在豪 华亭宾馆被列为华东院的院级工程，设计方案要由技术室专业工程师和相关院总审核及审定后签字。我当时是动力专业的主任工程师，负责工程重大技术方案的确定、拍板和审图，所以对这

个项目比较了解。陆仁德是华亭宾馆的动力专业的工种负责人，负责具体设计。动力专业的任务是满足宾馆的生活热水、采暖、洗衣房等需求，主要是设计锅炉房、蒸汽管道系统、煤气管道系统、柴油机房。设计组在前期做了个 3 台 6.5 吨 / 时的锅炉方案，锅炉房比较大。扩初设计方案做完以后，李永宝向我转达了甲方的要求——他们要在这个位置上建一栋综合楼，希望能更改锅炉房设计把地方腾出来，我答应考虑。动力组讨论以后建议把锅炉房后面那套水膜除尘系统改为静电除尘器系统，并将它搬到锅炉房的顶部，这样建综合楼的位置就有了，但是要增加预算。甲方同意了，因为建综合楼的经济效益要高得多。当时高层建筑的民用锅炉房里还没有用过电除尘，只有工业上才用。我们动力组的同事去工厂咨询静电除尘器的原理、做法、尺寸、价格，然后回来再进行内部讨论。开始有些人不同意，提了一大堆问题，比如：究竟好不好用？设备维护怎么弄？灰尘怎么输送装运？大家结合锅炉设备的情况再次跟厂里讨论，把静电除尘器的设计配套、维护、维修逐一考虑好，最终成功推动了电除尘方案的应用。把静电除尘器放到锅炉房顶上，两层楼高的锅炉房，加上六七米高的静电除尘器，藏在综合楼后边影响不大。

| 虞晴芳 我当时是跟着老专家学经验的年轻人，有幸参与了动力专业的设计。在设计过程中我们遇到了许多新的技术难题，也突破原有的成规，采用了新的设备。我记忆中印象深刻的主要有两点。

第一，锅炉房承担了华亭宾馆所需设备的供暖要求，设计的装机总容量达到 19.5 吨 / 时，在民用建筑中规模算大的。这么大的锅炉房，煤堆场和煤渣堆场也不小，在这么高级别的宾馆里很难设置，对宾馆的环境也不利，因此我们动力设计小组向上级部门打了报告，申请锅炉燃料由燃煤改为燃油。但由于当时国家能源政策和经济效益的原因，申请报告没有得到批准。现在上海市已经规定内环设置的锅炉房必须采用天然气或轻柴油为燃料。

第二，燃煤锅炉的烟气浓度排放是锅炉房设计中的一个技术难题。为减少烟气含尘量和减低烟气的黑度，改善对周边环境的影响，设计人员经过考察、调研，拿出方案提交动力专业技术小组讨论，最后我们采用了 SW-3/8 型芒刺式静电除尘器，新设备的效果比常规的机械除尘器明显好，楼顶排放的烟气颜色与周边空气差别很小。

吴英华 以前在高层民用建筑锅炉房里没用过静电除尘器，在华亭宾馆项目里是怎么实现设计落地的？

| 陆仁德 华亭宾馆是上海首个在高层民用建筑锅炉房系统中配置静电除尘器的项目。这个工程比较特殊，当时国家供油紧张，华亭宾馆的锅炉房必须以煤为燃料，但华亭宾馆北面紧邻多栋高层住宅，附近居民听说宾馆内有柴油机房、锅炉房及其他设备机房，担心噪声、尘埃等影响环境，写了联名信提意见，上级部门也很重视。在种种客观条件下，我们的设计只能从除尘、防震、隔音等方面去努力设法改善。

动力组选定了 3 台 SHL-6.5/13 型燃煤链条炉排锅炉后，对燃煤锅炉烟气除尘问题进行分析研究，有四种选择：一是用当时锅炉配套供应的 PW 离心式除尘器；二是改用布袋式除尘器；三是采用水膜式除尘器；四是选用静电除尘器。经过专家综合论证，对比优缺点，在锅炉房用地面积大幅度缩小，又要求除尘效率高的情况下，我们取得甲方同意增加投资支持，最终决定选用静电除尘器方案。

为使静电除尘器在运行中取得更好效果，我们又采取了三个措施对设备进行改进：第一，静电除尘器极距由 260 毫米改为 300 毫米，使收尘极上沉积的粉尘导致放电极与收尘极间电压下降的情况减少，有利提高除尘效率。第二，电源由交流电变直流电，在设备系统中加了电整流器。第三，在除尘器内部加振动铁，每隔 1 小时振动一次，使过流吸收的烟灰落到灰槽里，再由刮板输送机连续输送到收灰点。过去的电除尘器吸尘面是点状或者丝状的，吸尘后由自重落下，灰尘多了会卡死，降低了连续性吸尘也就降低了吸尘效率。当时一般的设备除尘效率只能做到 80% 左右，我们设计的这款静电除尘器除尘效率可以做到 90% 以上，具有除尘效率高、阻力小、操作方便的优点。后来还在千鹤宾馆工程中应用了两套，使用效果良好。

吴英华 除了应用静电除尘器，动力设计方案还有什么创新和突破?

| 陆仁德 华亭宾馆客房多达上千间，每天清洗的床单、被套、毛巾、衣物等数量很大，洗衣房设备用蒸汽压力定为 0.9 兆帕，锅炉供气压力定为 1 兆帕，由此造成凝结水回压高，产生的二次蒸汽量多。当时动力设计对二次蒸汽的利用率很低，一般选择在建筑物旁边直接排放掉。华亭宾馆的二次蒸汽量太大，为安全起见我布置了排气管直达二十五层屋顶排放，这一做法在以前是没有的。

| 虞晴芳 锅炉房的烟囱设置位置有明确规范规定，当时需要独立设置并且有高度要求。在华亭宾馆用地的范围内按规范规定难以解决，最后与建筑、结构专业共同讨论，决定把烟囱设到主楼内，烟囱出口设在主楼楼顶标高 96 米处。现在这样的设计已经很多了，当时还属于新的设计思路。

火灾报警系统国内刚起步

吴英华 您先给我们讲讲华亭宾馆的强电设计情况。

| 邵民杰 华亭宾馆是我进院刚刚两年做的项目，当时我们电气至少半个小组，六七个人一起做这个工程。组长游俊璧，副组长丁文达、邵振华，组员有姜新华、李定鑫[37]、江有刚、赵黎影等。当时刚刚改革开放，国内设计院对高档宾馆还没有太多经验。对强电专业来说，华亭宾馆应用的很多系统都是全新的，不仅数量多，还很复杂。我们小组在游俊璧组长的统一指挥下，每个人负责一块系统，我主要是做电气消防报警系统。电气消防的设计，现在有火灾报警、电气火灾监控、防火门监控等，华亭宾馆当时只有火灾报警系统。我们以前设计的一般建筑里没有火灾报警系统，只好开介绍信到上海科学技术情报研究所看一些国外的资料做参考。

吴英华 最终华亭宾馆的火灾报警器选定的是进口还是国产的?

| 邵民杰 当时国内生产的是老式的多线制火灾报警系统，但国外的火灾报警系统已经朝着少线、二线制方向发展。在华亭宾馆项目中，我们想和国内厂家合作开发新式的探测烟雾报警系统，先后和北京的“401”所[38]，西安的“262”电子厂[39]探讨过多次，特别是与西安的“262”电子厂的工程师一起设计研究。双方的工作做了许多，但国内企业的技术水平尚未达到国际先进水平，还是存在不少的差距，最后还是用了进口产品。我记得用的是瑞士的西伯乐斯[40]（CERBERUS）探测烟雾报警系统，这个品牌在当时属国际先进品牌，一点点烟雾都能通过小探头准确探测到。这个事情还有个后续，我们和西安“262”电子厂技术人员沟通了一年多，虽然最终“262”电子厂没有做出符合我们要求的火灾报警器，但是这位工程师的个人技术水平提高了不少。后来他辞职在上海开了个厂叫松江飞繁电子有限公司[41]，专门做火灾报警系统。从 20 世纪 90 年代开始，这家厂持续多年引领了我国火灾报警系统领域的先进技术水平，如今在国内还蛮有名气。

火灾报警系统控制线的防火性能要求比较高，当时国内没有耐 750℃高温的防火线。后来通过香港的贸易公司得知，日本产的 FP-200 防火线 750℃高温下可以耐火 60 分钟以上，基本能满足宾馆设计的防火需求。当时没机会实地考察，后来 1990 年单位派我去日本进修一年，我还专门去日本企业看了生产测试演示。当然，现在这种线也被淘汰了。

吴英华 您主要设计了华亭宾馆消防报警系统，其他电气系统的情况也想请您介绍一下。

| **邵民杰** 华亭宾馆的供电系统产品，采用的是日本东芝（TOSHIBA）进口的干式变压器。国内当时只有油浸变压器，着火的时候油会燃烧，按照规范要求是不能设置在建筑里面的，所以变电站都单独建在室外，用油浸变压器没问题。关于配电系统，当时国内的开关、断路器体积很大，性能不突出，产品技术指标并未与国际标准接轨，系统复杂一些就达不到要求。国外的产品体积小，而且性能指标好些，所以较多采用。

吴英华 华亭宾馆里设计了楼宇设备自控系统（Building Automation System-RTU，以下简称“BA系统”）您了解吗?

| **邵民杰** 华亭宾馆的 BA系统设计我曾参与过，但不是我负责的[42]。华亭宾馆在上海民用建筑中首次使用 BA系统，是美国霍尼韦尔（Honeywell）公司的 DELTA1000 系统。通过和对方的技术代表交流，我们才知道建筑里面的机电设备可以通过自控系统来管理。这种技术之前在国内民用建筑里面没有用过，最多是在工业建筑里有。大家一起探讨系统怎么控制，马达的启停、风机的节能要采取什么模式等。强电专业里面，供配电系统发展比较成熟，但消防、BA当时属于新增的系统，只能通过工程慢慢增进了解。那时候国内没有厂家可以做 BA系统，更没有技术人员，只有国外企业派驻中国的技术和销售人员能提供一些相关的产品资料。

由于设计人员和业主对 BA系统都不熟悉，为了达到比较好的使用效果，设备安装好以后花了好几个月来调试，把性能调得比较好。甚至有些回路到宾馆开张时还没调出来，要根据运营情况继续优化。BA系统比较复杂，控制的设备也多，像送风机盘管、新风机、空调机、冷冻机、照明等都要控制。大家也是边学边干，边调试边摸索，做完一个工程就大体知道了。

吴英华 请您谈谈 20 世纪 80 年代到现在电气技术的简要发展历程，以及同时期国内和国外的水平差距。

| **邵民杰** 1985 年以前，国内的电气标准、产品、技术和国际上的水平相比确实差距大。20 世纪 80 年代以前的电气标准主要是参考苏联，实际当时苏联和欧美、日本比起来还是落后很多。20 世纪 80 年代中期以后，国内的发展开始起步，面对差距，国内的电气企业觉察到国内市场对电气设备的新需求，开始制造、研发，甚至仿制。我们的技术水平也跟着发展，例如国内的电气标准慢慢向国际 IEC 标准[43]靠拢。等到建完华亭宾馆等一批重点项目之后，陆续制定了相关规范。国内 1988 年颁布了第一版《火灾自动报警系统设计规范》（GBJ 116—88），我院当时的电气专业副组长丁文达也参加了规范编制。20 世纪 90 年代开始，一些先进设备逐步实现国产化。大量合资企业提高了国内的整体技术水平，虽说跟国际上一流的设备还有差距，但在国内的市场上还是比较高端的。国内企业通过学习和模仿国外先进技术，产品也有了长足进步。2000 年以后许多国内企业开始和国外对标，到现在我们跟国外技术的水平已经慢慢接近，但是电气设备的制造、设计理念、对技术的理解还比不上国外先进企业。因为国内电气设备企业真正自己搞研发创新的不多，以跟学为主，基本要落后国外若干年。

现在的强电专业，从 20 世纪 80 年代末开始，手绘逐步转为电脑设计后，辅助设计工具不断提升，设计变得更有效率；同时电气设备尺寸越做越小，设备机房可进行一体化合并。近 20 年来通信技术、网络技术、电子技术、无线电技术的快速发展，对机电设计的智能化、智慧化起了很大作用，也大大方便了管理者和业主方控制操作的要求，提升了管理效率与水平。

弱电设备几乎没有国产货

姜海纳 您是怎么参与到华亭宾馆项目中来的？

| **吴文芳** 我是1983年2月进华东院工作的。组里孙传芬老师带我做了第一个项目——大柏树电缆研究所的十层办公楼。华亭宾馆是组里袁敦麟老师负责，他先做初步设计，后面我也参加进来，一直做到项目竣工。袁敦麟是我们弱电专业当时的4位前辈之一，也是弱电组的大组长，负责管技术。他从上海交通大学少年班毕业后分配到邮电部工作，华东院成立的时候设立弱电组，特地把他调进来。华亭宾馆弱电方案是他的原创设计，当时要求设计按照四星级宾馆国家标准来做。我是帮他描图，跟着学习。这个项目之后我就出师了，带着华亭宾馆积累的经验独自做衡山宾馆项目。

吴英华 华亭宾馆不是五星级酒店[44]吗？

| **吴文芳** 设计的时候总体按照四星标准，内部大堂建筑装潢达到了五星标准，客房只有四星标准。当时国家的设计标准比较低，华亭宾馆主楼限高100米，又要设计出上千间客房，只能压低层高，包括客房面积也很小。

吴英华 据说华亭宾馆的弱电设计采用了桥架？

| **吴文芳** 我们院肯定是在华亭宾馆项目中首次使用桥架。当时桥架还是很新的东西，是从国外引进技术在国内生产的。做华亭宾馆的时候，我们发现一个房间要接的线很多。最早的设计是用钢管穿线，后面发现距离很长，没法施工，就想到用线槽。那时候不像现在，有材料厂家主动上门推销，想用的材料要自己去找。院里总师室的信息稍微多一些，当时电气专业的主任工程师李克昌[45]给了我一个厂家的联系方式。这个厂家在镇江扬中刚刚开始做桥架，我们咨询清楚以后又到厂里实地考察。当时弱电专业配套相对容易，走道里用一根桥架就把线路问题都解决了，到了房间再用管子接下去。

吴英华 华亭宾馆属于等级比较高的宾馆，配备的一些娱乐设施、厨房工艺，像保龄球室、迪斯科舞厅、土耳其浴室、日本餐厅、英国餐厅，这些新事物大家当时不大接触，弱电是怎么做的？

| **吴文芳** 这些都是由袁敦麟跟施工方对接，他们要提要求，我们配合需求设计，把线路留到位就可以了。当时很多东西我们都不了解，酒店管理系统是管理公司带进来的。华亭宾馆用的是喜来登集团的专业酒店管理系统，我们不需要设计，对方指出来几个位置留下线，同轴电缆在几个点留好接口。餐厅也是这样，一整套系统都是他们自己带进来的。那时候IBM刚推出同轴电缆传输技术，这一套酒店管理系统是项目里唯一应用了网络的部分，酒店用同轴电缆来传递酒店管理系统的数据。当时网速非常低，才每秒几千字节，只能传传名单、菜单之类的简单信息。

吴英华 华亭宾馆的弱电设计有通信、电视天线和闭路电视系统，还设计有音响和同声翻译系统，当时算是比较少见的？

| **吴文芳** 那个时候没有有线电视，只有共用天线，装在屋顶上的接收电视信号，频道也很少。华亭宾馆是涉外宾馆，必须要提供海外的电视节目源，所以做了卫星天线。当时这些都由国家管制，要到指定地方去申请接收器，不然频道是锁定的没法收看。在多功能大会议厅里我们设计了同声翻译和音响，是整套引进索尼（SONY）的设备，当时进口日本的设备比较多。

姜海纳　华亭宾馆里安装了安防报警系统、监控系统吗？

| 吴文芳　这个项目已经引进了监控系统，在进出通道这一类地方，但是用得非常少，因为当时监控系统巨贵无比，多了用不起。交换机用的加拿大北电的产品，监控是日本松下的品牌，电视和共用天线都是引进日本索尼的，这些当时都没有国产设备。

吴英华　您刚才提到的这些设备没有国产的？

| 吴文芳　当时弱电设备几乎没有国产，国内就只有配套的管、线，其他的设备基本都进口。性能好些的线，像我刚刚说的同轴电缆也是引进，价格很贵。华亭宾馆只有酒店管理系统配了几根同轴电缆，一共十几个点。现在弱电产品的国产化率已经相当高，比如说交换机等网络设备，华为、新华三等品牌基本都是国产；监控设备像大华、海康等产品也都不错。

现在的弱电设计已经不是单纯做硬件，更多是以做软件和平台为主。为什么要做云计算？因为采集的大数据分析后有可利用价值。应该说 2015 年之前，多数还是硬件设备为主，设备联动后将获取的信息存储下来，有问题再人工检查。原来浦东机场一期、二期设计配置的监控设备就是这样，现在发展的技术是后台软件自动分析，软件编好了通过计算机进行快速处理，可同时处理几万路的信息，服务器的处理量是非常大的，现在“超级计算机”的应用已经很广泛。

姜海纳　这些是不是说明弱电专业在未来的发展中重要性会越来越高？

| 吴文芳　对弱电来说，设计心态要放好，在建筑设计院里弱电专业是小工种。弱电要做好，不是单个专业做好就行，必须与各专业配合好，从大局出发，照顾大工种。暖通、强电、给排水的设备、管道太大，弱电肯定要让。设备上的安装跟建筑美观也要结合，弱电系统架构我们能把控，但是还要配合其他工种，像建筑空间、立面要求等。

1　王董建筑师事务所于1963在香港成立。1984年注册成为王董建筑师事务有限公司。1975年集团下辖的王董国际有限公司正式成立，专责处理香港地区以外的建筑规划事务。20世纪七八十年代已在东南亚展开范围广泛的规划及建筑设计服务，1978年起开始承接内地业务。1984年注册成为王董建筑师事务有限公司。王董国际有限公司执行董事谭国治先生协助研究团队寻找华亭宾馆设计方案主创建筑师未果后，提供了公司留存的华亭宾馆图纸、模型和建成照片，在此深表感谢。

2　张胜武，男。20世纪80年代任华东院四室结构组长，华亭宾馆项目前期担任结构专业负责人，项目期间离职。

3　周礼庠，见本书花园饭店篇。

4　根据资料记载，田文之于1983年5月25日至6月4日，为华亭宾馆项目赴香港考察，初步了解了旅馆室内设计的情况和趋向。

5　根据资料记载，田文之是华亭宾馆裙房建筑专业的设计负责人。

6　现华建集团建筑装饰环境设计研究院有限公司，系沪上首家以“环境设计”冠名的从事室内外环境设计的专业企业。

7　李永宝（1928.2—2005.10），1949年10月参加工作，1952年3月进入华东院，1988年2月退休。华东院主任建筑师，华亭宾馆项目设计总负责人。

8　张培杰，男。华东院建筑副组长，华亭宾馆项目前期担任建筑专业负责人，施工图设计期间离职。

9　雁荡公寓是合资兴建的高级公寓，地处雁荡路复兴公园东侧，建筑面积为24 280平方米，总高度83.5米，共28层197套住宅。建筑为内筒外框全现浇钢筋混凝土结构，加气砌块填充密肋楼板，外墙全部铺贴淡棕、深棕、橘红色的意大利玻璃马赛克。

10　樊龙泉（1938.5—2008.8），男。1957年1月进入华东院工作，1998年6月退休。华东院结构高级工程师，华亭宾馆结构专业主要设计人之一。

11　朱银龙，男，1937年2月生。1962年10月进入华东院工作，1998年2月退休。华东院主任建筑师，华亭宾馆建筑专业主要设计人之一。

12　游俊璧，男，1934年4月生。1953年2月进入华东院工作，1989年7月退休。华东院强电专业副主任工程师，华亭宾馆项目强电专业负责人。

13　袁敦麟（1933.2—？），男。1953年9月参加工作，1957年11月调入华东院，1998年2月退休。华东院弱电副主任工程师，华亭宾馆项目弱电专业负责人。

14　王巧臣（1931.8—2019.8），男。1953年2月进入华东院工作，1991年9月退休。华东院暖通专业副主任工程师，华亭宾馆项目暖通专业负责人。

15　计育根，男，1934年11月生。1951年7月参加工作，1973年7月调入华东院，1999年11月退休。华东院顾问总工程师、党委书记、暖通副总工程师。根据资料，他担任了华亭宾馆初步设计暖通专业负责人，对设计原则和方案起到重要的技术指导作用。

16　当时沈久忍所在的第四设计室二组被合并到第三设计室。

17　方鉴泉（1917.7—1997.8），男，安徽歙县人。1941年毕业于上海之江大学建筑系。1949年前，曾在华盖建筑师事务所、王华彬建筑师事务所、上海新新实业公司地产部、上海信托局房屋地产处、树华建筑师事务所等处从事建筑设计工作。1952年5月进入华东院，1988年1月退休。华东院顾问总建筑师、技术顾问委员会主任，教授级高级建筑师。参与和主持设计的重要项目包括曹杨新村、长春第一汽车制造厂生活区、上海原中苏友好大厦、大连造船厂扩建、福州大学、四川眉山邮电器材厂、邮电科学研究所等。根据资料，在王董建筑师事务所提供的既定方案基础上，方鉴泉根据甲方新的使用要求，对原方案做了修改调整，并审定主要设计。

18　“宾馆按功能和消防安全要求，共设置十八部电梯。其中八部由电脑群控制的高速客梯，置于突出‘S’形主楼前的圆筒形电梯厅内，旅客等梯时间30秒左右，其中两部观光电梯为上海首举，入夜，观光电梯底部变幻灯光色彩蔚为壮观，成为华亭宾馆的标志。”详见：朱银龙《华亭宾馆》，《华中建筑》，1987年，第4期，22-25页。

19　“全玻璃幕墙指面板和肋板均为玻璃的幕墙，玻璃既作为饰面，又作为承重结构。在玻璃幕墙体系中，全玻璃幕墙最为透明、晶莹，可用于打造通透的建筑大空间。”详见：缪锦婷《全玻璃幕墙设计》，《山西建筑》，2020年，第8期，29-31页。

20 约翰·波特曼，美国建筑大师，约翰·波特曼建筑设计事务所创始人，曾获普利兹克奖、美国设计建造协会终身成就奖，被誉为“中庭之父”“改变了全世界城市天际线的设计师”。他认为建筑必须服务人类，在设计中强调人与空间和环境的相互作用。

21 “从20世纪60年代末开始，波特曼就凭借其设计的一系列旅馆建筑蜚声国际，其所谓的‘三件法宝’（共享空间、玻璃观光电梯和旋转餐厅）被认为是取得成功的关键，其中‘共享空间’即‘以一个大型的建筑内部空间为核心，综合多功能的空间，这种空间引入自然，着意创造环境’又被视为是所有手法的核心理念，成为80年代中国建筑师竞相效仿的前卫手法。”详见：周鸣浩《重返八十年代的中国建筑：关于“西学东渐”的“历史化”考察——以“共享空间”概念的本土化为例》，《时代建筑》，2016年，第4期，161页。

22 根据记载，1985年5月27日—6月8日，李永宝、汪大绥等到日本以及中国香港等地考察，顺利完成原定的铝合金窗物理力学性能试验任务。

23 《华亭宾馆筹建工作报告》记载：“待签订管理合同后，施工设计基本上已完成。管理人员又对设计提出不少修改意见，如取消日本餐厅改为商务中心，修改餐厅、厨房布置，修改咖啡厅等，尤其厨房设备布置一改再改，施工完成后又改，造成很多人力、物力和时间的浪费。”

24 喜来登是世界500强的喜达屋饭店及度假村管理集团旗下的品牌。喜来登管理期间，其客源系统为华亭宾馆输送了20%的客人，带来了30%的消费。

25 假日酒店，洲际酒店集团（IHG）旗下著名品牌，历史最早可追溯到1952年。

26 “1990年美国喜来登集团要求按该集团消防规程设置自动喷水灭火系统。为此对喷淋系统进行改造，确保自动喷水灭火系统为全保护。在设备机房、锅炉房、淋浴房、厕所、游泳池等场所增加喷头，在每层平面超过4700平方米时分开设置水力报警阀。为保护室外挑檐下面积，在室外增加干式报警系统，并在计算机房增加喷头保护。”详见：沈恭《上海八十年代高层建筑设备设计与安装》，上海科学普及出版社，1994年，15页。

27 许惟阳（1925.4—2005.12），男。1947年7月参加工作，1953年3月进入华东院工作，1988年1月退休。华东院顾问总工程师、结构副总工程师。

28 因华亭宾馆体型复杂对测量数据精度要求很高，施工单位测量时采用偏角法与转角度和拉半径方法进行施测，反复测定弧度数据，并且边打桩，边复核。详见：许业昭、周之峰《华亭宾馆工程S形型体的测量定位及标高轴线控制》，《建筑施工》，1986年，第4期，36-41页。

29 “华亭宾馆地下室埋置深度为－5.2～－10.7米，施工单位采取JS-45水射泵和W4真空泵进行了单排井点试验，几天后降水深度就达到了8.5～9.0米。”详见秦全民《华亭宾馆工程不规则基坑的井点抽水》，《建筑施工》，1986年，第4期，41-42页。

30 “华亭宾馆主楼结构的一个特点是设有转换梁。转换梁设在技术层，梁高5.85米，跨度9.07米，系多跨连续深梁，各跨的跨中作用着由上部柱子传来的500吨左右的集中力，加之梁在水平面呈弧形，并开了较大洞口，受力相当复杂。”详见：沈恭《上海八十年代高层建筑结构设计》，上海科学普及出版社，1994年，18页。

31 “1982年，华东院开发SPS-304高层建筑三维空间协同工作通用程序。”详见：张桦、高承勇、张鹏，等《建筑设计行业信息化（历程、现状、未来）》，北京：中国建筑工业出版社，2013年，125页。

32 “华东院是国内最早自主开发‘高层建筑空间薄壁杆件结构计算程序’的单位，在全国第一个使用TQ-16计算机来解决高层建筑结构计算问题，第一个项目就是高达100米的上海电信大楼，之后上海联谊大厦、华亭宾馆、东方明珠等项目都引用此软件进行结构分析计算。”详见：张桦、高承勇、张鹏，等《建筑设计行业信息化（历程、现状、未来）》，125页。

33 许禄申（1938.2—2004.1），男。1958年10月参加工作，1964年7月调入华东院，2000年2月退休。华东院暖通副主任工程师。根据资料记载，许禄申是华亭宾馆扩初及施工图暖通专业的主要设计者，施工图后期工程负责人，工作主要包含主楼及综合楼的中央空调系统、自控系统暖通设计，并参与全面施工和调试运转配合。

34 文章以华亭宾馆为例进行了转轮式全热交换器的应用分析，经计算仅增加投资34 554元，是一项较为经济的节能设计。详见：张仁豪、胡仰耆《上海地区应用转轮式全热交换器的经济分析》，《建筑技术通讯（暖通空调）》，1985 年，第 5 期，23-26 页。

35 “华亭宾馆饮用水经石英砂过滤—活性炭吸附工艺对饮用水进行深度处理、加氯消毒处理后水质各项指标达到国家饮用水标准和日本饮用水标准，可满足宾馆饮用水质的需要。”详见：潘德琦、舒其霖，等《华亭宾馆饮用水深度处理试验》，《建筑技术通讯（给水排水）》，1985 年，第 6 期，23-24 页。

36 “污水处理流程为：粗栅—一次沉淀池—生物转盘—二次沉淀池—消毒接触池—排放。”详见：沈恭《上海八十年代高层建筑设备设计与安装》，10 页。

37 李定鑫，女，1939 年 1 月生。1960 年 5 月参加工作，1964 年 11 月调入华东院，1997 年 11 月退休。华东院电气高级工程师。根据资料记载，她是华亭宾馆主楼、二号楼电力系统、空调系统、冷冻机房、锅炉房及宾馆 BA 系统主要设计人。

38 “401”所，中国原子能科学研究院，属于军转民企业。

39 “262”电子厂，西安核仪器厂，属于军转民企业。

40 “自动报警及控制系统全套设备，采用 CERBERUS 公司生产的 C2-10 系统，包括 CT100-01 消防显示、控制台、C2-10 消防报警、控制机、CP100-01 总控柜等。”详见：沈恭《上海八十年代高层建筑设备设计与安装》，第 16 页。

41 上海松江飞繁电子有限公司成立于 1985 年，是国内专业研发、生产制造、销售火灾自动报警控制设备的知名企业。

42 根据资料记载，华亭宾馆 BA 系统设计主要由李定鑫负责，由中央控制室和两个终端室及 26 个数据收集盘组成，监控点约 900 个，对宾馆空调、给排水、供配电、电梯、锅炉等设备进行遥感遥测，使设备运行在最佳状态。

43 IEC 标准是 IEC（International Electrotechnical Commission）国际电工委员会标准的简称。

44 根据《上海文化年鉴（1991）》上海星级饭店一览表和《上海统计年鉴（1992）》旅游涉外星级宾馆一览表对比，华亭宾馆 1986 年建成开业后在星级评定中被评定为四星级宾馆，1991 年才提升为五星级宾馆。详见：刘振元《上海文化年鉴（1991）》，北京：中国百科全书出版社，1991 年，304 页。李懋欢《上海统计年鉴（1992）》，北京：中国统计出版社，366 页。

45 李克昌（1935.1—2009.5），男。1953 年 3 月进入华东院工作，1997 年 11 月退休。华设工程咨询监理有限公司总工程师、华东院电气主任工程师。

隐藏于平凡背后的探索 —— 百乐门大酒店口述记录

受访者简介

程瑞身

男，1932 年 9 月生，江苏苏州人。1954 年毕业于苏南工业专科学校，同年 8 月进入华东院工作，1997 年退休。高级建筑师、华盖建筑设计有限公司董事、常务副总经理、华东院主任建筑师。担任建筑专业设计或工种负责人的主要项目有复旦大学图书馆、一机部工会杭州疗养院、上海第一医学院图书馆、上海电缆研究所高电压实验大楼、安徽交通学院、中国驻马里共和国专家宿舍、上海材料研究所、上海第一商业局温州路高层住宅等。作为工程设计总负责人或主持设计的大型工程有大柏树沪办大楼、联合大厦（陆家宅沪办大楼）、百乐门大酒店（静安旅馆）、上海广播电视国际新闻交流中心（广电大厦）、西凌小区（西凌家宅）等。曾获上海市优秀设计二等奖及优秀主导专业设计奖、城乡建设部优秀设计表扬奖。担任百乐门大酒店工程设计总负责人。

陈龙英

女，1952 年 1 月生，上海人。1975 年进入华东院工作，1977 年由华东院“721”大学毕业，2007 年 1 月退休。华东院给排水工程师。以专业设计负责人完成的项目有新金桥大厦（获 1997 年上海市建设委员会优秀设计一等奖、给排水专业二等奖）、上海万里小区二期（11、15）地块（获 2004 年度上海市勘察设计行业协会优秀住宅工程小区设计二等奖）、银东大厦、上海平安金融广场、杭州城市阳台、波浪文化城、宁波大剧院等项目。参与设计的《建筑排水设备附件选用安装》（04S301）图集获建设部 2006 年度全国优秀工程设计铜奖。担任百乐门大酒店给排水施工图设计、绘图。

朱金鸣

男，1958 年 5 月生，上海人。1985 年毕业于同济大学供暖通风专业。1976 年进入华东院工作，2004 年离开华东院后就职于上海现代建筑设计集团、上海建工设计研究总院，2018 年退休。教授级高级工程师、首批国家公用设备注册工程师、上海建工设计研究总院暖通总工程师。从事专业设计工作 40 多年，先后完成了上海银行、上海电视台电视制作综合楼、京沪高铁虹桥站、十六铺综合改造项目、西郊宾馆、九棵树（上海）未来艺术中心等工程的暖通设计，并获得了多项国家与上海市优秀设计一等奖等奖项。在国家级核心期刊等杂志上发表多篇论文，配合工程完成了多项科研项目。担任百乐门大酒店暖通施工图设计、绘图。

汪孝安

男，1953 年 7 月生，安徽人。1979 年进入华东院工作至今。全国勘察设计大师、华东院顾问总建筑师、首席总建筑师。先后主持了诸多重大项目的设计工作，诸如上海广播电视国际新闻交流中心、上海电视台电视制作综合楼、中组部办公楼、北京会议中心 8 号楼、中国 2010 上海世博会世博文化中心（梅赛德斯奔驰文化中心）、世博会博物馆、申都大厦、上海园林集团总部办公楼、百色干部学院、江苏广播电视中心、江苏广电荔枝文化创意园、武汉广播电视中心、湖北广电传媒基地、海南省委党校项目等，并在中央电视台新台址建设工程中作为设计合作团队中方负责人与荷兰 OMA 合作完成项目设计。曾获多项国家级、省部级及远东建筑奖杰出奖等奖项。担任百乐门大酒店建筑施工图设计、绘图。

陈姞

女，1957 年 8 月生，上海人。毕业于上海同济大学建筑系，1982 年 1 月进入华东院工作，2012 年 9 月退休。华东院建筑师、高级工程师。担任百乐门大酒店建筑施工图设计、绘图。

王世慰（1937.3—2022.2）

男，上海人。1962 年毕业于中央工艺美院建筑装饰系，同年进入华东院工作，2001 年退休。华东院室内设计所长、主任建筑师、上海华建集团环境与装饰设计院总建筑师。曾任中国建筑装饰工程协会常务理事、中国室内建筑师学会理事、上海建筑学会建筑环境艺术学术委员会副理事长。历年来主持参加的重大建筑装饰室内设计工程包括上海虹桥机场、浦东国际机场、上海新客站、上海地铁一号线、上海交银金融大厦、上海东方明珠、南通文峰饭店二号楼、苏州中华园大饭店、上海书城、上海青松城、上海久事大厦、上海百盛商场等。担任百乐门大酒店室内施工图设计、绘图。

缪兴

女，1955 年 1 月生，福建人。1984 年毕业于上海市卢湾区工业大学电气自动化专业。1975 年进入华东院工作，2010 年退休。华东院机电二院机电副总工程师。曾担任过多项超高层建筑、广电类建筑项目强电专业负责人，参与太仓棉纺厂、上海铁路新客站等项目的强电设计；担任武宁旅馆、杭州西泠宾馆改建、大名饭店改建、银东大厦、上海铁路南站（主站屋）、上海国际航运大厦、上海银行大厦、苏州润华环球大厦、上海北外滩白玉兰广场、武汉中心、杭州华为二期生产基地、上海由由国际广场、上海由由软件园、上海电视台、武汉广电大厦、江苏广电城、中央电视台新台址等项目的强电专业负责人。担任百乐门大酒店强电施工图设计、绘图。

采访者： 程之春（程瑞身之子，江欢成建筑设计公司）、张应静、姜海纳

文稿整理： 张应静

访谈时间： 2020 年 5 月 22 日—2020 年 9 月 23 日，其间进行了 7 次访谈

访谈地点： 上海市黄浦区汉口路 151 号，受访者家中或办公室

百乐门大酒店

百乐门大酒店实景

建设单位：上海静安区服务公司、上海新亚集团联营公司
设计单位：华东院
施工单位：上海市第三建筑工程公司、上海机械施工公司（基础施工）
安装单位：武林建筑工程有限公司
技术经济指标：用地面积 3207 平方米，建筑面积 27 784 平方米
开工时间：1985 年 12 月
试营业时间：1990 年 7 月部分试营业[1]
结构选型：框剪结构
层数：地上 21 层，地下 1 层
层高：商厦及商店层高 4.6 米，标准层层高 3 米
建筑总高度：72.7 米（与首层室内 ±0.000 处的屋顶相对标高为 72.1 米）[2]
地点：上海市静安区南京西路 1728 号

项目简介

百乐门大酒店原名静安旅馆，位于上海南京西路与华山路口。该项目建设于 20 世纪 80 年代，与上海历史上闻名的百乐门歌舞厅直线距离不到百米。酒店更名是受到百乐门歌舞厅时尚与摩登的影响，希望显得更加“洋气”。20 世纪 80 年代初，上海作为全国经济、文化交流中心和交通枢纽城市，旅馆的需求量日益增大，而供给量却严重不足，尤其需要在市中心核心商业位置建设高标准旅馆，百乐门大酒店便在这一契机下获批建设。该项目整合了原地块上的店铺，如大发南货店、新华书店等，建成后将这些店铺回迁至项目一至三层的部分空间，使其拥有较好的沿街面。百乐门大酒店有会议、住宿、餐饮、娱乐等综合性服务项目。原有店铺的回迁也让局促的场地空间得以高效复合利用，并成为上海 20 世纪 80 年代多业态综合商业雏形的典型案例。酒店试营业以后，缓解了上海当时住宿难的问题，为提升南京西路静安寺区域的商业、服务业水平起到一定作用。1991 年，百乐门大酒店获评城乡建设系统部级优秀设计表扬项目。

1. 主楼
2. 锅炉房
3. 辅楼

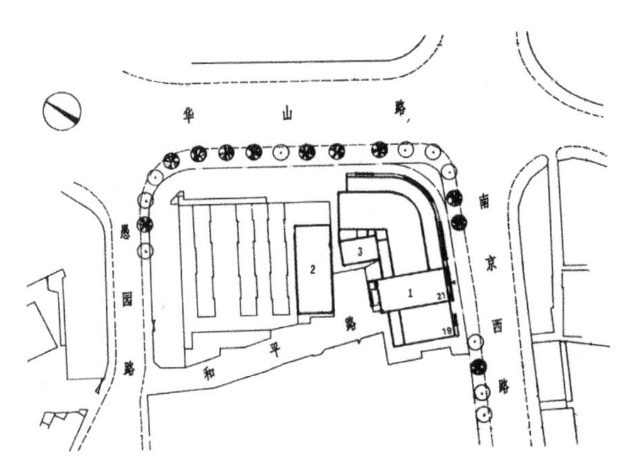

百乐门大酒店总平面图

1. 服务台
2. 客房
3. 卫生间

百乐门大酒店标准层平面图

1. 门厅
2. 大发南货店
3. 新华书店
4. 银行
5. 贮藏室
6. 煤气表间
7. 风机房
8. 值班室
9. 配电间
10. 电表间
11. 垃圾箱
12. 管理室
13. 开水间
14. 车库
15. 空调机房
16. 女厕所
17. 男厕所
18. 过街楼

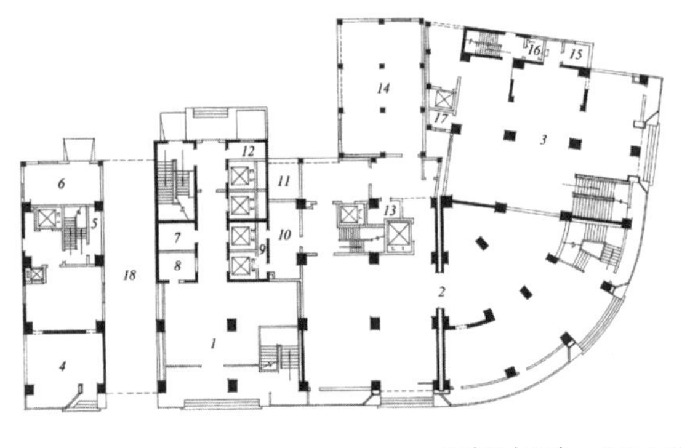

百乐门大酒店一层平面图

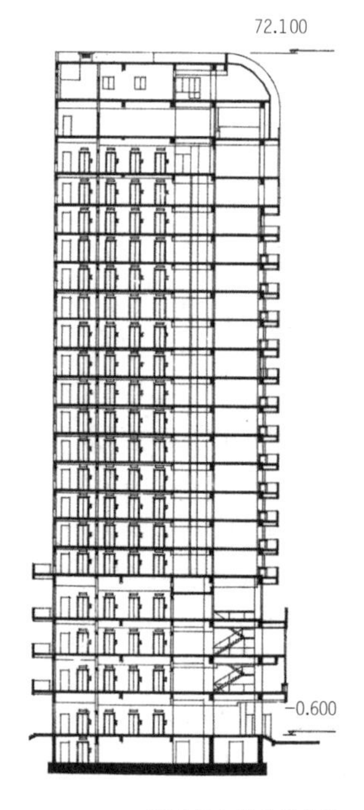

百乐门大酒店剖面图

小旅馆到高标准酒店

程之春 这个项目建于 20 世纪 80 年代，当时上海还没有太多高层建筑，其在项目立项中经历了怎样的过程，当时是在怎样背景下建设起来的？

| **程瑞身** 当时上海除了少数历史遗留下来的高标准涉外宾馆、饭店，可供商务及国内外观光客人住宿的旅馆数量偏少、标准不高，大多数属于标准较低的招待所。为了缓解这一矛盾，上海市第二商业局（负责服务业）准备筹建几个满足新时期需求的高标准旅馆项目，尤其在需求最迫切的市中心繁华商业地段，如黄浦区、静安区等的核心商业街区。

对于这一新的基建信息，我积极地与筹建单位保持联系，为前期策划工作出谋划策，也为华东院承接新的设计任务打下了基础。经过相当长一段时间的论证、协调，最终决定选址在南京东路、福建中路地块筹建海仑宾馆（原名南京旅馆），在南京西路、华山路地块筹建百乐门大酒店（原名静安旅馆），在漕溪北路、南丹路地块筹建建国宾馆（原名建国饭店）。经过一番努力，这几个高标准旅馆项目终于获批建设，我也如愿地为华东院争取到了这三个大型酒店的建筑设计任务。华东院同时承接三个项目，经综合考虑，海仑宾馆分配给当时的第四设计室（后改为三室），建国宾馆分配给当时的第二设计室（后改为一室），百乐门大酒店分配给当时的第三设计室（后改为二室），并由我担任百乐门大酒店项目的设计总负责人。

程之春 为什么将静安旅馆更名为百乐门大酒店呢？是与酒店定位有什么关系吗？

| **程瑞身** 由于该项目的设计、建设恰好处于我国从计划经济向市场经济转变的时期，原来的定位更多是为公务出差服务的旅馆、招待所，现在需要转变为主要服务商务差旅及旅游观光客的宾馆、酒店。因此，将项目名称从静安旅馆更名为百乐门大酒店[3]。一方面，业主希望通过更多样的功能、新颖的环境、独特的品牌来吸引客人；另一方面，也表达了对老上海曾经辉煌的商业娱乐文化的怀旧感，也由此可以看出当时在建设、投资、经营上的思维变化。

张应静 您对百乐门大酒店项目的设计初期有哪些印象？

| **陈龙英** 百乐门大酒店从项目筹建到最终建成经历了十余年的时间，这个过程也是多方协调努力的成果。业主最初的想法只是在拆除原先商户得来的土地基础上建设一个多层小旅馆与回迁底层商户，既增添部分改革开放初期不足的旅馆客房，也增加和改善了商户的面积和经营条件。项目设计总负责人程瑞身十分敏锐地感知到市中心这片土地的珍贵，他一次次与业主协调沟通，让项目的建筑高度得以不断提高，设计标准也不断提升，避免项目建成即落后的情况，并得以使用至今，获得了很好的经济收益和商用价值。

张应静 这个项目位于市中心，在工程设计总负责人（以下简称“设总”）和业主的共同努力下高度一直在增加，您对这个变化过程有哪些印象？

| **朱金鸣** 我印象中，这个项目筹建于 1984 年[4]，同年完成初步设计，1986 年完成施工图。在方案与初步设计过程中由于受到投资等多重因素的影响，设计周期经历了较长时间，而项目由最早的七层，变成了九层、十三层，最后变成二十一层的高层建筑。这个变化和当时的贷款政策有关，由于该项目贷款结合了旧区改造，因此政府给了较大的优惠。

做这个项目的时候，我经常跟着程总（程瑞身）去业主那边开会，他除了要负责方案本身，还要说服业主尽量把项目做得更好。我印象很深的是项目业主中有一个负责人叫毛祖民，我们都叫他毛经理，

他常跟我说的一句话就是“我本来小本经营是有点盈利的，但你们却让我背了债，现在变成帮银行打工了”。这恰恰说明那个时代的人们对贷款这个概念的不理解。

程之春　为什么要尽可能去提高项目高度与设计标准？

| 程瑞身　实际上，筹建之初受投资计划影响，这个项目被定位为利用拆迁、回迁商户建设旅馆及商业综合楼，当时的定位比较低。但项目占据了很好的位置，商业价值也极高，应该要尽可能地去利用政策，扩大建设规模。我就多次反复建议建设方，努力争取政策以及贷款上的优惠，将项目的建设规模、楼层高度、建设标准等逐步提高。至施工图设计时，主楼已经提高至二十层。

在施工过程中，因锅炉房受政策规定的影响需增加设备，设备荷载的增加使原箱形基础需改为钻孔灌注桩基础，设计要做较大的调整。趁此机会，我请结构工程师根据现场情况，复核计算主楼增加一层标准层的可行性。在客观条件满足的前提下，再次建议甲方增加投资加高一层，在其他设计条件基本不变的情况下，可以多一层共计 29 间客房的使用面积。业主方听完都非常高兴，当即同意进行设计调整，锅炉房、变电所的设计变更同时上报主管部门并获批。当时将项目不断加高，也是因为考虑到以前的小旅馆已经不能适应时代的需求，而酒店作为新时代的产物是有着更长远的市场竞争力的，我们也是为了建设单位的长远利益，所以尽可能地去提高设计和装修的标准，最终事实证明当时的决策是正确的。决策过程中，建设单位对扩大规模既高兴又担心投资采用贷款带来的不确定性与风险，但实际建设完成后，显著的规模效应带来长期持续的收益回报让建设单位非常满意。经过设计团队的一致努力，这个项目的使用效率和投资效益不断优化提升，我们把巨大的设计挑战转化为设计优化的契机，也体现了当时设计团队技术过硬又高度协作的能力。

对现代建筑初步理解下的设计方案

程之春　百乐门大酒店在建筑设计及功能布局上有哪些考虑？

| 程瑞身　项目位于商业繁华的南京西路和华山路十字路口的西北角，占据了路口转角并面向静安寺的黄金宝地。除酒店功能外，设计上需考虑原址大发商厦、新华书店等沿街商业网点的回迁面积。为了找到相对最优的设计方案，我们的设计团队提出了多个不同的方案，经过慎重比选，最终选用了汪孝安的方案。主楼平面呈“一”字加弧形，沿南京西路和华山路转角连续界面布置，将建筑的沿街面最大化。主楼东部街道转角处商业价值最高，让回迁的大发南货店和新华书店有了最好的沿街店面，在沿南京西路的主楼西端下布置酒店大堂及车行过街楼，为酒店提供相对安静独立的出入口门面。多种功能空间极其紧凑地在水平与垂直方向上组合、分布[5]，做到了使用便利、高效而又互不干扰。

张应静　在方案设计过程中主要考虑了哪些方面的问题？除了方案设计，还参与了哪些工作？

| 汪孝安　20 世纪 80 年代，中国经济刚刚开始复苏，百废待兴。那时候设计条件较差，创作水平也不高，大部分建筑设计都是以功能性为主，造价也比较低。实际上百乐门大酒店这个项目的设计主要还是和功能相关的，也算是对现代建筑的初步理解。

项目外立面采用玻璃马赛克饰面、铝合金外窗及局部玻璃幕墙。我认为比较有特色的就是这个水平带形窗的设计，因为项目距离城市道路很近，用这样的水平向带形窗，能够让建筑看起来更加亲切、有延展性，从而吸引人进入。当时玻璃幕墙才刚刚开始用起来，这个项目中用的铝合金门窗和玻璃幕墙还是西安飞机制造厂[6]（以下简称“西飞”）生产的，算是用得比较早的项目。我在这个项目中还参与了整个施工图的建筑设计部分。

程之春 当时应该还没有大量使用铝合金门窗，为什么会在这个项目中用到呢?

| 程瑞身 当时门窗多使用钢窗，这个项目是我第一次使用铝合金门窗的项目。我记得还开会专门让西飞的人来介绍铝合金门窗的好处，对比起来，它是比较新颖、轻便的。后来我们还专程到西飞去参观过，他们当时要求很严格，是不允许未经介绍随便参观的。

张应静 您对这个项目的建筑设计过程还有哪些印象呢?

| 陈姑 此项目在施工图阶段时，国内的建筑设计已经开始进入一个崭新的阶段。项目位于静安寺西侧，地理位置醒目，院领导很重视，于是请了凌本立[7]（时任华东院副总建筑师）做技术指导。由于项目是在多年前就已立项设计，到施工图设计阶段时，因项目定位、建设标准的提高以及审美的快速发展进步，原立面外观已大大落后于时代对新建酒店的要求。凌总对建筑外形的优化是在平面设计修改的基础上形成的，但最终是实现了外立面的修改。原外立面设计是很碎的，屋顶有突出的水箱、设备和电梯机房。优化后的方案将原设计每层自然形成的横线条做了归整，形成水平向横窗，并将暖通的风管与顶部功能整合到一起，在头部形成一个半圆弧的建筑形态（以下称“包头”）。这样的改动在当时来说还是比较时髦的。

张应静 竖向“包头”设计解决了什么功能上的问题?

| 朱金鸣 百乐门大酒店二至四层及高区有许多餐厅与厨房，由于厨房有大量油烟需要排放，排油烟的管井从二层一直通向屋面。根据环保的要求，既要满足高空排放、扩散半径、主导风向是下风向（的要求），又要实现不影响南京路的建筑沿街立面效果。这样一个竖向“包头”设计，既满足了功能的要求，又丰富了建筑立面的效果。

张应静 百乐门大酒店的室内设计主要有哪些特点?

| 王世慰 承接这个工程时，我们已经做过龙柏饭店、新苑宾馆等项目的室内设计，有一定的实践经验，但百乐门大酒店是作为高层三星级酒店，这种星级酒店的设计经验当时是没有的。项目的造价非常低，可谓是自主设计、用自己的材料、自己施工的“三自产品”，并且是按照三星级宾馆的标准下限来设计的。现场的客观条件也很有限，比如客房空间、公共部分空间都很局促，这样的条件下，要做出功能合理、满足要求、精益求精的室内设计是要花工夫的。好在当时项目的设总程瑞身以及业主都对我们十分信任，相信我们团队能很好地完成这个任务。

当时境外设计师来中国做设计已经开始逐渐多起来，我也会经常参加一些外方设计项目的评标。在沟通过程中，我们了解了境外设计师的操作方法，就把经验运用到我们的项目中。比如在流程上，先发动室内设计小组的所有同事都参与做方案，待方案调整完善后，给出一套有设计说明、公共部分和客房的彩色效果图，并注明相应的装饰材料，再与设总和业主沟通，通过之后才正式做施工图。值得一提的是，我们在确定方案后做施工图的过程中，就明确了要做样板间。这个过程特别关键，决定着客房的好坏以及总造价的高低。比如同样的效果，材料选便宜些的，造价就会低一些，整体核算下来就便宜很多。当时做好样板间以后，业主、设总与院内领导都来参加评议，我们将大家反馈的意见调整至满意之后，最终以此为样板，再投入客房的全面装修施工中。至今，样板房的形式已经被普遍采用了。

受房间空间小的限制，做室内设计的时候，在满足功能使用要求下尽量做到实用简洁，柔和不突兀。最后的效果，无论是客房，还是大小餐厅、包间、娱乐设施、会议室等，从建筑装饰的角度来说还是到位的。在 1990 年 7 月 19 日百乐门大酒店试营业时，业主和酒店住客都是满意的。2003 年 7 月，酒店经评审正式晋升为三星级旅游酒店，这也是说明我们的设计是成功的，值得庆贺。

程之春 酒店设计还有其他有特色的地方吗？

| 程瑞身 酒店的标识设计是我院的室内设计师庄黎华[8]设计的。当时业主方为了更好地塑造百乐门大酒店独特的品牌，项目筹建处在报刊上面向社会公开征集店标图案[9]，这一举动反响热烈，收到了大量的应征稿件。我们的设计能脱颖而出，恰恰离不开标识设计创作与建筑和室内设计的紧密结合。店标制作完成后，被放置在酒店入口竖向“包头”体块的顶部，很好地契合了“百乐门大酒店”的品牌[10]形象。

螺蛳壳里做道场

程之春 这个项目在结构设计和施工上有什么特点和难点？

| 程瑞身 这个项目由主楼、七层辅楼及锅炉房三部分组成。主楼采用钢筋混凝土框架剪力墙结构，根据建筑平面适应城市道路的形状，将其分为一个矩形和另一个矩形加扇形的两个结构单体，设置变形缝后内部连通。七层辅楼与主楼贴邻，采用钢筋混凝土框架结构，设变形缝后与主楼连通。22 米高的锅炉房为钢筋混凝土框架结构。各功能单体拥挤在狭小的场地中，给设计与施工带来了极大的挑战。

由于该单体处于新旧建筑物包围中，需综合考虑对邻近建筑的影响，设备水平与垂直运输、安装及投产后维修，同时要协调好城市地下管线与酒店各类管线的连接及室内外管线的总体平衡，我们在这个项目的桩基设计上创新地采用了钻孔灌注桩基础[11]解决了这些问题。钻孔灌注桩技术在华东院尚属新尝试[12]，在全国应该都还没有其他案例可循。为了验证其可靠性，还做了大量的桩基测试试验[13]。这个项目的结构工种负责人是胡德莲[14]，韦兆序[15]、杨君华[16]也是结构设计的主要参与者，院内提供技术支持的是地基基础专家许惟阳[17]。

奖状

华東建筑設計院

你單位 百乐门大酒店 項目被評為

一九九一年城乡建設系統部級優秀設計

表揚項目

特此表彰

百乐门大酒店获奖证书

程瑞身提供

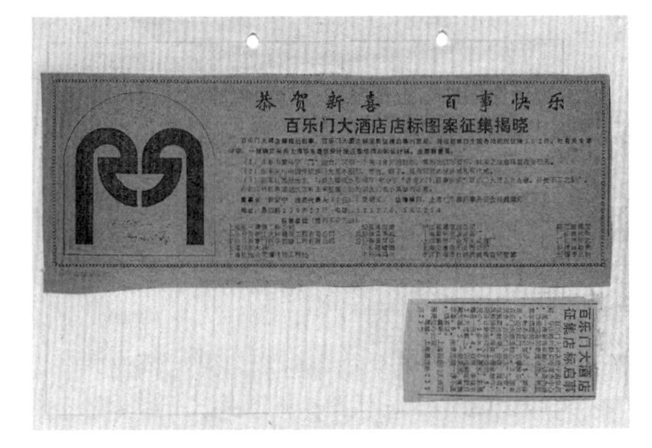

百乐门大酒店标识设计招募及中标情况报道

程瑞身提供

张应静 据悉，这个项目周边环境十分复杂，管道设计是不是难度很大？

| 陈姞 项目周围被其他建筑包围，总体管道在有限的空间中布局难度很高。为此，设计师们特地画了局部管道剖面图，各专业在非常有限的空间中合理安排了管道设计。

张应静 是否设备机房也面临空间不足的情况？

| 缪兴 该项目由于用地紧张，建筑布置在转角处并形成沿街弧形，主楼后面还建造了一幢七层高的辅楼，与主楼由一个公共走廊连在一起。为了使主楼的使用面积最大化，当时考虑将变电所、物业用房、空调设备用房、锅炉房等都设置在辅楼里。由于辅楼的用地面积也很紧张，所以在该项目中做了二层的变电所，其中一层设置了高压配电柜和变压器，二层设置了低压配电柜，对变电所的面积进行压缩。虽然这样的做法从使用与维护上来讲还是不太方便的。设计时关于电缆的配出也较为麻烦，进到二层之后，还要将大量的低压电缆从二楼引至旁边的主楼一层低压配电间，配电干线的敷设与其他专业管道的配合相对复杂很多。但是二层变电所的设计在当时还是很有特色的，尤其在民用建筑里用得特别少。该项目参加市里评优时还拿到了电气专业二等奖，据说在评审时，评委看了图纸后觉得该项目二层变电所布置合理且有特色。

张应静 这个项目后来被改造过？

| 王世慰 是的。项目地块周边场地紧张，附近很难停车，接待团体游客有一定的困难。此外，一层沿街都是商铺回迁，沿街面显得凌乱无序，没有一个开敞的酒店大堂入口空间。

2012 年酒店经整体改造，调整后入口已经改到了大楼西侧[18]，沿街面上另辟通道可进入，且改造后的入口广场十分宽敞。酒店也更名为“百乐门精品酒店”，百乐门大饭店改名为“百乐门大都会”。底层业态也因入驻了宜家家居静安城市店使得城市沿街面面目一新、整齐划一。内部功能也经过重新调整，将客房面积扩大了。外立面重新改造后采用通透的玻璃幕墙将室内和室外融为一体。唯一没有改变的就是百乐门大酒店原先的标识。

改造后的百乐门大酒店沿街面实景
张应静摄影

改造后的百乐门大酒店入口广场实景
张应静摄影

物资匮乏年代里设计的折中与创新

张应静 在 20 世纪 80 年代高层建筑的强电设计与现在相比，有哪些不一样的地方？

| 缪兴 当时的高层建筑还是很少的，有针对性的规范和项目经验也少。

当时该项目选用了两台 6.3 千伏安的变压器。这个电压等级若干年前在市政电网中已经被逐步淘汰，现在本市项目常规的供电电压等级一般为 10 千伏和 35 千伏。由于当时电力资源紧缺，项目用电量的使用受限制，尤其是空调冷源和设备用电是民用建筑里耗电量的主要系统，因此该项目中空调系统采用了溴化锂空调机组，电量使用的压力相对而言小了很多。

| 朱金鸣 由于受场地限制，当时在项目中只选用了一台双效吸收式溴化锂机组，这个机组是由上海第一冷冻机厂[19]从美国特灵（TRANE）公司[20]进口样机进行组装，我们在设计过程中配合厂方吸收、消化了大量的国外资料。

溴化锂机组在工业建筑中有使用，在民用建筑中采用该机组并不多。很多工业建筑，譬如纺织厂建在发电厂（也称为热电厂）周围，可以利用来自发电厂的低品位余热蒸汽[21]。溴化锂机组最主要的特点是几乎不用电力，而是将蒸汽作为机组的热源来进行制冷，因此吸收式溴化锂冷水机组作为空调制冷源是解决当时上海市用电不足矛盾的最好选择。20 世纪 80 年代的一部分建筑物采用自备锅炉生产蒸汽提供给溴化锂机组，从效率上来讲是不高的。吸收式溴化锂冷水机组有两个缺点：第一是体积较大；第二是衰减比较快，会造成能效下降，管理、安装与调试也相对复杂，如遇温度过低，容易结晶后导致机组无法开启。

值得一提的是，这个项目里吸收式溴化锂冷水机组控制系统采用了气动阀门形式，气动阀门比电动阀门更加平稳一些。为此我们还专门设计了一套无油润滑压缩空气系统。受场地等条件限制，该项目的冷源机房设置在辅楼的七层，在结构设计与吊装方案制定等方面，我们采取了许多有效手段与措施。除完成设计外，我还参与配合了全过程的现场安装调试等工作。

姜海纳 溴化锂机组使用蒸汽作为热源，那么百乐门大酒店周围没有发（热）电厂，蒸汽从哪里来的呢？

| 朱金鸣 周围没有城市蒸汽热网，溴化锂机组使用的蒸汽是我们自己设计的烧煤（半）散装锅炉。当时能在市中心的位置做这样一个锅炉房也是很不容易的。

姜海纳 什么是（半）散装锅炉？

| 朱金鸣 所谓（半）散装锅炉，并不是像现在一样直接买回来的就是成品的成套锅炉，而是部分需要由设计师进行设计和设备组装。这一套系统原先都是用在工业建筑设计中的。在这个项目中不用成品成套锅炉而采用（半）散装锅炉的主要是为了结合场地进行定制设计。土建需要有大量的配合工作，其中部分用混凝土或者砖墙砌筑各种构造，包括堆煤场、卸煤场等。

由两位动力设计师承担百乐门大酒店(半)散装锅炉的设计工作，一位是祝毓琮[22]，另一位是申南生[23]。（半）散装锅炉在冬天为建筑提供采暖，在夏天为溴化锂机组提供蒸汽热源，一年四季还能为酒店提供淋浴热水。在南京路这样重要的地段做这么一个烧煤的（半）散装锅炉放在现在是无法想象的。可是在当时，如果没有工业建筑设计的经验，还真想不到将溴化锂机组用于民用建筑里，也设计不出（半）散装锅炉的系统。当时为了完成这个设计，我们动了很多脑筋。

张应静 对于这个项目还有印象深刻的回忆吗？

| 汪孝安 印象比较深的是这个项目建成后，建设单位还请大家去试住了一个晚上。当时正好是夏天，酒店里还有空调，大家就带着家属一起去体验了一次，感觉还挺不错的。可以说，在当时低标准、低造价的情况下，能够设计和建造起这个酒店非常不容易。

张应静 在供电不足的情况下，对用电的可靠性上有什么考虑吗？

| 缪兴 当时在高层民用建筑用电的可靠性方面，可作为设计依据的规范较少。比如现在设计五星级酒店的规范中明确提到，除消防用电负荷及重要负荷为一级负荷[24]外，其他用电负荷都为二级负荷[25]，也就是说在一路电源故障的情况下，要求切换到另一台变压器去承担所有的酒店用电负荷。但当时这个酒店的等级定位仅为三星级，也就没有考虑要保证全部二级负荷的用电，也就是说一旦发生故障了，将会有一部分用电设备处于断电的状况，但是消防用电及重要负荷还是会保证的。好在项目处于市中心的位置，市政电网的可靠性还是很高的，电源故障的情况很少发生。

张应静 当时高层民用建筑设计规范不完善的情况下，设计上是如何去分配用电标准的？

| 缪兴 当时由于用电紧张，供电局会对项目提出变压器总容量的限定要求，因此我们设计是一定要参考用电指标的。比如要求项目的用电总容量不能超过 1260 千伏安，单位平方米用电指标约 47 伏安，就是一个比较低的标准了。当时我们对高层酒店都没有太多的经验积累，全靠硬算。一般都是等各专业资料提交齐了再去计算，所以一个项目的设计周期也比较长，这与现在做项目就不太一样了。现在项目方案阶段很多都是靠多年累积下来的经验及相关资料，按照不同的使用功能配置不同的用电指标进行变压器负荷估算，而不用等着其他专业提齐资料，最后算下来也是八九不离十的。

张应静 从给排水专业来讲，这个项目经历了一个怎样的发展变化，是否有一些设计或设备上的创新？

| 陈龙英 我从一开始就参与了这个项目，立项之初连热水系统的要求都没有，热水打算用煤炉烧水集中供应。由于后期项目高度一直在增加，设计标准也一直在提高，而我们作为给排水专业也是在每一轮方案变化中不断配合修改。从原先很简单的需求，慢慢开始加一些新的功能进去。比如原先考虑的是公共卫生间，后面就有了淋浴房，甚至加装了空调系统，最后建成的时候已经是设施完善、功能齐全的三星标准酒店。随着建筑标准的提高和功能的完善，消防系统不仅有消火栓灭火系统，还增加了自动喷淋灭火系统。这个项目是上海高层建筑中建设较早的案例，采用的标准、设备、前期定位都比较传统，从技术角度来说创新的内容不多。

“屋顶水箱—中间水箱—减压阀”[26]组合成的供水系统算是一个创新亮点，这个组合是由审核、校对与设计人员一起讨论确定的。当时在这个项目里面两个组长，梁文耀[27]、王长山[28]是我们的组长，他们一个负责审核、一个负责校对。项目主要还是我在做，但是确定方案以及一些原则的内容，比如给水系统设减压阀的方案是和他们一起讨论确定的。我们设备工种每个专业至少配三个人，设计、校对、审核这三个技术角色一定不能少。

在这个项目中，屋顶水箱供水系统分了三个区：第一区为顶层至十层，由屋顶水箱直接供水；第二区为九层至五层，由减压阀控制水压供水；第三区为五层以下公共部位各用水点，由屋顶水箱经中间水箱供水。

张应静 为什么这个项目中既用了中间水箱又用了减压阀呢？

| 陈龙英 以往的项目只设屋顶水箱即可，不需要中间水箱的，因为当时的高层建筑还不多，但是

这个项目用了中间水箱之后，还是有些楼层用水点超过了规范要求的水压，不过这个项目压力值超过的不多，所以我们就用了减压阀，这也是我们小组第一次尝试使用减压阀的设计。当时减压阀在建筑中使用不多，使用减压阀可谓是本项目给排水专业的一个特色。再往后经过很多同仁的调研、测试、总结出一套实际操作数据，减压阀就开始在高层建筑中广泛使用了。减压阀前后都设置了检修阀，并且一用一备，如果其中一组坏了，就关闭减压阀前后的检修阀检修或更换损坏的减压阀。此外，中间水箱既占用一定的面积，也会产生噪声，在一个比较完整的客房区是没有合适的地方去放这个水箱的，因此我们设计的中间水箱放在辅楼顶上，那么就不用考虑产生噪声的问题了。

张应静　20 世纪 80 年代的项目在配电设计上与现在的配电设计有哪些区别呢？

| 缪兴　高层酒店的用电负荷等级、客梯及消防设备的配电干线等设计在电源可靠性方面比多层酒店的要求更高一些。高层酒店或独幢的多层酒店配干线采用竖向树干式供电方式，而分散的多幢多层酒店及别墅式酒店是采用放射式供电方式。对于竖向配电，不能一层一路电缆，需要若干层一路电缆。由于当时的电气设备比较落后，没有现成的电缆分支产品，都需要靠施工单位现场去做。而现在就不一样了，有预分支电缆、母线槽，且容量很大，每层都能通过插接口或插接开关接出来，就相对简单方便了很多。

以前的强电设计，每层各种类型的配电箱、水泵房、冷冻机房的配电箱系统以及控制原理图等，所有的图纸都是自己一张张画出来的，而现在配电箱控制原理图基本上都不画了，只需要画配电箱一次系统图及控制要求说明，厂家会根据要求进行图纸深化。从 1994 年起，华东院开始用电脑 CAD 画图，减轻了设计人员手工绘图的工作强度，缓解了设计工作需要反复修改的工作压力。当然，当时项目也没有这么多，一个项目能做一年，现在是不可能了，经常遇到好几个项目同时在做，所以越来越要求专业的标准化、成套化、模块化。

张应静　各专业之间是如何配合的？

| 陈龙英　设总会做整体统筹，先预留好一些机房和管道井，但是一般来说还是各专业自己提要求。比如需要机房的面积、位置，根据管道走向确定管道井位置等。前期各专业都想要挑好走的路线，但也会根据各专业情况去做调整，这也是大家相互协调的过程。大家对管道相对集中的楼层做一个初步的位置、高度走向的方案，等等。最后拍图时如出现管道“打架”，就按照设计原则“压力管让重力管，小管让大管”来判断。我们专业的排水管就是“老大”，那么首先要满足重力管的走向。

张应静　从 20 世纪 80 年代开始发展至今，给排水专业有哪些进步？

| 陈龙英　主要还是消防系统上有了很多的发展和创新。比如高层建筑要根据压力来垂直分区、平面上喷头的数量分区控制等。尤其是特殊建筑，例如超过 8 米层高的大空间、重要的设备机房以及不能用水灭火的特殊空间等，都有了相应的灭火措施和系统，消防灭火不留空白。而且规范要求更细、更全面、更容易操作。给排水专业的设计上也有不少创新，比如变频增压供水、中水系统（供马桶冲水和绿化浇灌等）、取消中间水箱、增加减压阀等。

张应静　是否可以理解为这个专业这些年的进步更多体现在对设备要求的提高上？

| 陈龙英　这样的理解不完整。设备是设计技术的一部分，大多数设备是根据建筑物的功能、使用要求和安全的需要，由设计人员与相关技术人员合作开发、运用到设计系统中的。设计的进步需要设备的支撑，设备发展与设计进步缺一不可。比如高层建筑的消防立足自救，所以消防系统设计方面的要求就越高，新技术、新设备就越多。比如随着建筑类型的增加，开始出现了超过 8 米层高

的大空间，如影剧院、候机楼等，普通自动喷淋灭火喷头就不适用了，因此就要开发专用于大空间的自动灭火系统与设备。因为要取消中间水箱，就用到了减压阀，为了了解减压阀在系统中运行的情况是否正常，就引进了智能化的监控。先进的系统设计加上先进的设备，成就了给排水专业各系统的运行可靠性与建筑物的安全性。总之给排水专业的发展是随着建筑物功能的需求而不断改进与创新。

张应静　当时旅游宾馆的室内设计需要遵循哪些设计原则?

| 王世慰　室内设计是建筑设计的继续和深化，从属于建筑设计的范畴，“适用、经济，在可能的情况下考虑美观”也是室内设计必须遵循的原则。百乐门大酒店的室内设计就是认真贯彻了这个原则的结果，它还是低造价、本土设计师设计、选用国产装饰材料、自主装饰施工、自主经营管理的涉外旅游宾馆，在当时来说实属不易。旅游宾馆可以由规模大小、标准高低以及星级来评定等级，其中，星级评定是根据国家部委颁发的星级评定标准逐项评分量化的，要达到一定分值才能挂牌，并且要软、硬件并重，要求十分严格，这也是设计师们需要去认真学习并掌握执行的重要标准。

1　开工时间、试营业时间、层高数据来自《上海八十年代高层建筑》。

2　据百乐门大酒店项目施工图显示，屋顶标高为69.1米。1988年1月加层施工图的修改说明显示，标准层增加一层，标高相应增加3米，屋顶相对标高为72.1米。

3　1988年1月12日的《锅炉房变电所基础设计与施工会议纪要》中，地点和落款均为"百乐门大酒店筹建处"，因此尚处于建设中的项目便已更名。

4　据施工图设计说明中的设计依据，1980年11月13日上海市第二商业局《沪二商基（80）第642号》、1980年11月11日上海市计划委员会《沪计基（80）第555号》、1983年12月28日上海市第二商业局《沪二商基（83）第836号》、1984年3月28日上海市第二商业局《沪二商基（84）第181号》等文件是项目设计前期策划的相关文件，可看出项目早在1980年起即已开始筹划。

5　百乐门大酒店项目功能空间分布情况，一层为酒店入口、大发南货店、新华书店、油酱店等；二至三层为大发南货店、新华书店、油酱店办公室及酒店第一、二餐厅等；四层设有酒店第三餐厅、咖啡厅和多功能舞厅等；主楼五至十八层为客房，共计397间；十九至二十一层及屋顶花园为中日合作独立经营的娱乐总会，设有中西餐、迪斯科舞厅和KTV包房，可从底层专用电梯与大堂直达。紧邻主楼北立面中部的7层辅楼设车库、职工食堂、浴室、冷库、空调机房等，主楼北侧另设锅炉房、变电所。

6　西安飞机制造厂创建于1958年5月8日，现航空工业西安飞机工业（集团）有限责任公司，简称"西飞"，隶属于中国航空工业集团有限公司。1980年，西飞率先走出国门，先后与美国、加拿大、意大利、法国、德国等世界著名航空公司进行航空产品合作生产，生产军用飞机、民用飞机、国外民用飞机零部件和非航空产品四大系列产品。其中，非航空民用产品主要有"西沃牌"豪华大客车，"西飞牌"铝型材、金属挂板、铝门窗系列产品、VCM覆塑板、变频模糊控制器及密集书架、抗静电地板等。创建于1985年的西安飞机工业铝业有限公司为其下属企业，是国家首批定点生产建筑铝合金型材的大型企业之一。

7　凌本立，男，1938年1月生，江苏常州人。1962年毕业于清华大学土木建筑工程系，1962年10月进入华东院工作，2001年1月退休。华东院总建筑师。参与的重要项目包括上海虹桥国际机场、中国驻罗马尼亚大使馆、中国驻刚果大使馆、南京师范学院教学楼、龙柏饭店（获上海市优秀设计一等奖及国家优质工程银质奖）、西郊宾馆（获上海市优秀设计一等奖）、上海展览中心北馆工程、上海规划展示厅、虹桥国际展览中心（获建筑专业设计一等奖）、上海大剧院、上海铁路客运站、淞沪抗战纪念馆、上海东方明珠电视塔等。1986年获住建部先进科技工作者称号。1995年获上海市建设系统科技精英提名奖、五一劳动奖。1997年被评为上海市建设系统专业技术学科带头人。

8　庄黎华，男，1962年2月生。1987年6月进入华东院工作，2000年11月离开华东院。华东院室内设计师。

9　此次标识征集共收到来自全国各地的应征稿562件，经专家评审，一致确定采用华东院室内设计室庄黎华同志的设计稿。

10　百乐门标识设计图形由繁体字"门"组合，似一个笑口常开的脸型，又是两个相对微笑的抽象人头型，嘴形为圆形酒杯，意味着微笑服务；以中国传统拱门为基本图形，简洁明了，具有民族感和现代感；弧形为主的图案与酒店建筑外形相符，吻合"进我此门，百事快乐"这一店名的含义。

11　据资料记载，百乐门大酒店在设计桩基础时进行多方案比较，最后采用了钻孔灌注桩，其重要特点是对周围环境无大影响，获得较好的社会效应。该工程地处闹市要地，四周危房众多，地下旧管道交叉纵横，工程建筑面积庞大，平面复杂。在这些困难条件下，华东院率先使用钻孔灌注桩，较好地处理了技术问题。整个工程做到了技术先进，经济合理，获院优秀工程奖。

12　据资料记载，该工程采用直径650毫米，长42米的钢筋混凝土钻孔灌注桩，设计对试桩和检测都提出了详细要求。

13　据资料记载，桩基测试试验通过2根桩的静荷载实验，验证了单桩承载力的数值；通过对8根桩的大应变PID动力测试，亦判别了单桩承载力和桩身质量；对所有的桩进行小应变测试（水电效应法及敲击法）来检查桩身质量。通过工程的实践证明以上这些测试方法完全可以判别钻孔灌注桩的桩身质量，根据产生的质量问题，进行加固处理到可以符合设计要求，找出质量不好的原因，并对施工提出具体的技术措施和施工方法，来保证钻孔灌注桩的质量。工程的这些工作给以后的设计和施工提供了经验，从此在其他周围建筑物密集、地下管线多的工程中，不宜采用预制桩打入法时，就可采用钢筋混凝土钻孔灌注桩的桩基方式。

14　胡德莲，女，1935年6月生，上海人。1957年毕业于同济大学工业与民用建筑专业结构系，1964年进入华东院，1990年2月退休。高级工程师。

15　韦兆序（1938.10—2016.3），男，江苏江都人。1959年于扬州工业学校工业与民用建筑专业毕业，同年进入上海第一机械工业部第二设计院。1962—1966年就读上海同济大学。1976年进入华东院工作，1999年退休。高级工程师。

16　杨君华，男，1960年11月生于上海，江苏金坛人。1983年毕业于同济大学建筑工程分校（又称上海城市建设学院）工业与民用建筑专业，同年8月进入华东院工作。高级工程师。1998年5月，进入上海现代建筑设计（集团）有限公司上海建筑设计科技发展公司，2003年9月调离。

17　许惟阳，见本书华亭宾馆篇。

18　因西侧毗邻的1788国际中心地块整体改造，将百乐门大酒店车行入口由过街楼改到了西侧两个地块建筑之间的小广场，原本配套的锅炉房已拆除。因为百乐门大酒店西侧还有部分低层老建筑，没有条件设置宽敞的车行道路，直至西侧地块老建筑拆除，新建高层办公与商业裙房时，百乐门大酒店的西侧入口才成为1788国际中心与百乐门大酒店共同的车行出入口，交通条件大为改善。

19　上海第一冷冻机厂，现上海第一冷冻机厂有限公司，始创于1934年，原名合众冷气工程公司。中国的第一台活塞式冷压缩机、第一台离心式压缩机、第一台溴化锂制冷机和第一台螺杆制冷压缩机都诞生于此。1951年9月，企业的合众商标核准启用。现已成为集冷冻空调设备研制开发、制造和压力容器制造、压力管道设计及相关工程安装和系统服务于一体的集约化企业。

20　特灵（TRANE）公司又译为川恩公司。1913年成立，总部位于美国威斯康星州。1930年起开始生产空气调节用设备和产品，1938年试制成新离心式冷水机组。1995年以合资方式成立中国第一家合资企业，即特灵空调器有限公司（江苏太仓）。该公司自1959年开始生产单效溴化锂吸收式冷冻机，也生产双效式。至1991年，该公司溴化锂冷冻机产量占全美国的3/4。详见：《美国特灵公司生产技术概况》，《制冷》，1991年，第4期，50页。

21　低品位余热蒸汽是相对于煤、石油、天然气等高品位能源而言，在相同单位内包含能量很低的余热蒸汽。利用蒸汽余热作为节能减排的重要手段。对蒸汽而言，温度高于400℃的蒸汽属高品位蒸汽，250℃～400℃蒸汽属中品位蒸汽，低于250℃的蒸汽属低品位蒸汽。

22　祝毓琮，见本书花园饭店篇。

23　申南生（1948.12—2019.6），男，籍贯江苏海安，出生于上海。1972—1978年曾于上海市江浦二中物理组任教，1978年毕业于同济大学机械工程系供热通风专业。1982年1月进入华东院工作，1995年进入华东院浦东分院。高级工程师。1999年进入上海现代建筑设计集团，任设计部主任工程师，2008年12月退休。

24　中断供电将造成重大的政治、经济损失或人员伤亡的负荷，叫作一级负荷。一级负荷的供电方式除了采用两个互相独立的电网电源供电之外，还应设置备用电源，一般备用电源采用柴油发电机组或直流蓄电池组。

25　中断供电将造成较大的政治、经济损失或引起公共场所秩序混乱的负荷，叫作二级负荷。二级负荷的供电方式除了采取两条彼此独立的线路之外，根据实际情况，还应设置备用电源。除了一级负荷、二级负荷之外，其他都属于三级负荷，三级负荷在供电方式上没有特殊的要求，一般都采用单回路供电。

26　减压阀指一个局部阻力可以变化的节流元件，即通过改变节流面积，使流速及流体的动能改变，造成不同的压力损失，从而达到减压的目的。通过阀门调节，将进口压力减至某一需要的出口压力，并依靠介质本身的能量，使出口压力自动保持稳定。20世纪80年代，减压阀在建筑中并未广泛使用，多用于工业设备或管路上。

27　梁文耀（1933.10—2011.7），男，籍贯广东中山。1957年毕业于同济大学给排水专业，1957年9月进入华东院工作，1993年退休。华东院给排水主任工程师。在吴泾化工厂、福州大学、泉州华侨大学、虹桥机场、大屯煤矿、马里卷烟厂、刚果大使馆、上海新客站等项目中担任设计或工种负责人。1974年主编、负责设计的蜂窝冷却塔全国通用图7套。其承担的中小型玻璃钢冷却塔科研项目获国家建工总局1980年度优秀科研成果三等奖。1986年主编国家《给水排水设计手册（第四分册）》“工业水处理”内容，并编写第八、九、十及附录章。

28　王长山，见本书花园饭店篇。

为国际电影节而设计 —— 上海电影艺术中心及银星宾馆口述记录

受访者简介

靳正先（1933.7—2021.8）

女，籍贯北京。1956 年毕业于东北工学院建筑系，同年分配在北京建工部建筑科学研究院建筑设计研究室。1957 年 9 月进入华东院工作，1989 年退休。华东院第二设计室室主任。在院期间担任设总及主要设计人的重要项目包括上钢一厂无缝钢管车间、上海石油配件厂、铜陵市第二中学、上海医疗器械研究所、上海电影艺术中心等。参与部分设计的主要项目有长春客车厂总装车间、新华医院内科大楼、连云港医院等。上海电影艺术中心及银星宾馆工程设计总负责人，项目获上海市科技进步二等奖及上海市优秀设计奖。

丁琪燕

女，1964 年 12 月生，上海人。1987 年毕业于同济大学建筑系，同年进入华东院工作，2012 年离开华东院。华东院主任建筑师。作为设计总负责人参与的项目上海国际农展中心，获 2004 年上海市优秀设计一等奖；万里小区，获 2000 年“创新风暴”全国住宅设计大赛建筑形态和境设计金奖；宁波大剧院，获 2003 年院优秀设计一等奖。担任中区广场、紫都商住小区、松江行政中心、张江集电港二期工程、南京国际会展中心、天津津滨国际时代广场、上海中国银行票据中心、上海王宝和大酒店二期（后冠名上海大酒店）等项目设计总负责人及主要设计人。上海电影艺术中心及银星宾馆建筑施工图设计、绘图。

孙正魁

男，1951 年 12 月生，上海人。1978 年毕业于同济大学给排水专业，同年进入华东院工作，2013 年退休。教授级高级工程师、华东院机电一所所长、给排水副总工程师。曾任上海大剧院设计副总负责人，该项目获 1999 年度上海市优秀设计一等奖、给排水专业一等奖、2005 年建设部优秀设计一等奖、

2006年上海市重点工程领导小组立功称号。曾任上海洋山深水港管理中心工程项目经理，于2005年获得深水港指挥部个人立功荣誉称号、2008年度全国优秀工程设计二等奖。曾任重庆大剧院项目经理，获2011年度上海市优秀工程设计二等奖、2011年度全国优秀工程设计二等奖。其他参与的重要项目包括新苑宾馆、虹桥国际展览中心、上海大学体育中心、天津泰达图书馆、越洋国际广场天津大剧院等。上海电影艺术中心及银星宾馆给排水施工图设计、绘图。

王世慰（1937.3—2022.2）

男，上海人。1962年毕业于中央工艺美院建筑装饰系，同年进入华东院，2001年退休。华东院室内设计所所长、主任建筑师、上海华建集团环境与装饰设计院总建筑师。曾任中国建筑装饰工程协会常务理事、中国室内建筑师学会理事、上海建筑学会建筑环境艺术学术委员会副理事长。历年来主持参加的重大建筑装饰室内设计工程包括上海虹桥机场、浦东国际机场、上海新客站、上海地铁一号线、上海交银金融大厦、上海东方明珠、南通文峰饭店二号楼、苏州中华园大饭店、上海书城、上海青松城、上海久事大厦、上海百盛商场等。上海电影艺术中心及银星宾馆室内设计施工图工程设计总负责人。

张富成

男，1940年5月生，四川威远人。1964年毕业于重庆建筑工程学院建筑物理专业，同年8月进入华东院工作，2001年5月退休后返聘于华瀛设计公司。高级工程师、华东院暖通专业主任工程师。曾担任上海皮尔金顿玻璃厂、上海电影艺术中心及银星宾馆、上海大剧院、上海万都中心、上海21世纪中心大厦等项目工种负责人，厦门高崎国际机场设计总包暖通负责人，华为数据中心（深圳、上海、成都）、上海中心大厦等咨询项目专业负责人。曾获上海科技成果奖、上海科技进步二等奖、建设部优秀设计一等奖等奖项。上海电影艺术中心及银星宾馆暖通专业施工图设计、校对。

林在豪

男，1935年7月生，浙江鄞县人。1951—1952年先后就读于宁波无线电工程学校、上海南洋模范无线电工程学校。1962—1967年，同济大学供热通风专业函授本科毕业。1953年2月进入华东院工作，1999年12月退休。教授级高级工程师、华东院动力专业主任工程师。承担了大量锅炉房、煤气站、氮氧站、液氧气化站、油库及供油系统等设计，担任专业负责人的主要项目有戚墅堰机车车辆工厂、嘉定核物理研究所、杭州西泠饭店、上海显像管玻璃厂、上海耀华皮尔金顿浮法玻璃厂、浦东国际机场一期能源中心等。主编上海市标准《城市煤气管道工程技术规程》《民用建筑锅炉房设置规定》。曾获全国科技大会重要研究成果奖、全国优秀建筑标准设计三等奖、上海市优秀设计二等奖，以及上海市科技进步二、三等奖。上海电影艺术中心及银星宾馆动力施工图设计、绘图。

瞿二澜

男，1954 年 6 月生，江苏宜兴人。1982 年毕业于上海铁道学院电信系，同年分配到华东院工作，2014 年退休。国家注册电气工程师、高级工程师、华东院弱电主任工程师。参与设计及咨询的项目有中美上海施贵宝制药有限公司、上海东方商厦、上海浦东国际机场工作区、上海万象国际广场、上海久事复兴大厦等。参编《智能建筑设计标准》（该标准后升级为上海市地方标准，获上海市科技进步三等奖）、《智能建筑设计技术》。上海电影艺术中心及银星宾馆弱电施工图校对。

黄良

男，1965 年 10 月生，上海人。1986 年毕业于同济大学建筑结构专业，同年进入华东院工作至今。华东院全过程咨询与项目管理中心主任。上海市土木工程学会预应力专业委员会委员、上海市勘察设计协会优秀设计评选专家。担任专业负责人或项目经理的项目有北外滩贯通和综合改造提升工程、南京路步行街东拓公共空间设计、武汉绿地中心、长沙国际金融中心、深坑酒店、天津津塔、西南交大体育中心、上海大学体育中心等。上海电影艺术中心及银星宾馆结构施工图设计、绘图。

陆道渊

男，1956 年 12 月生，祖籍福建。1983 年毕业于同济大学建筑工程分校工民建专业，同年分配入华东院从事结构设计工作，2016 年退休。教授级高级工程师、华东院结构副总工程师兼所结构总工程师。主持和参与许多高层、超高层建筑、会展、剧院等项目的设计和科研工作。获得中国建筑设计奖建筑结构金奖、上海市建筑学会首届科技进步一等奖、重庆市科技进步二等奖、上海市科技进步三等奖、中国土木工程詹天佑奖等奖项，有 12 项授权的国家发明专利。上海电影艺术中心及银星宾馆结构施工图设计、绘图、校对。

王伟杰

男，1963 年 11 月生，上海人。1986 年毕业于同济大学结构专业，同年 8 月进入华东院工作，1992 年赴日进修学习一年。历任华东院副总经理、华建集团上海现代建筑装饰环境设计研究院有限公司总经理（2016 年 7 月至今）。参与虹桥宾馆、银河宾馆、解放日报大楼、世贸商城、豫园商厦等项目结构设计。作为项目总负责人或项目经理参与上海市高级人民法院、上海科技大学、世博中心、黄浦江两岸贯通工程（浦西黄浦段）、崇明花博会南园等项目。2014 年度上海市重大工程立功竞赛中被授予建设功臣称号。上海电影艺术中心及银星宾馆结构施工图设计、绘图、校对。

采访者： 张应静

文稿整理： 张应静

访谈时间： 2020 年 5 月 20 日—2020 年 11 月 4 日，其间进行了 10 次访谈

访谈地点： 上海市黄浦区汉口路 151 号，受访者家中

上海电影艺术中心及银星宾馆

上海电影艺术中心及银星宾馆竣工实景

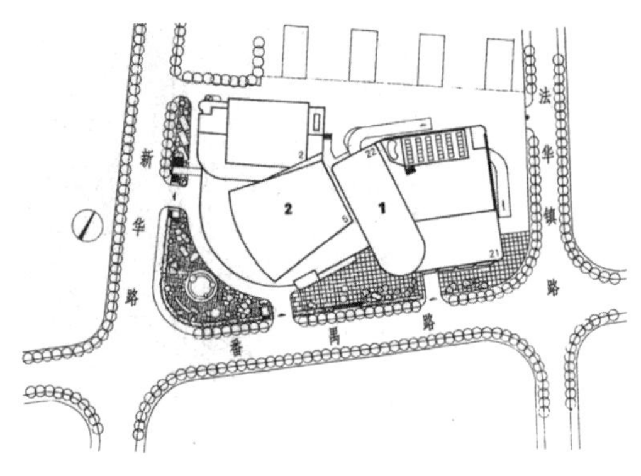

上海电影艺术中心及银星宾馆总平面图

建设单位：上海市电影局、香港上扬投资有限公司

设计单位：华东院、冯庆延建筑师事务所（香港）有限公司

施工单位：上海市第四建筑工程公司

安装单位：上海市工业设备安装公司、江苏省工业设备安装公司、上海分公司、香港凯富投资有限公司

技术经济指标：建筑面积：上海电影艺术中心 13 624 平方米；银星宾馆 38 925 平方米

结构选型：框剪结构（上海电影艺术中心东段采用大跨度屋盖采用空间网架结构，西段采用预应力框架结构；银星宾馆四层以下为壁式框架结构[1]，五层以上为纵、横向剪力墙体系，设结构转换层）

建设时间：1987 年

结构封顶时间：1990 年 6 月

建筑高度及层数：上海电影艺术中心东段高 22 米（地上 3 层，地下 1 层），西段高 34.5 米（地上 7 层，地下 1 层）；银星宾馆高 73 米（主楼地上 22 层，其中 1 层为结构转换层，地下 2 层）[2]

地点：上海市长宁区番禺路 400 号

项目简介

改革开放后，国家迫切需要一个举办国际电影节的场地，让国内的电影艺术有一个与国际交流的窗口，上海电影艺术中心及银星宾馆就在这样的契机下获批建设。项目位于上海新华路与番禺路交口，上海电影艺术中心由上海市电影局出资建设，银星宾馆由香港上扬投资有限公司投资建设。由华东院与香港冯庆延建筑师事务所合作设计。上海电影艺术中心共计 5 个大、小影厅，东段为 1200 座影厅，西段有 500 座、300 座、60 座、50 座 4 个影厅，还设有电影资料室、创作活动室、展览厅、营业厅、咖啡厅等。银星宾馆 5 层以上均为客房，客房数 514 间，其中豪华套房 10 套、总统套房 1 套，身障人士专用客房 16 间，另设有酒吧、餐厅、咖啡厅、多功能厅、商场等。上海电影艺术中心及银星宾馆作为国内第一个正规电影专业活动场所及配套酒店，具有专业内部活动及对外开放两种功能，设计内容多、专业性强、要求高。项目建成后在此成功举办了中国第一届国际电影节，成为代表中国电影发展的里程碑式的文化建筑。

银星宾馆
1. 电梯厅
2. 桌球室
3. 健身室
4. 理发室
5. 电视游戏室
6. 休息室
7. 机房
8. 厕所
9. 小餐厅
10. 西餐厅
11. 厨房
12. 大堂上空
13. 游泳池

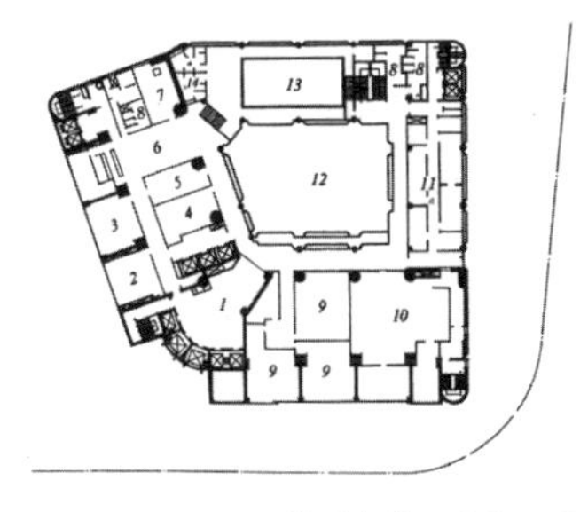

银星宾馆三层平面图

银星宾馆
1. 电梯厅
2. 服务台
3. 客房
4. 卫生间
5. 垃圾管道

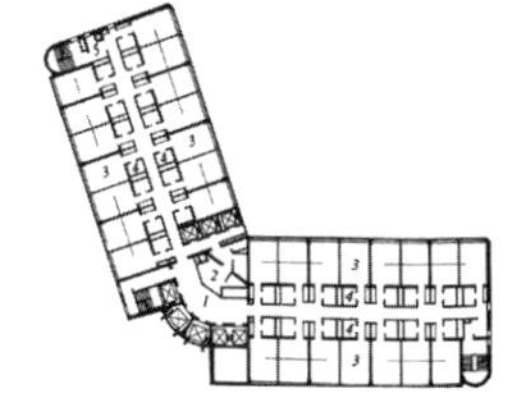

银星宾馆标准层平面图

上海电影艺术中心
① 休息厅
② 大堂上空
③ 1200座电影厅
④ 500座电影厅上空
⑤ 电梯厅
⑥ 贵宾室
⑦ 美工室
⑧ 厕所
⑨ 更衣室

银星宾馆
1. 电梯厅
2. 空调机房
3. 宴会厅
4. 中餐厅
5. 厨房

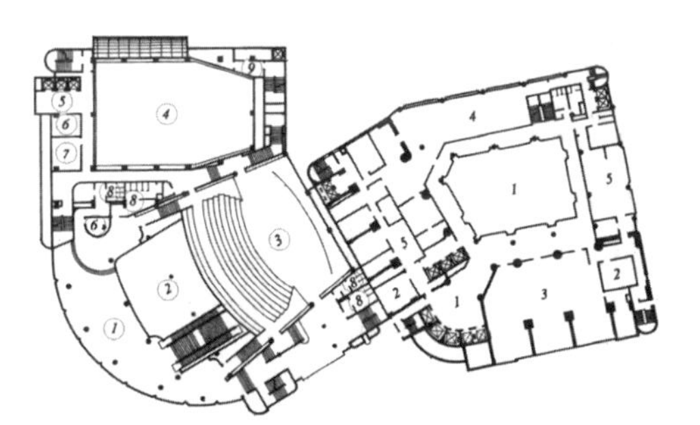

上海电影艺术中心及银星宾馆二层平面图

上海电影艺术中心
① 大堂
② 多功能厅
③ 衣帽间
④ 西段门厅
⑤ 售票厅
⑥ 休息厅
⑦ 500座电影厅
⑧ 厕所
⑨ 配电间

银星宾馆
1. 车道
2. 车位
3. 大堂
4. 总服务台
5. 休息室
6. 咖啡座
7. 电梯厅
8. 办公室
9. 厕所
10. 配电间

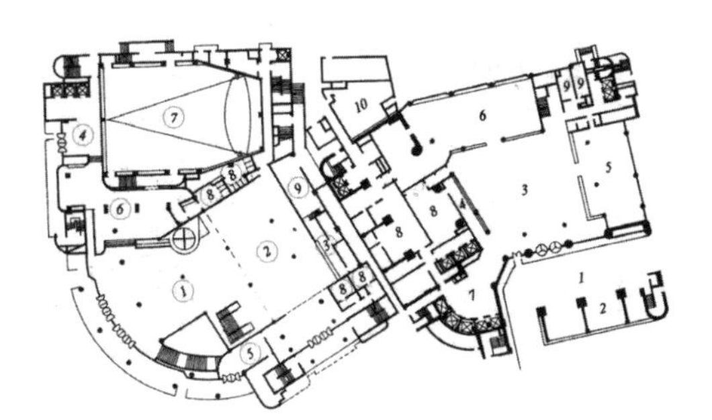

上海电影艺术中心及银星宾馆一层平面图

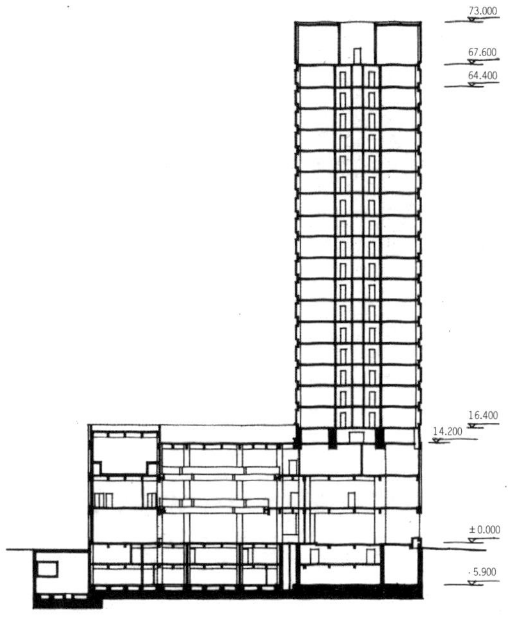

上海电影艺术中心及银星宾馆剖面图

为举办国际电影节，量身定制“客厅”

张应静　上海电影艺术中心及银星宾馆项目是在怎样的背景下建设起来的，当时为什么要建设这样一个文化项目？

| 靳正先　这个项目有很多特别的地方。它建设于改革开放初期，当时国际上有好几个电影节，而中国电影历史是很早的，上海更是中国电影的发祥地，我们完全有主办国际电影节[3]的资格，却没有符合国际电影节需要的场地。所以当时上海市电影局以及国内的业界人士都迫切希望我国的电影能参与国际交流，举办我们自己的国际电影节。这个项目就在这样的契机下作为基建项目批下来了。

那时国家建设资金紧张，建筑材料也很少，各方面对这个项目的期望都很高。我们当然也想做得好一点，但批准的预算只有 2700 万元人民币，要把设计的标准提高一点，就面临资金从哪来的问题。于是我们和业主商量，如何把这个项目在有限的预算下做得更好一些。从设计的角度来讲，我们希望在项目中采用一些进口的好材料，尤其是用于内外装饰的材料，比如用进口的面砖、大理石等，于是就想是不是能有其他方法引进一些投资。

上海市电影局在批准了上海电影艺术中心项目的同时，也批准了配套一个 300 床位的招待所，用于解决电影节的住宿需求。上海电影艺术中心是国有文化设施，政策上不能引进投资，只能考虑通过宾馆去引进，这也能让上海电影艺术中心得到一些进口材料[4]。最后谈成的合作方是香港华人银行[5]，这家投资方还带来一个香港的建筑事务所——冯庆延建筑师事务所[6]，从而形成了这个项目合作设计的局面。

与香港事务所合作，“摸着石头过河”

张应静　当时华东院的设计团队与香港冯庆延建筑师事务所团队在这个项目中是如何分工合作的？

| 靳正先　这个项目的特别之处在于上海电影艺术中心是由上海市电影局出资建设，而银星宾馆则由香港华人银行投资建设，项目两个部分的投资预算是完全分开的。两个不同功能、不同投资渠道的建筑要在同一个地块上形成一个整体，最终形成由华东院负责总体设计及电影艺术中心设计、冯庆延建筑师事务所负责银星宾馆设计的合作局面。

整个项目是以电影艺术中心为主的，这是当时的设计原则。两地设计单位的组成方式以及设计规范、设计深度、出图标准，还有施工要求、市政配套、审批的程序要求等都不相同，有大量的沟通协调、反复修改补充等工作需要华东院来协作。所以这个项目的市政配套、各有关部门的审批等工作都是我在整体协调。

当时冯庆延建筑师事务所并没有太多固定员工，而且只做建筑设计部分，建筑设计以外的部分都是再找其他专业的事务所配合。在图纸方面，建筑工种由冯庆延建筑师事务所按照方案、初步设计图、施工图流程出齐应有的建筑专业图纸。为了配合完成这个项目，我帮助冯庆延找了几位华东院资深的退休结构工程师参与进银星宾馆部分的结构设计团队，由他们代表冯庆延建筑师事务所配合我们进行结构设计。例如胡其昌[7]是作为银星宾馆部分的结构工种负责人，其实也就相当于还是我们华东院自己人在做这个项目，银星宾馆部分的结构施工图就由这个新组成的设计团队负责。对于设备各工种，香港设计方只出到系统图，没有安装图，与安装单位也并无衔接。因此，宾馆的设备图纸要再经由华东院深化补充，以满足安装要求。

张应静 您觉得华东院和香港事务所相比，在设计过程中有哪些主要差异？

| 靳正先 设计深度是差别比较大的地方，香港设计方的图纸标准在各阶段都比较深，对比起来我们的施工图显得深度不够。施工图深度其实是体现设计细节的地方，我们当时的施工图只解决了“骨架”的问题，而详图才能解决设计细节的问题。在上海电影艺术中心驻现场时，我们团队配合施工方出了不少详图，如面砖在各部位的贴法详图，在这个项目之前华东院一般是不做的，都是现场讲或由施工单位的放样师傅去做，由他们来出这方面的图纸。但是香港设计方就出了详图，包括门、窗转角区，甚至是花坛面砖贴法及灰缝处理等。按照图纸施工，细部看上去很舒服。

| 丁琪燕 改革开放以后出现了一些新型建筑，比如上海电影艺术中心，好多构造节点都是没有标准的，只能从零学习，从零开始画详图。和香港事务所合作的过程，对华东院的设计师们来说也是不断学习的过程，设计管理水平也在合作中不断提高。

张应静 我们在合作过程中取得了哪些经验？

| 孙正魁 上海电影艺术中心应该说是我遇到的第一个和香港事务所合作的项目。当时刚刚改革开放，这个项目让我们间接接触到建筑师负责制的情况，这是非常有意义的。香港建筑师是对项目进行全过程的质量及造价的控制。

此外，当时我们的情况是施工单位完全按图施工，这个也是不够灵活的。通过这个项目我们也了解到，香港的制度和方法比较巧妙合理地利用了人力和物力。比如，让建筑师和机电工程师着重于一些重要的技术设计原则以及优化设计，把他们最宝贵的技术力量投入最重要的方面去。工地上的情况，如管道的走向、层高的要求如何满足，在不违反技术设计原则的情况下，他们则让施工深化单位可以有一些主动权，提供一些合理的建议，再让机电工程师来审批，最终是由机电工程师来负责的。这个做法既灵活又务实，对我们大有启发。所以，后期我们在做项目和施工单位接触的过程，也不断去提倡、推进这种做法。当然，在现有的设计管理体制下，有些项目也是带有一些试验性质的。

我们和香港设计方合作以后，也通过他们了解到国外的设计规范情况。当时国内的机电设备技术规格书是比较简单的，只有一个订货设备表。但是香港的项目设计为了招投标，对于机电设备都有详细的描述，也称之为“机电设备技术规格书”，这对市场、招投标来说是重要的文件。华东院的机电团队在这方面做了很大努力，我们在十几年前就已经开始自己做机电设备规格书，现在华东院能独立承担机电咨询业务。可以说，当时这个项目的设计对于现在机电咨询的工作也是一个重要的积累。

探索更好的功能与形态

张应静 当时都有哪些人和您一起做项目？

| 靳正先 院里对这个项目是非常重视的，配备的技术力量很强，基本都是各专业组长负责设计。至今我依然十分怀念并感激这个设计团队，由于做这个项目，我们彼此保留着最珍贵的记忆，结下了最可贵的友谊。我记得建筑专业有王嵘生、丁琪燕、张俊杰[8]、李尚珍[9]等，结构是俞陛根[10]、秦永健[11]、陆道渊、王伟杰、黄良等，这些当时刚出校门来参加这个项目的年轻一辈，如今都已成长为各自领域的专家、技术带头人或优秀的经营管理者。三十多年过去，当时的主要技术骨干，如结构的俞陛根、强电的屠涵海[12]、给排水的王凤石[13]已离我们远去了。

张应静　您之前有过此类项目的设计经历吗？

| 靳正先　当时国内未建过这类工程，我个人也只做过学校的大礼堂，没有什么可借鉴的经验。好在我们都懂得不怕困难，在实践中边学边做，而且当时已有条件可以走出国门去学习。1987 年的春节期间，由上海市电影局陈清泉局长带队，业主、各主要工种负责人和以冯庆延建筑师事务所为代表的港方设计团队一起去美国参观考察。这次考察让我们大开眼界，我也带回了很多胶片资料，但是我还是觉得有点失落，因为满心期望看看人家举办电影节的建筑有多辉煌、多复杂，但去了好几个大城市的诸多电影院，并未发现他们有什么专门用来举办电影节的建筑。普通的电影院多数是附属在其他建筑之中，如购物中心里面。电影院一般是多厅，基本是从功能出发，放映厅大多座椅舒适宽敞，视线无任何遮挡或偏视，屏幕也很大，立体声效果非常好，但厅内并不讲究多余装饰。这次考察让我们明确了设计的指导思想：电影院就是要让观众舒舒服服看电影，无需多余装饰，反而更需要注重设计上的细节处理。此外，美国当时在公共建筑中非常注重无障碍设计，但那时在国内似乎还没有这个概念，无障碍设计更是没有规范可循。所以这个项目中，我们依据一本国外的无障碍设计规范，边学边做，总算做出了一个考虑了无障碍设计的公共建筑，也许当时在国内是首例具有无障碍设计的现代建筑。

张应静　从建筑专业来讲，项目的设计特点和难点有哪些？

| 靳正先　这个项目中的上海电影艺术中心与银星宾馆是两个完全不同功能、形态的建筑，要在特定地块上把它们整合在一起，既要满足各自的功能，还要形成一个统一的、能被各方都接受的建筑造型，也实在是件伤透脑筋的事情，所以建筑造型长时间都定不下来。此外，新华路当时是国宾道[14]，上海市对这条道路上的新建筑景观要求较高，(加之）地块又处于一个十字路口，如何确定上海电影艺术中心的主入口位置也是争议不断。直到有一次请来了时任院副总建筑师的凌本立[15]，他当场画了一个转角圆形的草图作为主入口位置，在场的业主很喜欢，后来我们就把这个草图进行深化，形成现在的建筑形态。

确定大致形态之后难点也是很多的。比如上海电影艺术中心内有多个电影厅，如果 2000 多人同时进出场地，人流组织、紧急疏散、消防要求等都需要解决好；又如 1200 座影厅的特大银幕[16]立体声的放映要求也是设计中的棘手问题，这个银幕大到几乎占据了影院放映厅的整个一面墙，顶天立地。要保证立体声音响效果就要确定声学上配合内装达到的混响要求、银幕与放映机的距离、影响观众席地面的起坡点、排距、排高差等构成地面坡度因素，以及影厅三维空间的数据等。这些都没有规范可循，唯一的标准就是要保证每一个座位都要达到最好的视听效果，我们只能在反复研究、试验中去寻找更为理想的数据。

设计中，我院声学专家章奎生[17]始终参与，直至内部装修确定和最后的音质测试调整完成，上海市电影局也派了他们的声学专家“金耳朵”林圣清[18]及电影放映专家吴荣生配合指导。院内强电、弱电、暖通、室内等各工种密切配合，都有许多创新。最终，从视觉效果、音质保证、色彩处理、美观舒适等都做到了各方满意的结果。

张应静　华东院室内设计团队参与了哪些设计内容？

| 王世慰　在上海电影艺术中心和银星宾馆土建结构已封顶、电影艺术中心内框架各厅空间已成形时，项目设总靳正先通知我们室内设计专业组负责上海电影艺术中心的室内设计，由我作为该项目的室内专业工程设计总负责人，并由上海市第四建筑工程公司(以下简称“四建”)总承包负责项目的装饰施工。任务交接是在该工程现场进行的，我们要承担门厅、5 个大小不一的电影厅以及各配套用房的设计内容。这个项目的各个厅大小不一，形态也不一样（有扇形的、矩形的），层高也不一样。靳总在现场为我介绍了上海电影艺术中心室内设计的指导思想——满足功能要求，无需多余装饰。

回到院里，我首先做了项目的任务分工，由张伟主要负责门厅大堂的设计，王传顺[19]负责了其他公共部分设计，许天负责1200座电影厅设计，濮大铮、陈春华负责500座电影厅设计等。这样的分工也是结合他们个人的工作经历考量的。到设计中后期，郭传铭[20]从一室调到室内设计组，他在方案及图纸把关上发挥了积极作用。

室内设计中有两点很关键：第一，建筑设计本身的空间布局，人流流线、疏散走道、排距、视线等均不能变动；第二，电影厅对于视觉、声学都有很严格的要求，要达到“看得见，听得清，身临其境”的效果。当时室内设计工作分为了五个阶段：方案设计—方案评审审定—施工图设计—装饰施工—竣工验收，各阶段环环相扣，其中方案评审审定阶段最为重要。在该项目的方案评审审定会上，上海电影局筹建处、上海电影艺术中心使用者、总承包方、装饰工程总监等均到场，可谓“三堂会审”。

设计上，由于门厅大堂是要给人第一印象的空间，也是人流汇集、流动性最大的空间，我们以明亮、宽敞大气为设计基调，采用白色作为主色调，且与外墙的白色面砖相呼应、融为一体，同时简洁的空间也能成为一个很好的背景场地。各影厅因声学要求基本以纺织织物为饰面材料，地毯铺地，设计上尤其需要考虑空间色彩对人的心理感受。在1200座电影厅中，我们选取了红色作为设计基调，热烈辉煌，在灯光及浮云板的装饰映衬下更显不凡效果。不同影厅通过色彩变化，呈现出了极具艺术魅力的空间效果。设计过程中，我们和声学专家章奎生的沟通最为密切，待室内设计团队提出方案后，他会对空间以及材料进行科学计算，是采用吸声材料还是反射的材料都有严格要求。

张应静　室内装饰施工图对施工单位的交底很重要?

| 王世慰　是的。毕竟图纸变成成品必须由装饰施工单位来完成，需要向施工方把图纸内容交代清楚。电影厅用了大量织物软包装饰，施工方当时从未做过，我们就在现场先做一段试样，由业主代表、室内

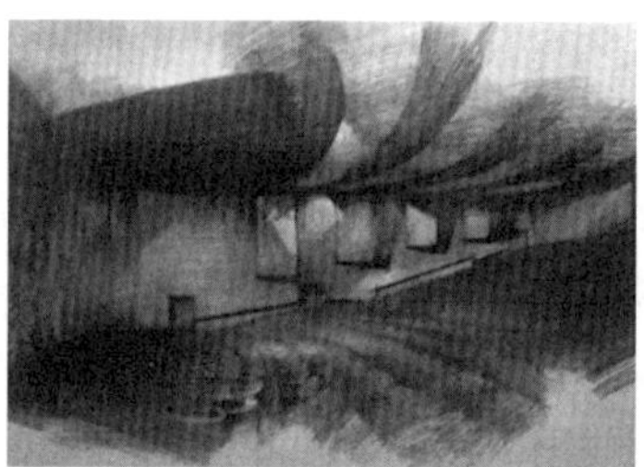

上海电影艺术中心1200座电影厅方案设计手绘
左起：方案1（许天绘制）、方案2、实施方案，王世慰提供

1200座电影厅实景
引自：章奎生《章奎生声学设计研究所：十年建筑声学设计工程选编》（北京：中国建筑工业出版社，2010年），185页

500座电影厅实景
引自：《章奎生声学设计研究所：十年建筑声学设计工程选编》，186页

300座电影厅实景
引自：《章奎生声学设计研究所：十年建筑声学设计工程选编》，187页

设计师、声学专家章奎生以及施工人员共同鉴定认可之后，再大面积施工。又如 1200 座影视厅上方做了浮云式反射声板，是先将一块吊上平顶，没问题之后再做大量安装，共计安装了 35 块浮云式反射板，可谓是边做边摸索。门厅大堂的地方大量用了山东莱阳产的雪花白石料，厂方在提供工程标准板时都要编好号，因石料是天然产品，为保证其色泽不产生差异，在上墙面装饰铺贴之前，先在地面按标号铺开，确定没有问题之后再上墙安装。可以说在本工程的室内装饰中，大家群策群力，确保工程的完成没有留下遗憾。

在实践中求知与创新

张应静　请您谈谈暖通设计的心得体会？

| 张富成　上海电影艺术中心的暖通设计的两个主要特点：一个是在 1200 座和 500 座的电影厅里，我们采用了组合式空气处理机组，并做了送风系统喷淋处理，将空气中的尘埃去掉；另一个是我们在这个项目中加入了二次回风[21]段，所谓二次回风是指不经过冷盘管的回风，这是加入了节能的概念。实际上电影院都有湿度太高的问题，导致热湿比线很平，必须要加热才能达到热湿比线的斜度要求，我们就用二次回风起到对空气加热除湿的作用，同时也能达到节能的目的。

关于气流组织，一般大影院空间的气流如果组织得不好可能导致上部空间热、下部空间冷。我曾经实测过邬达克设计的大光明电影院中采用的喷射式送风，在影厅后部采用一个静压箱[22]，气流组织就非常舒适。在上海电影艺术中心项目中，我想尝试设计这一类型的送风方式，但因建筑空间和造价等原因没有实现。最后采用了前部下送风，后部贴附式送风的方式，但到冬天还是不能解决冷热不均的问题，所以又在两侧专门做了两根直达低区的冬季送热风的风管，将热风送至前区。因为要达到国际电影节的要求，但又没有大光明电影院的造价条件去设置一个静压箱，我们只能尽量想办法把这个气流组织得更好一些，增强影院的舒适感。

张应静　您提到上海电影艺术中心后部采用了贴附式送风，这样的气流组织方式和喷射式送风有什么区别呢？

| 张富成　贴附式送风口是从吊顶上面送风下来，但如果在比较后排的话，顶部离座位是很近的，坐在座位上能感受到气流的波动，所以并不是很好的选择。从暖通气流组织设计上来说，更好的是有送风，但是人处在一个回流区，这样风速很慢，人感受不到明显的吹风感就会比较舒服。大光明电影院中用的喷射式送风就能达到这样的效果，但这样的喷射式送风一个主要的要求就是要在空间后部上方设置静压箱。我觉得上海电影艺术中心的暖通设计上遗憾不多，这算是一个吧。

张应静　银星宾馆的暖通设计有哪些创新？

| 张富成　银星宾馆是和香港冯庆延建筑师事务所合作的。在银星宾馆项目中我们采用了大温差设计，当时算是一个比较新的设计概念。我们在项目中将常用的冷热水温差都稍微提高一点，好处就是水管口径和动力能耗减少了。常规冷水进、出水温度分别为 7℃和 12℃，温差是 5℃；在这个项目中，我们将进、出水温度分别设置为 7.2℃和 12.7℃，温差是 5.5℃，比常规高出了 0.5℃。常规热水进、出水温度分别为 60℃和 50℃，温差是 10℃。在这个项目中，我们将进出水温度分别设置为 70℃和 50℃，温差是 20℃，比常规高出了 10℃。之所以这样调整，也是以节能为主进行的考虑。水量小了，管径也小了，耗材就能节省一些，但使用是完全没有问题的。

银星宾馆中还采用了一个比较创新的做法，就是在厨房排油烟上采用了带喷洒清洗液的喷淋器，这是香港冯庆延事务所在设计时的建议。这种喷淋器在香港有成品，我虽然并没看到他们的成品是什么样子，但在之前福州的某个宾馆项目中已经设计过一个类似这样加清洁液的喷淋器。有了这样的设计经验，我就明白了这个东西的用处。

张应静 银星宾馆空调当时采用了四管制空调系统，这是投资方的要求吗？

| 张富成 当时采用四管制是酒店管理方的要求。采用四管制一定要慎重，四管制耗材大，投资高。这个项目在后来的运营中还曾出现过问题，宾馆运营方发现到了冬天有些房间特别热。我当时觉得很奇怪，按理说采用四管制的宾馆不应该存在过热的问题，了解下来发现酒店运营方根本就没有开启四管制。到了冬天，建筑局部外区的辐射热特别严重，就造成了房间过热的问题。我就和酒店管理方建议把四管制开起来，但他们觉得开起来调试和管理太麻烦了，如果不用四管制装上也是浪费。从使用上来讲，二管制加新风也能解决问题，最后我建议酒店管理方在外区重新加了一些分体式空调机。

这个项目也给我一个提醒——在项目中一定要考虑辐射热的问题。这让我想起我们院在 20 世纪 90 年代末设计上海大剧院项目的时候，也采用了大面积通透的玻璃幕墙，肯定有严重的辐射热问题。我就提议用了另外的方法——在大面积玻璃上按密度要求涂辐射点，既不影响玻璃通透的视线效果，同时也能阻隔一部分辐射热。最后甲方和设计师都认可了我的提议。

张应静 上海电影艺术中心与银星宾馆的动力设计有哪些特点？

| 林在豪 上海电影艺术中心没有设计锅炉房，而是把位于银星宾馆的锅炉房蒸汽量放大一些供给电影艺术中心。上海电影艺术中心的业主原先希望能有自己单独的锅炉房，是我说服他们共用锅炉房，这对双方都有利，互利互惠还能节省造价和宝贵的建筑面积。

这个项目有一个有意思的故事。当时上海四建专门成立了一个项目总承包公司，按照招标书以一个较低价格中标了，签完字之后才发现标书要求锅炉烟囱要采用进口的不锈钢烟囱，但总包公司做预算的时候是按照传统砌块砖的烟囱估价的，差价有几十万元人民币。项目经理急坏了，找我想办法解决这个问题。我说办法只有一个，用国产的。

这个夹层不锈钢烟囱的简单样本我有，可以制造，里面的套筒伸缩器设计是难点。比较巧的是，我在苏州亚都宾馆项目里用了这样一个不锈钢烟囱。当时是苏州的一家设备安装公司找到我们，让我们去帮忙解决烟囱伸缩器的问题。我考虑到这样的不锈钢烟囱可能在别的地方也会经常用到就答应了，并设计了一套套筒伸缩器的图纸。套筒伸缩器的原理就是烟囱可上下连通亦可分开，中间有一个压紧的石墨环，在高温下起到密封润滑的作用，套筒还可以伸缩又不会漏气。他们按照我的图纸制造，经过测试没有问题，就成功用在了亚都宾馆项目中。有了这样的先例，我就按照银星宾馆的工程规格再设计了一套套筒伸缩器的制造图，并由这家苏州设备安装公司加工制造，双层薄壁不锈钢烟囱则由闵行一家不锈钢餐具厂加工制造。和进口的不锈钢烟囱设备比起来，我们自己设计的不锈钢烟囱价格只是进口价格的零头，用起来效果也不差。后来我还将这套图纸做成了一个系列，比如直径 700 毫米的专门用在银星宾馆，其他还有 300 毫米、350 毫米、450 毫米，直到 1.2 米口径，在不同项目中可以做不同的配套使用。

张应静 关于上电影艺术中心与银星宾馆的弱电设计，您还有什么印象吗？

| 瞿二澜 这个项目的弱电设计是我的老师徐熊飞[23]主要负责。电影艺术中心弱电专业的主要亮点就是做了一个多语言同声翻译系统[24]。当时这个系统是新颖的，可参照的项目和资料也比较少。徐熊飞

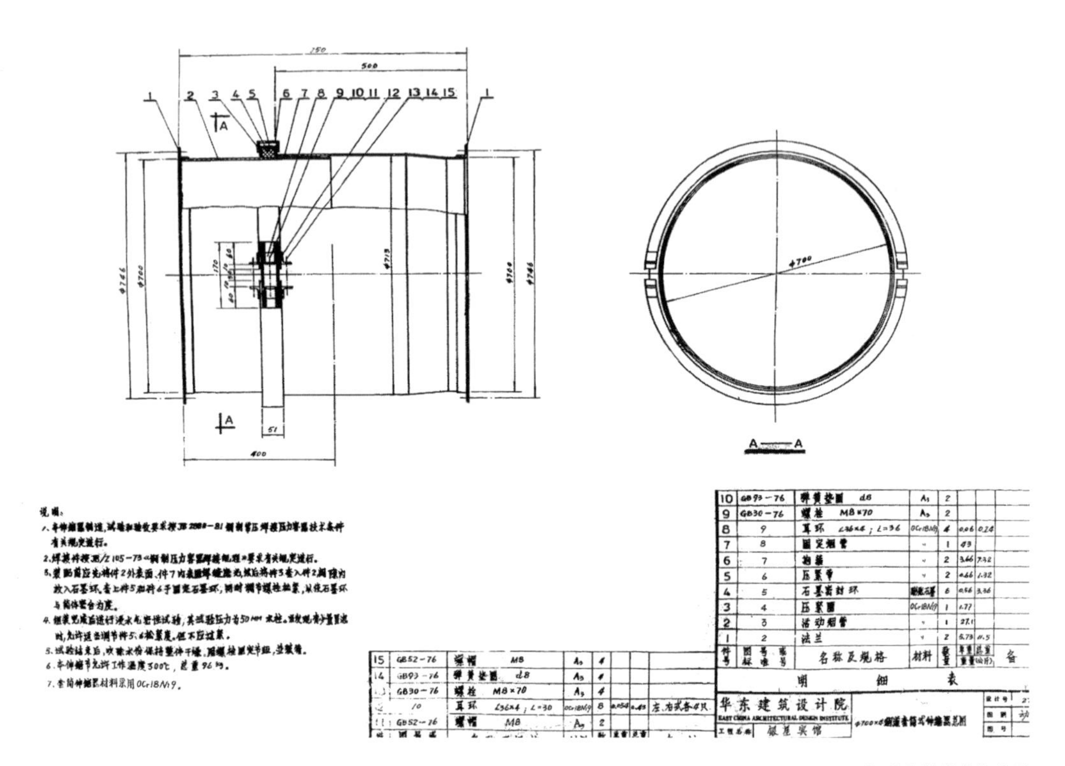

烟道套筒式伸缩器图纸

老师是学无线通信专业的，对无线电领域十分有研究，同时也有无线电专业方面的同学与朋友，为这个项目着手做了很多的调研工作。当时国内主要参观考察了上海市仪表局各家无线电制造厂和上海航天局，找系统设备、找设备材料。多方调研后，我们发现当时我国的同声翻译系统还达不到开国际电影节的要求，最后采用了荷兰飞利浦（PHILIPS）[25] 制造的同声翻译系统。做完这个项目，徐熊飞老师设计的多语言同声翻译系统也成为华东院的一个品牌了。

张应静　影院的弱电电声设计和建筑声学之间有什么关联吗？

| 瞿二澜　有一定关系。土建做好以后，章工（章奎生）就在内部装饰时带着仪器反复测量，如果声学上混响时间等指标达不到要求，就需要通过内部装饰或者弱电电声的手段去解决[26]。由于当时没有条件进行全会场电脑模拟各类会议、演出场景的声学分析，全部都是靠声学专家的经验设置。

张应静　对于宾馆类项目的弱电设计是否有相应的规范或标准？

| 瞿二澜　当时做宾馆特别是高级宾馆的弱电设计时，是要根据酒店管理方的要求。国际上知名的酒店管理品牌都有自己的管理标准，他们会把这些标准作为设计指南提交出来。设计时一定要按照他们的标准去做，如果想要在弱电各子系统上增加一些内容，也要征得酒店管理方的同意方可执行。通过项目积累，弱电专业的前辈们也是经常在不断总结经验。比如我们在项目设计中接触到了国内外五星级、四星级、三星级宾馆的弱电设计指南要求、系统配置内容，各酒店管理集团之间在弱电设计方面有着哪些异同之处，长期下来就形成华东院自己的弱电设计经验。实际上，国外是按照设计事务所和顾问咨询公司要求进行设计，而国内项目很多时候是根据建设方的喜好来配置。所以在做国内酒店宾馆设计时，提早确认酒店管理单位并让其介入，就能让设计内容更加清晰明确。

初生牛犊不怕虎，跟着师傅做设计

张应静　您主要参与了上海电影艺术中心及银星宾馆项目的哪部分结构设计？从结构设计的角度，有哪些难点和创新？

｜**黄良**　我是 1986 年进院的。大概在 1987 年 5 月，我跟着师傅俞陛根、秦永健去深圳做上海电影艺术中心及银星宾馆项目结构专业的初步设计。因为要和香港冯庆延建筑师事务所一起完成初步设计图纸，他们将合作地点选在了深圳。我记得到深圳去参与这个项目的都是各专业组长，上海电影艺术中心和银星宾馆两部分的初步设计图是画在一起的。我刚进公司不久，先从银星宾馆设计做起，基本就是按照师傅的草图画图。印象深刻的是当时师傅们对图面要求很高，图纸上的数字全部是要套模板写的，可以说手绘图纸是在精雕细琢。

我主要参与的是上海电影艺术中心西段的结构设计，难点在于大跨度空间分布在不同的楼层，空间跨度达到 20 米左右，当时采用了框架预应力梁及梁上立柱的方式。从结构设计上讲，这是一个创新，华东院之前都在大跨度的厂房及屋顶上使用预应力梁。在这个项目中，因为不同大小的电影放映厅造成各榀框架之间变化很大，计算工作量很大。现在讲起来，预应力梁好像并没有什么特别的地方，计算机一算就可以了，但是当时计算机软件没有这么发达，很多都是用大学学到的迭代法来计算。我们当时就是一榀一榀、一遍一遍去做计算。其实这也是一个严格训练的过程，让我们对结构的概念更加清晰，在之后的项目里也会更加清楚设计原理。

张应静　上海电影艺术中心侧 1200 座电影厅的屋盖空间网架是设计亮点吗？

｜**陆道渊**　是的，当时我和王伟杰一起搭档做了上海电影艺术中心东段的 1200 座电影厅结构设计。他主要做地面部分，我主要做屋盖部分的螺栓球空间网架。这样的空间网架我参与银河宾馆项目的时候已经尝试做了一个。设计银河宾馆多功能厅屋顶空间网架时，华东院还没有人做过这样的空间网架结构，当时这个设计就落到了我头上。我记得是 1985 年左右设计银河宾馆空间网架，我就自己找资料、看书、参加一些学术会议，边学边干。

一般来说，大空间的空间结构屋盖体系都是轻质屋盖，但这两个项目采用的却是混凝土楼板做的屋盖，自重要比一般的轻质屋盖大得多。上海电影艺术中心 1200 座电影厅里采用的是一个正四角锥形的空间网架结构形式。因为是扇形的屋盖，因此与周边杆件汇交角度很小，当杆件较粗时，还需要解决两杆汇交相碰的问题。我们当时稍微做了一些创新，设计了一个夹板在中间，把这些杆件都连接在这个板上，这样就不会碰撞了。这块板以受压为主，如果受拉就会不稳定，受力也是要经过计算的。粗的杆件是贯通杆件，夹板就夹在两根杆件中间。这个节点我们做了模型试验，证明是安全可靠的。

张应静　为什么考虑用混凝土屋面而不是现在的大空间常用的轻质屋面呢？

｜**陆道渊**　有三方面原因：第一，建筑设计要求要做屋顶绿化；第二，从经济角度考虑，混凝土屋面要便宜一些；第三，从防水等其他方面因素综合考虑，混凝土屋面也会更容易处理。不利的方面是，屋顶较重对结构设计是比较大的考验。当时会做空间网架结构的人比较少，电脑计算程序和现在比起来还是很落后的。我们也是“初生牛犊不怕虎”，靠着一股冲劲，反正上面有师傅把关，就这么大胆地去做了。

张应静　上海电影艺术中心东段的地面结构难点是什么？

｜**王伟杰**　我当时主要负责了东段地面部分的结构设计，其结构难点主要有两个：第一个是建筑入口弧形大空间外墙的结构设计与施工。这个弧形外墙板是用悬臂悬挑出来，再现浇混凝土制作的。当时还没有太多好的外墙材料可选择，只能选择做混凝土外墙。加之又是一个弧形的墙面，还要考虑荷载问题，图纸绘制很难，施工难度也非常大，最后做出来了也是很不容易。第二个是 1200 座影视厅的斜板及踏步结构设计。常规的建筑楼板都是平的，这个项目为了满足电影厅的视线要求，楼板必须是要有坡度，因此我们做了一个斜的楼板，再在斜板上做踏步平台。由于当时受施工条件限制，没办法做现浇踏步，因此考虑了用预制板，砖砌块填充的方式，施工操作起来也方便。

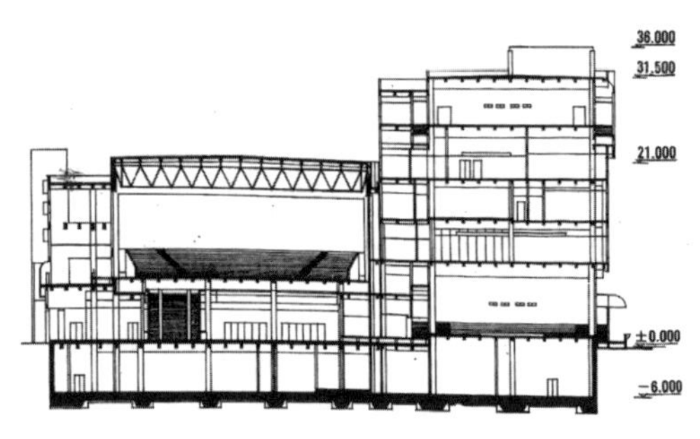

上海电影艺术中心剖面图

说起这个斜板，后续还有一段小故事。2014 年，上海影城（即上海电影艺术中心）业主方几经周折找到了我，他们当时非常迫切地要改造，其诉求有两个：一是要改造最大的电影厅，升级 1200 座电影厅的放映设备，他们从美国引进号称当时中国最大的电影屏幕；二是让底层空间能得到更有效的利用。但困难是要安放这个更大的屏幕，原先电影厅的高度不够，结构肯定要做改动。业主刚开始是希望抬高屋顶空间网架，我和陆道渊一同去现场看，还特意爬到了网架顶上，看过之后我们一致认为拆掉网架的代价太高，不仅会破坏建筑的防水系统，连网架本身的安全性也需要重新考虑。最后，我们决定将楼板的位置往下降，这样就有了一个更高的空间能安放下更大的屏幕。原先斜板上的踏步是预制板，只需拆下来重新设计楼座的斜线及踏步，就完全可以满足视线的要求。可以说，用一种简单、经济的方式解决了问题。

张应静　改建时将底板往下降了多少高度?

| 王伟杰　业主方最初是希望能下降 1.5 米左右的高度，但是综合权衡后，最终是下降了 1.2 米左右。既能保证更大屏幕的安装高度，也能够保证电影厅下方空间的层高，将功能利益最大化。原先电影厅下面的底层部分主要考虑了停车、设备用房、办公等功能，也做了一些预留空间，而现在已经改成了一个超市。

张应静　结构专业与其他专业的配合挑战有哪些?

| 陆道渊　对于上海电影艺术中心来说，有不少配合上的挑战。比如在空间网架上要挂很多的设备，计算的时候就要预留一些余地。空间网架结构是二力杆件，要么受压，要么受拉，不能在杆件中间去加力，否则容易导致杆件受弯，所有吊挂的东西都必须从节点上往下吊。所以对于吊挂设备都有严格的要求，吊挂设备的时候需要受力复核，如果超过了荷载就不可以。同时，混凝土屋顶还要重点考虑屋顶排水问题，不通畅就很容易发生事故。为避免排水不畅的隐患，设计在排水沟侧面做了泄水孔，当积水升到警戒线后，水就从泄水孔自动排出。

张应静　您作为刚进院的年轻人就参与了这么重量级的项目，当时的设计环境和现在比起来应该有很大的差别吧?

| 丁琪燕　在 20 世纪 80 年代，上海乃至全中国的建筑形态是很简单的，但当时的施工和现在完全不一样。我们几乎每个礼拜都要去工地，和施工单位以及其他专业的配合都非常密切，每张图纸都像是出法律文件一样。以前的施工真是精益求精，老一辈设计师亲自在现场教我们解决问题，让我们后期对

施工的了解和配合帮助真的很大。此外，那个时候也有一个合情合理的设计周期，让老师能有时间去尽心尽力地带我们。

| 王伟杰　我和张俊杰、黄良是同一年进院的。这个项目作为我进院之后在前辈们带领下独立完成的项目，至今印象深刻。上海电影艺术中心东段有很多的弧形空间，所以柱子大都是圆形的，这些柱子直径多少、里面有多少钢筋，我依然记得很清楚，因为每根柱子都是亲手绘制出来的。而且当时设计人员要全过程跟进项目，一次次去现场。虽然辛苦，但那个年代的设计人员话语权很高，很受尊敬，和现在完全不一样。

因为这个项目和香港冯庆延建筑师事务所的合作关系，也让我们有机会可以去香港，还有机会拿到当时最好的设计“武器”——德国进口的全套施德楼（STAEDTLER）针管笔。现在很容易买到，但在当时真的是来之不易，十分珍贵。在那个图纸靠手绘的年代，国产的笔和墨常常容易堵塞，而同样一套图纸，用进口的笔比用国产的笔效率起码能够提高一倍，图面也更干净整洁。

| 丁琪燕　我觉得这个项目更广泛的意义在于为华东院各工种都培养了一批人才。老一辈设计师非常愿意借这个项目将知识传授给我们。我记得靳老师（靳正先）当时已经退休了，为了这个项目还被院里返聘回来。她对我们的要求相当严格，画图该精确到多少就是多少，绝对不能差一点点，否则就要重画。那时候重画和现在完全不是一个概念，也因此养成了我更严谨的工作态度。回过头来想一想，严师出高徒，更是一种工匠精神的体现。

里程碑建筑的辉煌与蜕变

张应静　这个项目以作为“裙房”的上海电影艺术中心为主，高层的银星宾馆相当于配套？

| 靳正先　是的。这个项目虽然被放在 20 世纪 80 年代的高层建筑的范畴里，但设计的重点是上海电影艺术中心，它所具有的时代标志性和起到的作用都在上海电影艺术中心。银星宾馆无论从功能还是资金上来讲，都是为电影艺术中心服务的，是电影艺术中心整体建筑群的一部分。

这个项目最大的特点是它不同于一般的电影院，在这里诞生了中国第一个国际电影节。我们说改革开放要打开国门，就要从各个方面、各个行业去打开，而电影艺术也是中国文化的一部分，同样要让国外能看到中国电影的发展。上海电影艺术中心就像是一个会客厅，有了像样的会客厅，才能邀请客人们过来。要让国外真正看到中国电影事业的发展，就一定要让他们到中国来看。

著名导演吴贻弓[27]自始至终作为项目顾问参与其中，王丹凤、白杨等老艺术家都是项目筹建组织成员。我每次跟他们碰面，他们的心情都非常激动，说电影人终于要有个自己的“家”了。我记得这个项目竣工验收那天，白杨抱着我好一会儿不放开，那时候我还有点不习惯，他们的性格热情外露，也让我深切感受到他们兴奋激动的心情。

项目建成后得到了各方面的支持和鼓励，也得到了大家的高度认可，比如 1200 座电影厅的音响效果、视觉效果都是非常好的，当时北京中科院声学研究所的声学专家马大猷[28]和他们的团队都来测试过并给出肯定意见。最后项目评审时，市建委主任沈恭[29]说：“这样一个项目决算能控制在 2700 万，可以说是一个‘多、快、好、省’的工程。”这个项目也几乎是拿了所有能拿的奖项——科技进步二等奖、优秀设计奖、鲁班奖等。自从有了上海电影艺术中心后，我国每年都在这里举办国际电影节，直至大剧院建成，开幕仪式才改在那里，但一些影片展放等仍然以这里为主。据说至今 1200 座电影厅仍是视听效果比较好的，也算是经得起时间的考验了，我感到很欣慰。

张应静 上海电影艺术中心后来更名为“上海影城”，银星宾馆也更名为“银星皇冠假日酒店”，为什么做这个修改？

| 靳正先 前者是当时的业主方上海市电影局为这个项目命名的，因为当时老一辈电影人包括知名导演、演员等业界人士的愿望是建一个电影艺术者之家，将其用作电影艺术交流展演等功能。“银星”意味着银幕之星。宾馆的名字是比较早就改了，因为引进了国际品牌皇冠假日酒店这个酒店管理方，肯定是要冠名的，之所以还在前面加上“银星”二字，是因为当时这里还是属于上海电影局的产业，我印象中酒店开业时就更名了。上海电影艺术中心是在 20 世纪 90 年代初改成上海影城的。记得一次偶然的机会，我曾问过原筹建组成员，得到的回答是“体制变了，大势所趋，电影放映要自负盈亏，电影要商业化”。

张应静 该项目对于华东院来说有着怎样的意义？

| 孙正魁 项目的设计时间可以说是华东院从以工业设计为主向民用设计转型的关键点，尤其是宾馆、文化类项目，也是多层建筑向高层建筑发展的年代。这些技术储备、人才储备都很有价值，为华东院之后在浦东开发拓展设计领域及市场打下了坚实的基础。回顾这 30 年，如今的华东院的影响力大大超过了当时，华东院精益求精、对技术追求创新的企业文化是代代相传的。

1 当剪力墙的洞口尺寸较大，墙肢宽度较小，连梁的线刚度接近于墙肢的线刚度时，剪力墙的受力性能已接近于框架，这种剪力墙称为壁式框架。该结构形式以大空间为主，介于剪力墙结构和框架结构之间的一种过渡形式。

2 银星宾馆总高度来自《上海八十年代高层建筑》图纸数据，主楼外形、结构选型、层高、开间尺寸数据来自《上海八十年代高层建筑》。

3 第一届上海国际电影节，1993 年 10 月 7—14 日在上海举行。主会场设在上海电影艺术中心，大光明等 8 家电影院为分会场。当时，有 1100 名中外宾客参加了这一中国首次举办的国际电影人士竞相聚首的盛会。在 20 部国际参赛片中评出了 4 项金爵奖和 1 项评委会特别奖。首届上海国际电影节的举办获得了巨大成功，经世界国际制片人协会的严密考察和论证，上海国际电影节被列为世界九大国际电影节。

4 项目的外墙面砖与银星宾馆保持一致，采用了进口面砖，其他部分材料全部采用国产材料。

5 香港华人银行，全称香港华人银行有限公司，为香港注册持牌银行。2002 年 1 月 17 日被中信嘉华银行有限公司（2002 年 11 月 25 日更名为中信国际金融控股有限公司，简称“中信国金”）收购，其后香港华人银行成为中信国金全资拥有的附属公司。

6 冯庆延建筑师事务所，全称冯庆延建筑师事务所（香港）有限公司，创立于 1982 年。主理人冯庆延（Frank C. Y. Feng），美国耶鲁大学建筑硕士，香港注册建筑师，香港建筑师学会会员。参与的重要项目包括港汇广场、东湖大厦、恒隆广场、置信大厦等。

7 胡其昌（1926.1—2019.8），男，上海人。1946—1950 年就读于光华大学土木系。1950—1951 年上海市市营建筑工程公司就职，1951—1953 年群安建筑师事务所任职，1953 年进入华东院工作，1987 年退休。高级工程师、华东院主任工程师。曾任马里、苏丹、越南等国家工程项目的设计代表，主持华亭宾馆、上海联谊大厦、上海影城银星假日大酒店、西郊宾馆、建国宾馆、深圳上海大厦等高层建筑的结构设计。曾获全国优秀工程银质奖、国家科技进步三等奖。

8　张俊杰，男，1963 年 8 月生。1986 年清华大学建筑系毕业进入华东院工作至今。现任华东院总经理、党委副书记，首席总建筑师。

9　李尚珍，女，1940 年 1 月生，重庆人。1965 年 9 月进入华东院工作，1998 年 2 月退休。华东院高级建筑师。

10　俞陛根（1933.1—2010.12），男。1956 年 9 月进入华东院工作，1993 年 2 月退休。华东院结构主任工程师。

11　秦永健，男，1932 年 9 月生。1978 年 8 月进入华东院工作，1992 年 10 月退休。华东院结构副主任工程师。

12　屠涵海（1935.8—2011.5），男。1956 年 10 月进入华东院工作，1995 年退休。华东院强电主任工程师。

13　王凤石（1935.12—2014.3），男。1958 年 9 月进入浙江省建工厅工作，1972 年 4 月进入浙江省工业设计院工作，1977 年 9 月进入华东院工作，1998 年 12 月退休。高级工程师、华东院一室给排水组长。

14　新华路是沟通虹桥国际机场与市区的重要通道，外宾的迎送多在此道路上，故被称为国宾道。

15　凌本立，见本书百乐门大酒店篇。

16　70 毫米超宽荧幕电影是指 70 毫米胶片宽银幕，画幅宽高比为 2.2 ∶ 1，其胶片上的画幅面积为 35 毫米遮幅影片画幅面积的 4 倍以上的电影。以美国托德 - AO（Todd - AO）系统为代表，该系统的特点是用 65 毫米底片进行拍摄，印片时印到 70 毫米的正片上，拷贝上有 6 路立体声磁性声带，5 路供银幕后扬声器用，另一路供观众厅周围的环境效果扬声器用。

17　章奎生，见本书花园饭店篇。在该项目中他负责 5 个电影厅音质设计及噪声控制设计。

18　林圣清，男，1927 年 10 月生。历任上海市电影局录音总技师和上海电影技术厂总工程师，是我国磁性录音、多面立体声录音等新技术的最早研制、推行者之一。曾负责全套混合录音设备的总体设计，由其负责总体设计的录音技术楼 1984 年获全国科技进步奖。

19　王传顺，男，1959 年 9 月生。1987 年 9 月进入华东院，2020 年 9 月退休。历任华东院室内设计所副主任建筑师、上海现代建筑设计（集团）公司环境与建筑装饰设计院副院长。

20　郭传铭，男，1944 年 10 月生于上海。1981 年进入华东院工作，1997 年 10 月起在上海现代建筑设计集团上海索艺建筑工程咨询有限公司工作。2004 年 11 月退休并返聘工作至 2013 年 10 月。历任华东院主任建筑师、上海现代建筑设计集团上海索艺建筑工程咨询有限公司总建筑师等。

21　二次回风指经过表冷器的处理后，把加热段的功能由二次回风来代替的系统。

22　静压箱的工作原理，空调风从空调风机里面出来的时候具有很大的风速，同时由于空调风机自身的结构原因，出风并不均衡，空气在风管中相互摩擦碰撞，会发出较大的噪声，空调风速也会急剧下降，使得空调出风不能被送得很远。将空调出风先送到静压箱，将空气动能转化为静压，空气流动就变得、缓慢、均匀且稳定了，噪声能得到降低，同时静压箱内出来的空气静压升高、压力均匀恒定，通过风管能被送到更远的地方。

23　徐熊飞，男，1938 年 11 月生。1963 年 8 月进入华东院工作，1999 年 12 月退休。华东院弱电主任工程师、弱电组组长。

24　据资料记载，多语言同声翻译系统装设在上海电影艺术中心 300 座电影厅，传输讯号采用红外激光，具有讯号失真小、质量高、保密性好、线路简单、设备利用率高等优点。

25　飞利浦于 1891 年成立于荷兰，主要生产照明、家庭电器、医疗系统方面的产品。

26　据资料记载，在该项目中为了克服混响时间在 0.6 ～ 0.7 秒特别短的要求，设计中提高了功放功率。为了在电影节中采访坐席上演员及名人设计了 12 路移频器，避免声反馈现象。为了提高演出效果，采用了立体声扩声，在设备中还加入了电子混响器，克服了建筑声学混响时间短的缺点。

27　吴贻弓（1938.12—2019.9），男。曾任上海电影局副局长、全国影协副主任、上海文学艺术界联合会副主席、上海电影总公司总经理。2012 年 4 月 8 日，荣获 2011 年度中国电影导演协会中国电影终身成就奖。2012 年 6 月 16 日，荣获第十五届上海电影节“华语电影终身成就奖”。

28　马大猷（1915.3—2012.7），男。国际著名声学家、中国著名物理学家和教育家、中国现代声学的重要开创者和奠基人。

29　沈恭，见本书花园饭店篇。

1949 年后上海第一幢现代化智能型办公楼
——联谊大厦口述记录

受访者简介

张乾源 (1930.5—2013.2)

男，浙江鄞县人。1947—1951 年就读于之江大学建筑工程系。1951—1952 年中央贸易部华东基本建设处设计科任职。1953 年进入华东院工作，1990 年 6 月调离华东院。高级工程师、华东院副总建筑师。曾参与上海中苏友好大厦电影馆、上海龙柏饭店、衡山饭店改建工程等项目的设计。曾获国家科技进步三等奖、上海市优秀设计三等奖、建设部科技进步三等奖等奖项。联谊大厦项目设计总负责人。

沈久忍

男，1952 年 7 月生，浙江宁波人。1974—1977 年就读于华南理工大学建筑系建筑学专业，1978—1981 年留校任教，1981 年 6 月进入华东院工作，2016 年 3 月退休，并返聘至今。高级建筑师、中国建筑学会工业建筑分会常务理事、华东院技术管理与发展中心副主任。参与和主持设计了华亭宾馆、联谊大厦、上海贸易信息中心、华东师范大学图书馆逸夫楼、远洋大厦、上海商务中心、东上海花园、紫竹科学园区等重点项目，以及科摩罗人民大厦、赞比亚党部大楼等援外项目。曾获国家外经贸部优秀工程奖、国家教委一等奖、上海市优秀设计二等、三等奖，上海市优秀工程住宅小区一等奖等奖项。承担联谊大厦项目扩初建筑图纸的部分设计和绘图。

胡其昌 (1926.1—2019.8)

男，上海人。1946—1950 年就读于光华大学土木系。1950—1951 年上海市市营建筑工程公司就职。1951—1953 年群安建筑师事务所任职。1953 年进入华东院工作，1987 年退休。高级工程师、华东院主任工程师、结构技术负责人。曾任马里、苏丹、越南等国家工程项目的设计代表，主持华亭宾馆、联谊大厦、上海影城银星假日大酒店、西郊宾馆、建国宾馆、深圳上海大厦等高层建筑的结构设计。曾获全国优秀工程银质奖、国家科技进步三等奖。联谊大厦结构设计审定人。

杨莲成

男，1933 年 12 月生，上海人。1951 年 5 月，上海市营建筑工程公司设计组任职。1959—1961 年，上海业余土木建筑学院工民建就读（肄业）。1963—1966 年，就读于同济大学工民建函授本科（五年制）。1952 年 5 月进入华东院工作，1994 年 1 月退休。高级工程师、华东院副主任工程师。长期研究并发明各类无牛腿装配式结构，主要设计或负责上海民航售票处、虹桥机场候机楼、马里电影院、联谊大厦等项目。曾获上海市优秀设计二、三等奖，建设部科技进步三等奖 (第二完成人)。联谊大厦项目施工图设计结构专业负责人。

高超

男，1961 年 7 月生，广东番禺人。1979—1983 年就读于同济大学建筑工程分校工民建系。1983 年 7 月进入华东院工作至今。教授级高级工程师、华东院党委副书记、副院长。设计或负责上海浦东国际机场航站楼、南通中华园饭店、舟山万吨冷库、上海马戏城等项目。曾获上海市优秀工程设计一、三等奖，上海市科学技术二等奖，以及全国五一劳动奖章。联谊大厦项目结构施工图设计、绘图并驻工地现场配合施工。

寿家兴

男，1941 年 5 月生，辽宁沈阳人。1960—1965 年就读于同济大学工业企业电气自动化专业（五年制）。1965 年 10 月进入华东院工作，2003 年 3 月退休。教授级高级工程师、华东院主任工程师。参与大量工业及民用项目的电力、照明设计。主编《防雷接地安装》获上海市工程建设优秀标准设计一等奖。曾获上海市优秀设计二、三等奖，建设部优秀设计三等奖。联谊大厦电气专业负责人，设计、绘图。

宗有嘉

男，1939 年 11 月生，江苏南京人。1958—1963 年就读于同济大学数理系工程力学专业。1963 年进入华东院，2001 年退休。高级工程师、华东院副院长。联谊大厦项目结构方案和扩初设计结构专业负责人、计算及绘图，后因调任计算站副主任，没能继续参加设计。

郭美琳

女，1932 年 8 月生，浙江温州人。1951—1952 年，上海市人民法院书记员。1952—1956 年，就读于同济大学工民建专业。1956 年 9 月进入华东院工作，1987 年 10 月退休。高级工程师、华东院结构专业工程师。参与赞比亚党部大楼、太湖疗养院办公楼、疗养楼等项目的结构设计。参加编制《CG424 及抗补预应力三铰拱屋架及抗补图》图集，获评全国优秀建筑标准设计三等奖。联谊大厦结构施工图设计、绘图、校对，并长期驻工地现场配合施工。

潘德琦

男，1934年11月，上海人。1953—1957年就读于同济大学卫生工程系给排水专业。1957—1965年，福建省建设厅规划处工作。1965年1月进入华东院工作，1999年11月退休。教授级高级工程师、上海现代建筑设计集团顾问总工程师、华东院副总工程师。参加大小三线设计、金山石化总厂陈山油罐区等重大工业项目、中国驻罗纳尼亚大使馆等海外援建项目以及上海展览中心中央大厅改建、国际饭店和华侨饭店改建、华亭宾馆等重大民用项目，并负责一批院重大工程的给排水专业的审核工作。参与设计的《新沪住5型住宅通用图》获上海市优秀设计二等奖、优秀建筑标准设计一等奖，《民用建筑水灭火系统设计规程》获上海市科技三等奖，“减压阀的开发应用研究”获上海市科技三等奖、国家科委科技成果重点推广项目，“推广UPVC排水雨水管课题”获国家建材行业科技二等奖。1997年，被聘为上海市建设系统专业技术学科带头人。联谊大厦项目给排水专业技术审定人。

孙传芬

女，1934年4月生，四川成都人。1953—1955年就读于重庆大学电机系电讯专业，1955年8月随本专业师生一同并入北京邮电学院有线通讯工程系学习。1957年9月进入华东院工作，1989年7月退休。高级工程师、华东院副主任工程师。工作期间负责大量国防、民用和工业的弱电通信设计。担任杭州西泠宾馆、虹桥机场候机楼、上海铁路新客站主站屋、华东电力调度大楼、瑞金医院、花园饭店等重点项目的弱电专业负责人。曾获上海市科技进步一等奖。联谊大厦项目弱电专业负责人，施工图设计、绘图。

孙悟寿

男，1935年1月生，浙江萧山人。1951—1953年就读于上海南洋模范电校电信工程科专业。1955—1956年就读于北京建筑工程部设计总局干部训练班暖通班。1953年2月进入华东院工作，1990年2月退休。高级工程师、华东院暖通专业生产组组长。担任中国科学院陶瓷研究所、南京科学仪器厂光学车间、上海华侨饭店暖通专业负责人、设计人。中苏友好大厦大厅分层空调设计以减少高中低空温度差获设计好评。曾获全国优秀设计工程奖、上海科学技术进步三等奖。担任联谊大厦项目暖通专业负责人、设计人。

采访者： 姜海纳，等[1]

文稿整理： 姜海纳

访谈时间： 2009年11月16日—2020年6月8日，其间进行了16次访谈

访谈地点： 上海市黄浦区汉口路151号，受访者家中、电话采访

联谊大厦

联谊大厦建成照片
方维仁摄影

建设单位：上海锦江（集团）联营公司

设计单位：华东院

施工单位：上海第二建筑工程公司(土建总承包)、上海市基础工程公司分包（打桩工程）、上海工业设备安装公司（安装工程）

经济技术指标：占地面积 2400 平方米，建筑面积 27 774 平方米

结构选型：外框内筒（稀柱框筒结构 + 密肋楼板 + 单向宽扁梁）

层数：地上 29 层、地下 1 层

总建筑高度：109.03 米(±0.000 到地面有 1.52 米的高差，屋顶最高标高 107.510 米，数据来自施工图)

层高：一层为 4.8 米；二层为 5.7 米；三层为 3.5 米；标准层办公为 3.35 米；地下室一层为 4.92 米

容积率：11.57

大厦外形：54.7 米 ×27 米

开间：9 米 ×3 米

完成扩初设计时间：1982 年年底

竣工时间（结构封顶）：1984 年 12 月

完成全部装饰工程时间：1985 年 4 月

地点：上海市黄浦区延安东路 100 号

项目简介

联谊大厦是中华人民共和国成立以后，上海第一幢现代化智能型大厦，系中方提供土地、香港投资建设的商务办公楼。大厦位于延安东路与四川中路交叉口，其建筑造型采用全玻璃幕墙设计，幕墙的水平、竖向线条使塔楼富有韵律和尺度感。联谊大厦一层为商场，二层为餐厅，三层以上为办公用房，设有现代化通信设施。联谊大厦采用框架核心筒（外框内筒）的结构形式，为办公人员提供了更加灵活的开敞办公空间。联谊大厦的变电所上楼以及火灾报警系统等的引入为未来超高层建筑的发展奠定了基础。

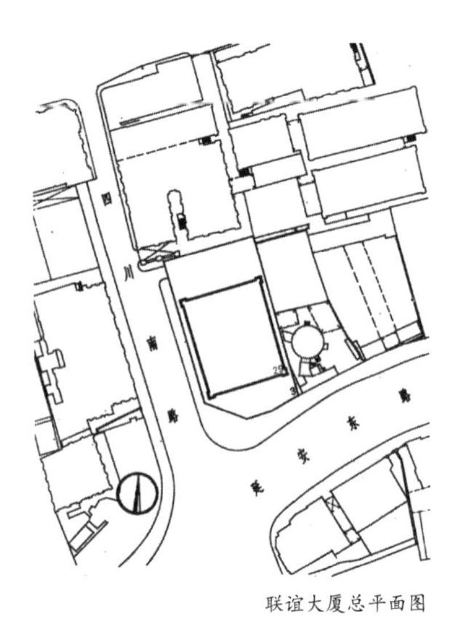

联谊大厦总平面图

1. 厕所
2. 配电间
3. 空调机房
4. 办公室

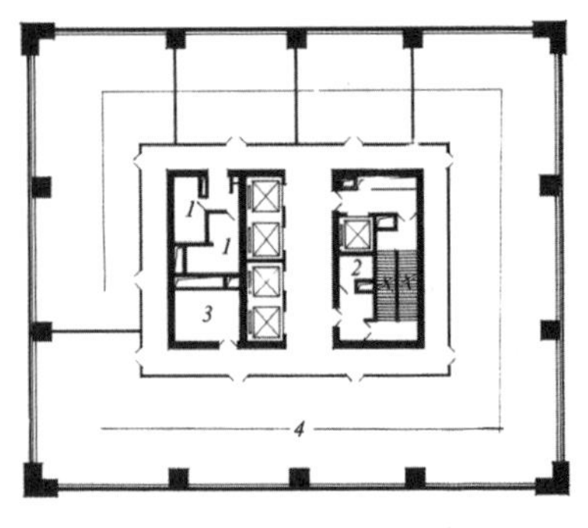

联谊大厦标准层平面图

1. 门厅
2. 办公室
3. 商场
4. 餐厅
5. 空调机房
6. 厕所

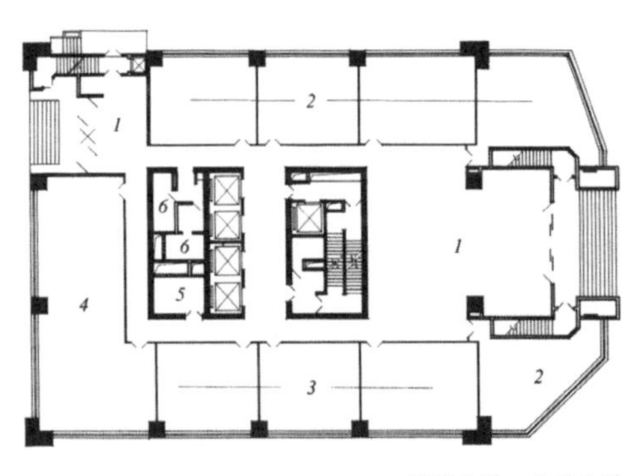

联谊大厦一层平面图

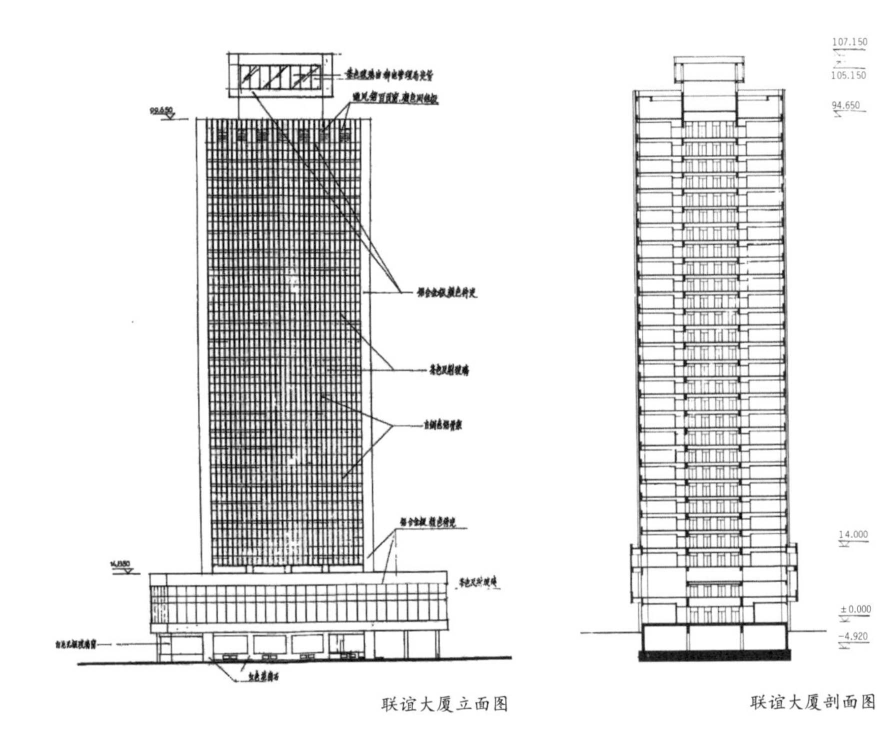

联谊大厦立面图

联谊大厦剖面图

上海市引进投资的试点项目

姜海纳　联谊大厦是上海市引进投资的项目吗？

张乾源（右）和香港新鸿基集团董事长冯景禧（左）在一起
引自：张乾源《建筑综合论：我的建筑生涯六十年》
（上海科学技术文献出版社，2010年），124页

┃**张乾源**　联谊大厦是引进港商投资建造的高级涉外办公楼。上海市政府经过与香港新鸿基集团的冯景禧[2]等人激烈地谈判，最后谈成沪方以土地作为投资，港方负责整个大楼和现代化设备工程的费用。当时港方出资8000万港币，双方合作建造一座现代化智慧办公大楼，总计建筑面积约3万平方米。位置选在延安东路和四川中路交叉口的一块靠近外滩的基地上。项目是经国家经济贸易委员会和上海市批准的，设计以及公用设备的选用全部由华东院承担。

┃**沈久忍**　20世纪80年代初期，华东院承接联谊大厦项目的原因：第一，设计总负责人张乾源人脉广，荣毅仁也和他认识；第二，改革开放以后，中央派荣毅仁负责吸引外商、港澳台商投资支援基本建设。冯景禧先生想在南京路做一个地产项目，以纪念他曾经在这里的工作和生活经历。上海市规划局讲南京路不允许建超高层，最后选址在延安西路、四川中路路口一角不大的地块上。这里曾经有黄浦区的一个唧水站[3]，边上是上海市汽车服务公司和一个商业仓库，在这里造建筑对周边影响不大。这就是今天的联谊大厦所在的延安东路和四川中路转角的位置。本来联谊大厦基地面积很小，覆盖率完全达不到规范标准，考虑到这是上海第一个引进投资的试点项目，上海市规划局就特批了。当时延安路正好在改建，市规划局要把延安路拓宽成一条城市主干道，所以联谊大厦建设时没碰到和市政管线衔接的问题。联谊大厦建成后，港方认为达到他们的使用和办公出租标准了。大厦一经建成在上海还是很轰动的，新闻媒体纷纷报道，办公出租十分火爆。

姜海纳　您还保留了联谊大厦初步设计的文本？

┃**沈久忍**　是，我一直珍藏着，这份联谊大厦的扩初文本估计别人也不会有了。我当时还是小青年，联谊大厦项目设总、院副总建筑师张乾源来我们室里，叫我参加联谊大厦设计小组，我至今记得张乾源叫我跟他一块到锦江饭店一个小礼堂参加联谊大厦项目的会议。我从方案一直做到初步设计完成。联谊大厦初步设计的文本是我们编制的第一本精装图册，这个本子怎么装订我还研究了半天，封皮上的字是张乾源请书法家写的，非常有纪念意义！

建筑施工图的图纸是我们小组的黄根妹等人做的。结构设计也很简洁明了。当时结构专业里宗有嘉、杨莲成、郭美琳、史炳寿[4]都做过结构设计。

联谊大厦二层酒吧
沈久忍提供

联谊大厦二层宴会厅
沈久忍提供

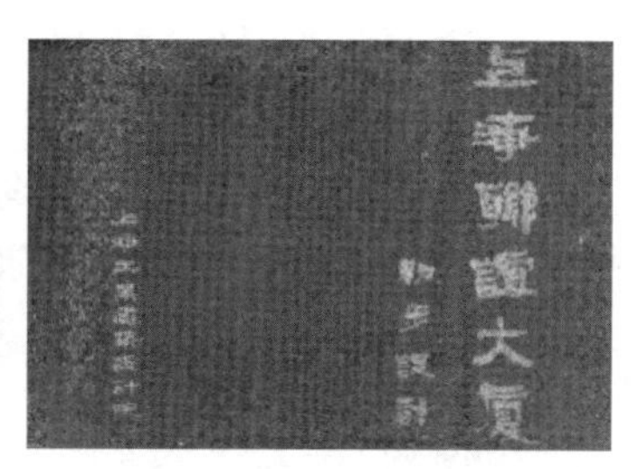

书法家撰写的联谊大厦扩初文本封面
沈久忍提供

姜海纳 大厦设计既简洁大气又现代高端，是否代表了当时我们设计的最高水平？

| **沈久忍** 是的，在建筑造型处理上采取简洁而现代的手法。刘乾亨[5]当时是四室一组的副组长，建筑设计主要是他负责，他做完这个项目就退休了。刘工的设计风格比较简洁实用，没什么花哨的地方。我当时是属于四室二组，刘秋霞[6]任组长，二组还有凌本立[7]、张耀曾[8]、方菊丽[9]、王意孝、史雅谷、卢文玢、黄根妹、丁晓明等，设计实力很强。室里调我参加联谊大厦设计，建筑方案和扩初阶段主要是刘乾亨、王意孝和我三个人设计的，张培杰是组长负责审图。刘工叫我画图，12 张（建筑专业的）图纸都是我用鸭嘴笔画出来的。先用铅笔画草图，画完以后用鸭嘴笔一点点蘸墨水描出粗细。字还要写得好看，设总张乾源要求还是蛮高的。我们做了很长时间的初步设计，一边画一边改。平、立、剖面图图纸我不知道画了多少遍，所以我对这个项目的设计过程非常熟悉。完成了联谊大厦扩初设计以后，室里又调我去做华亭宾馆了。

上海第一栋玻璃幕墙高层办公楼

姜海纳 联谊大厦玻璃幕墙[10]的设计特点是什么？

| **张乾源** 联谊大厦的幕墙设计尽量采用暗褐色的玻璃和框架，将此作为外滩建筑群的陪衬，与外滩气氛一致。幕墙的框架采用最为经济合理的截面，整幢建筑物使用了二十多年，直至 2009 年都无任何裂缝，体现了良好的设计与建造品质。这里还要特别指出的是，一般玻璃幕墙都是全封闭设计，但当时联谊大厦的建筑师结合中国南方地区的开窗通风的习惯，在每层窗底部开了一排小窗作为通风换气之用。

| **沈久忍** 这是我们第一次做玻璃幕墙设计，你看图纸上这一片玻璃幕墙全部挂在梁和柱子的外缘。别看图纸上线条简单，但我们从来没做过，真的不知道怎么做！以前的设计基本上都是排窗。当时玻璃幕墙设计有两大难点：一是玻璃怎么组成幕墙，幕墙怎么挂？二是我们更担心安全性问题，玻璃幕墙装在结构主体外面，掉下来怎么办？还有隔热、保温性能都不行，怎么办？张乾源去香港考察回来后，上面的设计难点问题都解决了。我们初步设计全部采用梁柱齐平法，在柱子跟梁一定的模数位置留下预埋件，施工时将玻璃幕墙焊上固定。这些方法都是从香港考察学习来的，玻璃幕墙也是香港厂家供应的。上海当时只有华东机械厂是专门做门窗的厂家。

姜海纳 大厦的外围护结构采用的玻璃幕墙设计，当时有哪些考虑？

| **胡其昌** 玻璃幕墙要抗风，也要抗压。对于防火当时还没有现成的规范，抗震也没有规范，这些当时都没有考虑。[11]

姜海纳 为了玻璃幕墙技术，我们还特意去香港考察了？

| **张乾源** 也不仅仅为玻璃幕墙去考察，还有其他任务。由项目兴建处组织我们赴香港共同参加铝合金玻璃幕墙构件气密性和水密性实验，配合香港大学对正压、负压、风荷载作用下强度、变形实验等测试鉴定工作。在香港时，我们还对联谊大厦内部装饰设计工作加以改进，收集和整理了室内装饰设计的经验，拍了室内装饰幻灯片和照片。

姜海纳 玻璃幕墙的擦窗机安装是结构专业要配合的吗？

| **杨莲成** 对的，结构专业去港考察，任务之一就是弄懂玻璃幕墙的设计及其配套的擦窗机的安装。那时香港的高层建筑的窗框上带有清洗墙面的擦窗机吊篮的滑轨，清洗者不用做“蜘蛛人”，屋面上沿

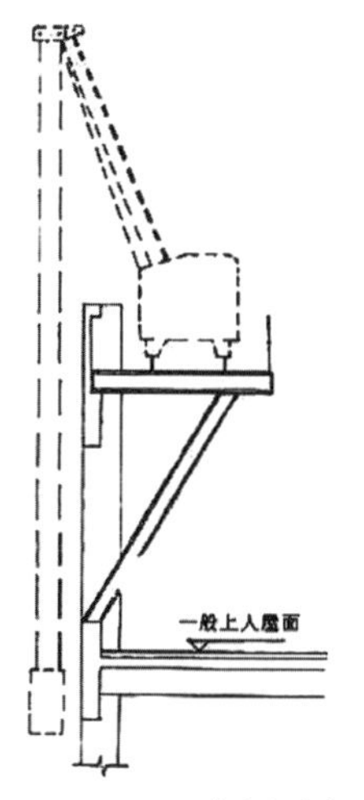

擦窗机支架剖面示意图
引自：《上海八十年代高层建筑结构设计》
（上海科学普及出版社，1994年），181页

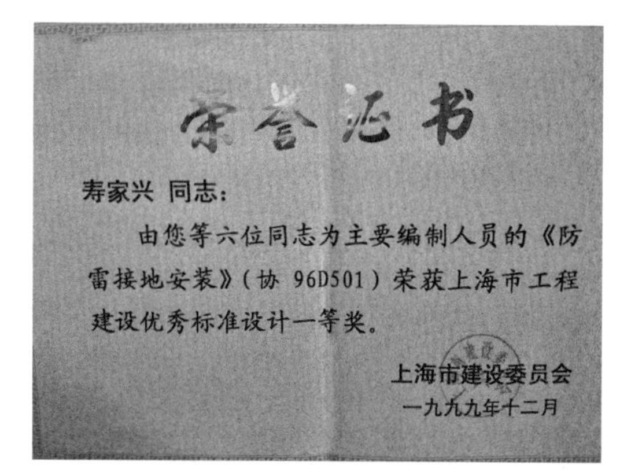

荣誉证书

寿家兴 同志：

由您等六位同志为主要编制人员的《防雷接地安装》（协 96D501）荣获上海市工程建设优秀标准设计一等奖。

上海市建设委员会
一九九九年十二月

《防雷接地安装》图集获奖证书
寿家兴提供

周边要安装钢轨，以利于带有伸臂的擦窗机环行，并配备不用时的停靠站。而联谊大厦的屋面上设备众多，铺设轨道几近无望，结构设计面临取消擦窗机的可能。港方直接来沪和我们共议解决办法，我们设法在女儿墙边设高架支座，使轨道让开屋面冷却塔等设备，港方很感激。日前，我回访了联谊大厦的物业管理李经理，他说擦窗机轨道顺利使用十多年后，因设备锈蚀严重才停止使用。[12]

| 高超 当时我们没听说过（擦窗机），设计人员去香港看了之后才知道擦窗机怎么运作。联谊大厦当时从安全性等角度考虑设计得比较谨慎，擦窗机以玻璃幕墙竖梃做轨道，采用轨道式的擦窗机，现在看来这样的大厦高度其实不需要做轨道式的。我们为擦窗机设计了屋顶钢平台，擦窗机轨道就固定在钢平台上，就像火车可扳动的轨道那样，最后擦窗机要隐藏在微波机房下面。

姜海纳 联谊大厦的玻璃幕墙的防雷设计也是我们积累起来的经验?

| 寿家兴 防雷设计我们做过，但是玻璃幕墙的防雷设计在联谊大厦之前没有做过。我们把幕墙焊接的（每个）铝合金框都留一个接点，每个地方都接牢，然后和桩基上的钢管桩全部结成一体，从屋顶一直接到地下。这对施工要求很高，必须施工连接好才能起到防雷的作用。在这个施工的过程中，设计师是看不到的，全靠施工环节严把质量关。联谊大厦建成之后，国内很多设计院都来向我们取经，都想知道联谊大厦玻璃幕墙的防雷接地是怎么设计的。我们在院电气总工程师温伯银[13]的提示下，根据联谊大厦项目经验出了一本《防雷接地安装》图集，都是我们设计联谊大厦的电气工程师自己画的节点，后来这本图集还得了上海市工程建设优秀标准设计一等奖。

姜海纳 从这个项目以后，玻璃幕墙慢慢就可以国产化了吗?

| 沈久忍 我任设总的第二个项目是20世纪90年代的上海贸易信息中心[14]，全部采用玻璃幕墙设计，生产厂家都是内地的。设计联谊大厦以后，玻璃幕墙的施工图设计不觉得难了，玻璃机械厂已经跟我们很熟了。计划经济时期，我们要玻璃机械厂的人配块玻璃窗都很难，那时候是我们求他们。等到做上海贸易信息中心设计的时候，我们逐步在向市场经济转型，这时候就是他们主动跑过来找我们。因为经过联谊大厦项目设计我有了经验，在上海贸易信息中心项目里采用国产耀华玻璃厂生产的灰色镀膜反射玻璃——单层10毫米厚的半钢化玻璃幕墙，这说明10年左右的时间里，玻璃幕墙的设计、生产都已经可以在上海完成了。

中国智慧、上海速度

姜海纳　联谊大厦体现了“多快好省”的特点？

| **张乾源**　是的。第一，设计周期短。整个大厦扩初设计及施工图设计实际时间仅为一个月及三个月，时任中央顾问委员会主任的邓小平在视察上海时明确指出，“联谊”必须在1984年年底前完成，并成为上海两幢典型高层建筑之一[15]。设计人员在听到上级决定后，当即将绘图桌搬到现场，使设计进度大大提前，结构施工工期也缩短为9个月，装饰工期为5个月。整个工程从打第一根桩到全部建成，仅用了14个月，创造了3天建造1层的上海速度。第二，投产早、多创收外汇。联谊大厦于1985年5月正式开业，为国家多创了外汇收入，光提前22个月开业这一点，就多创收外汇共计500万美金。而其工程造价只有500美元/平方米，相比北京中信大楼的造价800美元/平方米，真正做到了又好又快又省。第三，设计经济合理，博得国外专家同行的赞扬。大厦建筑平面紧凑合理，得到著名建筑师王董的好评。戴尔·开勒（Delle Keuer）等专家以及日本著名建筑公司大林组株式会社的同行们均认为其结构技术先进、造价节省，肯定我们运用的新规范和方法。据说海外杂志称“联谊”为“我国自行设计的现代化大楼”，他们对我们能自行设计感到惊奇，赞叹不已。第四，影响深远，意义重大。联谊大厦受到（当时）中央和市政府领导的好评。他们认为：这个项目利用港方资金，上海方自行设计，自行施工，适合国情和创收外汇，培养技术力量，满足进度，适应涉外办公楼的国际标准。这条路走对了。[16]

姜海纳　结构设计体现了经济性？

| **沈久忍**　是，华东院结构设计是蛮厉害的，当时上海最高的建筑是南京路上二十四层的国际饭店，而联谊大厦是近百米的高层，可以说突破了上海高度。主楼是框架核心筒结构，主梁必须撑在核心筒上，而且主梁在一个跨度里用密肋楼盖板来降低层高，节约造价。全部梁要对着核心筒，所以整个建筑是满足抗震要求的，而且非常经济合理。柱距尺寸上与结构计算有关，当时考虑的出发点是从抗震的角度，实际上结构算下来最大跨度是9米，所以建筑都是按照9米的柱间距在设计。我印象中还有一个非常重要的部分就是核心筒的设计。

| **胡其昌**　大厦的使用面积非常的宝贵，因此矩形标准层平面四角做L形的角柱，目的是让承重柱尽可能地少占用室内的使用面积，角柱内布置竖向的落水管。

| **宗有嘉**　我印象最深的就是办公空间的“无柱”设计是为了开敞办公区有更大的使用空间。在使用空间里没有柱子遮挡视线，空间十分通透。

| **高超**　梁板式的结构设计采用宽扁梁，而且是单向的，这些都是为了降低层高、增加使用空间。毕竟（当时的）办公标准层层高和现在的设计标准不能比。[17]

姜海纳　层高被严格控制是经济性的考虑？

| **沈久忍**　是的。联谊大厦的办公标准层层高只有3.35米，为保证办公层净高，我们的结

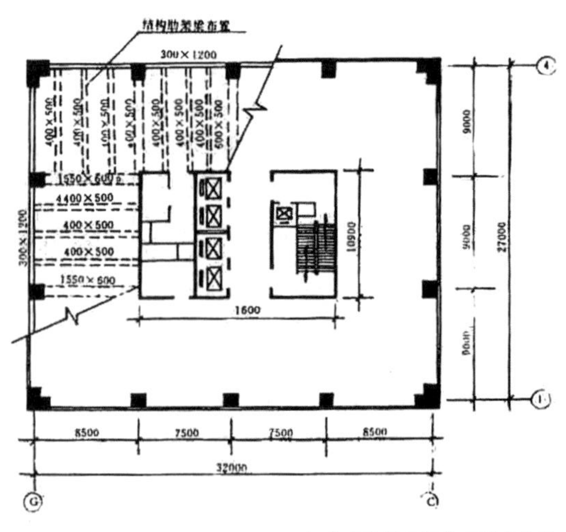

标准层结构肋架梁布置示意图
引自：《上海八十年代高层建筑结构设计》，170页

构设计尽量选择稀柱、现浇密肋楼盖，以减少结构占用的空间。设备专业也必须把有效高度让给出租的办公空间，暖通风管和设备管线高度要求必须在走道和竖井里解决，办公空间全部采用侧送风，空调风管只能在走道里走，所以走道净空只有 2 米多一点，室内净高基本上都保持在 2.5 米。做到这样已经非常不容易了，投资少，出租面积大，撑足地皮。因此容积率很高，这是项目地块的特殊性决定的。最终，标准办公层的建筑面积达到 1500 平方米，同时满足了楼层整租和分租的不同出租要求。实践证明，无柱空间深受使用者的好评。采用半地下室设计，机房可以有采光；采用剪刀式防火楼梯，为项目节省了交通面积。

联谊大厦在外滩沿线的视觉高度控制范围内，当时上海市规划局规定外滩区域建筑高度不能超过 100 米。建筑高度指建筑从室外地坪到女儿墙顶必须小于 100 米，联谊大厦设计从地面到女儿墙的高度是 99.51 米，符合规划局要求。实际算上屋顶机房顶的总建筑物高度已经达到 109 米。

姜海纳 报道中称联谊大厦是“上海速度”，这体现了设计师们的智慧。

| 杨莲成 项目能这么快速建成，首先要感谢初步设计阶段设计师们的深谋远虑，大方向正确。我是动了很多脑筋的，高层建筑用塔吊是再平常不过的工具，一般修筑外围轨道即可，但联谊大厦的工地不同寻常，无法开通环形施工通道，结构施工队建议利用办公楼的电梯井筒搞爬升式塔吊，我们一拍即合。此外，土建施工队拟在标准层启动 3 套周转模板来赶工，可是剪刀式楼梯是绊脚石，我就提出楼梯滞后现浇，即在楼梯井筒内预留洞口，后期将梯段平台梁支在预留洞内，施工队举双手赞同。由此，标准层施工创造了三天上一层的上海速度。

| 胡其昌 施工中比较重要的是混凝土的连续浇筑，工程要求天时地利人和，这样的做法可以减少混凝土开裂，减少渗水的现象，但对现场施工质量和混凝土材料搅拌维护等施工质量和施工管理都有很高的要求。[18]

| 沈久忍 建筑平面紧凑合理。近3万平方米的大厦仅用 14 根柱及内筒组成，也是加快施工的关键之一。

姜海纳 您认为高层建筑的结构设计主要考虑的是什么？

| 胡其昌 当时大楼建设最主要考虑的一个是建筑本身的沉降，一个是建造的时候不能影响到周围的建筑物。因为联谊大厦这个项目选址在市中心，四周都是老建筑，在老房子当中要建造这样一个高层，项目的地基、基坑维护非常的重要。最终建筑造完之后，建筑本身不偏不斜，也确实没有对周围的环境造成影响。

姜海纳 为了减少对场地周边建筑以及环境的影响，采用了钢管桩？

| 杨莲成 因基地两侧是陈旧的老房子，另两侧的管线纵横交叉，都经不起打挤土桩的振动及土的侧移。如果用混凝土灌注桩则因土质差、易坍方，进度也难控制。最后一条出路——上海宝钢正在试用日本钢管桩且有成功经验，而当时宝钢的总工程师王复明又是华东院调去的，是我的启蒙恩师，我便向他请教，他将适合上海地基的钢管桩资料倾囊相授。我们终于选定高级民用建筑的钢管桩基。开始试打桩的时候很顺利，正式打桩时却传来打不下去的消息。我和打桩队交涉无果后向院里请示，惊动了华东院时任副院长的杨僧来[19]，在他的沟通下施工单位更换了打桩机。打桩机振动很小，挤土几乎没有，为项目如期建成争取到了宝贵的时间。[20]

姜海纳 当时的钢材资源匮乏吗？

| 杨莲成 是，毕竟联谊大厦地块很小，钢管桩数量不多，钢材用量有限。钢管桩对周边环境的噪声（影响）也小，桩基承载效果也好，所以权衡利弊还是采用钢管桩。基坑维护也是采用的钢板。

姜海纳　主楼和裙房之间为何采用无沉降缝设计？

| 杨莲成　施工图重点解决高层主楼与裙房之间是否设沉降缝的问题。上海是软土地基，三层楼房一般做天然地基即可，而三十层的主楼则非桩基不行，即使二者都使用桩基，沉降也会有较大差异，设计上非得设沉降缝不可。但设缝后地面高差怎么办？沉降缝处玻璃幕墙外墙缝怎么处理？大堂内双柱间的留缝将使各工种设计更加复杂化？全空气空调系统要求的良好密闭性、屋面防水等问题又如何解决？一句话，不准设缝！最后结构拍板，利用作锅炉房、污水处理等设备层的联合箱形基础，裙房下也适当布置桩位，保证箱形基础支持在同一土层上，减少裙房箱形基础的悬挑性，加强二者共同沉降的协调性。[21] 结构工程师史炳寿根据柱位和桩位独立承担了全部地下室箱形基础的设计，功不可没。

1. 测座Φ38
2. 测杆（用时上旋）Φ20
3. 测盖（平时装上）Φ35
4. 埋件

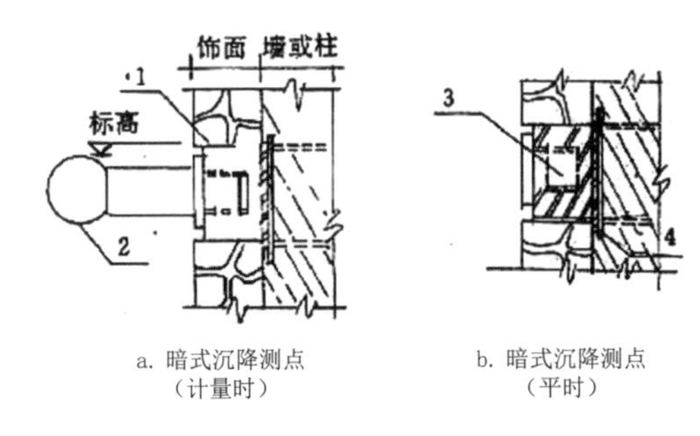

a. 暗式沉降测点（计量时）　b. 暗式沉降测点（平时）

暗式沉降观测点示意图
引自：《上海八十年代高层建筑结构设计》，182 页

姜海纳　听说联谊大厦首次采用了“暗式沉降观测点”的做法？

| 杨莲成　以前的沉降观测点就是钢筋弯一弯，钢筋上面搞一个点点头，走路绊脚不算也不美观，所以我设计了一个暗式沉降观测点。它精确、美观、隐蔽、观测期早，可从首层起逐层提供长期可靠的沉降记录。后来这种做法就在行业里普及了。另外，有关沉降观测情况，大厦物业管理方仅测了一次，效果就很好。暗式沉降观测的观测杆是在我院测量组做的，后来坚持观测，拿数据来说话，事实证明设计成功。[22]

姜海纳　联谊大厦设计需要大量现场设计吗？

| 郭美琳　是的。当时联谊大厦项目被安排在四室杨莲成结构小组设计。我是全过程参与，直到施工图完成。我是 1956 年从同济大学工民建专业毕业进入华东院第一设计室（老一室），后来进入四室。当时四室的主任工程师是胡其昌，小组长是杨莲成。杨莲成主要负责结构设计，我是在他的小组里参加的这个项目，他对联谊大厦肯定比我还清楚。那时候叫我做现场，我经常到施工现场爬到楼上检查做得好不好，施工质量有没有问题。

| 高超　为加快进度，各专业好多同志都去现场设计。我是 1983 年 9 月进院工作的，我们四所一共有三个小组：一个是做联谊大厦的杨莲成小组，一个是大汪总（汪大绥）做华亭宾馆的小组，还有一个小组组长是江欢成。当时我进入团队不久就开始做现场设计，现场办公地点就在联谊大厦工地的对面，这老房子（现在）还在。1984 年开始，我在联谊大厦现场设计了一年，直至项目建成。联谊大厦各专业的专业负责人基本都是组长：建筑专业刘乾亨、结构专业杨莲成、暖通专业孙悟寿、强电专业寿家兴、弱电专业孙传芬等，可见这个项目在当时的重要性。

| 潘德琦　联谊大厦给排水专业负责人是副组长姜达君，我是审定人。因华亭宾馆项目开始了，我当时没有做联谊大厦的设计。联谊大厦任务急需要现场设计，院里派张正明、张惠萍两位现场配合水专业的设计，我们在院里定方案，他们出色地完成了任务，积累了现场经验。

| **杨莲成** 当年为了透风，建筑屋顶四周女儿墙设计有百叶，我认为百叶正放不美观，所以建议改为反装，设总张乾源欣然同意。这是临出施工图前的修改，我至今记忆犹新。

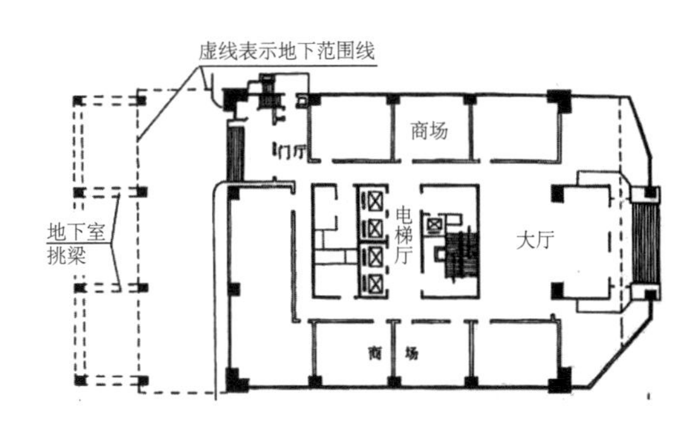

底层裙房箱型基础的悬挑示意图
引自：《上海八十年代高层建筑结构设计》，171 页

姜海纳 设备工种如何提高建造速度？

| **寿家兴** 联谊大厦施工创造出上海速度，实现当年打桩、年底主楼结构封顶。我是联谊大厦强电专业负责人，在边设计边施工的前提下，白天要参加进口设备技术谈判以及与各工种之间协调配合，几乎每晚都要加班至深夜。按照常规设计，电机设备的管线能用暗敷方式的总是采用暗管敷设，且地下室又有 60 厘米厚的混凝土垫层可以利用。但是考虑到暖通、水、动力工种资料不全或暂时无法提齐（未来）可能变动，为了不影响基础浇筑，抢施工进度，便决定在地下室隔墙处预留洞口，其余部位采用托盘及线槽方法敷设，这样保证了土建施工的进度。设备安装在结构施工全部完工后，才绘制出来设计图纸及施工敷设。完工后证明这种方式完全正确，且达到地下室设备机房室内整齐，方便施工时更改、补加线路。[23]

当国门徐徐打开……

姜海纳 联谊大厦设计的时候如何考虑消防设计的？

| **杨莲成** 项目地块很小，地下室的对外出口设在进门的两侧，直接作为消防通道。消防通道至今使用频繁，也很方便，业主和消防部门反馈都很满意。

| **寿家兴** 当时没有专门的消防规范，我们都没有做过高层建筑的消防系统，消防系统设计跟我合作的只有吕燕生[24]。就靠香港投资方提供的消防疏散要求结合厂家的产品设备参数做设计，当时记录有笔记。消防系统都是最后做的，有两线制、多线制之分。我们这个消防系统用的多线制。当时没有桥架，线路通过母线槽来解决。母线槽就像干线，再往外分支线，和桥架其实有相似的地方。

| **潘德琦** 当时没有高层建筑的消防设计规范，我们参考了国外规范并与业主及消防部门协调。第一次在高层办公大楼里设置喷淋系统，在办公室、走道等公共场所均布置了进口的喷淋头，起到了灭火作用。在不能用水灭火的场合，第一次采用气体灭火装置。[25]联谊大厦项目地皮紧张，但是不好拆周围房子。上海整个外滩地区的（雨水下水）泵站就在项目旁边，连接黄浦江。联谊大厦设计要生活水泵房、消防水泵房，也要消防水池[26]。在避难层（技术层）和屋顶做水箱，这样就分两路供水，消防分区为避免一路供水高压太高，分一区、二区。虽然联谊大厦场地局促，但是没有做消防水双环网[27]，而是在地下一层设计了生活及消防合建的水池。当时也是因为联谊大厦采用的水泵太大，建筑内放不下，了解到有国外进口的、双出口的消防泵，双口双压，可以省两个泵，还可以同时供上区和下区。那时候国内还没有，但是后来也没用这种进口的消防泵。当时做设计非常难，一没钱，二没地。要用一块面积，甲方舍不得，逼着我们创新。我是联谊大厦项目的技术审核审定人，当时的给排水设计主要是姜达君——他是副组长，还有张正明。

姜海纳　您和团队一起去香港考察的？

| **寿家兴**　对，当时是上海市机关事务管理局李健处长带队，徐昇元协办，华东院由结构专业负责人杨莲成带队，还有建筑专业的王意孝、暖通专业的孙悟寿、给排水的姜达君、强电的我、动力的宋德和[28]。团队一出去，市府秘书长就说我俩（寿家兴和宋德和）是小朋友，去的基本上都是各工种的负责人，年纪都比我俩大。

姜海纳　这次的收获和体会是什么？

| **寿家兴**　收获很大，真是开阔了眼界！解决了例如母线槽竖向一段的供电量能够供应多少层为宜等疑问，知识和经验都是学习来的，因为以前设计里没有这样的先例。那时刚刚改革开放，香港作为一个跟外部世界连接的窗口，设备都需要到香港向国外采购。法国的电器品牌——施耐德（Schneider）就是通过香港出口产品到中国来的。大部分咱们做不了的都得进口，像变压器、冷冻机组、消防报警喷淋系统等。我们在香港了解国外设备的性能，回来后结合国情做设计。比如当时我根据各工种提供电力设备的用电量，如电梯、楼层办公照明、办公用电的估算、装修用电的估算等。联谊大厦选用两台 800 千伏安的变压器，还有两台 1500 千伏安的变压器，放置在与主楼连为一体的过街连廊的变电所里，连廊下面是场地的车行通道。我们采用阻燃的变压器叫六氟化硫（SF_6）气体绝缘变压器，所以变电所才能和大楼设计在一起。这种变压器当时国内没有生产，都要进口。这是变电所第一次上楼的设计，虽然仅是二层，但是也要考虑检修、更换等需求，设计预先在楼板上留洞，变压器可拆下的最大部件作为留洞大小的依据。[29] 联谊大厦的冷冻机放在地下室，要考虑未来冷冻机组可拆卸部件怎么往上运送。后来我们做陆家嘴的工商银行和浦发银行，为了要更接近空调机组这一用电大户，变压器设计在三十多层，一旦出故障，还要考虑运下来的可能。

姜海纳　开关柜有国产的吗？

| **寿家兴**　当时都是进口的，现在有国产的了。那时低压柜、高压柜都是进口的，柜子里的开关也是进口的。那时进度要求紧，精度要求也高，国产产品满足不了要求。

姜海纳　听说大厦经历了一场突如其来的考验？

| **寿家兴**　是，报纸都登了。大厦八层曾经失火，火灾报警系统与水喷淋系统发挥作用将火扑灭了。这也证明设计是很成功的。

姜海纳　对开敞式办公的灵活空间布置，关于电灯和插座的数量，设计是怎么考虑的？

| **寿家兴**　当时我们没有规范，要问港方，多少平方米要多少人使用、预留多少插座、办公照度按照多少勒克斯考虑等问题，联谊大厦设计时，我是拍脑袋估算容量，尽量多预留备用。后来大厦裙房里边开了好多用餐点，当时设计任务书里没提过，设计只按办公室用电考虑，按照插座的容量估算，现在看来这个容量还是充足的。[30] 联谊大厦的配电干线系统图，是请同事虞秀华帮我用电脑画的；而变电所平面图，请姜新华帮我用电脑绘图。那时候正是图板和计算机绘图的转换时期，我还不会用电脑绘图。我自己绘制的联谊大厦电气图纸也一直保留至今，图上仿宋字一笔一画，一丝不苟。工工整整地绘图、写仿宋字已经成为我的习惯。

姜海纳　当时和弱电以及其他专业有怎样的配合？

| **寿家兴**　我记得当时的电话线和插座线路要在地面面层的线槽里做埋线，我和弱电专业负责人孙

工（孙传芬）一起配合。在大厦已经建成之后，相关部门提出要追加屋顶的微波通讯机房，我又为弱电的微波通讯机房补充设计配电。联谊大厦设计的楼层敷线，电气要有专门的配电间装设柜子及竖向母线槽，供电缆线和备用弱电消防线路使用，那时还没有强制规范要将强弱电及消防线路分装的要求。办公空间是出租给不同的用户使用，应有分户计量表的设计。强电竖井位置是结构杨莲成杨工的设计，竖井分设核心筒两侧，位置方便，上下贯通，考虑周到。杨工（杨莲成）对我们设备工种的需求极力配合。我至今回想这段和杨工共事的经历，仍然很开心。设备专业里，暖通的风管最大，我们强电和弱电都要优先考虑暖通专业。另外，联谊大厦是全空调系统，这是按照香港办公楼的标准设计的，在当时这个规格还是很高的，对暖通专业也提出了更高的要求。有张当时我和暖通专业的朱工（朱培良）、孙工（孙悟寿）以及业主方派来的电气专业工程师曹士海在联谊大厦打桩工地上的合照，照片是朱工提供给我的。她也参加联谊大厦项目，做了一段时间之后调去华东师大了。

姜海纳　为何要追加屋顶微波通讯机房？

| 孙传芬　联谊大厦是改革开放后上海建设的第一个涉外高层办公楼，为通信设施更可靠需增设无线传输系统。有些系统的安装要通信系统自己施工，我们只要设计预留点位即可。除了协调以上各方面需求外，那时候的电话线不是想安就能安的，设计方要协助项目各方面达成需求。[31]

姜海纳　那么当时的施工水平怎么样呢？

| 寿家兴　现在施工水平、技术上面肯定是越来越好，但是我觉得那时候的工人更认真。

姜海纳　联谊大厦是全空调系统设计。

| 孙悟寿　如果现代化的玻璃模幕墙内没有现代化的空调设备和舒适的室温调节，谁会来租呢，不过是一个空壳罢了。联谊大厦有两个特别之处，一是玻璃幕墙，二是引进当时最现代化的全套空调设备。当时能全套设计、引进进口空调设备，因为是港资项目，美金不是问题。由美国约克（YORK）公司[32]生产的顶级的设备，主要设备是制冷空调离心机，当时花了七十几万美金。它转速高，每分钟达到几千转；还有寿命长，可以达二十多年；很省电，每冷吨只花零点几千瓦，是世界上先进的一流产品。大厦的办公层和餐厅空调设备，引进了世界排名第一和第二的两家公司，一家叫霍尼韦尔（Honeywell），一家

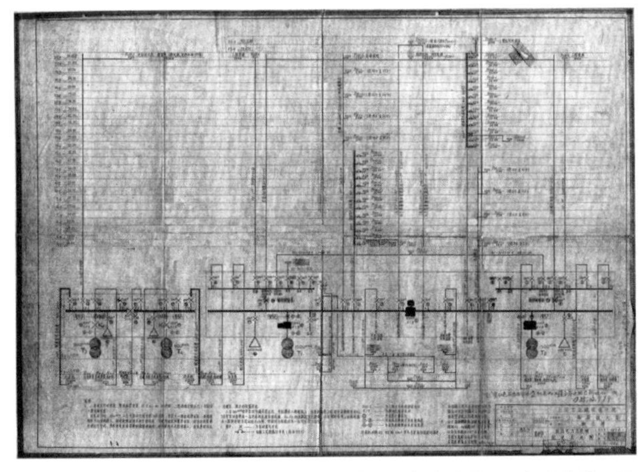

联谊大厦低压电力照明及配电系统施工图
寿家兴提供

联谊大厦打桩现场照片
左起：孙悟寿、曹士海（业主方派来电气专业配合人）、朱培良、寿家兴
朱培良提供

叫江森公司（美国江森自控有限公司 Johnson Controls，Inc.），两家竞争很激烈。最后用哪一家记不得了，我只记得室内温度可以手控调节。联谊大厦的设计和设备都是世界一流的。

姜海纳 联谊大厦里做了特殊的饮用水处理吗？

| 潘德琦 联谊大厦为出租写字楼，在每层楼面的茶水间内设净水器供饮用，从而节约生活用水集中处理的投资。当时市黄浦江水质污染较严重，联谊大厦首先在大楼地下室设污水处理设备。地下室用地紧，层高低，经多方案比较最终采用全套进口的污水处理设备。污水和废水合流处理合格后，排入市政下水道。[33]

| 高超 当时没听说有饮用水处理。但是，联谊大厦引进污水处理设备，这在当时十分先进。污水处理站设在联谊大厦半地下室内，单独的一个房间，在这里把污水发酵之后压干再取出处理，设备是全进口的，很先进。

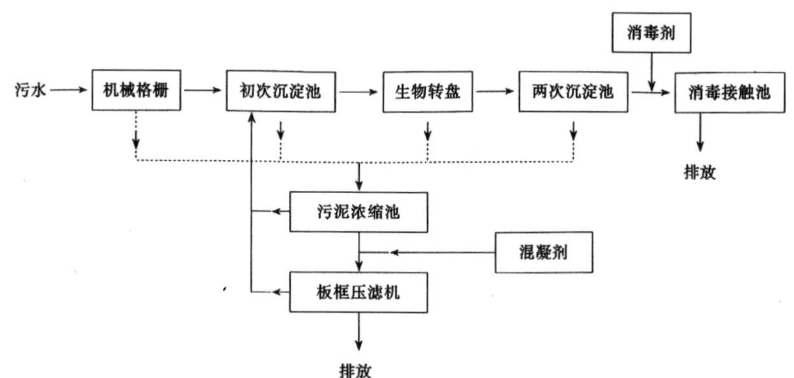

污水处理流程示意图

1 参与采访人还有《时代建筑》编辑部执行主编徐洁、许萍等，以及同济大学建筑与城市规划学院彭怒教授及其博士生余君望、硕士毕业生曹晓真。

2 冯景禧，1923 年出生于广州商人家庭，父亲做些小本生意，日子并不宽裕，生母早逝，与继母关系不好。16 岁那年，不得不离开学校，到香港卑利船厂当学徒。20 世纪 50 年代后期，冯景禧瞄准香港房地产业。与李兆基、郭得胜三人联合创办新鸿基地产。1972 年新鸿基上市之后，三人和平分手。郭得胜留守新鸿基，李兆基创办恒基兆业，冯景禧离开地产行业，创办新鸿基证券，后来被人誉为“证券交易大王”。新鸿基地产如今是香港四大地产公司之首。

3 唧水站，黄浦区市政的污水泵站，联谊大厦建成之后，市政改造时被迁走。

4 史炳寿（1933.6—2006.4），男，江苏丹阳人。1953 年 1—8 月，华东建筑工程训练班学习。1957—1961 年，同济大学函授工民建专业学习。1953 年 9 月进入华东院工作，1995 年 8 月退休。高级工程师、华东院四室组长。

5 刘乾亨（1925.7—2001），男，祖籍浙江嘉兴。1943—1944 年就读于上海圣约翰大学。1944 年 9 月—1945 年 1 月，就读于上海东华大学。1945 年 1 月—1946 年 7 月，就读于杭州之江大学建筑系。1946 年 9 月—1949 年 1 月，就读并毕业于苏州东吴文理学院社会系。1951 年 10 月—1952 年 8 月，进入中国联营顾问建筑师事务所工作。1952 年 8 月进入华东院工作，1987 年 8 月退休。华东院四室一组组长、建筑师。

6 刘秋霞，女。1930 年 11 月生，浙江镇海人。1952 年 9 月毕业于之江大学建筑系后进入华东院工作，1988 年 1 月退休。教授级高级工程师、华东院顾问主任建筑师、院副主任建筑师、组长、院先进生产者。中苏友好大厦（现上海展览中心）主要设计人之一。

7 凌本立，见本书百乐门大酒店篇。

8 张耀曾，男，1934 年出生。1952—1956 年，就读于南京工学院（现东南大学）建筑系。1957—1959 年在华东院工作。1959—1963 年就读于苏联莫斯科建筑学院，毕业后进入上海同济大学任教。1978 年 8 月再次回到华东院工作，1996 年 11 月退休。华东院顾问总建筑师、院副总建筑师。

9　方菊丽，女，1933 年 12 月生。1956 年 7 月同济大学建筑学本科毕业，1956 年 9 月进入华东院，1989 年 2 月退休。上海现代集团室顾问总建筑师、华东院副主任建筑师。

10　联谊大厦施工图设计说明：二层及三层，外墙面采用玻璃幕墙，幕墙框架为古铜色铝合金金属，玻璃为茶色反射玻璃。四层及二十八层，与二层及三层同。所有玻璃幕墙由上海实业公司和香港运东铝制工业公司承包。

11　据资料记载，1985 年 3 月 8—18 日，由联谊大厦兴建处组织赴香港参加该工程铝合金玻璃幕墙结构安装气密性试验、水密性试验，正压、负压，风荷载作用下的强度、变形试验等测试鉴定工作，胡其昌等人学习考察香港地区建筑内外装饰选用的材料和设计处理手法。在港期间，活动由上海实业公司领导和安排。这次时间较短，通过学习丰富了专业方面的知识，也较好地完成了预定任务。

12　据沈恭《上海八十年代高层建筑结构设计》（上海科学普及出版社，1994 年，180 页）记载：“大屋面上擦窗机技术谈判迟迟未决，而屋面结构施工在即，设计采用了高支架钢结构形式，避开了屋面结构，解决了先行施工结构封顶，而后安装钢支架的关键，使结构封顶得以如期完成。”

13　温伯银，见本书花园饭店篇。

14　项目地点为上海曲阳路 800 号。

15 另一栋高层项目为华亭宾馆。也有三栋高层试点项目一说，还有一栋高层是雁荡公寓。联谊大厦、华亭宾馆均为华东院设计，雁荡公寓为上海院设计。

16　此问题的回答源于张乾源个人资料中的记录。

17　据沈恭《上海八十年代高层建筑结构施工》（上海科学普及出版社，1993 年，177 页）记载：“除 4 个 L 形角柱截面 2 米 ×2 米不变外，其余混凝土柱及板墙截面随着高度上升而逐渐收小。每层楼面外圈设窗裙梁，梁高 1.2 米、宽 0.3 米。混凝土强度 22 层楼面以下均为 C28，以上为 C23。”

18　据资料记载，联谊大厦的基础施工采用大开挖、井点降水、钢板桩围护。底板混凝土采用连续浇捣，较早地使用了泵送商品混凝土与悬挑脚手（架）。另根据《上海八十年代高层建筑结构施工》（182-183 页、185 页）记载：“该工程每层梁、墙、柱、板的混凝土采用一次连续浇捣，以减少混凝土供应次数，减少工序环节，加快施工速度。标准层每层混凝土量约 400 立方米，按每台固定泵 20 立方米 / 时实际泵送量计算，两台泵同时工作 11 ～ 12 小时。由于工程地处闹市受交通条件的限制，每次浇捣混凝土只能安排在晚上 7 时至次晨 7 时进行。”“该工程能以高速优质达标，除了依靠技术进步外，推行现代化施工管理起到很大作用。特别在标准层施工中采用网络计划，在指导施工、安排计划、调整生产节奏等方面都显示其优越性。网络计划不仅考虑了各工序的主次矛盾关系，也综合考虑了机械、设备、材料的关联关系，使各工种、各工序以及各协作配合单位都能实施紧密的交叉流水搭接。标准层网络是以小时来安排的，并对每道工序制订了相应的调整措施。在施工管理上，采取包干责任到人，实行‘六定四包’即定人、定位、定量、定质、定时间、定奖金、包工期、包安全、包用工、包文明生产，这些都起到了积极效果。”

19　杨僧来（1927—1984），男，江苏泰兴人。1950 年，上海交通大学土木工程系本科毕业，毕业后分配到齐齐哈尔铁路分局公务科工作。1951 年 10 月，调入上海市营建筑工程公司。1952 年 5 月，进入华东院工作。1954 年 1 月，服从工作需要调往华东军区工程兵司令部（原南京军区）工作，参加和主持全军组织的抗力试验和国防工事防护设备的设计、试制和试验工作，并因工作优异立二、三等功各一次，被评为单位先进工作者。1963 年 10 月调回华东院工作。华东院副院长兼结构副总工程师，负责多项重大工业项目、保密工程等。两次被评为院先进工作者。

20　《上海八十年代高层建筑结构设计》（169 页）记载了对桩的选择：“联谊大厦东邻黄浦区污水泵站，北贴 5 层旧式砖木仓库，西、南两侧为四川中路和延安东路主干道，如选用钢筋混凝土打入桩，则既无预制场地又有近 3000 立方米的混凝土打入土中，势必影响四邻及地下各类管线，尤其是东邻较近的 φ11 米埋深 7 米的泵房将会受到严重威胁，因而选择了挤土影响较少的 φ609×11 毫米的钢管桩，经测定钢管内土芯高度达 2/3 全高，整个场地排土量极小，场地周围地面隆起及侧移仅为 20 ～ 30 毫米，加上有钢板桩的隔离保护，保证了地下管线及泵站的正常使用。”《上海八十年代高层建筑》（上海科学技术文献出版社，1991 年，121 页）记载：“联谊大厦工程基桩采用 φ609×11 毫米钢管桩，数量为 223 根，桩长 55 ～ 60 米，单桩承载力为 240 吨。地下室基础为钢筋混凝土箱型基础，埋深为 4.92 米，底板厚度为 1.6 米，混凝土强度等级为 C28。上部结构为外框内筒全现浇结构。”

21　据《上海八十年代高层建筑结构设计》（173 页、176 页）中记载：“由于基地限制及建筑上功能要求，半地下室均为设备用房，而三层以下的主楼和裙房则统作公共房，两者的面积均大于主楼标准层。根据上海软土地区以往对一般建筑的规定，当在体形荷载相差颇为显著时，通常采用设置沉降缝或简支插入跨（跷跷板）等处理手段。该工程上述两法均无从采用，因为如设断缝则将形成：①半地下室要分三个区段、两条缝，既要设双墙又要加止水带，一则减少使用面积，二则要增加渗漏水机会，三则箱基刚度严重削弱。②一、二层大厅是介于主楼和裙房之间，并相互借助而成的大空间，设缝则造成视觉上的空间分割感，且缝的装饰也难以处理。③完全断开，地面必然会产生高差，不但有碍观瞻而且使用上带来不便。④通缝的设置还不利于整片幕墙的立面布置，建筑上会产生分割、离散的印象。⑤全空调的外商办公楼采用断缝不仅涉及整体美观，还将影响到空调的密闭性和结露的可能。⑥设了沉降缝之后如能同时满足抗震缝的要求也是一个相当棘手的问题。综上所述，只有不设缝才能避免以上弱点，于是该工程尝试将主裙房两者作为一个联合箱形桩基承台来着手设计。”

22 据《上海八十年代高层建筑结构设计》（181 页）中记载：“该工程根据高级民用建筑有较高的装饰和美观要求，并要较长期且隐蔽的保存测点的需要，推出了一种‘暗示沉降观测点’，从结构开工直至装修完成后均可长期观测，既隐蔽又不易人为损坏。活动测杆可由专门的人员保管，精度满足测量要求，不失为一种较实用的新颖沉降观测点。后在上海被广泛采用，甚至有远道从西安专程来沪了解该‘暗示沉降观测点’的做法，该测点也曾酌情修改用于‘衡山宾馆’加层工程中，使用效果同样良好。”

23 据《上海八十年代高层建筑结构设计》（173 页）中记载：“地下室出图时，大部分进口设备均未定货，该工程在设备系统不变的前提下，结构设计大胆根据管道走向，在墙梁上统一预留多个椭圆孔，使地下室可以提前施工好几个月。”

24 吕燕生，联谊大厦强电专业消防系统的主要设计人。

25 据沈恭《上海八十年代高层建筑设备设计与安装》（上海科学普及出版社，1994 年）一书里记载：“室内设有消防栓消防系统和自动喷水灭火系统，并在某些不宜用水扑灭火灾的场所设置卤代固定灭火装置。”

26 据《上海八十年代高层建筑设备设计与安装》记载：“消防用水由 2 条地下 ϕ200 专用管引入，进入地下室蓄水池，蓄水池容量 180 立方米，分成两格。”

27 消防水双环网，在华亭宾馆项目中首次采用环形供水管网设计，是取消消防水池做法的尝试。因华亭宾馆地下室面积很小，按照当时规范要做几千吨的消防水池却没有场地，设计内部采用专用环形消防水管，由城市管网两路供水，消防泵直接从城市自来水管网里面抽取，优点是管网压力可借用，消防水泵压力保证至少 0.1 兆帕，从而取消消防水池的做法，这样既节省了场地又节省投资，也为规范补充提供了依据，后经几次修订一直沿用至今。

28 宋德和，联谊大厦动力专业负责人。

29 据资料记载：“变电所上楼。1949 年以后的新工程中，尚无变电所上楼的实例，供电部门也不同意。在进行大量交流之后，寿家兴专门向供电局介绍了考察中看到的情况，介绍无油变压器及开关设备。在解决了设备吊装及消防等问题之后，终于同意变电所设在车道上部，于主楼连接的架空二层处（设置），并经谈判引进全套变配电设备。采用真空断短路器（VCB）手车式高压开关柜、六氟化硫（SF_6）气体绝缘变压器、紧密式母线槽做低压母排及主要配电子线，采用了氧化镁绝缘铜芯耐火电缆等。这些新设备的采用既引进了国外先进可靠的技术，又为以后诸多的引进设备及国内自己的产品更新换代起了带头作用。”

30 据资料记载：“有关地面线槽及敷设问题，上海也无先例。寿家兴上北京调研取经得到一小段实物，回到上海罗氏厂家开发改进产品并与施工单位及厂家研究施工方法。终于在工程中初次采用，解决了强弱电共同预留电源的问题，为整座大厦办公室灵活用电带来可能。在办公室照度设计上，国内无规范可查。按照 500 勒克斯标准进行照度计算及设计，最后按照 20 瓦 / 平方米指标选用进口三管嵌装有机罩荧光灯灯具。竣工后进行实测与回访，照度均在 500 勒克斯以上，外商反映与国外办公楼差不多少。”

31 据《上海八十年代高层建筑设备设计与安装》（138 页）记载：“通信系统：联谊大厦设置一套 50 门电话小交换机供大厦管理部门使用，各层办公用房通信线路均直接接入市话网，中继电缆接入与楼内线路网均由市电话局设计施工……在二夹层设总配电室，配线架容量为 3400 对，总配线室至各层均由垂直管道相通，各层分设电话分线箱。大厦各办公层均为大空间，为适应通信线路接出灵活、方便，采用地面线槽的敷线方式……监视电视系统：监视电视系统监控中心与消防报警监控中心合设于二层，在监控室设 12 英寸监视器 8 台，20 英寸监视器 1 台，录像机 2 台，控制设备 1 套。在电梯轿厢、各主要出入口等处，共设黑白摄像机 15 台。设备选用松下与索尼电器公司的产品。”

32 约克（YORK）公司，全球最大的独立暖通空调和冷冻设备专业制造公司，其产品以可靠性高、能耗低而驰名。1874 年成立于美国宾夕法尼亚州的约克镇，2005 年 12 月由美国江森自控有限公司（Johnson Controls, Inc.）收购。约克在上海的第一间约克公司及空调制造厂成立于 20 世纪 30 年代。随着中国的经济改革开放，约克于 20 世纪 70 年代末再次积极开拓中国市场，以上海、厦门、广州、深圳、武汉和北京为中心辐射整个中国市场。

33 据《上海八十年代高层建筑设备设计与安装》（136 页）记载：“初次沉淀池、二次沉淀池和污泥浓缩池均设有压缩空气运送污泥及页面浮渣收集器。生物转盘直径 ϕ2400，电动机驱动，盘片材料为硬质聚丙烯。污水处理站设置在半地下室内，占地 100 平方米左右，层高 4.9 米。”

空军招待所扩建工程
——蓝天宾馆项目设计回顾[1]

蓝天宾馆全景
引自：管式勤《管式勤建筑师作品集》
（上海人民美术出版社，2011年），60页

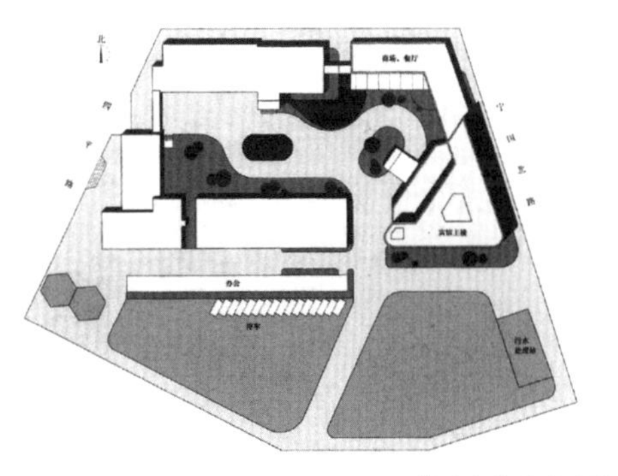

蓝天宾馆总平面图
引自：《管式勤建筑师作品集》，61页

建设单位：空军政治学院
设计单位：华东院
施工单位：广东湛江建筑工程公司
技术经济指标：基地面积14 400平方米，建筑占地面积7300平方米，建筑总面积共29 700平方米（扩建部分13 060平方米）
结构选型：主楼为框剪结构，裙房为框架结构
层数：主楼地上12层，辅楼2层
建筑总高度：主楼47.1米（±0.000到地面高差0.600米，屋顶最高标高39.4米）
客房数：320间（原蓝天宾馆100间，新建蓝天宾馆220间）
设计时间：1986年

项目简介

空军招待所扩建工程曾位于上海市杨浦区五角场的四平路与宁国北路（现称黄兴路[2]）路口。空军招待所初建于20世纪70年代，其主楼包含100间客房、健身房、美容厅和水上酒吧等公用设施，辅楼设有迪斯科舞厅、6个小餐厅和 2个大餐厅。由于空军招待所的客房数较少，与公用设施的比例不合理，无法达到经济效益的平衡，20世纪80年代中期，由华东院负责空军招待所的扩建设计。改建的空军招待所和新建的宾馆一起更名为蓝天宾馆，其中新建的宾馆主楼共12层、包含220间客房，通过辅楼与改造后的空军招待所相连，辅楼底层包含休息厅、商场、咖啡厅，二层设置西餐厅等公用设施。此番扩建使得新旧建筑的功能更加完善、设施与客房数的比例更为合理。遗憾的是，2005年6月，蓝天宾馆被定向爆破，地块现为悠迈生活广场（UMAX）。

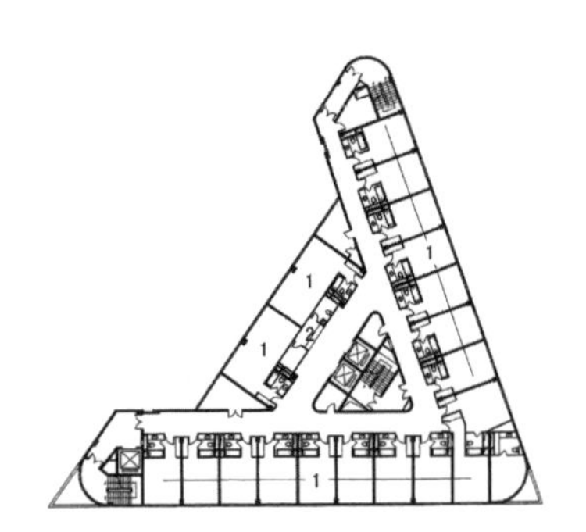

1. 客房
2. 服务台

蓝天宾馆五、六层平面图
引自：《管式勤建筑师作品集》，63 页

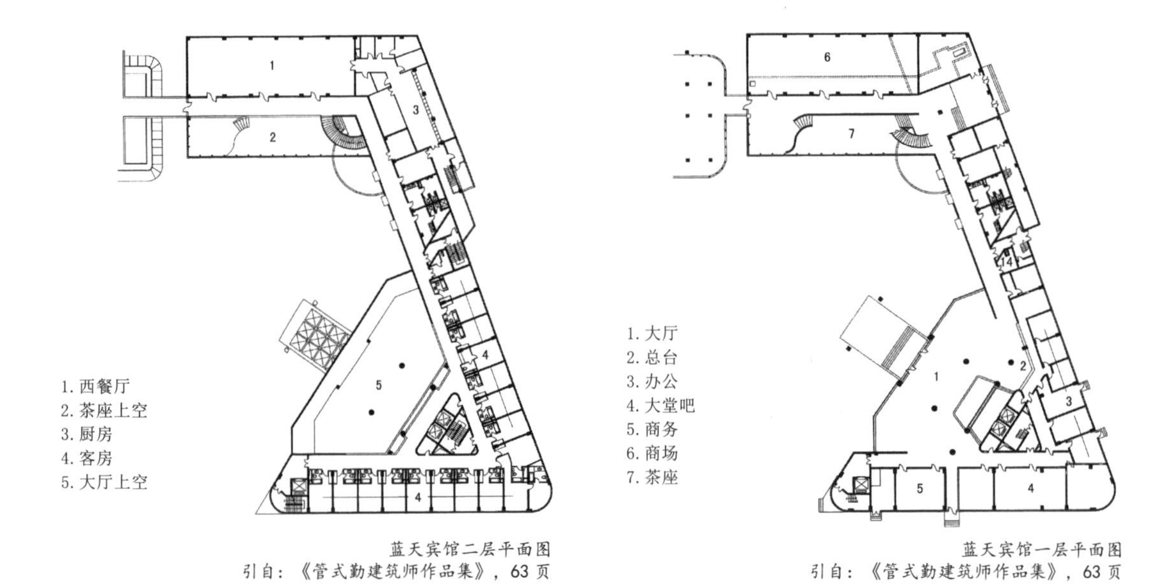

蓝天宾馆二层平面图
引自：《管式勤建筑师作品集》，63 页

蓝天宾馆一层平面图
引自：《管式勤建筑师作品集》，63 页

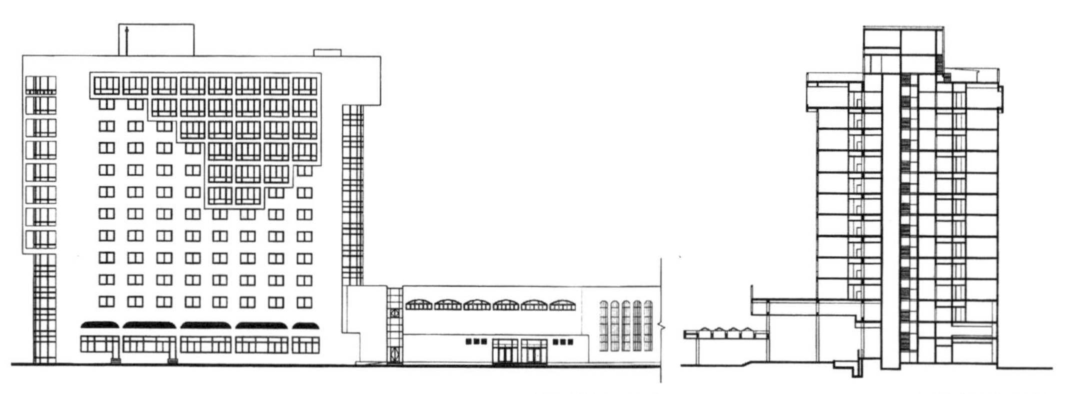

蓝天宾馆立面图
引自：《管式勤建筑师作品集》，62 页

蓝天宾馆剖面图
引自：《管式勤建筑师作品集》，62 页

小而精，新与老

空军招待所扩建工程（以下简称“蓝天宾馆”）受基地范围狭小、原有布局不合理、附近机场高度限制[3]等“先天不足”的因素影响，建筑设计的自由度受限。为解决上述矛盾，设计总负责人管式勤[4]在总体布局设计中，将主楼设置在基地的东南角，平面设计成等腰三角形，使建筑融入五角场区域的城市界面之中，并为置于场地内部的主楼入口预留出更开阔的广场空间和交通环岛。同时，立面设计通过主立面的玻璃幕墙与实体面砖、转角处的上层锐角与下层曲线、侧立面的大片玻璃与小开窗等一系列突出对比的设计手法，为这栋仅十二层高的建筑赋予鲜明的个性。

同时，面对原有建筑和新建主楼因建造年代不同、建筑形式与风格差异较大的问题，建筑师在辅楼的设计中，利用弧形玻璃天棚、通高的开放空间和弧形楼梯等一系列具有现代建筑风格的设计元素，使新老建筑的功能与流线、室内外的景观与视线相连。至此，蓝天宾馆从当时人们口中的“空军招待所”一跃成为中型和中等标准[5]的旅游旅馆。

主楼东南立面外景
引自：《管式勤建筑师作品集》，65 页

从辅楼休息区看宾馆入口
引自：《管式勤建筑师作品集》，66 页

曲线楼梯局部
引自：《管式勤建筑师作品集》，66 页

主楼大堂内景
引自：《管式勤建筑师作品集》，66 页

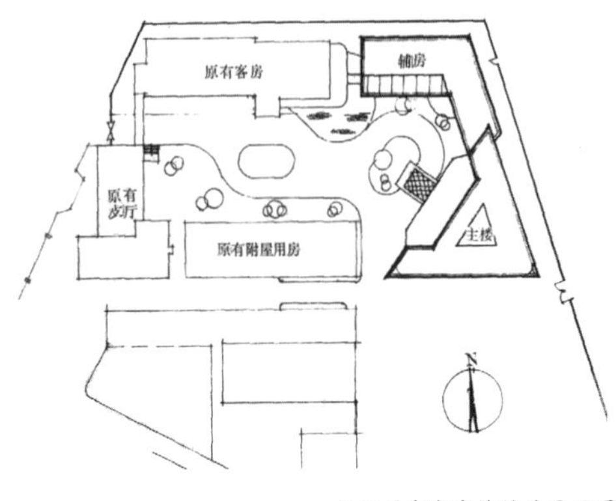

标注原有客房楼的总平面图
引自：管式勤《兰天宾馆设计问题》，《时代建筑》，1989 年，第 4 期，14 页

1. 商场、餐厅
2. 主楼
3. 餐厅
4. 锅炉房、冷冻机房
5. 停车场
6. 污水处理站

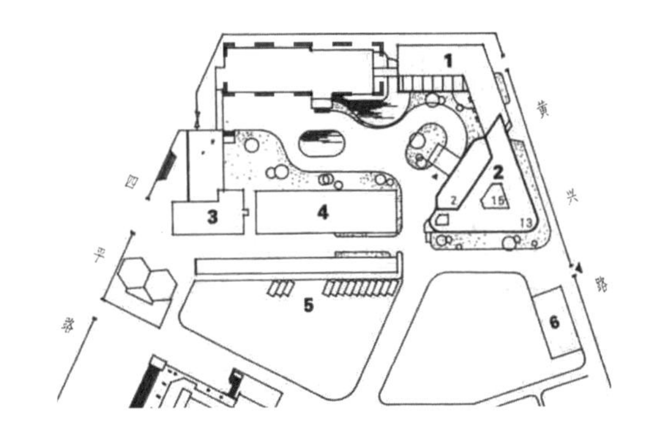

未标注原有客房楼的总平面图

三角形平面框剪结构

从高层建筑结构体系发展的角度来看，自上海宾馆为上海软土地基上的框架剪力墙结构体系（以下简称“框剪结构”）奠定了基础后，框剪结构中剪力墙的分布也伴随着建筑形式多样化探索而演变和发展，例如华亭宾馆的 S 形平面、远洋宾馆的 Y 形平面等。而蓝天宾馆虽在星级标准、层高、项目级别、施工难度等方面不具有标杆性，但也是建筑形式多样化演变中三角形平面框剪结构高层建筑的重要案例。建筑的中心位置仅布置部分交通和辅助功能，尚未更加集中而形成受力更为合理的内筒结构形式。

遗忘……

蓝天宾馆于 2005 年 6 月被定向爆破。在此次采访项目设计总负责人和各专业施工图设计人员的过程中，由于被采访人对蓝天宾馆的回忆较少以及受身体状况影响等诸多原因，无法获取关于 20 世纪 80 年代蓝天宾馆二次扩建的更多背后故事。例如管式勤在 1989 年《时代建筑》发表的《蓝天宾馆设计问题》项目文章的总平面图中有原客房位置的标注，而在《上海八十年代高层建筑》一书中并没有标注出来，这是否意味着在蓝天宾馆扩建后，原有客房已被管理方转为他用或整栋转手他人？这样的改变又带来哪些与新建辅楼、主楼之间的使用关系与矛盾？我们不得而知。

一声爆破，蓝天宾馆湮灭在大众的视线里，人们的记忆也随之淡化、消失。基地转而建成的新建筑与北侧的金岛大厦合并为东方商厦杨浦店，见证了复旦大学江湾校区、万达广场、百联又一城、苏宁易购、合生汇等项目的建设与落成，也见证了五角场地上与地下四通八达的交通，发展成为北上海商圈乃至整个上海最繁华的地段之一。随着零售市场业态的转型，东方商厦杨浦店于 2018 年主打“城市奥特莱斯”的概念进行改造，并更名为悠迈生活广场（UMAX）。

附

蓝天宾馆扩建工程参与人员名单

专业	图签上人员及信息	专业	图签上人员及信息
建筑	王文琳（主任工程师）； 管式勤（设计组长）； 余舜华（设计、绘图）； 黄华（设计、绘图）； 胡德（设计、绘图）； 唐林（设计、绘图）	动力	杨凤亭（设计组长）； 虞晴芳（设计、绘图）； 刘根林（校对）
结构	花更生（主任工程师）； 史炳寿（设计组长）； 上官国辉（设计组长）； 王敏刚（设计、绘图）； 袁佩玦（设计、绘图、校对）； 项玉珍（设计、绘图、校对）； 芮明倬（设计、绘图）	强电	温伯银（设计组长）； 陈永琪（设计、绘图）； 邵民杰（校对）
		弱电	袁敦麟（设计组长）； 田建强（设计、绘图）； 吴文芳（校对）
暖通	应发枝（设计组长）； 韩英（设计、绘图）； 杜立群（校对）	给排水	姜达君（设计组长）； 贾克欣（设计、绘图、校对）； 徐扬（设计、绘图、校对）

注：此表根据蓝天宾馆扩建工程施工图图纸的图签签名栏整理。

1　关于空军招待所扩建工程的网络信息资料少，本文是作者根据现存文献和华东院施工图图纸中收集的资料整理编辑而成。

2　黄兴路位于上海市区东部，全线位于杨浦区，北起五角场环岛，南至长阳路，接宁国路，民国十五年（1926）辟筑，1949 年后一度改称宁国北路，20 世纪 80 年代恢复原名。

3　上海江湾机场位于杨浦区，为 1939 年侵华日军强行圈占民田、拆毁殷行镇所建，抗战胜利后由国民党军队接管。中华人民共和国成立后由中国人民解放军接管，经改建成为亚洲占地面积较大的机场之一，并归空军航空兵部队管理使用。1994 年 6 月起正式停飞，1997 年 4 月 30 日机场用地交还上海市人民政府，现为新江湾城所在地。

4　管式勤（1938.9—2020.10），男，籍贯浙江。1956—1962 年就读于同济大学建筑系，1962 年 10 月进入华东院工作，2000 年退休。华东院副总建筑师。主持和负责虹桥国际机场一至三期、浦东国际机场 T1 航站楼、蓝天宾馆、微电子开发区、仙霞新村、新华社上海分社业务大楼等百余项难度大、质量要求高的重大项目设计。项目荣获上海市优秀勘察设计一等奖、上海市优秀设计建筑优秀奖等奖项。1997 年获上海市建设功臣、上海市建设系统专业技术学科带头人。遗憾的是，笔者于 2020 年 5—7 月曾多次联系身居海外的工程设计总负责人，但均因其身体原因未能进行采访。

5　“中型和中等标准”一词源于管式勤《蓝天宾馆设计问题》，《时代建筑》，1989 年，第 4 期，14-18 页。

参考文献

[1] 管式勤 . 蓝天宾馆设计问题 [J]. 时代建筑， 1989(4):14-18.

[2] 管式勤 . 管式勤建筑师作品集 [M]. 上海：上海人民美术出版社 ,2011:60-67.

[3] 上海市建设委员会 . 上海八十年代高层建筑 [M]. 上海：上海科学技术文献出版社 ,1991:56-57.

[4] 吴卫群 . 东方商厦上海杨浦店更名 UMAX（悠迈生活广场）1 月 19 日开业 [EB/OL].（2018-01-15）[2020-09-23].http://news.winshang.com/html/063/2977.html，2018-01-15/2020-09-23.

建筑交响乐的“民族化”——上海建国宾馆口述记录

受访者简介

傅海聪

男，1958 年 10 月生，重庆人。1982 年毕业于重庆大学建筑系，同年进入华东院工作至今。教授级高级工程师、华东院总建筑师。主持和负责上海世博会世博中心、国家会展中心、东盟博览会商务综合体以及上海大剧院、重庆大剧院、中百一店沪西大厦、万里示范居住区、大连期货大厦等国家级和地方重大工程。荣获中国建筑学会和上海市建筑学会建筑创作优秀奖、新中国 60 周年创作大奖、全国优秀工程勘察设计一等奖、上海市优秀设计一等奖、上海市科技进步二等奖等 20 余奖项，发表有关论文专著和创新专利 30 余篇 / 项。上海建国宾馆设计副总负责人及建筑施工图组长、设计、绘图。

杨唐祥

男，1937 年 3 月生，福建闽侯人。1957—1962 年就读于浙江大学土木系工民建专业，1962 年 10 月毕业分配进入华东院工作，1998 年 3 月退休。华东院结构专业主任工程师。担任江阴港务局栈桥码头、上海木材工厂、连云港总局医院、国际饭店改建、上海展览馆中央大厅改建工程、上海大剧院、上海市统战部民主党派大楼（市白玉兰工程奖）等项目的结构工种负责人，上海混凝土制品厂、上海金屋公司营业办公大楼等项目的设计总负责人及工种负责人，参与上海大众汽车厂（国家建设部鲁班奖、市优秀设计二等奖）、新民晚报现代印刷中心（国家建设部鲁班奖、市优秀设计三等奖）、浦东印务有限公司等项目结构设计，负责审定上海书城、中亚大厦、陆海空大厦等工程项目。上海建国宾馆结构专业工种负责人及施工图组长、设计。

陆慧芬

女，1945 年 1 月生，浙江定海人。1964 年进入华东院工作，先后参加华东院培训班、同济大学函授部、杨浦业余工大工厂供电专业学习，2000 年 1 月退休。

高级工程师、华东院强电专业工程师。后返聘于上海华茂工程监理顾问有限公司、上海现代华盖建筑设计研究院有限公司。主要完成上海新华医院、华东大酒店、上海水泵厂、虹桥宾馆、浮法玻璃厂、长阳路高层住宅等项目设计。上海建国宾馆强电专业施工图设计、绘图。

章文英

女，1951 年 8 月生，浙江上虞人。1975—1977 年进入华东院“721”大学电力专业学习，毕业后进入华东院一室电组工作，2006 年退休。高级工程师、华东院强电专业工程师、上海现代建筑设计集团科技发展中心信息资料所所长。曾参与连云港医院、宝钢旅馆（市优秀设计三等奖）、曲阳文化馆（市优秀设计二等奖、1990 年优秀工程）、曲阳图书馆（市优秀设计三等奖、1989 年市优秀工程）、上海微型轴承厂组合式变电站、上海世贸商城（一、二、三期）、上海书城、鸿安广场、农展馆等工程设计。曾担任中国建筑学会电气分会副秘书长、上海电气信息情报网常务理事，编制华建集团《电气技术》信息双月刊。上海建国宾馆强电专业施工图设计、绘图。

张磊

男，1963 年 6 月生，江苏无锡人。1985 年 7 月于南京邮电学院无线电工程系毕业，同年进入华东院工作，从事弱电（智能化）专业的设计工作至今。华东院绿色建筑数据研究中心行政总监、主任工程师。作为专业负责人曾参与了上海国际农展中心（万豪大酒店）、上实南洋广场（四季酒店）、上海越洋广场、阿里巴巴淘宝总部园区、万达文旅城、世博中心、上海迪士尼等项目的设计、咨询工作。上海建国宾馆弱电专业工种负责人及施工图设计、绘图。

万嘉凤

女，1964 年 12 月生，上海人。1984—1987 年就读于同济大学机械系供热通风与空调专业。1987 年 7 月进入华东院机电一所工作至今。教授级高级工程师、华东院机电院暖通专业总工程师。主要代表性工程有建国宾馆、四季酒店、天津经济开发区金融服务区、中国国家图书馆（二期）暨数字图书馆、中国人民银行清算中心、苏州东方之门、天津高新区软件和服务外包基地综合配套区（天津 117）、中国博览会会展综合体、上海环贸广场 iapm、天津周大福等。曾获中华人民共和国住房和城乡建设部优秀工程勘察设计银奖、中华人民共和国住房和城乡建设部优秀设计三等奖、中华人民共和国住房和城乡建设部全国绿色建筑创新奖二等奖、中国勘察协会优秀建筑工程一等奖、中国建筑学会建筑设备暖通空调工程优秀设计一等奖、中国勘察协会优秀环境与能源应用设计一等奖、上海市优秀工程设计一等奖、上海市勘察协会优秀工程一等奖、暖通专业一等奖。上海建国宾馆暖通专业主要设计人。

张富成

男，1940 年 5 月生，四川威远人。1964 年毕业于重庆建筑工程学院建筑物理专业，同年 8 月进入华东院工作，2001 年 5 月退休后返聘于华瀛设计公司。高级工程师、华东院暖通专业主任工程师。曾担任上海皮尔金顿玻璃厂、上海电影艺术中心及银星宾馆、上海大剧院、上海万都中心、上海 21 世纪中心大厦等项目暖通工种负责人，厦门高崎国际机场设计总包暖通工种负责人，华为数据中心（深圳、上海、成都）、上海中心大厦等咨询项目专业负责人。曾获上海科技成果奖、上海科技进步二等奖、建设部优秀设计一等奖等奖项。上海建国宾馆暖通工种负责人及施工图设计、绘图。

张伯仑

男，1966 年 1 月生，江苏常州人。1988 年 8 月进入华东院工作至今。教授级高级工程师、华东院绿色中心主任。主持或承担多种类型的工程设计工作，获得部（市）优秀设计奖、科技进步奖等 20 余项。国家、上海市 10 余项科研计划项目课题的高级研究人员或子课题负责人。上海建国宾馆给排水施工图绘图。

吕宁

女，1962 年 9 月生，山西左权人。1984 年毕业于同济大学建筑工程分校供热通风与空调工程专业，同年进入华东院工作，2017 年 9 月退休并返聘至今。华东院动力专业主任工程师。担任浦东机场二期能源中心、虹桥机场能源中心、虹桥商务区一期能源中心、上海世茂国际广场、世博中心、中国博览会会展综合体、天津津塔、天津周大福、松江世茂深坑酒店、南通市中央创新区医院一期、虹口区彩虹湾医院等重大工程的动力专业负责人或审定人。参与编写的《燃气锅炉房设计》国标图集获全国优秀标准设计一等奖。曾获上海市优秀设计一等奖、全国优秀设计建筑环境与设备二等奖、中国工业建筑优秀设计一等奖、全国优秀工程一等奖、中国勘察协会公建一等奖等。上海建国宾馆动力工种负责人及施工图设计、绘图。

王国俭

男，1951 年 12 月生，浙江鄞县人。1974—1977 年就读于复旦大学数学系计算数学专业。1968—1970 年于上海市第八建筑公司工作，1971—1974 年在空军第九航空学校修理厂任无线电员。1974 年 3 月进入华东院工作，2012 年退休。教授级高级工程师、华东院副总工程师。1989 年 1 月—1990 年 7 月，赴比利时天主教鲁汶大学（KUL）工学院建筑系进修，学习医院建筑设计技术并结合中国医院建筑设计特点，研究开发“医院建筑设计 CAD 软件”，为华东院各类高层建筑项目提供结构计算程序支持。参与编制国家标准《建筑信息模型分类和编码标准》，任《土木建筑工程信息技术》杂志副主编。曾获国家工程设计计算机优秀软件二等奖，华夏建设科学技术奖一、二等奖，上海市科技进步三等奖。

采访者： 孙佳爽

文稿整理： 孙佳爽

访谈时间： 2020 年 5 月 6 日—2020 年 10 月 20 日，其间进行了约 10 次访谈

访谈地点： 上海市黄浦区汉口路 151 号、四川中路 213 号、江西中路 246 号，电话（视频）采访

上海建国宾馆

建国宾馆效果图

1. 主楼
2. 裙房
3. 锅炉房
4. 煤气降压站
5. 内院

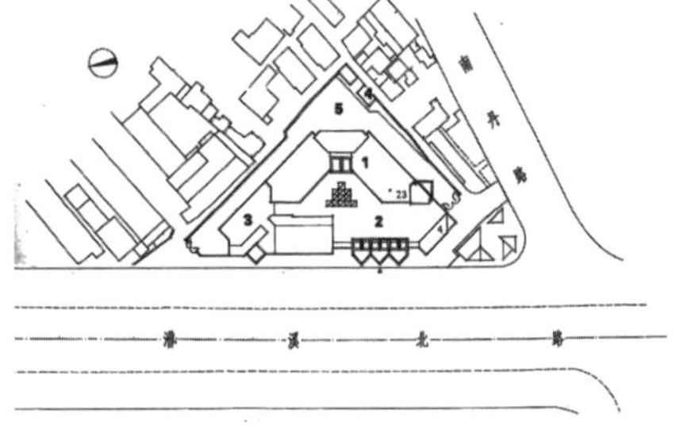

建国宾馆总平面图

建设单位：上海新亚集团联营公司、上海市投资信托公司

设计单位：华东院

施工单位：江苏省建筑公司

室内设计：香港百乐装饰设计有限公司、垣记设计装饰公司

技术经济指标：基地面积 5700 平方米，建筑占地面积 2900 平方米，建筑总面积 37 000 平方米

结构选型：边筒加中筒结构（钢筋混凝土剪力墙），两翼部分采用板柱结构

层数：主楼地上 23 层、地下 2 层，裙楼地上 4 层、地下 1 层（局部 2 层）

建筑总高度：95.95 米（±0.000 到地面高差 0.9 米，屋顶最高标高 95.05 米）

标准层层高：2.9 米

客房数：502 间

设计时间：1985 年

竣工时间：1990 年

开业时间：1993 年

地点：上海徐汇区漕溪北路 439 号

项目简介

上海建国宾馆（以下简称“建国宾馆”）项目于 1985 年启动，华东院作为当时全国推选的四家“旅游旅馆指导性设计院”[1] 之一，承接该四星级涉外宾馆的原创设计任务。基地位于上海市西南部的城市副中心徐家汇，漕溪北路南丹路交叉口。高层主楼平面呈等腰三角形，底边沿漕溪北路，另两边设有城市小路。场地周边不只有高楼林立的现代商业综合体，还被藏于闹市的上海里弄洋房、双塔尖顶的天主教堂和 19 世纪遗存的修道院旧址等围绕。建筑设计从基地自身的环境出发，以“文脉、隐喻、装饰”为灵感，吸取徐家汇地区文化的各式元素，雨篷、山墙、天窗等与马路对面的天主教堂呼应，极具现代气息。同时，室内设计追求朴素典雅，通过家具、陈设、光影、绿化等体现空间设计的总体构思，与外部形态取得一定的默契。建国宾馆工程于 1992 年荣获市优秀设计二等奖、结构专业设计一等奖。

1. 客用电梯厅
2. 服务、消防电梯厅
3. 服务台
4. 配电间
5. 库房
6. 客房
7. 卫生间

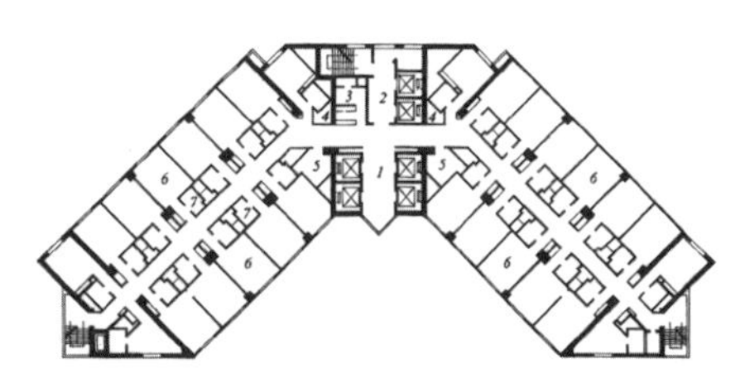

建国宾馆标准层平面图建国宾馆

1. 门厅
2. 中庭
3. 商店
4. 快餐厅
5. 自选商场
6. 总服务台
7. 小件寄存
8. 客用电梯厅
9. 客用卫生间
10. 服务电梯间
11. 员工入口处
12. 消防控制中心
13. 厨房
14. 变配电
15. 锅炉房
16. 门廊

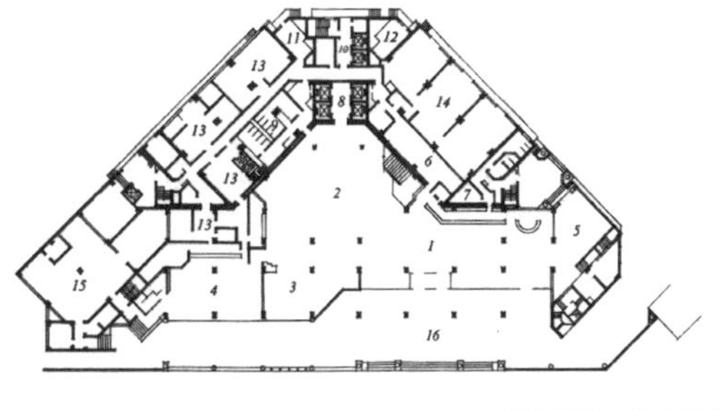

建国宾馆一层平面图

1. 停车库
2. 供水用房
3. 洗衣房
4. 风机房
5. 柴油发电机房
6. 污水处理站
7. 冷冻机房
8. 供水、冷冻机控制室

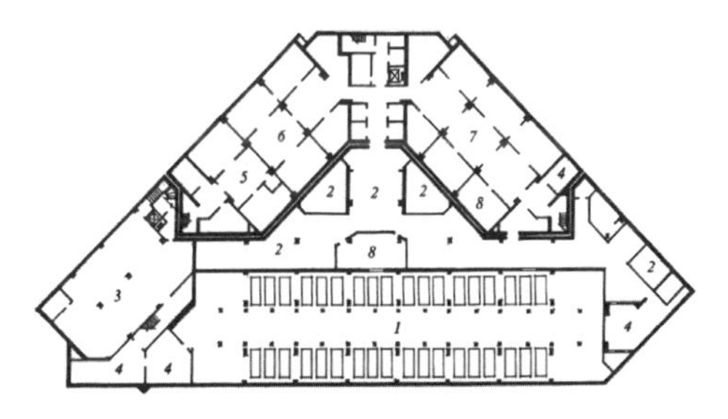

建国宾馆地下一层平面图

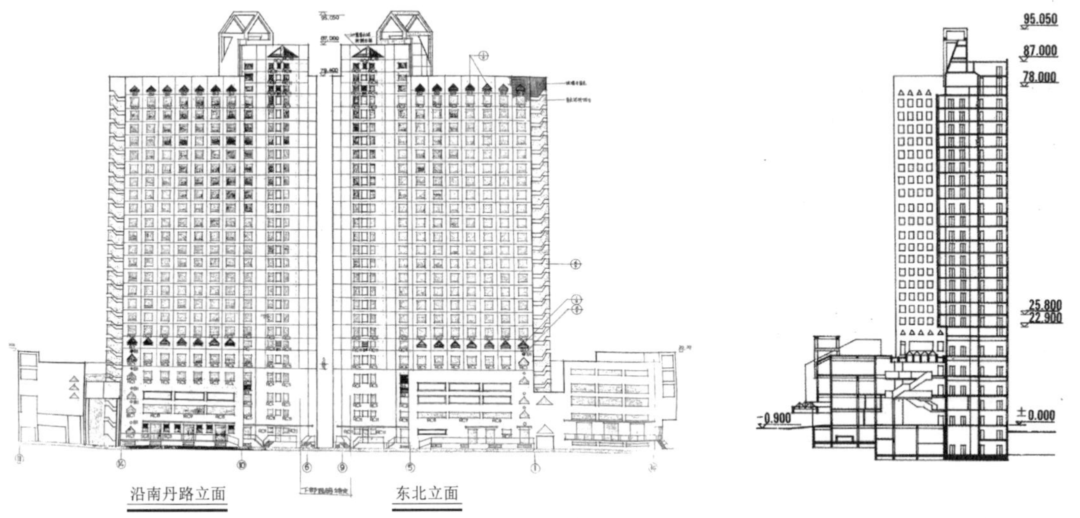

建国宾馆立面图

建国宾馆剖面图

老教堂、老洋房边的后现代建筑

姜海纳 在建国宾馆之前，您通过什么方式对宾馆类项目的设计有了初步的了解？

| **傅海聪** 我在重庆大学学习建筑设计的时候也做过宾馆设计，应该说对此并不是完全陌生。1982 年春我刚进院工作时，单位就组织我们参观学习了刚刚落成的龙柏饭店[2]，这是（由华东院原创设计，建设于）改革开放早期的酒店，也是华东院的骄傲。20 世纪 80 年代初，全国推选出四家旅游旅馆指导性设计院，华东院就是其中的一家，可见龙柏饭店等项目在其中起了较大的作用。与其同时期设计的华亭宾馆也曾轰动一时，所以后续有些项目会继续找到华东院来做。

1984 年，华东院被邀请参加全国政协和北京政协总部大厦的方案比选，当时院里也像现在这样，海选一些方案。由于当时我的一个概念方案被院里老总们认可，就让我直接参与这个项目组，项目负责人就是龙柏饭店的设计总负责人张耀曾[3]。到北京汇报的时候，北京也有几个著名的酒店刚刚落成，一个就是全玻璃幕墙的长城饭店，还有一个是西苑宾馆。北京和全国政协的领导请我们在西苑宾馆里面吃饭，也让我对宾馆项目有了更加直观的认识。一个月以后，我参加了厦门宾馆的方案设计，这是一个山地项目，还做了很大的模型。可惜以上两个项目都没有实施，建国宾馆是我工作以后设计并实施的第一个宾馆类项目。当时院里经历新老领导的换届，刚进院工作三年的我就成为当时最年轻的设计组长，相当于现在的团队副总监，这也是院里对年轻人的鼓励和信任。

孙佳爽 关于建国宾馆的项目背景还请您介绍一下。

| **傅海聪** 我记得这个项目是在 1985—1986 年间启动的，我是这个项目的副设总，项目设计总负责人是祝秀荣[4]，同组的舒薇蔷[5]也参与了施工图设计与绘图工作。项目进展到施工图的时候，我们在建国西路靠近衡山饭店那里的司法局做了两年时间的现场设计，建国宾馆差不多在 1990 年建成的。1993 年，当时《时代建筑》的编辑支文军来约建国宾馆的项目稿，祝工（祝秀荣）和我写了《对上海建国宾馆个性的思索》[6]一文刊登在《时代建筑》1993 年的第 2 期。

孙佳爽 当年华东院的“老法师”们对您有哪些设计手法方面的指导吗？

| **傅海聪** 其实从传承的角度来看，当时的设总祝秀荣 40 多岁，算中生代，而院里的总建筑师方鉴泉[7]一直亲自指导我们做虹桥宾馆、建国宾馆。当时我也受益于他的指导，包括刚才提到的全国政协和北京政协总部大厦项目也是他挂帅，所以跟他接触还是比较多。他的设计“干货”很多，对酒店设计非常有研究，比如整体建筑的对称、入口的位置、电梯几部以及如何布局，他都亲自指导。所谓传承就是我先在建国宾馆等项目中获得老一代建筑师方鉴泉关于方案设计的亲自指导，又跟着中生代建筑师祝秀荣一起做后续落地的施工图工作。

姜海纳 20 世纪 80 年代您在项目设计中有没有受到西方建筑思潮的影响？

| **傅海聪** 还是有影响的，比如说建国宾馆做形态的时候，就受到一些后现代主义的影响。后现代设计讲究文脉的延续，我认为最具代表性的后现代设计建筑师就是设计久事商务办公楼[8]的迈克尔·格雷夫斯（Michael Graves）[9]，我在大学时期就对他很崇敬，还欣赏设计美国纽约电话电报大楼的菲利普·约翰逊（Philip Johnson）[10]。总之，20 世纪 80 年代初，我受后现代主义思潮的影响还是比较大的。设计建国宾馆的时候，正好徐家汇地区有文脉的特征，所以设计的指导思想就从文脉方面来挖掘。

姜海纳 建国宾馆项目在设计和建设中遇到哪些挑战？有哪些创新之处呢？

| 傅海聪 当时比较有挑战的主要有两个方面：一是新老建筑之间的关联。建国宾馆项目在徐家汇，尽管当时徐家汇还不像现在发展得那么繁华，但其人文环境很有历史底蕴，建筑选址的正对面是天主教堂，旁边是修道院。当时我的主要精力在于设计建筑造型，考虑让建筑设计元素与周边历史记忆进行适当的关联，比如楼顶的镂空构架、裙房的单坡顶、入口雨篷的折线和立面设计的整体呼应。包括裙房的单坡顶也是呼应了上海洋房的元素，并不是单纯地去模仿老建筑，而是用现代的手法来表现。当然也不单单是受教堂、洋房的影响，建国宾馆规整的布局要避免呆板，所以裙房的入口并没有完全布置在轴线上，这和设计师对功能布局、交通流线的考量有很大关系。在外立面材料的运用上，为了与设计风格相呼应选用了偏暖的米色，主楼选用了按比例配制色块的小方玻璃马赛克饰面，铝窗选用淡茶色窗料配以淡灰片，近人尺度及视线范围内的裙房则选用同样色调的进口金属面砖，并安装了整条 3.5 米高的无框银片镜面玻璃幕墙。金属面砖中平面砖和花纹砖的不同排列及其折（射）光效果，结合构架的光影起到画龙点睛的作用。二是业主对建筑的使用率和投资造价要求非常严格。我记得做建国宾馆设计时脑中最深刻的三个概念，1000 万美元投资、500 间客房、四星标准。业主方的负责人是圣约翰大学建筑系毕业的，特别强调经济性与合理性，要求在建筑面积 3 万多平方米内容纳 500 间客房，因此我们的方案设计也一直在力求保障业主的要求。首先，建筑的整体布局特别是塔楼的标准层选取了比较对称的 V 形。在此之前，也做过很多方案比选，从形态来讲有更活泼的，也有更现代的，而且还分析了多种形体叠落形式，以及建筑与周边街道的关系等。最终方案布局的敲定还是以经济性作为设计的主导。V 形平面的利用率较高、每层客房数较多，客梯作为主要的垂直交通设置在平面中心，可较均衡地覆盖两侧客房。其次，设计对层高的考虑非常经济。我记得建国宾馆标准层层高是 2.9 米，现在我们设计酒店的层高都接近 4 米了。那时候的地下车库是在 7.85 米的柱网内停 3 部车，当时的柱子做成扁长的形状，非常经济。以现在的标准来看，8 米的柱网都很紧张，所以设计标准是时代社会经济发展情况的综合体现。

总结来说，要在徐家汇这样拥有独特文脉的环境当中打造一个投资、造价等各方面要求都比较苛刻的建筑，功能、形态、高度结合并呈现出独特的风格是这个项目的难点和创新。当时我刚进院工作不久，能够负责这么重要的建筑项目且能实现自己的一些想法，还是感觉比较欣慰的。

经济、新颖的板柱结构

孙佳爽 请您讲讲建国宾馆设计过程的回忆以及您在项目中负责的工作。

| 杨唐祥 我是 20 世纪 60 年代进院工作的，是建国宾馆的结构工种负责人。这也是我做的第一个宾馆类项目，在这之前更多的是做工业建筑。建国宾馆结构设计的主要参与人员还有张燮源[11]、殷纫秋[12]等。

建国宾馆的基地狭小，呈等腰三角形，西面沿漕溪北路设有水、电、煤各种管线，东西两侧均有 110 千伏高压架空线，南面也有高压架空电线，南北东三面还有校舍、医院、民房、危房、厂房等密集建筑，给设计和施工都带来一定的困难。桩基设计参考了华亭宾馆单桩承载力试验[13]的结果，现场设计除合理布置打桩流程外，还采取了打塑料排水板、取土后打桩、挖防震沟、专业单位现场观察等有效措施。建国宾馆的上部结构是采用筒体加板柱结构的形式。从建国宾馆高层主楼的 V 形平面形式来看，主楼地上结构以左、中、右 3 个筒体作为抗侧力构件。中间筒体接近矩形，左右两翼端部筒体接近三角形，楼梯间为框剪结构体系。两翼客房部分采用板柱结构，客房里面没有梁，沿外墙楼板边缘设有边梁。

孙佳爽 当时结构形式选择的主要依据是什么？

| 杨唐祥 肯定是经济与使用率上的考量。由于当时建国宾馆使用的钢材都是进口钢材，而进口钢材不能采取点对点焊接，只能用搭接的方式，因此结构的耗材较多。我记得一个平方米接近 100 公斤的用钢量，而用钢量的增多导致成本与造价的紧张。在整体造价很紧张的情况下，又要达到业主关于 500 间客房数的集约要求，所以将建筑标准层层高定为与普通住宅一样的 2.9 米，净高只有 2.52 米。因此，主楼地上的客房部分选为板柱结构形式（俗称“无梁楼盖”），以达到室内净高的最大化。此外，采用板柱结构形式后，除了满足层高要求外，与其他设备专业配合较为简单，管道通行较方便，只需在柱周围限制管弄位置，供管道上下通行即可，节约造价和能源，在当时算是比较新颖的结构形式。

孙佳爽 板柱结构用于高层建筑的情况多吗？

| 杨唐祥 不多，是参考了虹桥宾馆与银河宾馆有关板柱结构荷载试验的资料。此类结构没有参考过国外的案例，还是以本土实践为主。建国宾馆之后，我在 20 世纪 90 年代初负责设计并建成的民主党派大楼 [14] 也采用了板柱结构，后来因为上海地区的 7 度抗震要求 [15]，所有建筑都不能用板柱结构了。

“十年不落后”

孙佳爽 请您讲讲建国宾馆项目的强电设计和团队组成。

| 陆慧芬 我是 1964 年进入华东院工作的，建国宾馆项目的强电专业组长是屠涵海 [16]，强电专业工种负责人是李润霞 [17]，她同时负责上海建国宾馆的现场设计。开始去现场的是李润霞和章文英，因为现场设计来不及，后期我加入现场设计中，相当于“救火员”，主要负责控制系统的现场设计。

孙佳爽 建国宾馆强电设计除常规系统外，有哪些技术给您留下特别的回忆？

| 陆慧芬 在我的记忆中，不像其他普通的项目，建国宾馆的供电级别很高，为一类负荷，项目另设 1 台 500 千瓦柴油发电机和 4 台干式变压器，总功率为 3600 千伏安 [18]。我们当时进行供电容量计算时一般不包含消防用电容量，因为总容量足以满足应急消防设备。此外，在建国宾馆项目设计过程中，香港怡和公司的相关人员还来上海为我们介绍抽屉式高压、低压开关柜 [19]，那时候他们就住在联谊大厦里面，我们到联谊大厦开会和考察，但是建国宾馆最终并没有使用怡和公司的开关柜，而是选择了华通开关厂 [20]。

| 章文英 这么多年来，我始终不会忘记屠涵海组长说过的一句话：“我们现在的设计要做到十年不落后。”所以，为了建国宾馆这个项目，我们在 1986 年分别去往深圳、香港考察，了解和学习消防烟感报警、应急照明灯、自动控制系统的使用情况，团队成员有我、动力专业的吕宁、弱电专业的张磊等。20 世纪 80 年代中期到 20 世纪 90 年代初，正是我国高层建筑开始采用进口先进设备的阶段。

按照“十年不落后”的设计思想，建国宾馆的强电设计有很多新的尝试：首先，每层设有独立配电间，结合垂直管弄的设置减小了供电半径，避免过多的电压损失。同时，每层的垂直部分使用紧密式母线，水平走线用线槽敷设，如需替换或外接线路，将线槽的盖子打开就可以操作了，供电走线就变得灵活很多。其次，建国宾馆使用了共用接地体（联合接地体），利用结构钢筋从楼顶一直连通到地下室，达到立面效果的整洁。对于建筑屋顶机房、冷却塔等凸出的部分，我们采用瑞士进口的避雷器，在屋顶设置几个点形成保护范围，避免各处布置的老式避雷针既容易掉落又影响美观。联合接地体和避雷器这两种方法保障了高层建筑的最终呈现效果。再次，建国宾馆清晰地设立了消防控制中心、冷冻控制中心、水泵控制中心。消防控制中心所连接的烟感报警系统选用的是英国科艺（THORN）品牌，整个项目的自动控制系统选择美国江森公司。

孙佳爽 可否请您具体介绍一下自动控制系统的内容？

| **章文英** 建国宾馆自动控制系统与三个专业相关：一是强电专业的烟感报警系统，与消防控制中心联动；二是给排水专业的喷淋系统，连接至水泵控制中心；三是暖通专业的空调自动控制系统（冷冻控制中心）。以上三个控制中心均达到了当时的楼宇设备自控系统（BAS）水平。

孙佳爽 与江森公司的配合方式是怎样的?

| **章文英** 总的来说是江森公司负责系统调试，平面图纸由华东院来出。因为对方对建筑的情况不太了解，所以由江森公司来告诉我们产品的情况和探头的要求，我们按照要求布置专门线槽，防止弱电和强电之间电磁干扰的同时，也避免线路的混乱。而且我们还配合画端子图，将需要和设备相连的接点全部画出来，江森的调试人员拿到图纸调试起来就十分方便。项目的设计与绘图过程中，我们也要与对方多次沟通与反馈，项目建成后的整个系统由江森公司负责调试。

孙佳爽 建国宾馆的现场设计跨越两年的时间，您对于现场设计还有哪些回忆呢?

| **章文英** 现场设计是在徐家汇的一个法院里面借了栋办公楼，给我们做现场设计，业主新亚集团每天派车子到劳动局的门口来接我们，结束了再送回来。当时新亚集团也有一个基建组和我们相互配合，历时两年的图纸修改主要是源于业主对设备和功能要求的改变。

孙佳爽 可否介绍一下新亚集团的基建组以及基建组和设计院之间是如何配合的。

| **章文英** 原来我们做工程项目，甲方业主都有一个人员配套较齐全的基建组，比如我后面参与的虹桥开发区、闵行开发区等项目的基建组力量很强，强电专业人员都是本科发配电专业毕业生。而新亚集团主要以餐饮为主，所以建国宾馆的基建组人员不一定把图纸全部“消化掉”，但是会看上级提出来的要求是否在图纸中得以实施。总体来说，新亚集团和我们配合得比较顺利，也会采纳设计师的意见。建国宾馆开业了以后，业主方还叫我们设计人员去聚会，那时的照片我到现在还保存着。

从传统弱电设计到智能化设计

孙佳爽 请您结合自身的经历谈谈建国宾馆项目弱电设计的情况。

| **张磊** 我是 1985 年进院的，在建国宾馆项目之前，我跟着师傅徐熊飞[21]做虹桥宾馆、银河宾馆，而建国宾馆项目是由徐工指导，我是弱电工种负责人。这是我第一个独立设计的酒店类型的项目，也为我在 20 世纪 90 年代负责时代大厦办公楼[22]、农展馆万豪大酒店[23]等高层建筑项目积累了宝贵经验。

孙佳爽 建国宾馆作为您第一个负责的宾馆类项目，在设计之初是通过什么方式来学习和了解宾馆类项目的弱电设备呢?

| **张磊** 一方面是在建国宾馆之前跟着师傅徐熊飞做设计，初步了解了这些系统。另一方面是由于当时国内还很少有这类设备的(生产)厂商，当时的业主新亚集团也不太了解具体的设备。所以，在 1988 年 10 月，业主和项目设计团队的专业代表们一起先到深圳，再去香港考察酒店项目，同时由香港有技术能力的厂商和代理商给我们介绍针对酒店项目的一些进口设备系统。

孙佳爽　建国宾馆当时采用哪些弱电设备，这些系统都是常规的选择吗？

| 张磊　当时采用了程控电话、广播系统、闭路电视系统、视频监控系统、客房控制系统、卫星接收系统，还有就是多功能厅的音视频系统。音视频系统在 20 世纪 80 年代不算先进的设备，一般项目不会去做这套系统，只有涉及酒店的宴会厅才会做音视频系统。

孙佳爽　我之前看花园酒店有酒店管理系统，为什么在建国宾馆的弱电设计中没有此类设备？

| 张磊　由于在设计之初，新亚集团想要自行管理，便没有考虑酒店管理系统（以下简称“酒管系统”）。在设计完成后，新的酒店方介入并增加了酒管系统，所以这个项目有酒管系统，但并不是我们做的，而花园饭店是在设计初期就明确了需要哪种品牌的酒管系统。比如我在后期做四季酒店的时候，业主很明确地提出必须有酒管系统，而且酒管系统需与程控交换机、客房控制系统连接，配备自动收费等。

孙佳爽　系统的选择是基于造价确定的吗？

| 张磊　和造价有点关系，但还不是最大的决定因素，关键还是根据酒店的应用功能。由于当时建国宾馆的定位是四星级酒店，哪些系统必须要用的，哪些系统用与不用均可，要基于设计规范及当时旅游局针对四星级宾馆的评级标准来定。

孙佳爽　在银河宾馆中用到的同声传译系统，在建国宾馆并没有运用。

| 张磊　这就涉及宾馆本身的定位。银河宾馆虽然是按三星级宾馆的标准来设计，但其有组织国际性会议的功能需求，所以要设同声传译系统，不准备组织国际性会议的涉外宾馆（例如建国宾馆）可以不做，这和管理方的客源以及举办活动的类型有关。

孙佳爽　建国宾馆的大部分弱电设备都需要从国外进口，请您回忆一下我国的弱电设计是从什么时候开始更多地尝试应用本土化设备呢？

| 张磊　应该说在建国宾馆设计建设阶段已经在尝试设备的本地化，比如有线电视就是国产的。除此外其他设备都是进口的：安保系统是荷兰飞利浦的、程控交换机是美国 Telex、多功能厅音视频系统是日本 TOA 的。

孙佳爽　从弱电专业工程师到智能化设计的专家，请讲讲您所经历的技术变化及专业发展历程。

| 张磊　我在 20 世纪 80 年代中期进入华东院工作时，并没有所谓的智能化设计，那时统称弱电设计。当时设计的项目主要包含厂房、学校、民用住宅，弱电设计大致可归纳为四个系统，包括广播、有线电视、电话、视频监控，在当时就叫弱电系统。到了 20 世纪 80 年代末，建国宾馆这类宾馆项目开始增多，弱电系统除常规的系统外，还新增了宴会厅的音视频系统、客房控制系统和业务相关的酒管系统等，系统丰富了不少。建国宾馆项目完成以后，类似的酒店项目做了很多，比如刚刚提到的农展馆万豪大酒店，其业主也属于新亚集团，即负责建国宾馆的一批人转去做万豪大酒店的筹建方。

孙佳爽　华东院弱电智能化设计这个概念是如何被提出的呢？

| 张磊　2003 年，设计院的弱电智能化设计是按照规范及行业标准在做设计，并不能完全匹配使用方或者管理方的需求。所以我当时建议专门成立一个智能化所去满足业主的要求。2005 年，华东院进行了部门调整，从原来的各个生产所变成专项设计所。在当时华东院的党委副书记韩辉的组织下，把分散于各个部门的弱电设计人员全部集中起来，于年底成立了智能化所。2008 年，由于项目过程中各机电所

在做弱电设计时存在内部沟通机制烦琐、沟通不顺畅等问题，院里又把智能所拆分为 4 个团队，其中一个团队是我和林工（林海雄）带领成立的智能技术研究与咨询部，基于业主的使用和管理需求进行全过程服务，从规划开始直至实施落地。2017 年我和林工短暂地离开过华东院一段时间。

这 10 年间（2008—2017），华东院的项目我们只做过一个百色干部学院，其他项目全部是我们自己在市场上是承接的。例如阿里巴巴总部园区从一期到四期总共约 38 万平方米的智能化规划设计、万达集团文旅城的智能化设计标准编制、迪斯尼的智能化总控设计、华润集团部分项目的智能化设计及上海大区的建设标准编制等。智能技术研究与咨询部提供的是从设计往前延伸到咨询，往后延伸到整个施工过程的全过程服务。就整个建筑领域来说，从智能建筑到智慧建筑，可以看到弱电专业从原来的建筑附属专业变成引领建筑发展的专业。换句话说，楼好不好看可能是建筑师的事，但是这个楼好不好用，以及能够实现哪些功能，完全是要基于智能化系统规划，或者说是智慧化程度。

国内外观念碰撞与本土化创新

孙佳爽　请讲讲您参与建国宾馆这个项目的经历。

| **万嘉凤**　1987 年 10 月，我进入华东院综合所一所的暖通专业组，张工（张富成）是“看”着我进华东院工作的。当时的组长就是张工，作为组员跟着他做了好多项目。我做的第一个比较完整的项目施工图就是建国宾馆，这个项目的暖通工种负责人就是张工。

翻开当年的图纸，给我印象比较深的是，在那个年代各方面的条件确实是有限的。比如项目中用到的集气罐，即设于管道最高点放气以防在憋气的状况下影响水循环系统的正常运行，而我这次回看建国宾馆的图纸发现自己当时竟然还画了制作详图，现在的项目设计哪里要我们工程师画详图，都有标准图或者是标准化的配件。再看看材料表，我们当时是写得很详细，温度计、压力表等仪表类的配件都逐一统计并标明技术要求，可以看出在当时设计所能拥有的基础资源也是非常有限的，细碎的设备配件都要设计到位。

| **张富成**　这个项目的暖通设计团队的设计人员还有丁肖真、万嘉凤、陈明。当时宾馆类建筑的暖通空调设计规范标准相对滞后，所以我们只能根据业主的要求并考虑当时的设备产品现状和施工技术条件，在建筑专业的统一构思安排下发挥专业特长。在分析国内外当时暖通空调技术现状的基础上，具有一定创新性地优选出我们的设计方案[24]。

孙佳爽　当时国内外的观念有哪些不同吗？您能谈谈具体创新在哪些方面吗？

| **张富成**　有三个方面。首先是冷热源输送用什么介质，我们认为能用水管输送的就不用风管输送，而以欧美为代表的观念是能用风管输送就不用水管输送。所以当时建国宾馆多采用冷（热）水盘管整体式空调机组和风机盘管时，就曾有外国专家对我说，你们大量使用风机盘管“落后欧美 20 年”。它的小水盘容易长细菌。实际上，防止细菌和病毒的概念是对的，但细菌和病毒是避免不了的。现在看来，风机盘管正是克服其传播的好办法。风机盘管系统仅负责独立房间的冷热循环，而全空气空调系统则是通过风管连通大楼各个空间，为疫情传播提供途径。所以我反过来说是“先进 20 年”。另外从节能角度考虑，因为相等距离输送相同冷量，风力能耗是水力能耗的 7 ～ 10 倍，而风管占用的空间是水管的数十倍，且输送冷量越大，占用的空间比也越大。

| **万嘉凤**　无论是风机盘管还是全空气系统，每个系统都有它的利弊，设计师还是要结合国家的国情。在 20 世纪 80 年代的国家建设环境和现有资源下，全部都选用进口设备也是很难实现的。

孙佳爽 除输送冷热源介质选择不同外，当时建国宾馆的暖通设计有哪些创新呢？

| 张富成 我们做了制冷机与水泵不同连接方式的首次尝试。在 20 世纪 80 年代，国内外通常做法是将制冷机接在水泵的压出端，这样似乎更稳定。但在这个工程中，假如制冷机接在水泵压出端，则需选用承压 1.6 兆帕规格的制冷机，而接在水泵吸入端则只需选承压 1 兆帕规格即可。当时不同规格的制冷机价格有较大差别，在外汇相当紧缺的年代，这样的创新尝试也要谨慎考虑。

当时上海电影艺术中心及银星宾馆的方案设计已经开始，我和负责银星宾馆的香港冯庆延建筑师事务所的相关工程师有过交流，他们建议选用英国和欧美的通常做法，不支持将制冷机接入水泵的吸入端。我又参考了日本 20 世纪 70 年代东京地区池袋副都心的高层建筑群资料，发现他们的观念也不同，他们是把高层空调水系统做成开式系统，像打水箱一样一级级地打上去，但是从 60 层下来回到水池的时候压力很大，所以选用了三级减压阀，将水压再一级级降下来，当然也同欧美一样，制冷机接压出端。这样一来，并没有理论和实践来支持我的观点。为此我再仔细分析了制冷机接吸入端的安全性，结论是本工程正常运行不会产生“汽蚀”[25] 问题。同时为避免泵、机并联接法中冷冻机进水电动阀关阀的误操作带来的安全问题，设计决定采用泵、机一一对应的串联接法。

孙佳爽 现在的常规做法竟然在建国宾馆项目中第一次尝试应用？

| 张富成 据我了解是的。此外，建国宾馆还对当时传统的空调装置三通水量控制阀的适用范围进行了调整。关于空调装置的水量控制，国外多采用电动三通阀，三通阀对保持水温、水压稳定和系统排气有利，但最大缺点是总水量不变，不节能；而国内多采用电动二通阀，二通阀的优缺点与三通阀相反。建国宾馆采用了扬长避短的措施，即总体是国内常用的二通阀系统，而仅在二十三层采用三通阀控制。这样基本保持了二通阀系统的变水量特性，又避免了总管水温不稳定和系统排气不畅的问题。

孙佳爽 热工仪表也是本土化的创新？

| 张富成 对的，当时国内空调自控系统比较落后。简单说，常规空调仪表就是传感器、执行器、控制器之间用导线连接起来组成控制系统。其中，控制器可与一些连锁保护装置、报警装置等一起组成仪表控制盘，现场挂墙式或嵌入式安装，这就是我们常规的自控系统。包括上海金山石化 [26] 的自动控制也是我们暖通专业设计的，华东院当时是没人专门设计仪表的，自己学学也就会了。那时候仪表的型号也要自己选，在现场把线路和工人们一起捋清楚。

20 世纪 80 年代，上海好多宾馆还是用的常规热工仪表，当时大家都没有经验。因为我在 1978 年参加过全国空调自控研讨会，获悉美国的江森公司已研发出“数字控制器”，并在港澳做过中央控制系统，所以我才较早有了计算机控制的概念。再来是美国的暖通空调工程师协会（ASHRAE）“7 人主席团”来中国做访问，我、应发枝 [27] 作为上海行程的华东院接待代表，因此对国外的新技术有所了解。所以建国宾馆对我来说也是一个实践的机会，可以推荐采用计算机控制。大概是 1987 年，我联系了江森公司，那个时候他们已经有了直接数字控制器（DDC），实际上就是小的计算机将连续控制变成数字控制，现场设置 DDC 取代传统的仪表控制盘，把各地方的 DDC 信号集中到中央控制室，这样可以实现集中管理并掌握运行情况，大大提高管理水平。经各方努力，建国宾馆最终采用集散系统（DCS），实现了当时技术水平下的楼宇自动控制系统（BAS）。应该说我的职业经历也是有点特殊，来到华东院就跟孙格非 [28] 一起设计自动控制。

| 万嘉凤 张工（张富成）对空调自控研究较早，他的研究比较深入。当时暖通和自控之间存在脱节，如果暖通专业能多几个人像张工这样去研究自控，自控专业多几个人来研究暖通，那么这中间空白的地方就可以早一点填补上了。

孙佳爽　建国宾馆的空调自控在当时已达到国际水平了吗?

｜张富成　只能说我们有点超前意识，敢于采用当时国际上的新技术而已。所谓超前意识，也是相对国内的“规范”“标准”而言。具有标志意义的是2002年6月由中国建筑标准设计研究院出版的《空调系统控制》（试行，02X201—1）规范的颁布，标志着空调的计算机控制已被国内普遍认可。但这已是建国宾馆建成后11年的事了。回顾建国宾馆的暖通设计，我还是有一些遗憾的。首先，防排烟系统对高层建筑十分重要，我们在当时虽然设计了完整的防排烟系统，但排烟竖井采用的是土建井道。建成后工程验收时发现漏风严重，虽然还可查漏补漏，但十分麻烦。其次，在空调自动控制系统中，自动调节阀的正确选择往往是短板，建国宾馆全部交由自控公司配型，而这很可能造成难以弥补的问题。其实对重要部位的调节阀，设计人员必须自己计算，如流量、压差、可调范围、噪声等，再与供应商协调。常规经验按接管缩小1～2档的做法很不科学，我们通过一些工程实际计算，有的部位可能要缩小3～4档。

｜万嘉凤　对的，所以这些经验也让我们对现在的设计图纸提出了更高的要求，即明确标注流量和压差。设计上不少成功的做法，不影响其他项目的设计思路方向，也有转换成设计标准模板一直沿用至今的。比如空调风机盘管系统中，如何确定风机盘管水管进出口管上的阀门、过滤器等配件的选型及连接方式，从而使设备贴合室内负荷变化而灵活运行、弥补该系统较容易出现的滴漏水状况、保障室内功能的使用和吊顶的美观等。我通过在这个项目初步积累设计上的认知，并在其他项目中深入研讨总结。当时正值电脑绘图的热潮中，于是用CAD绘制了风机盘管水管配件及连接方式的标准样板图纸，在后续的项目中获得使用，既提高了工作效率也管控了设计质量。在当时的背景下，设计师所面临并需要考虑的内容很多，张工一直不断地思考怎样去节约、创新、改进。虽然有的技术在我国20世纪80年代是“舶来品”，但设计师们通过不断地摸索与提升将其本土化，让这些技术更接地气。

我是“最年轻组员”

孙佳爽　您在建国宾馆项目设计中有哪些有趣的经历？

｜张伯仑　1988年，一进院我就跟着带教老师戴毓麟[29]做上海新风色织厂的印染污水处理和上海文艺俱乐部给排水设计，后来配合王凤石[30]绘制两个高层项目的部分卫生间详图，一个是建国宾馆，还有一个是上海电影艺术中心及银星宾馆。戴工、王工是我们的正副组长，他们的思路很清晰，写的给排水施工图设计说明文字不多，但关键的设计内容写得清清楚楚，一目了然。建国宾馆这个项目的给排水专业工种负责人是组长王凤石，设计及绘图人员包括孙正魁[31]、诸葛毅、陈际虹和我。我是里面最年轻的组员，在几位老工程师的指导下负责画卫生间详图。卫生器具都是套模板画的，老工程师们工作时间长了，有进口的卫生器具绘图模板。进口模板很细腻，分TOTO、科勒（KOHLER）、美标（American Standard）等各个品牌。在20世纪80年代，我们在绘图时有几个值得高兴的事：一是使用进口卫生器具模板；二是使用德国红环绘图笔。当时我刚工作，就买了国产的模板，可惜做工粗糙些，画出来的卫生器具相对呆板，没有进口模板画得那么细腻、圆润。

那时候主要的配件都是要背出来的，比如一个弯头的长度多少、半径多少，戴工要求我要将这些数据背下来，说这是基本功。我有些傻眼了，厚厚的一本图集怎么可能背得出来，但画图时候如果反复翻找速度会很慢，就找了个“偷懒”的办法，把所有常用的配件理了一遍，按照阀门、管道等分类画在一张纸上，然后贴在我绘图桌前面的墙上。戴工再让背数据时，就调皮地回答我记不住，贴墙上了。虽没有强行记忆，但天天没事坐着看看，慢慢也记熟了。过了一段时间，这张配件尺寸表被其他同事要去复印，在许多人的绘图桌前“飘扬”。这也说明当时对绘图的要求较高，所有的尺寸必须是核对过的，设计时

开业后受邀庆功（后排左起：祝秀荣、赵总，前排左起：王凤石、李道卿、万嘉凤、黄欣、舒薇蔷、张富成）
章文英提供

开业后受邀庆功（左起：黄欣、吕宁、陈明、殷纫秋、祝秀荣、章文英、陈际虹）
章文英提供

必须考虑安装得上。各专业要紧密配合，图纸画好后要提资料、留洞。我们画错了，结构专业就要修改。那时候校审也很严格，校对的人员看完后把有问题的地方全部用铅笔写在图纸上面，然后设计人员修改图纸，修改的内容需要逐条逐点标记出来，改好以后交给校对人员确认无误，再给审核人员。审核人员看过后，设计人员再逐一修改回复，再次确认后这张图才算画完。

孙佳爽　看来当时如此严格的校审流程也让设计人员养成了特别严谨的做事风格。

| 张伯仑　是的，不过当时最忐忑的是，如果这张图画得不对需要修改，就意味着原来提给结构或是其他专业的图纸不对了，人家就要去改图。那时候改图是要（用双面刀片）刮图纸的，让其他专业刮图真的是一个大事情，所以我们画图就很小心仔细，想着不要影响别人的出图时间。比如，结构专业所有的图画好了、钢筋都配好了，要改图的话工作量不得了。所以，相比较而言，当时的项目在设计前更需要跟结构等其他专业沟通。比如建国宾馆的结构形式是板柱结构，第一要知道避开结构柱帽的位置留洞；第二是自己设计的时候，还要学习其他同事是怎么画的。建国宾馆这个项目，现在看来面积不大、楼层不高，但当时投入的人力包括一位专业组的组长、一位骨干设计人员、两位主要设计人员再加上我这个新人。我印象里建国宾馆每个专业基本上都是四五个人在做。因为图纸上的所有尺寸是仔细核对过的，所以施工过程中的返工就比较少。再有，那时候每周基本上有半天是老工程师带着年轻人下工地，除了解本专业的问题，还可以学到很多其他专业的知识。

孙佳爽　建国宾馆的给排水设计里有什么内容？

| 张伯仑　冷水、热水、冷却水、消防喷淋等。那时候的消防喷淋国内标准还不完善，我们用的是美国 NFPA[32] 标准，包括喷头的设置、覆盖范围等。当时的喷头也没有国产化，全是进口的，我们只能依据每个产品的要求和性能参数来做设计。到 20 世纪 90 年代以后我国才有自己较齐全的消防喷淋设计标准[33]。

孙佳爽　如何本土化？

| 张伯仑　当时给排水使用的热交换器多数采用进口全铜制品，价格很贵。不单单是建国宾馆，同时有好几个宾馆都需要类似设备，戴工（戴毓麟）、王工（王凤石）就带着大家利用周末去江苏靖江的一个热交换器厂搞研发：用碳钢外壳内衬铜皮替代全铜。碳钢衬铜技术很复杂，制作过程需要抽真空，

不能直接焊接。因为碳钢和铜的热膨胀系数不同，如果直接焊接的话，碳钢与铜皮热胀冷缩会导致变形，有衬铜脱落的可能。最后的解决办法很巧妙，就是用了一个“乒乓球”来解决这个问题。抽真空时，“乒乓球”上浮封住通气孔，抽真空完成后，乒乓球自动落下，还很容易取下。利用一只小小的“乒乓球”来解决碳钢衬铜抽真空的工艺，这是我们自己发明的一套土办法。

我进院时候，华东院给排水每个组的组长都是某一个领域的领头人，涵盖了给排水的所有板块，他们让本土化设计成为可能。譬如，当时在汉口路 151 号（华东院办公地址）8 楼设有科研所，组长吴峥做各种工业领域的水处理设计，他是工业给水领域的权威；设计二室的组长梁文耀[34]是冷却塔设计的权威专家。院里给排水专业从上海金山石化工厂项目开始，与上海交通大学合作基本解决了冷却塔的国产化问题，那时候主要的冷却塔规范大多是华东院制定的，接着是热交换器的国产化、铜管管件的国产化[35]，还有减压阀的国产化[36]。如今看来，这些技术研发本身已超越了设计师的本职工作。

锅炉房的两版施工图图纸

孙佳爽　谈谈您对建国宾馆的设计回忆吧？

丨**吕宁**　我是 1984 年进院，当时的带教师傅是张钦奂[37]和庄承亮[38]。建国宾馆的设计时间跨度很长，在我印象中施工图设计是从 1986 年开始的。动力专业由庄承亮庄工指导，这是我第一个独立负责的酒店类项目，由于是第一个负责的项目我花了很多心思，现场设计也做了蛮久的。

孙佳爽　当时的动力设计是在什么大环境下进行的？

丨**吕宁**　在 20 世纪 80 年代的上海，煤气、油稀缺，供给困难，所以当时建设项目使用的锅炉房一般都是燃煤锅炉房，而不会选择燃气、燃油的。此次采访前我又重看了建国宾馆的图纸，因为宾馆里面需要空调采暖和生活热水，所以一定要有热源。在 1987 年的第一版施工图图纸上，我们选用了 3 台由上海电站辅机厂生产的 4 吨燃煤蒸汽锅炉。第一版设计的燃煤锅炉房比较复杂，由于地块紧张没有办法独立设置锅炉房，且因为上煤系统的需要，我们在主楼的裙房边上设置一个辅楼，即地下一层到地上三层的庞大锅炉房：地下室做煤库，一层就是锅炉房，二层为引风机、鼓风机还有除氧的等锅炉房里面的一些辅助设备，三层是辅助的仓库。

孙佳爽　您说的是第一版锅炉房图纸，那还有其他的版本吗？

丨**吕宁**　有的。1989 年，锅炉房图纸做了 A 版修改版，将燃煤蒸汽锅炉改成 2 台 5 吨的德国劳斯（LOOS）品牌的燃油锅炉，并在总体建筑旁放置 2 个由上海石油设备厂生产的卧式储油罐。我现在已经不太记得为何燃煤改为燃油锅炉了，但建国宾馆位于徐家汇附近，如果使用燃煤锅炉污染会比较厉害。而且改成烧油锅炉后，相应的功能和面积差别很大，机房面积相当于原来燃煤锅炉房机房面积的 1/3。如果拿两版图纸对照着看，原来地下室的一大块储煤场变成了洗衣房；原来一层锅炉机房面积减少，多出来的空间做水处理间；原来二层的风机房改为小餐厅，锅炉的上面做了空调机房、除氧间和仓库。此外，建国宾馆的燃油锅炉是烧轻油的，我印象中这个锅炉在当时是特批的，建国宾馆算是在宾馆行业里应用燃油锅炉房中最早的一批。最终锅炉房选用的 2 个在室外埋地敷设的储油罐。因为临近马路，我还曾去现场看过，当时地上部分用栏杆围起来防火。图纸上设计的储油罐离建筑的距离是 4 米，按现在的规范来讲则至少需要 6 米，这也是因为在 20 世纪 80 年代还没有燃油锅炉的消防规范[39]。

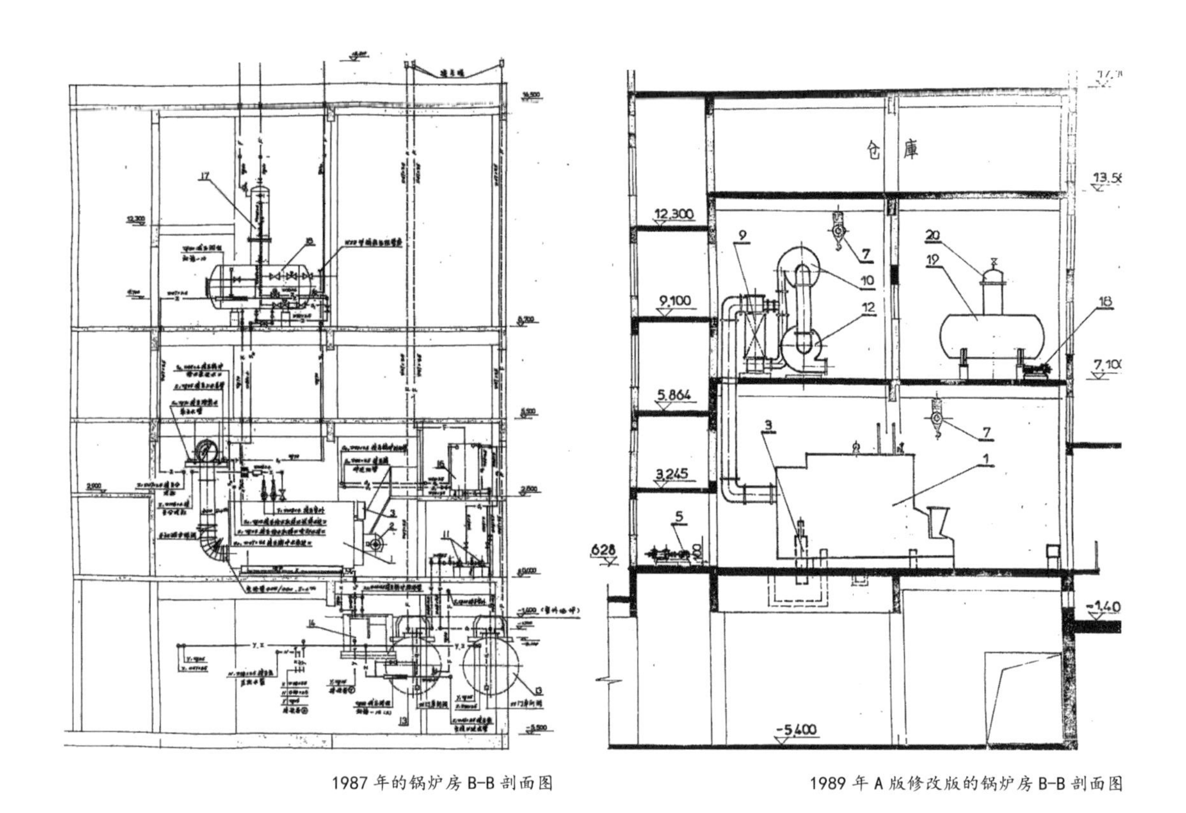

1987 年的锅炉房 B-B 剖面图　　1989 年 A 版修改版的锅炉房 B-B 剖面图

孙佳爽　您刚刚说建国宾馆使用的是烧轻油的锅炉，那还有什么其他类别吗？

| 吕宁　还有烧重油的锅炉。重油价格便宜，但重油黏度大，燃烧需要加辅助，需用电或者蒸汽盘管加热后，再喷进锅炉燃烧器里，而且燃重油锅炉排烟的污染物比清油要多。我 20 世纪 80 年代中期和建国宾馆穿插着做的一个项目是华东医院[40]，这个项目一开始是燃煤锅炉房，后来改造成重油锅炉房，再后来又改成燃气锅炉房。所以，对于燃料使用的改变也看得出国家经济和能源发展情况。

孙佳爽　当时轻柴油的价格是多少，您还记得吗？

| 吕宁　轻柴油相对于现在的价格来说还是便宜的，当时大约 500 块钱一吨[41]。

孙佳爽　据资料上记载，建国宾馆的总体设计中单独建造的只有煤气调压站，单独建造的原因是什么呢？

| 吕宁　这也和时代背景有关，由于项目的煤气需求量超过当时市政低压管网的供给量[42]，不足的部分需要从中压管网引入，因此建筑需单独设置煤气调压站将中压煤气调成低压。这部分由当时的燃气公司负责，华东院以调好压的煤气开始设计。

孙佳爽　20 世纪 80 年代华东院动力专业的发展和主要设计内容有哪些呢？

| 吕宁　在上海所有民用建筑设计院中，只有华东院有独立的动力专业，所以华东院的动力专业是很具特色的。动力的专业方向就是热能、动力，即供热源、供动力源，例如锅炉是热源、压缩空气是没有温度的动力源。这就是动力专业命名的缘由。

我刚进院工作的时候（1984 年），华东院还叫工业建筑设计院，当时动力专业的内容蛮多的，例如各种动力气体、动力气管、工厂里面所用到的例如氧气、氢气、煤气等动力源的机房，当时院里专门成立了动力专业所。1985 年，华东院从工业建筑设计院转型为民用建筑设计院，相对于原来工业方向的项目来说，动力专业所使用的动力源种类变少，动力专业所也被拆分到院里的三个大建筑综合所。民用建筑中动力专业不再涉及动力气体，主要设计内容为动力源的锅炉房、从锅炉房排出的蒸汽、热水等热力管道系统、柴油发电机的燃油排烟、煤气系统，以及医院项目的医用气体。

孙佳爽 面对院里经营方向的改变，动力专业的特色有哪些相应的调整呢？

| 吕宁 动力专业在主观上要继续发展并保持专业特色。首先，动力图纸的深度可招标可施工，无需外包，与其他专业都是同步的。其次，以动力专业为牵头专业的项目可总结为两类：一类是能源站，例如浦东机场一期二期、虹桥机场、虹桥商务区；另一类是医院医用气体，例如氧气、医疗空气，手术室配置氮气、氮氧化物、氧化亚氮、二氧化碳、麻醉废气等。

孙佳爽 暖通和动力专业的逐渐融合，又带来哪些变化呢？

| 吕宁 自华东院建院以来，我算是第三批的大学生，这一批是人数最多的，当年我从同济大学建筑工程分校的供暖通风专业毕业，同时进入华东院工作的同班同学就有十多个，更不要说还有其他学校的。进院后我们同学一半做暖通，一半做动力。近些年，根据院里经营方针的改变，暖通和动力专业进行暖动融合，不再招收动力专业的设计人员。可能等院里现有的动力设计人员退休以后，就没有专门动力专业的设计人员了，动力专业的设计内容就交由暖通专业一起设计。院里动力专业的老同事每年都会回院里聚一聚，交流一下，这也是华东院宝贵的传承。

回想起来在我进院之前，院里各专业是有断层的，我们的师傅都是父辈的年纪。在师傅和我们之间的阶段一般是由工农兵大学生顶替工作，但是动力专业的人比较少，所以我们这一代是伴随着中国改革开放的步伐加入工作中的，对老一辈师傅们的感情也是不一样的。

“甩图板”

孙佳爽 20 世纪 80 年代有哪些辅助设计的方法？

| 傅海聪 当时我在院里的模型室还参与做了建国宾馆的模型，立面元素、两侧楼梯都用模型清晰地表达出来，并在院内的建筑沙龙交流活动中进行了分享，很多人觉得这个项目挺有意思的。20 世纪 80 年代中后期，院里开始实行计算机画图，当时设有电算室，建国宾馆项目有机会做了一些计算机模型图，用于表现建筑与历史文脉的关联，设计成果让人耳目一新，我到现在还保留了当时计算机模型的照片。

孙佳爽 电算室关于三维建模软件的开发过程是怎样的？

| 王国俭 这要从 1986 年说起，我跟着时任城乡建设环境保护部设计局局长的张钦楠[43]、华东院总工程师周礼庠[44]三个人一同去日本考察华东院与日本大阪大学为期三年的建筑景观动画片制作合作项目，最终的成果包含外滩、南京路、上海火车站等地点的建筑动画片，都需要用日本大阪大学的 CAD（Computer Aided Design，计算机辅助设计）[45]图形工作站来建立三维的图形，我们国内当时没有这样的设备。1986 年 10 月 1 日，外滩的建筑景观动画片做好并在日本发布，当地的电视台都在报道。1987 年，时任上海市委书记的江泽民、上海市委副书记吴邦国、曾庆红等领导在上海科技成果展览会上专程到华东院展台参观、提问，我还保留着当时珍贵的照片，很有意义。去

日本谈合作的时候，我们也去考察了日本的建筑设计事务所，发现他们应用美国泰科尼科品牌的 CAD 图形工作站来做三维软件模型，因此产生了引进图形工作站的想法。回国后，华东院被建设部作为 CAD 发展的重点单位，由上海市建委批准给院里 100 万美金，引进了 9 台美国泰克尼科的 CAD 图形工作站，其中 5 台购买了美国版权的软件，4 台安装了我们与日本大阪大学合作研制的建筑景观动画片图形显示软件。引进图形工作站后，华东院领导把当时建筑、结构、机电各专业的年轻人带到电算室学习，从事本专业的 CAD 建模和绘图。傅总（傅海聪）讲到的建国宾馆计算机模型图就是用此次引进的图形工作站中的道格斯软件来做的，硬件与软件的匹配才能把模型建立出来，这就是院里关于三维软件发展的开端和过程。

华东院电算室运用 CAD 图形工作站 DOGS 软件制作的建国宾馆立面图
傅海聪提供

孙佳爽　20 世纪 80 年代还经历了“甩图板”的时期？

| 张伯仑　1989 年，我进院的第二年，每个专业都要派进院的年轻人学习计算机三维画图，计算机是从美国进口的。院食堂兼做培训场地，我们脱产学习一个月，七八厘米厚的软件操作手册，一个月内每一页的命令我们都要学习应用一遍。学习完了还要交作业，作业就是把华亭宾馆用三维软件建起来。到 20 世纪 90 年代初期，给排水是华东院各专业中最早使用 AutoCAD 的专业。

建国宾馆手工模型
傅海聪提供

孙佳爽　为什么给排水专业是华东院最早使用 AutoCAD 的专业？

| 张伯仑　因为高层建筑的给排水专业要画给水系统、排水系统等很多的卫生器具，一个个去套模板的工作量是巨大的，电脑绘图就可以快捷地复制。那时候看到外方设计机构的图纸已经是用 AutoCAD 画图，打出来的图是红颜色的，然后戴工（戴毓麟）就提出用计算机来画图，到院里去申请了 3 万多块钱，买了第一台电脑和打印机开始画图。我还被送到上海交通大学和复旦大学去学习计算机的使用，在上海交通大学脱产

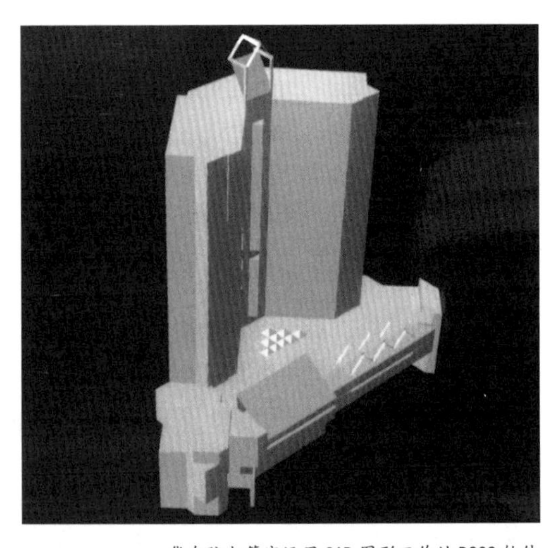

华东院电算室运用 CAD 图形工作站 DOGS 软件制作的建国宾馆计算机模型
傅海聪提供

一个月学编程，在复旦大学和几个同事一起去学计算机AutoCAD制图，那时候是1992年。大概到1993年，我们发现单靠 AutoCAD 还是不能完全解决画图问题，戴工就想到开发给排水绘图软件，在院里设立了一个给排水绘图软件开发的课题。软件做出来通过验收，院里也获得了软件著作权，但是最大的问题是软件比较复杂，而且所依托的 AutoCAD 操作平台一直在改版，更新跟不上。戴工在 1998 年退休之前一直坚持创新，是给排水专业的学科带头人。华东院很多人也是这样，持续在创新。

1　国家计划委员会共指定旅游旅馆指导性设计院四家：北京市建筑设计院、华东建筑设计院、广州市设计院和湖北工业建筑设计院。

2　龙柏饭店位于今上海大虹桥枢纽的核心地段，上海虹桥机场和西郊公园之间，基地占地约 9 公顷，分为东、中、西园。项目于 1979 年启动，1982 年开业。主持人为倪天增、张乾源，设计总负责人为张耀曾。

3　张耀曾，见本书联谊大厦篇。

4　祝秀荣（1936.12—1998.3），女，辽宁铁岭人。1956 年进入哈尔滨工业大学土木系就读，1960 年毕业留校担任建筑教研室教师，1962 年 5 月进入华东院工作，1997 年 1 月退休。华东院主任建筑师、高级建筑师。担任宝山钢铁厂月浦生活区（10 万平方米）、徐州肉联厂、南京气象学院（建设部优秀教育建筑设计表扬奖）、上海大众汽车厂二期（上海市优秀设计二等奖）、新民晚报现代印刷中心（上海市优秀设计三等奖）、上海大剧院等多项地方和国家级重大工程的设计总负责人。曾获华东院先进生产者、建委“三八”红旗手等荣誉称号。上海建国宾馆设计总负责人。

5　舒薇蔷，女，1951 年 5 月生，浙江邓县人。1973—1977 年就读于同济大学建筑学专业。1979 年 2 月进入华东院工作，2006 年 7 月退休。华东院浦东分院副院长、高级建筑师。担任上海宝钢塑料花厂（规划局优秀设计三等奖、上海市优秀设计三等奖）、长宁区妇产科医院、上海市政府驻京办事处（院优秀设计奖、市优秀设计三等奖）、合肥中国科技大学（市优秀设计一等奖）、新上海国际展览中心等项目工种负责人，上海创新工艺品一厂（上海市优秀人防设计三等奖）、上海闵行申丰食品有限公司、丽景大厦、新虹桥国际科技城等项目设计总负责人。上海建国宾馆建筑专业施工图设计、绘图。

6　祝秀荣、付海聪《对上海建国宾馆个性的思索》，《时代建筑》，1993 年，第 2 期，16-21 页。

7　方鉴泉，见本书华亭宾馆篇。

8　久事商务办公楼位于上海市黄浦区四川中路 213 号。

9　迈克尔・格雷夫斯（Michael Graves，1934—2015），美国当代著名建筑师，后现代主义代表人物之一，曾被美国建筑评论界誉为 20 世纪 80 年代最有影响的建筑师，与德高望重的建筑大师菲利普・约翰逊齐名。其后现代主义的独特设计风格闻名于世，同时为他赢得了多项世界级重要奖项。他在 2000 年对上海外滩三号进行改造设计，将其打造成为外滩上的时尚代表，这也是他在中国的第一个项目。其代表作还包括俄勒冈州的波特兰大楼、路易斯维尔的胡马纳大厦、印第安纳州的全美大学生体育协会名人堂、加州伯班克市的迪斯尼大厦等。

10　菲利普・约翰逊（Philip Johnson，1906—2005），美国建筑师和评论家。在哈佛大学学习哲学和建筑，是引起争议的后现代主义建筑设计的先锋人物。1979 年成为获得普利兹建筑奖的第一人。从玻璃屋子时期的密斯风格转向新古典主义时，推出了波士顿公共图书馆；现代主义时设计了加利福尼亚州加登格罗夫的水晶教堂。他设计的美国电话电报公司大楼，堪称后现代主义建筑中规模最大、最负盛名的代表作。

11　张燮源，男，1944 年 2 月生，江苏常熟人。1960 年进入苏州建筑工程学校建筑材料检验专业就读，1965 年毕业分配到华东院工作，同年被派往同济外语训练班学习法语，1968 年年底回院从事结构设计，2004 年 1 月退休。高级工程师、华东院结构工程师。1984—1985 年援科摩罗建筑工程，1992—1996 年担任华东院一所厦门分院生产部主任，担任连云港冷库、南通文峰饭店、龙柏饭店、科摩罗伊斯兰联邦共和国人民大厦、中国科学技术大学一二期教学楼（上海优秀设计一等奖）、永春支行办公大楼（15 层）、泉州建行大厦（28 层）等工程的结构设计工作。上海建国宾馆结构施工图设计、绘图。

12　殷纫秋，女，1937 年 8 月生。1957 年进入华东院工作，1992 年 9 月退休。华东院结构工程师。上海建国宾馆结构专业施工图设计、绘图。

13　据《上海八十年代高层建筑结构设计》（14 页）："华亭宾馆在大量沉桩前进行了静力试桩，单桩极限荷载在 600 吨，考虑到桩身混凝土应力不宜过高，实际取用的容许承载力为 220 吨（相应桩身应力为 88 千克 / 平方厘米）。"

14　民主党派大楼，前身为上海元件五厂车间之一，位于上海市静安区陕西北路 128 号，地上 21 层，于 1992 年开工，1996 年 12 月竣工，获上海市白玉兰工程奖。

15　1992 年 5 月 22 日，经国务院批准由国家地震局和国家城乡建设环境保卫部联合颁布使用的《中国地震烈度区划图》（1990 年）将上海的抗震设防基本烈度由 6 度调整到 7 度。按 7 度抗震设防烈度进行抗震设计的建筑，其抗震设防目标是：当本地区发生小于 5.5 级地震影响时，建筑一般不受损坏或不需修理可继续使用（即通常所说的小震不坏）；当本地区发生 5.5 ～ 6.0 级地震影响时，建筑可能损坏，经一般修理或不需修理仍可继续使用（即通常所说的中震可修）；当本地区发生 6.5 级左右地震影响时（相对应的地震烈度达 8 ～ 9 度），建筑不致倒塌或发生危及生命的严重破坏（即通常所说的大震不倒）。

16　屠涵海，见本书上海电影艺术中心及银星宾馆篇。

17　李润霞（1945.10—2004.7），女，浙江慈溪人。1964 年于上海建筑材料工业学校工业企业电气装备专业毕业，同年进入华东院参加电气设计工作，2003 年退休。华东院一室电组组长、电气专业主任工程师。担任上海计算所、上海缝纫机工厂、上无二十六厂、毛里塔尼亚成衣厂、无锡电视机厂、苏州饭店（市优秀设计三等奖）、南林饭店（市优秀设计二等奖）、上海国际会议中心、虹桥国际展览中心（市优秀设计一等奖）、虹桥友谊商城等项目的工种负责人。上海市照明学会会员，上海自控设计研究会会员。上海建国宾馆强电专业施工图设计、绘图。

18　根据施工图说明中摘录："经甲方与沪南供电所商定，两路 10 千伏电线引入。一路由漕北变电站引来，另一路待天钥站建成后引入。正常情况下两路电源同时供电，各承担一半负荷。当任何一路发生故障停电时，另一路只能承担 2 台 1000 千伏安变压器的负荷。"

19　高低压抽屉式开关柜是采用钢板制成封闭外壳，进出线回路的电器元件都安装在可抽出的抽屉中，构成能完成某一类供电任务的功能单元。

20　华通开关厂的前身是华通电业机器厂，1919 年 1 月由姚德甫等 4 人合资创办。1941 年改名为华通电业机器厂股份有限公司。1950 年 1 月 1 日，经上海市政府批准，实行公私合营，成为上海市第一家公私合营的电工企业。1953 年改名为上海华通开关厂。

21　徐熊飞，见本书上海电影艺术中心及银星宾馆篇。

22　时代大厦办公楼位于上海市长宁区番禺路 390 号，新华路和番禺路的路口。

23　农展馆万豪大酒店位于上海市闵行区虹桥路 2270 号。

24　据暖通施工图说明，建国宾馆的总冷负荷 3692 千瓦，进口 3 台离心冷冻机（350 美国冷吨 / 台）；12 个送新风系统采用 12 台变风量空调器；14 个就地空调系统采用 14 台变风量空调器，地上、地下共用 624 台风机盘管；送排风系统若干。空调水系统为冷热双管制，冷冻机、热交换器、冷热水泵、空调总控制室均集中设于地下层。

25　汽蚀，指水泵的前端如遇阻力，后面的压力就会变低，部分气态变为液态容易损坏机器。

26　据《悠远的回声：汉口路壹伍壹号》（上海：同济大学出版社，2016 年，86 页）："1972 年，国家开始恢复生产和工业化建设，最大的项目选在上海金山的石化总厂。华东院承担了上海石化总厂第一期工程的腈纶厂、化工一厂油罐区、陈山码头油罐区等工程项目的设计任务。"

27 应发枝（1930.5—2015.12），1952 年 10 月进入华东院工作，1990 年 6 月退休。华东院暖通专业高级工程师、第三设计室暖通组组长。

28 孙格非（1933.2—2010.8），1959 年 9 月进入华东院工作，1993 年 3 月退休。华东院暖通副总工程师。

29 戴毓麟（1937.4—2015.8），1957 年进入华东院工作，1998 年 12 月退休。华东院原给排水主任工程师。

30 王凤石，见本书上海电影艺术中心及银星宾馆篇。

31 孙正魁，见本书上海电影艺术中心及银星宾馆篇。

32 NFPA 是美国国家消防协会标准，由美国消防协会生命安全委员会编制，该委员会成立于 1913 年。

33 此处指 1995 年 5 月 13 日，建设部批准的《高层民用建筑设计防火规范》（GB 50045—95）里的消防设计标准。另《自动喷水灭火系统设计规范》（GB 50084—2001）与国际发达国家的规范基本接轨。

34 梁文耀，见本书百乐门大酒店篇。

35 铜管管件国产化，铜管需要较纯的铜来进行制作，进口价格非常贵，后来逐渐国产将其变为薄壁铜管材，华东院编制了铜管管材标准。

36 减压阀国产化，20 世纪 80 年代刚刚引入减压阀的概念，在建国宾馆开始做试点。

37 张钦奂（1938.3—1996.6），1962 年入职华东院。华东院原第一设计所副主任工程师、动力组组长。

38 庄承亮（1934.2—2017.1），男，浙江邓县人。1954 年进入建筑工程部张家口建筑工程学校采暖与供热专业。1957 年毕业进入华东院暖通组工作，1968 年改做动力设计，1994 年退休。华东院工程师。

39 《锅炉房设计规范》最早版本发布于 1992 年。

40 华东医院（东楼）系康复楼，是为老干部治疗疾病和康复身体的综合性医疗大楼，地上 21 层、地下 1 层，由华东院设计。

41 据吕宁 1988 年工作记录，轻柴油 760 元 / 吨，重油 496 元 / 吨，煤 100 元 / 吨。

42 20 世纪 80 年代上海市政煤气管网供给量，据 1989 年《中国能源统计年鉴》中记载，1985 年上海地区煤油的人均生活用能量为 4.7 吨 / 万人。

43 张钦楠，男，生于 1931 年。1947 年去美国，1951 年毕业于美国麻省理工学院土木工程系。1952—1980 年先后在上海（华东建筑设计研究院）、北京（建筑工程部设计总局）、西安（中国建筑西北设计研究院）、重庆（建筑工程部第一综合设计院）等从事建筑与工程设计。1980—1988 年在北京中央机关工作，1985—1988 年任城乡建设环境保护部设计局局长。1988—2000 年先后担任中国建筑学会秘书长、副理事长。美国建筑师学会、英国皇家建筑学会、澳大利亚建筑学会的名誉资深会员，麻省理工学院北京校友会理事。担任英国《建筑学报》地区编辑，中、日、韩建筑学会联合出版的《建筑理论》中方总编辑，《建筑热能通风空调》顾问。

44 周礼庠，见本书花园饭店篇。

45 CAD（Computer Aided Design），此处指计算机行业中所说的三维设计，即计算机辅助设计，并非在 20 世纪 90 年代后被大家普遍简称为 CAD 的 AutoCAD 设计软件。

走过 20 世纪 80 年代 —— 联合大厦口述记录

受访者简介

程瑞身

男，1932 年 9 月生，江苏苏州人。1954 年毕业于苏南工业专科学校，同年 8 月进入华东院工作，1997 年退休。高级建筑师、华盖建筑设计有限公司董事、常务副总经理、华东院主任建筑师。担任建筑专业设计或工种负责人的主要项目有复旦大学图书馆、一机部工会杭州疗养院、上海第一医学院图书馆、上海电缆研究所高电压实验大楼、安徽交通学院、中国驻马里共和国专家宿舍、上海材料研究所、上海第一商业局温州路高层住宅等。作为工程设计总负责人或主持设计的大型工程有大柏树沪办大楼、联合大厦（陆家宅沪办大楼）、百乐门大酒店（静安旅馆）、上海广播电视国际新闻交流中心（广电大厦）、西凌小区（西凌家宅）等。曾获上海市优秀设计二等奖及优秀主导专业设计奖、城乡建设部优秀设计表扬奖。联合大厦工程设计总负责人。

徐萼俊

男，1936 年 7 月生，江苏常州人。1955 年毕业于天津铁路学校大型建筑科，先后在铁道部新建铁路工程总局实习、在沈阳桥梁工厂结构科任技术员。1957 年考入哈尔滨工业大学土木系，1962 年于哈尔滨工业大学建筑工程学院建筑工程系毕业后分配到华东院工作，1998 年退休。高级工程师、结构副总工程师。承担各类大中型工业和民用建筑的结构设计，如上海军工路水产冷库、大场冷库、安徽阜阳肉联厂、上海市烟糖公司赤峰路冷库、大柏树沪办大楼、百乐门大酒店（静安旅馆）、联合大厦等。联合大厦结构专业负责人、施工图校对。

霍维捷

男，1951 年 1 月生，江苏镇江人。1978—1983 年就读同济大学工民建专业函授本科。1977—1996 年在华东院从事结构设计工作。教授级高级工程师、华东院技术处副主任、结构副总工程师。参与结构设计的主要项目有联合大厦、沪西清真寺（药水弄清真寺）、上海第一医药商店、上海市浦东新区政府办公楼等。联合大厦结构施工图设计、绘图、校对。

李国宾

男，1944 年 10 月生，江苏江阴人。1964 年毕业于建工部苏州建筑工程学校，同年 7 月分配至华东院工作，2004 年退休。高级工程师、华东院副院长、电气顾问总工程师。设计项目大小一百余项，其中毛里塔尼亚体育场、阿尔及利亚医厂疗器械厂、上海电视台、无锡灵山大佛、北京国家电力调度楼、中央组织部大楼、上海火车南站、南京牛首山圣境等获得各种奖项 30 余项。参加国家规范编制 6 项，其中《建筑照明设计规范》获华夏建设科学技术奖二等奖。主持编写并出版《实用电气工程设计手册》。发表电气、照明、工程总结等论文 50 多篇。在上海重大立功竞赛项目中获优秀组织者 2 次、记功 1 次，获“光荣在党五十年”纪念章。上海联合大厦强电专业负责人、施工图设计、绘图、校对。

毛信伟

男，1954 年 2 月生于上海，浙江鄞县人。1970 年 12 月参加中国人民解放军。1971 年 1 月—1974 年 2 月在福州军区空军航空修理厂任仪表修理员。1974 年 3 月进入华东院工作，2014 年退休。华东院强电工程师。在职期间先后在上海工业建筑设计院电气设计培训班、上海城市建设学院机械系修读建筑电气工程。完成大柏树沪办大楼、联合大厦、交通大学科技大厦、天主教上海教区改造项目、上海力宝广场、上海圣爱广场、新金桥大厦、南京紫峰大厦、国家电力调度中心、中共中央组织部大楼等大型项目电气设计。联合大厦强电施工图设计、绘图、校对。

茅颐华

女，1958 年 4 月生于上海，江苏海门人。1976 年 4 月参加工作。1979 年 8 月考入同济大学，1983 年 8 月从同济大学建筑工程分校给排水专业毕业后分配进入华东院工作，2013 年 5 月退休。高级工程师、华东院主任工程师。曾主持各类项目给排水设计，获上海市及以上优秀设计奖项 18 项。完成联合大厦、上海信谊药厂嘉定分厂、上海火车站、上海南站和金山火车站、曲阳新村全托托儿所、天主教府改造、中央电视台新台址工程等项目的全过程设计，承担浦发大厦等工程的咨询和深化设计工作，浦东接待中心项目设备专业总负责人。联合大厦给排水施工图设计、绘图。

赵济安

男，1951 年 8 月生，上海人。1981 年 4 月进入华东院工作，1999 年进入上海现代建筑设计集团工作，2011 年退休。教授级高级工程师、华东院主任工程师、上海现代建筑设计集团技术中心副总工程师。承担宾馆、高层及超高层办公楼等各类项目的弱电设计工作，参与智能建筑相关技术标准和技术规范的制订工作并编写专著。联合大厦弱电专业负责人、施工图设计、绘图。

朱金鸣

男，1958 年 5 月生，上海人。1985 年毕业于同济大学供暖通风专业。1976 年进入华东院工作，2004 年离开华东院后入职上海现代建筑设计集团、上海建工设计研究总院等单位，2018 年退休。教授级高级工程师、首批国家公用设备注册工程师、上海建工设计研究总院暖通总工程师。先后完成上海银行、上海电视台电视制作综合楼、京沪高铁虹桥站、十六铺综合改造项目、西郊宾馆、九棵树（上海）未来艺术中心等工程的暖通设计。曾获国家级、上海市优秀设计一等奖等。在国家级核心期刊等发表多篇论文，配合工程完成多项科研项目。联合大厦暖通专业负责人、施工图设计、校对。

王长山

男，1935 年 3 月生，江苏江都人。1955—1956 年就读于苏州建筑工程学校，1956—1958 年就读于上海建筑工程学校。1961—1966 年业余就读于同济大学给排水专业。1958 年 10 月进入华东院工作，1997 年退休。高级工程师、华东院给排水专业组长。先后承担金山石化一厂、上海电信大楼、苏州南林饭店、上海电视大厦、上海浦东工商银行等重点项目的给排水设计，参与“1211”灭火装置的设计和试验。曾获上海市优秀设计一等奖和二等奖、江苏省优秀设计二等奖。联合大厦给排水施工图设计、校对。

采访者： 程之春（程瑞身之子，现为江欢成建筑设计公司总建筑师）、姜海纳、张应静、忻运

文稿整理： 忻运

访谈时间： 2020 年 5 月 18 日—2020 年 7 月 13 日，程之春对其父程瑞身的访谈分几个周末进行，华东院采访者与其他受访者进行了 7 次访谈

访谈地点： 上海市黄浦区汉口路 151 号、江西中路 246 号，受访者家中，电话采访

联合大厦

联合大厦全景

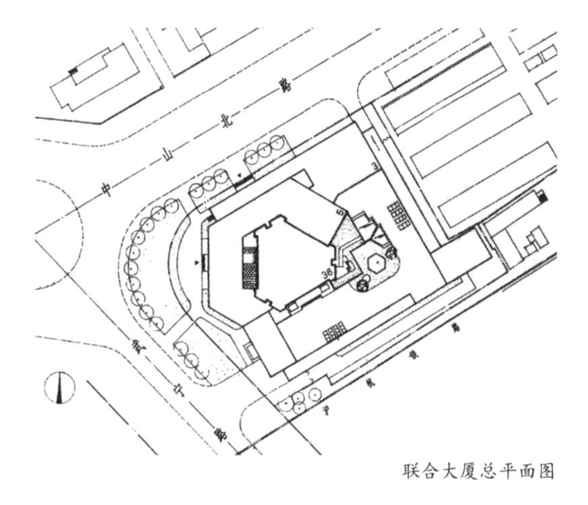

联合大厦总平面图

建设单位：联合大厦

设计单位：华东院

施工单位：上海市第五建筑工程公司五〇三工程处

技术经济指标：基地面积 10 870 平方米，建筑占地面积 7163 平方米，建筑总面积 56 611 平方米，其中主楼建筑面积 39 960 平方米，裙房建筑面积 16 651 平方米[1]

结构选型：框筒结构

层数：地上 36 层，地下 1 层

结构高度：127.5 米

建筑总高度：130.05 米（室内外高差 1.05 米，±0.000 相当于绝对标高 1.05 米，±0.000 以上至屋顶标高为 129 米）[2]

标准层层高：3.4 米

立项时间：1984 年

施工图设计时间：1986 年

开工时间：1987 年 2 月

竣工时间（主楼结构封顶）：1988 年 6 月

全部完成装饰工程时间：1990 年 7 月

地点：上海市普陀区中山北路 2668 号

项目简介

联合大厦位于中山北路及武宁路交叉路口的东南角，原名陆家宅沪办大厦，是供全国各省、市、自治区及中央驻沪办事处在上海开展业务的综合性办公大楼，由办公室、餐厅、咖啡厅、酒吧及汽车库等组成。主楼地上高 36 层，位于基地中央，为 1 栋六边形平面（三角形切角）的塔式建筑，总建筑高度 130.05 米，是上海市较早的超高层办公大楼，屋顶设有直升机停机坪。项目场地布局巧妙、塔楼造型简洁、平面布局合理经济。项目获 1991 年度上海市优秀设计二等奖，其中结构设计与暖通设计获上海市优秀设计二等奖之优秀专业设计奖。

1. 餐厅
2. 休息厅
3. 小卖部
4. 洗碗间
5. 切配间
6. 面点间
7. 冷盆间
8. 备餐间
9. 烹调间
10. 蒸饭间
11. 理发室
12. 医务室
13. 药房
14. 管理室
15. 机房
16. 报警中心

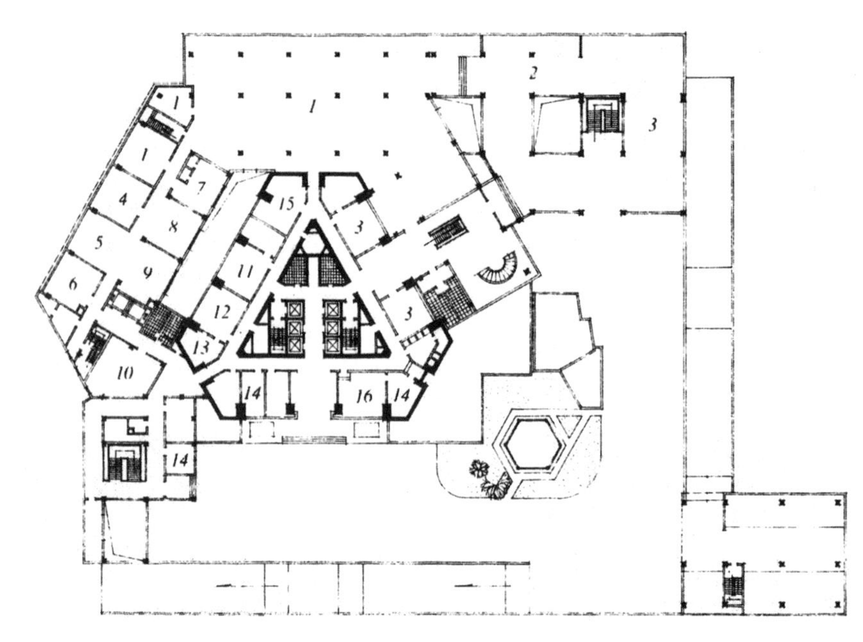

联合大厦三层平面图

1. 商店
2. 银行
3. 库房
4. 变电所
5. 水泵房
6. 机房
7. 煤堆房
8. 锅炉房
9. 自行车库

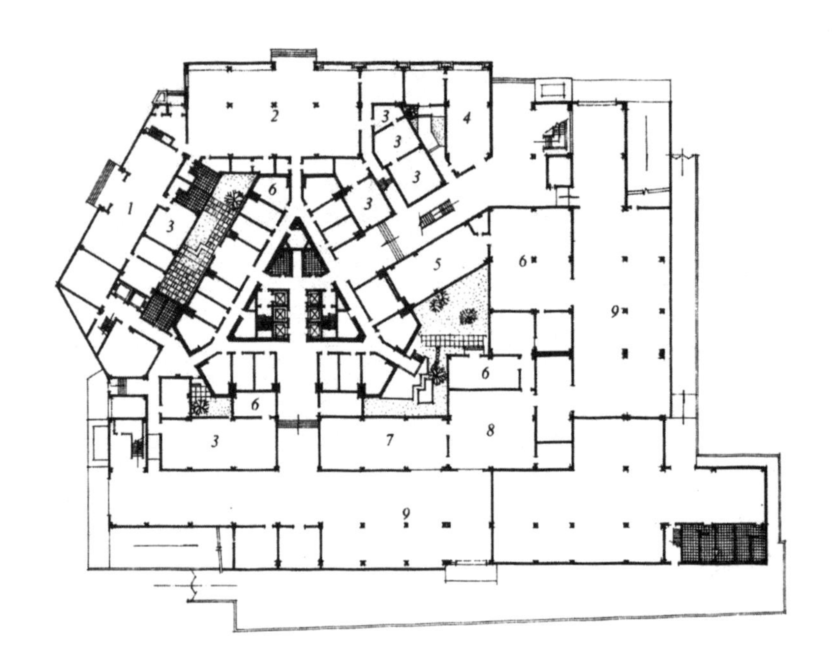

联合大厦一层平面图

1. 办公室
2. 会议室
3. 值班配电间

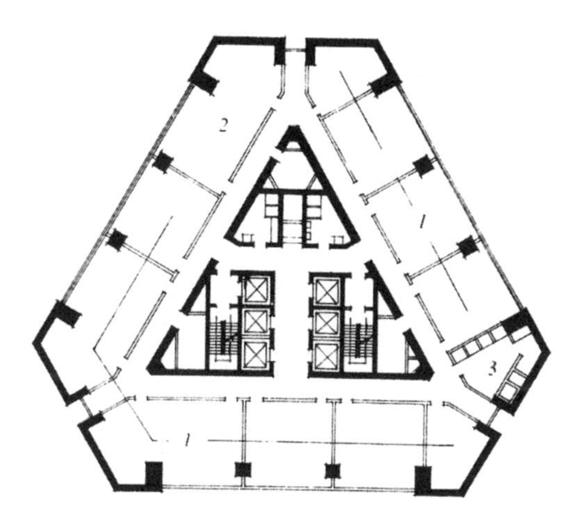

联合大厦标准层平面图

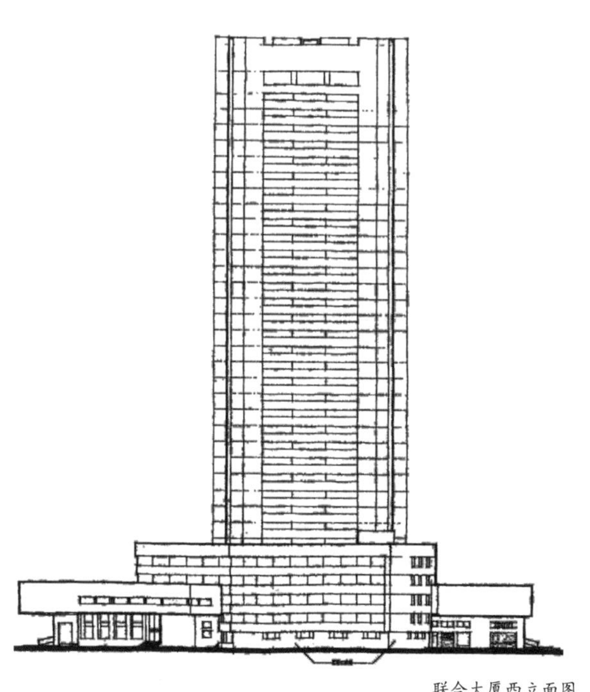

联合大厦西立面图

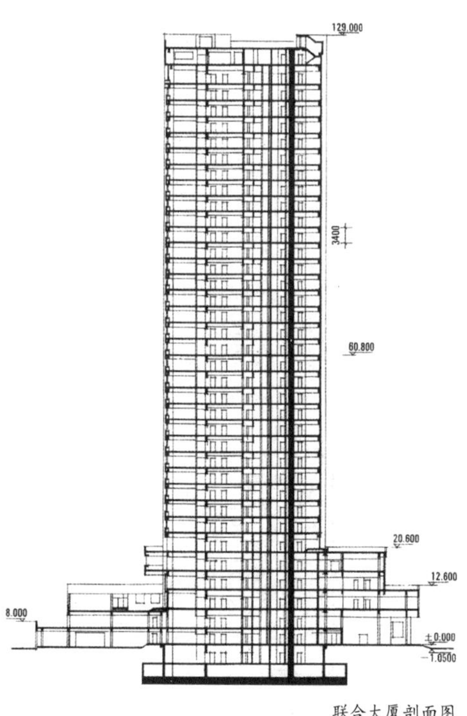

联合大厦剖面图

少见的六边形平面

程之春　联合大厦的设计背景是怎样的？

| 程瑞身　联合大厦是 1984 年 11 月 2 日由国家计划委员会（以下简称“计委”）批复立项的，到 1985 年获得初步设计批复，也就是允许做施工图设计。当时联合大厦还叫陆家宅沪办大厦，层数、高度都是我自己定的，那时候想再（做）高一点要到上海市建设委员会去批，三十六层已经很高了。其实陆家宅沪办大厦建设之前，在四平路那里还有三栋沪办大厦[3]（以下统称“大柏树沪办大厦”），由华东院承担设计工作。当时国内政府机关、企事业单位的办公场地通常都由国家提供或自建，可供租用的商务办公楼很少，各地驻沪办机构在大柏树获得土地筹建沪办大厦也费了一番周折。

程之春　大柏树沪办大厦最终高度是 71.2 米。本来要造多高？

| 程瑞身　本来比这要高好多，规划设计了 3 栋超过 100 米的高层办公建筑。但方案设计完成后向主管部门上报审批时，得到批复说附近有个机场（江湾机场），不允许造那么高，高度几乎削掉了一半。后来为了在限高条件下多设计一些楼层，尽可能少损失一些建筑面积，结构采用了无梁楼盖这一大胆而非常规的技术措施。所以二十一层的办公楼层高只能做 3 米，不像之后陆家宅沪办大厦的层高为 3.4 米，比原设想的规模还是降低了不少。大柏树沪办大厦建成后，各省市领导们在协调会上为了自家的驻沪办能入驻沪办大厦争执不下。大柏树沪办大厦项目建设目标高度没有完全实现，算是一个遗憾。

程之春　后来项目是怎样找到用地的呢？

| 程瑞身　我一直留心着是否有机会找到新的用地。20 世纪 70 年代的时候“三结合”[4]，我在同济大学教过书，那时候的一个学生后来恰好去了规划局，他知道了沪办大厦的情况，热心地帮助寻找可能的建设用地，终于在陆家宅地区——中山北路、武宁路口的东南角找到了合适的地块。各驻沪机构马上就集资成立了“陆家宅沪办大厦”建设项目。后来改名叫“联合大厦”（以下统称“联合大厦”），应该是取众多驻沪办联合建设之意。

程之春　20 世纪 80 年代上海高层办公建筑整体发展情况是怎样的？

| 程瑞身　我在 1989 年 8 月华东院的内部资料《上海新建的高层行政办公建筑》里总结过一些。当时办公建筑有往商住楼方向发展的趋势，把办公楼设计成面积较大，办公及生活设施齐全的公寓式商住楼。高层建筑的标准层设计对结构体系、实用性和经济性影响很大。上海 20 世纪 80 年代新建的高层办公建筑均为塔式，塔楼的标准层大多呈矩形或方形平面，也有呈六边形平面。

程之春　联合大厦和金陵综合业务楼[5]都是六边形的平面，这二者有什么区别吗？

| 程瑞身　联合大厦有三个直接采光的通风口正对内走道，金陵综合业务楼是封闭式内走道。

程之春　大柏树沪办大厦的标准层是由统一模数尺寸的四个翼组合成一个矩形平面，四个方向都有直接采光通风口正对内走道。联合大厦为何没有采取大柏树沪办大厦的平面呢？

| 程瑞身　大柏树沪办大厦的平面带一点风车形，走道和公共区域都是明的，通风排烟条件也都比较好，至少“风车”的一个“叶片”是可以打通的，但是通到外墙的走道长，浪费一点面积。联谊大厦平面利用率比较高、得房率较高，周边房间都是明的，但公共走道是暗的，要闷一点。联合大厦把这两种平面的优点结合起来了，周边是一圈办公室，得房率也较高，走道向外延伸一小段就有自然采光通风。在 20 世纪 80 年代上海的办公楼中，联合大厦由正三角形切角形成六边形的平面是比较少见的。

程之春 从正三角形切角形成六边形的灵感来自哪里？

| 程瑞身 20 世纪 80 年代初，国外建筑设计的优秀作品通过报纸杂志介绍到国内。其中，华人建筑师贝聿铭先生的作品是最打动我的。印象深的有国家美术馆东馆、香山饭店，还有当时亚洲最高的香港中银大厦，我们中国建筑师在大师精湛的西方现代主义建筑语言里感受到深厚的中国文化，纯粹的几何形式与功能完美的结合给我留下了深刻的印象。设计联合大厦主楼的标准层平面时，贝聿铭先生著名的三角形给了我很多启发。三角形是最稳定的几何形状，体型简洁，但蕴含无穷可能与变化。采用正三角形切角的六边形，环绕三角形核心筒角部的公共走道不需要增加过多面积就获得了自然采光与通风，周边一圈办公空间规整实用，建筑平面系数还挺高。

程之春 联合大厦平面的经济性体现在哪里？

| 程瑞身 六角形比较对称，形心就是质心，结构合理性等各方面都比较好。此外联合大厦标准层面积约为 1000 平方米，20 世纪 80 年代从经济、使用和防火规定角度考虑，认为标准层的面积在 900 ～ 1000 平方米左右是比较合适的，小于 800 平方米就不太经济。

程之春 实际上现在 1500 平方米以下就不是很经济，这是形势发展不一样了。联合大厦是当年少有的、高度在百米以上的建筑之一，消防设计方面是否有先例可以借鉴？

| 程瑞身 对于高度达 130 米的超高层主楼，人员疏散具有相当的挑战。为了缓解人员在疏散楼梯中体力不支的问题，设置中间避难层是个很好的措施。因楼高超过一般消防登高车的作业极限，屋顶直升机停机坪是最好的备用逃生路径。这两种针对超高层建筑的消防技术，具体设计方法与参数没有成熟的做法与标准。我也到深圳去学习，参观了 1985 年年底刚建成使用的国内最高建筑——深圳国贸大厦。它是当时的“中华第一高楼”，高 160 米，地上五十层，二十四层为避难层，屋面设有直升机停机坪。至少在联合大厦的设计阶段，上海还没有别的设置避难层和屋顶停机坪的建筑可以供我们参观学习。

联合大厦在十八层处设置了中间避难层，通向避难层的消防楼梯采取上下层错位的布局，失火时可迫使疏散人员进入避难层。主楼的屋顶可满足直径 25 米的空间要求，设置了专用直升机停机坪，供消防和救护应急使用。这是当时上海的设计院较早采用这两项超高层建筑消防技术的案例，现在已成为规范要求的标准做法。

程之春 联合大厦的用地相对其规模来说比较狭小。为组织好人、车、货各类交通，还有消防扑救场地，设计上有哪些巧思？

| 程瑞身 联合大厦需要提供 120 个机动车停车位。我们设计除主楼地下室外不设地下车库，而是采用了地上裙房屋面停车场，与常规地下车库相比，节省车库造价约 60%，测算可缩短施工周期半年。车流通过两条坡道直达三层大平台，人行从底层东北、西南两个出入口进入大楼，人车流完全分开，水平与垂直交通合理组织解决了总体用地狭小的挑战。三层大平台提供了开阔的停车场、景观广场、消防扑救场地，乘车而来的客人由主楼南面主入口进入办公大楼，使用舒适方便，各种挑战迎刃而解。

程之春 联合大厦采用的古铜色铝合金门窗在当时用得多吗？

| 程瑞身 铝合金当年尚属新材料。当时的建筑外窗大多采用钢窗，笨重且不节能。联合大厦有大量的条形外窗，又是超高层建筑，考虑采用铝合金门窗。为了保证外窗的结构安全、热工、气密性、水密性、外观等，我们前往西安飞机制造厂（以下简称“西飞”），专门考察铝合金型材的生产过程，了

解其性能与质量。西飞是军用单位，戒备森严，我们很荣幸地被批准参观生产车间，亲眼看见了型材生产、表面阳极氧化及粉末喷涂工艺、检验等过程。经考察，终于可以比较放心地采用这一新产品。

程之春 超高层建筑的垂直交通是重要的技术问题，您当年收集了很多电梯资料是吗？

| 程瑞身 联合大厦主楼设计采用 5 台客梯和 1 台消防电梯，载重量为 1000 公斤，速度为 4 米／秒，属于那时国内无法完全自主生产的高速电梯。当时工程拟采用上海电梯厂的产品，电梯主机采用进口产品[6]。

“在地基基础设计这块我心里还是有点底”

姜海纳 您在联合大厦结构设计中承担了什么工作？

| 徐萼俊 我是联合大厦的结构专业负责人。我从东区大柏树沪办大厦项目开始设计高层建筑，沪办大厦分东西区，西区的沪办大厦就是联合大厦。我后来参与的高层建筑都是在这两个沪办大厦项目的经验基础之上设计的。

姜海纳 此前您的个人经历是怎样的？

| 徐萼俊 我进华东院是 1962 年，和管式勤[7]同一批进院，倪天增[8]、项祖荃[9]他们比我晚一些。我毕业于哈尔滨建筑工程学院结构与施工专业，同届、同年进院的，我们这个专业一共有 3 个人：花更生、万国祥、我。刚进院的时候我分到李杏英的小组，好像是第二设计室，室主任是鹿晋威。后来调到盖文全组里，是第三设计室。再后来就调到援外室，参与了一些援外的工程，主要是非洲的项目，像加纳铅笔厂、马里警官学校等。后来又从援外室回到第三设计室（以下简称“三室”）。回到三室以后，我做了一些体量比较大的项目，光万吨冷库就做了四五个，比如说上海军工路水产冷库、大场冷库、安徽阜阳肉联厂等。那时候华东院还是以工业项目为主，过渡到民用建筑期间，我参与过较大的项目是一个烟糖茶仓库，相比万吨冷库规模要小一些。

姜海纳 第一次做联合大厦这类高层办公建筑，遇到了什么困难呢？

| 徐萼俊 我好像真没感到什么大的挑战和困难。上海是软土地基，做高层建筑比较关键的是基础。我之前参加的冷库项目基本都是六层楼高度以上的仓库，每平方米的荷载 1.5 吨，甚至 2 吨。那时候所谓的高层建筑还没达到现在超高层的程度，联合大厦高三十六层，一栋楼的全部荷载加起来能有多少？相比冷库，传导到地基的荷载量增加不多，因此桩基布局、入土深度、持力层选择各方面基本差不多。有万吨冷库的设计经验在前，有我院及市基建系统的设计、施工前辈、专家的经验和指引，在基础设计这块我心里还是有点底[10]。

姜海纳 联合大厦结构设计有什么样的考虑？

| 徐萼俊 联合大厦比较对称，从结构角度来看是较好的造型。总体就是钢筋混凝土框筒体系，主楼上部结构采用全现浇钢筋混凝土框架和剪力墙，剪力墙与电梯井道形成一个筒体。结构体系的选择需要跟建筑专业协商，结构专业和建筑专业的想法要统一，折中得到一个对于各方都相对合理的方案。建筑专业拿出平面，结构也要拿出一个相应的结构体系方案，针对这个方案进行讨论，探讨其合理性和必要性。比如说，如果结构平面实现不了敞开的空间，办公功能和造型就要受很大影响；大楼角部从抗震角度而言是比较关键的位置，结构上看这个部位的刚度应该大一些，那么要跟建筑设计人员商量，争取这里做封闭墙体（即剪力墙）而不设窗。

姜海纳 投入了哪些资源？

| 徐荨俊 直升机重量多少公斤、冲击力是多少等数据拿来以后，我要照所给数据加强结构承载力。当时停机坪相关数据比较模糊笼统，结构设计肯定要乘以一个安全系数。此外，我们也预见到设备将来会有进步，未来要求的承载量可能还会再大一点，所以安全系数放大了起码有一倍。

忻运 同为华东院设计、与联合大厦设计时间接近的虹桥宾馆主楼也设有屋顶停机坪，这两个项目关于屋顶停机坪设计是否曾互相借鉴？

| 徐荨俊 我印象中没有。

张应静 您在联合大厦结构设计中承担了哪部分工作？

| 霍维捷 联合大厦设计阶段，我是华东院二室二组结构设计人员之一，在当时的主任工程师徐工（徐荨俊）指导下，承担了联合大厦结构计算和绘图的部分工作。联合大厦主体结构分析用电脑计算[11]，基础及其他构件用人工计算。手算工作量不小，计算书厚厚几大本，绘图工作量也很大。那时还没有计算机辅助设计和平法[12]绘图法，所有板梁柱墙构件的尺寸和配筋均需用平、立、剖面图及节点详图表示清楚，包括构件上的各种设备留洞，都要一笔笔画出来。留洞若有遗漏需在现场补凿。记得工地上聘请了温州石匠专门在混凝土上凿洞，凿一个洞 100 元人民币。事后凿洞不仅费时、费工，还可能对构件造成损伤，影响结构安全，所以每个洞的位置、大小和标高都要与相关专业工种反复核对，一一标识清楚。整个工程图纸上的留洞多达几千个，一片剪力墙上就有上百个留洞。构件留洞既要符合设备安装要求，又不能影响结构安全，而因为留洞增加的计算复核和绘图工作量，理所当然由结构工程师承担了。

联合大厦从设计到建成用了 4 年多时间。我虽然只承担了其中一小部分工作，但从结构方案到施工图设计以及配合施工，全过程参与了这个项目，从而对超高层建筑设计有了比较深入的了解，技术水平也相应得到提高。

张应静 联合大厦楼顶的直升机停机坪给结构设计带来哪些挑战？

| 霍维捷 屋面停机坪不仅要考虑荷载大小，还要考虑是静荷载还是动荷载。当年没有规范可循，我们去位于四平路上的解放军空军部队求教，部队同志拿出很多相关资料给我们参考，包括机身自重、载重参数、动力系数和起降所需最小场地面积等，最后由甲方选定一种机型作为设计依据。通过设计，我感觉屋顶停机坪并没有想象中复杂，一般上人屋面稍作调整即可满足要求。

张应静 关于参与这个项目的设计人员以及当年设计讨论的场景，您还有哪些印象？

| 霍维捷 联合大厦被评为上海市优秀设计二等奖，我也在 9 名获奖者之中。其实还应有更多人得奖，参与联合大厦设计的各专业人员前后多达七十多位，结构专业也有十几位。

当年参与联合大厦结构方案讨论的是毕业于清华大学、时任二室主任工程师的冯乃昌、时任二组主任工程师的徐荨俊以及结构老前辈许鸿笙[13]等几位高级工程师。记得“优化稀柱框筒结构方案”的那次讨论是在下班后，我作为结构设计人员也参加了。用现在的话说“大咖”们的真知灼见使我学到很多结构概念设计方面的知识，受益匪浅。记忆最深的是针对“上部结构抗侧向刚度”和“如何将水平荷载传递至基础”两大问题，讨论在哪些部位设置剪力墙，提出应对框筒结构“剪力滞后”效应要采取的措施。

张应静 从结构专业的眼光来看，您如何评价联合大厦？

| 霍维捷 联合大厦采用的是建设方直接委托进行设计的方式。1990 年后上海涌现了不少地标式的优秀建筑，但有些建筑只追求外表新潮，忽视内在功能。华东院注重内部功能的设计理念几十年不变、代代相传，这是足以引以为荣的。从结构专业的眼光看三十多年前设计的联合大厦，尽管未使用一片玻璃幕墙，其简洁的外形以及合理的布局依然充满活力。

组合式变电站、封闭式母线与联合接地

姜海纳 请您介绍一下联合大厦强电设计的特点。

| 李国宾 我是联合大厦项目的强电专业负责人，这个工程在送配电和接地系统方面都有创新。

配电系统采用了我院李克昌[14]从日本考察回来后研发的“室内组合式变电站”，是高压柜、干式变压器和低压柜连成一排组成一体化的变电站。这是国内首次低压配电系统采用 2 台 1250 千伏安组合式成套配电装置。这栋建筑地下室只有一层，变电室和机房位于地下室。配电线路采用封闭式母线，部分代替电缆，这也是李克昌从日本考察回来后和大家一起研发的。当时电缆约 20 年就要老化，而封闭式母线就是组合式铜排，尽管价格稍贵，但送电距离长、施工方便且几乎不太需要维修。

联合大厦接地系统采用了联合接地模式。高层建筑的接地系统包括防雷接地、供配电接地、工作接地、防静电接地等。如果分别单独设置接地，按照标准每种接地之间要隔开 10 ～ 15 米，这对有限的场地来说是难以实现的。联合大厦选用了进口电梯，经过与电梯厂家沟通和讨论，对方总工程师在向英国总部[15]请示后，同意了采用联合接地模式，即利用桩基、平台和柱子钢筋组合起来形成联合接地，总接地电阻须小于 1 欧姆。从这个项目开始，我们开始尝试联合接地模式。当时做这个尝试还是冒了很多风险，我们也学习了国外的资料，例如变电所下、电梯井下等还要形成单独环路[16]。最后实际总接地电阻测试结果为 0.01 欧姆。

忻运 联合接地利用的是基础里的钢筋，那么实现联合接地是否也需要结构专业的配合？

| 李国宾 对，我们要和结构配合。桩头、桩帽钢筋要露出来，要用钢板焊上。为防止侧击雷，所有铝合金外墙门窗均用扁钢连通，再与邻近的柱内钢筋相连。每层地坪内的钢筋网亦与柱内作为引下线的主钢筋连通，形成一个封闭的法拉第系统网络。联合大厦应该是我院第一个采用联合接地系统的项目。20 世纪 90 年代初，我和汪孝安[17]一起做上视大厦[18]项目，在这个项目里对联合接地系统有了进一步的研究和了解。毛信伟也从初步设计阶段就参与了联合大厦项目的强电设计。

忻运 在这个项目中首次采用联合接地模式，如何确保这种接地模式安全可靠？

| 毛信伟 当初我们也比较胆大，跟我们的组长李国宾讨论以后，先试了一根桩。桩打下去、连起来之后，测试单根桩的电阻并与计算值比较。当时没有计算机，都是拉计算尺。测量结果与计算电阻值基本接近，甚至比计算值还小，就拍板采用联合接地，不再另做接地极[19]。

建筑防雷底部主要有大底板接地就行，重点是建筑上部如果遇到雷击，要尽快把电量疏解掉，因此整体电阻不能太大。地下室做完后先测一下大底板电阻，确定下部的电阻达到要求，等结构全部封顶以后再测一遍，一共测了两遍[20]。联合大厦的验收是比较严格的，设计单位都要签字。我们根据防雷的要求，在 20 米、40 米处从上到下全部连起来测电阻，测完了以后，测试单位签字、设计人签字。我记得作为设计人签字的是我，签的时候手还发抖呢。

忻运 联合大厦项目所采用的“组合式变电站”中的干式变压器是什么？

| 毛信伟 干式变压器就是不需要油的变压器，我们为此去调研过，现在已经是常用的设备了。当时比较常见的是油式变压器，需要蓄油坑，所以要单独占用一个房间。

忻运 联合大厦屋顶照明设计克服了哪些困难？

| 李国宾 联合大厦屋顶的直升机停机坪以前我们没做过。停机坪地上有个荧光粉写的字母 H，要求晚上有灯光，这种照明的警戒灯当时国内没有生产，国内灯具厂也没有研制出来，最后我们改造国内现有飞机跑道灯，在屋顶檐口安装了一圈，保证飞机能够安全起飞和降落。联合大厦照明设计也蛮有特点。我们选用透明灯罩，还在走道内设计了一种反光面突出平顶的筒灯，这样余光就散到平顶了，既节能又提高了走道空间的亮度，否则走道明暗不均，平顶还是黑的。

忻运 据毛信伟回忆，消防报警设备曾比较过国内外多个厂家，最后选定了哪一家？

| 李国宾 我那时和毛信伟一起去调研，如西安的“262”厂[21]、北京的“261”厂[22]，国外厂家如西门子（SIEMENS）等都比较过，最后业主觉得还是松江飞繁电子设备厂[23]较为经济实惠，消防报警采用了他们的系统，当时相对来说算国产中先进的设备了。

忻运 选定松江飞繁电子设备厂的感应器主要出于哪方面的考虑？

| 李国宾 一方面是经济，一方面是要支持民族品牌。松江飞繁电子设备厂的创始人是清华大学毕业的姐弟俩，这家厂当时全国有名，还参与编制了很多规范。但当年这家厂的感应器相比国外的设备其实灵敏度还是不够，容易误报，工艺方面也比较粗糙。随着制造水平的发展，现在该厂的产品已是国内名牌产品之一了。

20 世纪 80 年代的楼宇自动控制设计

忻运 您印象中联合大厦主要设计人员有哪些？

| 毛信伟 建筑专业我记得主要有程瑞身、沈昌平[24]等，结构是徐蕚俊还有霍维捷、韦兆序等，电气（强电）是李国宾和我，给排水是梁文耀[25]和茅颐华，暖通是项弸中[26]和朱金鸣，弱电是孙传芬[27]和赵济安，动力是申南生[28]。我 1974 年到华东院，和茅颐华在项目中搭档了好几次。联合大厦是我第一次接触楼宇自动控制的项目，楼宇自动控制系统就是今天所说的 BAS（Building Automation System）。联合大厦空调冷源采用溴化锂机组，是暖通专业决定的，但溴化锂机组的联动控制要由电气专业自己设计，这部分做得比较辛苦。

张应静 请您详细讲一下其中的难点。

| 毛信伟 溴化锂机组的水泵何时开启、冷却塔何时开启等均有控制要求。楼宇自动控制系统主要涉及三个专业——给排水、暖通、强电，此外还有消防报警。别的专业是给强电专业提要求的。举例来说，溴化锂机组的水泵何时开启、冷却塔何时开启？给排水设计人员要告知强电设计人员，冷却塔的水什么时候会到达哪个部位，之后启动相应设备，而这套操作流程的程序是都强电专业设计的。

20 世纪 80 年代相当于一个过渡期，控制原理图都靠手画，设计人员画好再到厂家去调试。画控制原理图一方面靠电气的基础知识，另一方面靠看书自学。当时用的是 PIC 程序控制软件，先画小方块，然后把条件、时间差等编进程序。大概 20 世纪 90 年代后期，自动控制系统的设计工作逐步由厂家承担。现在的自动控制系统已经是专项设计了。

| 茅颐华　当时这些控制程序不是现成的，都要靠各个工种配合摸索出来。当时设备都是一个个单独买，买冷却塔就只有冷却塔，买冷冻机就只有冷冻机，由设计人员自己设计系统的运行顺序，明确设备哪个先开，哪个后开，还要对运行过程进行检测，调整运行中出现的问题。

张应静　为了联合大厦的自动控制设计，强电专业与给排水专业配合过程中有哪些印象深刻的事？

| 茅颐华　我印象最深的就是地下室集水坑的水位监测。现在集水坑自带检测水位的设备，当时是由强电专业自行设计杆簧管、取监测点来监测水位。由于那时设备灵敏度还不太高，毛工（毛信伟）特意告诉我高低水位之间间距不能太小，否则设备控制不了。

另外就是联合大厦有一座中间水箱。这座中间水箱储藏了下部的生活用水和低区的 10 分钟消防储水，分两格，设置 DN50 的连通管相连，水位探头只装在一格水箱中。结果发生了设有探头的一格水箱还未到高水位，另一格水箱的水已满，并且溢出来的情况。最后的解决方式是打开两格消防出水管上的 DN100 连通管阀门，加大两格水箱的连通量，同时两格水池均设置水位探头，做到只要任意一格水箱到高水位就停止水泵工作。以后我遇到其他项目，所有两格水箱都各做一组控制了，且水箱的连通管不小于 DN100。这些都是工程设计中逐步积累的经验，书本上没有。

忻运　联合大厦在保障用电稳定性方面有哪些特点？

| 毛信伟　我记得联合大厦没有设置柴油发电机。不设柴油发电机该如何保障这样一栋超高层办公楼的消防电源？与联合大厦差不多同时期的静安希尔顿酒店[29]以及后来的超高层建筑都是有柴油发电机的。沪北供电所提供了两路 10 千伏电源，其中一路为专线，即从地区站直接拉过来的，中间不经过二次分配的线路，相对来说比较稳定。最初的方案有中间联络，因增加中间联络须向供电局额外缴费，经讨论取消了中间这条线路以节约投资[30]。同时为了保证供电的稳定性，我们在低压端设置了双切，两路电源自动切换[31]。就是说，单独的两路线过来到变压器这里，6 台变压器是成组的，每组 2 台，在低压室切换。这路电源如果坏了，就靠双切的设置转换到另一路电源。现在相关规定和标准已经出台，像这种百米多高的楼只要有柴油发电机就行了。

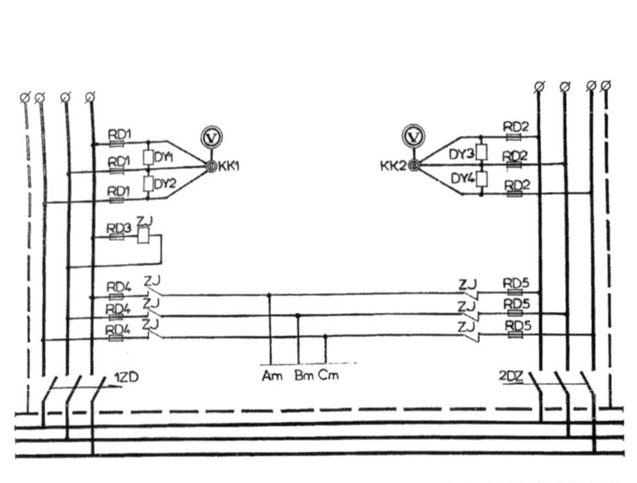

双电流互投自复主接线图

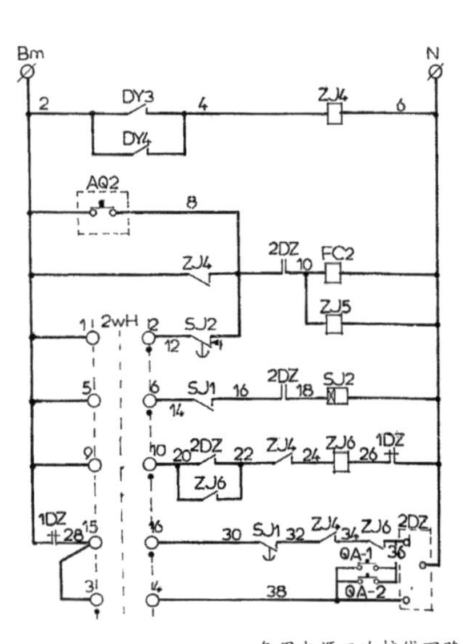

备用电源二次接线回路

联合大厦电气设计比较有开创性的是供电安全可靠性。供电可靠性包含两部分内容：一是对消防电源的保障，二是对疏散应急救援电源的保障。供电安全性不单需要市政电源，还需要油机电源、蓄电池等。供电智能化是今后的趋势，包括调节计量监测，还有整个大楼的智能化，譬如建筑设备、消防系统、弱电系统、供电控制和灯光的智能化等一系列内容。

联合大厦从当时的条件来说是比较先进的。强电设计的方案放到现在，跟规范也是吻合的。联合大厦的电话机房、调控中心有蓄电池作为备用电源，应急灯都带蓄电池。当时采用每平方米的用电指标也符合现在的国家指标，当时设计的办公室照度即便在今天来看也是够用的[32]。现在的规范也是根据当年的经验总结出来的。

“适应性、开放性、灵活性”

忻运 联合大厦弱电设计包含哪些内容，有哪些时代特点？

| **赵济安** 联合大厦弱电设计主要包含通信、安防、有线电视（卫星电视）等。除了该项目弱电专业全部采用国产的设备和配置，基于20世纪80年代的背景，我认为它主要有六个特点：第一个特点，联合大厦是通用型公共写字楼，后续使用时各办事处进驻都是独立单元，该项目各个专业的设计都需考虑整体性和区域性、公共性和独立性的关系。第二个特点，联合大厦大开间的标准办公层在设计阶段还未确定具体入驻单位，一个楼层可能供一两家甚至七八家单位办公，要能够适应不同的布局。第三个特点，联合大厦公共区域的供电系统、通信系统、物业管理、安防系统都是大楼整体物业来管理服务的，所以要提供公共服务条件，形成总控室加公共区域，并在每个楼层设置电信间的这样一种格局。每个楼层都有强电、弱电两个机房。我记得这个大楼标准层做了两个垂直上下路由的2个独立管弄，否则的话平面拉线太远。联合大厦有避难层，所以部分管路和线缆还要在避难层转换。第四个特点是大安全、大管理。联合大厦涉及大产权、小产权，项目筹建处的负责人当时代表了很多合资方，要求合理有效的物业管理合理，这些在设计中都要落实下去。安防系统、通信系统是从大楼整体到楼层、到区域，区域有电信间，把信号线缆引到各个楼层，再分到各个单元。第五个特点，联合大厦的通信采用了通信系统两次配线，分为主干配线和楼层配线，从大通信到楼层、到区域。主干配线完全中国电信来实施，我们设计人员留好通道和垂直的管弄（桥架）。第六个特点，联合大厦底层有一个独立的工商银行普陀区支行，它的系统是全套的金融建筑的通信、安全系统（报警、视频）并包括金库的配套设计，与上层写字楼的安保系统是分开的。

忻运 为了适应不同的布局，通信线缆敷设采取了哪些不同于常规的做法？

| **赵济安** 常规做法是按照明确的要求埋管到位。公共大空间标准层的做法后来在国内商办楼中很普遍了，20世纪80年代则刚开始形成。联合大厦七层以上为大开间办公楼标准层平面，其设计要满足适应性、开放性、灵活性的要求，适应不同布局。我们在这个楼里面采用了地面线槽敷线方式。虽然在联谊大厦中也采用过这种方式，但在当时还用得很少。当初我跟强电专业的工程师李国宾、毛信伟，专门去生产企业进行调研。线槽埋在地坪里面，不能太厚，以免影响楼板的厚度，所以强电和弱电在楼板10厘米的整浇层里面做了一个合成相伴的地面线槽。这在当时是具有开创性的，后续证实效果很好，逐渐在全国得到了推广，在公共写字楼中得到广泛采用，再后来发展成更先进的网络地板。网络地板就是在地面层有一个架空层，空间全部是灵活的，这种方式有更好的适应性和开放性，避免了布局一变就要把之前的地板、墙面等都敲掉造成的资源浪费。这种方式的一次投资肯定比埋管穿线多，但从长远来说节约投资、施工灵活，现在已经是基本配置要求了。

忻运 电视信号怎样进大楼？

| 赵济安 早期的电视主要是开路电视，接收节目信号是用电视机自带的天线，接收由上海电视台通过微波传送的开路信号。当时的电视机基本按照开路电视来做产品，后来因为高楼造得多了，就要求高层建筑要做有线电视系统，提出了共用天线电视系统。共用天线电视系统就是大楼集中做一个主干天线，再通过这个天线和分配机分几线到楼里面各个末端。到后来，城市有线电视台都采用了城市地下有线电视网络的方式 [33]，跟电话一样，通过城市电缆进楼，按照使用需求传导到每个终端。设计联合大厦的时候还是以共用天线为主，用的是国家定点单位上海电信设备六厂生产的共用天线产品。

忻运 20 世纪 80 年代后通信设备和技术的进步给民用建筑弱电设计带来了怎样的发展？

| 赵济安 现在的年轻人不一定认识得到，20 世纪 80 年代与之后是有跨越的。我们最早跟香港公司合作多，20 世纪 80 年代很多宾馆也是跟香港合作，项目采用的设备产品多为港产或进口的。我自 1981 年进入设计院后，经历了国家建筑业的几次大发展，从电子工程、信息工程，到后来的计算机、数字网络，工程设计技术一直在持续提升。亲历专业发展的同时，我个人的职业成长得到华东院弱电专业的前辈袁敦麟、孙传芬、徐熊飞、邹素珍等极大的帮助，还结识了同专业的瞿二澜、吴文芳等友好同事，华东院的工作经历是我永远的美好回忆。

忻运 20 世纪 80 年代的弱电设计有哪些规范可以参照？

| 赵济安 我们使用邮电部编制、中国计划出版社出版的《工业企业通信设计规范》（GBJ 42—81），这是一部很经典的技术规范文件，民用建筑当时也按照工业企业的要求来做。另外还有一本人民邮电出版社出版的《工业企业通信设计资料手册》，是邮电部北京设计所编制的。

项目建设跑在前面，市政配套跟在后面

忻运 20 世纪 80 年代，上海市电话局在建筑弱电设计中的角色是什么？

| 赵济安 通信设计主要是邮电部门（即上海市电话局，以下简称“市话局”）打交道。市话局属于地方通信的国家单位，仅此一家，弱电专业在建筑里做通信设计，都是直接跟市话局打交道。市话局专门有个设计室配合我们，把市话的管线状态、在哪个地方进线等信息告诉我们，我们的项目需要多少容量也要报给市话局备案。

实际上当初上海地区通信能力还没有发展起来，像联合大厦这种超密集、大容量通信需求的大楼一出现，愈发显得地方通信能力不够，（为了满足大楼需求）要发展市话能力。

20 世纪八九十年代，很多项目都是项目建设跑在前面，市政配套跟在后面。当初做新项目，如果要配大容

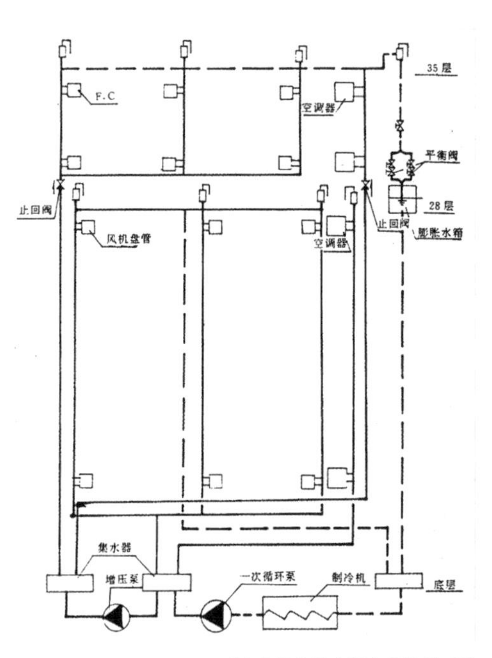

联合大厦主楼空调水系统原理图
引自：《上海八十年代高层建筑设备设计与安装》（上海科学普及出版社，1994 年），200 页

量的设备、系统，还得承担市话局的投入，国家基础设施建设要靠大家分摊，包括供电、道路等也是如此。基础设施滞后，城市建设发展后基础设施才跟上去，这是一个普遍情况。

姜海纳 联合大厦的暖通设计有哪些特点？

| 朱金鸣 联合大厦夏季空调冷源主要受城市用电限制、电网跟不上等因素影响，采用吸收式双效溴化锂机组作为空调冷源。为溴化锂机组提供蒸汽的锅炉不同于百乐门大酒店的（半）散装锅炉[34]，而是采购成品锅炉，该蒸汽锅炉同时为冬季空调采暖提供热源，其中锅炉部分由动力专业申南生承担设计工作。

联合大厦里面有很多个计算机房，多个房间采用地板送风方式，投入使用后参观学习者很多，起到了一定的示范作用。大楼主楼与空调冷热源由我承担设计工作，其中裙房部分由张沂承担设计工作。此外，该项目暖通空调设计比较突出的一点是空调水系统，当时负责专业审核的项骊中组长组织小组全体同志一起分析讨论，由于各种条件的限制，最后决定空调水系统上面采用开式，下面采用闭式。

姜海纳 什么是开式、闭式系统？

| 朱金鸣 这个项目空调水系统分高低两区，分区的目的主要是为了解决管道与设备的承压问题，一般 1 兆帕是水管承压的界限，如采用镀锌钢管，超过 100 米大楼的空调水系统不分区的话，水管与设备压力容易超限，造成水管爆裂。所以在 80 米左右做一个系统，上部 40 米左右就再做一个系统。现在常规做法是用板式换热器隔开高低区。当初我们设计胆子比较大，上面的空调水近似自由落体回到下端水箱，就是所谓的开式系统，而一般的空调水系统都是闭式循环系统。这个项目后来被评为上海市优秀设计二等奖，暖通专业获得优秀专业设计奖。当时负责评选的上海院[35]总工程师柴慧娟、中船九院[36]高级工程师孙锦琳特地把我叫去问暖通设计的特点，我详细介绍了该空调水系统及其他设计特点，她们对此评价较高。

姜海纳 那么当时为什么要选择这种水系统？

| 朱金鸣 主要是节约造价，减少板式换热器的机房面积。另外还有减少管道与设备承压、减少设备初投资、减少换热损失与降低运行成本方面的考虑。其实开式系统也有水力损失，只是相对板式换热器来说少一点。在安装及调试的过程中，为了保证使用该方法有效、可靠，我曾多次到现场配合。

姜海纳 现场配合的目的是什么？

| 朱金鸣 主要是与安装队配合，看系统如何运作，包括一级泵、二级泵如何运行，系统上特意增加了一些可观察的仪表，将重要数据和结果从现场带回院，再向院里的老同志请教并讨论，再增加如平衡阀等措施，进行优化与改进。

姜海纳 联合大厦所采用的蒸汽型吸收式双效溴化锂机组有哪些特点？

| 朱金鸣 联合大厦项目中采用溴化锂机组的目的主要是解决夏季用电紧张的矛盾，同时利用原本夏季闲置的锅炉提供蒸汽为动力，提高锅炉的使用效率。但该类型机组在管理、安装与调试等诸多方面相对复杂。该项目的溴化锂机组由上海第一冷冻机厂自行设计制造，是在百乐门大酒店项目引进美国特灵公司原装机组技术的基础上，进行改进，在控制系统方面也将原装机组的气动控制改为更符合国情的电动控制。上海第一冷冻机厂在机组设计、制造与安装调试的全过程中进行配合与跟踪，我还作为设计院代表出席了机组下线前举行的部级鉴定。

相比电机组，溴化锂机组体积与重量明显更大，如其冷却水量与制冷量的关系是 1.8 倍左右，而电机组一般是 1.2 倍左右。选择机房位置除应满足机组与其他各种管道的合理联系，还应尽量减少机组对建筑与结构的影响。需要留出操作维修空间，也要考虑机组运输中的安全措施，包括确定机组运输到现场后的移动通道。为了减少对建筑结构的影响，要求将机组进行分拆进场，这样也给机组组装、单机调试与联机调试增加了许多难度。联合大厦项目的溴化锂机组及锅炉房最终放在底层的辅助用房内。后来由于大楼功能调整等因素，在改造时增加了部分电机组，确保满足使用的需求。这个工程为以后院内外几十项在空调系统中使用溴化锂机组的项目提供了非常宝贵的经验。

张应静 联合大厦是在国家整体比较缺电的整体情况下设计建造的，国家整体电力匮乏对于电气设计会造成哪些影响？

| 毛信伟 我记得当时为了解决电力匮乏的问题，空调制冷除了溴化锂机组，还曾讨论室外多联机、热泵等选择，我和朱金鸣还为此去调研过。联合大厦这样的大楼至少要保证使用 50 年，电气设计不敢说 50 年，至少要保证 20 年用电标准不落后，还要考虑到今后的发展以及办公的电气化。现在变电站越做越先进，可以塞到地下室去了。过去变电站是不允许放到地下室的，就设在底层。设计时，我们在变电站里适当地放了一点余量，设置了 6 台变压器，同时预留了换变压器的位置。

“华东院很多老工程师，真的是宝贝”

忻运 关于联合大厦项目给排水及消防设计，您有哪些深刻的印象？

| 茅颐华 我是 1983 年大学毕业后分配到华东院，联合大厦是我刚进院的时候跟着水（给排水）组组长梁文耀做的设计。在这之前，我仅做了几个小工程。正好当时一个老工程师到深圳去工作，我就接上来跟着梁文耀画施工图，否则这个机会轮不到我。联合大厦的消防系统做得还是蛮全的。一般 100 米以上的建筑要做上层的水泵，但因为那时上海用的消防车是进口的，功率大，联合大厦可以用水泵接合器直接打到上层，就没有做上层的消防水泵。另外，由于联合大厦采用干式变压器，做普通灭火器就行。如果用油浸式变压器的话就必须要做气体灭火了。还有就是停机坪现在都要求做泡沫消火栓了，我们当时只做了普通消火栓。

忻运 现在消防设计的要求更高，难度是否也随之加大呢？

| 茅颐华 现在虽然要求更高，但设计更好做，因为都可以作为专项设计预留设备的位置后外包。当时做消防设计都是跟市消防处一起讨论的。联合大厦很多设计内容在我看来都是新的，譬如以车道作为消防的登高面，消防车辆能由地面上到三层平台，这个设计手法在当时是蛮特别的，是与市消防处讨论下来的结果。不这样设计的话，联合大厦背后全是建筑，车辆没法靠近。消防处还要求加了几个室外消火栓，我印象中冷却塔放在三层半平台上，冷却塔的位置还要考虑消防车的回转半径。后来中央电视台新台址项目有一个类似的 6 米高平台，也是为了让消防车开上去，但中央电视台新台址是 2005 年做的，可见联合大厦设计时这个概念挺超前。

忻运 联合大厦哪些消防设备的选择在当年具有一定先进性？

| 茅颐华 联合大厦的消防系统设备选型基本与现在的规范符合。比如说，消防的用水量基本上都是现在超高层建筑规定的用水量。联合大厦屋顶水箱容量是 100 立方米，中间水箱分两格，每格容量 50 立方米，而现在超高层建筑水箱要求的容量就是 50 ～ 100 立方米。那时没有规范，设计时一方面凭经验，另一方面参照了一些国外的做法。系统分区和现在的规范也基本接近。具体设备上，电脑机房我们用了

全淹没式[37]的“1211”固定式气体灭火。几个电源室无管网的消防装置像个大炮一样吊在那儿，这样的消防设备当年是很少的。其他方面，我们还参与了联合大厦的室内装修。水龙头、喷头、洁具等都由给排水专业设计人员选择。为了讨论设备管道怎么走，各专业也磨合得蛮多。原来建筑专业那些做协调工作的人有经验，我做后来的项目反而觉得没有做联合大厦这么容易。

张应静　那到底是好做还是不好做呢？

| 毛信伟　好做是指现在各个工种内部自己分包的内容越来越多，设计好做了；不好做是说各工种之间的配合不易，因为没有那么多经验丰富的人，项目也越来越大，越来越复杂，协调起来不容易。

当时设总程瑞身先做个建筑方案，然后我们各工种提一轮方案过去，他把各工种管道的所有位置放好，基本满足各工种的要求，再反提方案给各工种，基本上到这一步各专业就一致讲定了。过去画图纸是用鸭嘴笔、墨水笔一张张画出来的，谁也不愿意后面再改。提出来的资料就是板上钉钉，所以当初提资料大家都很仔细。

| 茅颐华　当年设总对梁高的把控都做得很好的，知道梁要有多高设备管道才走得过，很清楚走道有多少管道，如果觉得要碰撞了会给设计人员提建议，这个问题就用不着各个工种设计时再过多地考虑。

忻运　给排水专业也有这样经验丰富的老工程师吗？

| 茅颐华　华东院很多老工程师，是我们这批人的上一辈人，真的是宝贝。现场处理问题，旁人一看就知道他们实践经验丰富。联合大厦给排水设计方案是梁文耀提的，我是在方案的基础上绘制了施工图。梁文耀指导后辈是很放手的，当时我觉得他不教我，实际上是他让我自己做。梁文耀当时跟我说：“你是一个本科生，应该有自己的思路。”他让我大胆做，最后帮我审图把关。如果不是因为他的放手，我不会有机会在这个项目里思考那么多问题。梁文耀画图画得不多，但是总体方案安排最拿手，他安排好的方案别人画图时不会发现缺少什么，也不会多出很多东西来。在联合大厦给排水专业的图纸上，我印象很深的就是从来没有缺漏或者多留的情况。梁文耀现在已经去世了。联合大厦项目中王长山为水组副组长，他也是华东院的老人。他对建筑消防有比较深入的了解，会帮着解决许多给排水设计方面的问题。很多项目的消防方案他都参与了。

忻运　您在联合大厦项目中帮助解决了哪些问题？

| 王长山　联合大厦的水喷淋消火栓都是从上往下供水，所以避难层以下消火栓就没有减压阀了。消防水泵房没有设流计，当时规范也无此要求。

联合大厦建成之后，出了两个问题。一个是中间水箱自控失灵之后水箱里的水漫出来，弄湿了几层地毯。除了自控失灵的问题，排水不畅也是一个因素。这个水箱是室内的，水管一直下到窨井里去。茅工设计时已将溢水管直径放大到 150 毫米，理论上是足够的，但该管子未断开就插到窨井里，大量溢水之后气体跑不出去，形成气塞现象。这也是给排水行业多年没有解决的问题。过去我们设计工业厂房，大面积的雨水管从屋面插下接窨井。雨下得一大，水把出水斗封了，气出不去，管下面形成排水冒水，冒出来的是水加气。后来我提出加个通气管可以解决这个问题，原理与我帮茅工解决联合大厦水箱溢水是一样的，就是把溢水管出水箱弯头改三通，再接一段短管透气，水箱里的水位上不去，就不会溢出来[38]。

还有一个是联合大厦有五套湿式报警阀，试水时试来试去湿式报警阀不能启动泵，找不出原因。这个阀是我之前的组长梁文耀供应的，他那时候去了香港的威景公司[39]当营业部经理。湿式报警阀可能有两个问题，不是压力开关的两个接线接反了，就是阀体本身有毛病。检查发现接线正常，我就让师傅把阀拆开、用手提的消防高压泵接水管冲水，冲不动。于是我让师傅对着里面一个小孔掏，掏出来一个芯子，再把阀装起来，水泵一下子就启动了。我打电话给梁文耀说问题解决了，是湿式报警阀里有一个小孔，水从这个小孔上去把压力阀顶开。翻砂时模具里要先放一个芯子再浇筑，否则小孔会被堵掉，铸成后再拆除芯子。这个阀是美国生产的，生产出来后芯子没有掏掉。我怎么知道有这回事的呢？以前在松江有一个消防器材厂，他们生产这个东西时我去看过。另外当年美国的产品出厂时部件是散开的，用铅丝穿好了事，容易造成误会，导致安装错误。现在国内生产出厂就安装成整体，再也不会出这种问题了。

附

2020 年联合大厦业主单位清单

楼层	单位名称	楼层	单位名称
二层	工商银行普陀支行	十七层	中科院上海分院基建住宅管理所
四层	新华书店普陀区店	十九层	黑龙江省人民政府驻上海办事处
四层	宁夏回族自治区人民政府驻上海办事处	二十层	吉林省人民政府驻上海办事处
五层	金川有色金属公司驻上海联络处	二十一层	天津市人民政府驻上海办事处
裙房五层	甘肃省金昌市人民政府驻上海联络处	二十二层	甘肃省人民政府驻上海办事处
裙房五层	华东送变电工程公司	二十三层	江西省人民政府驻上海办事处
裙房五层	河北省邯郸市人民政府驻上海联络处	二十四层	北京市人民政府驻上海办事处
六至七层	东海渔政局	二十五层	陕西省人民政府驻上海办事处
八至九层	中国水电物资上海公司	二十七层	河北省人民政府驻上海办事处
十层	330 上海站	二十八层	辽宁省人民政府驻上海办事处
十层	中国长江三峡工程开发总公司上海办事处	二十九层	上海航空工业（集团）公司
十层	中国医药上海物资公司	三十层	中国航空工业供销上海公司
十一层	中国石油物资上海有限公司	三十一层	云南省人民政府驻上海办事处
十三层	中国纺织部物业上海公司	三十二层	西藏自治区人民政府驻上海办事处
十四层	贵州省人民政府驻上海办事处	三十三层	江西铜业股份有限公司
十五层	湖南省人民政府驻上海办事处	三十四层	上海商标专利所
十六层	内蒙古自治区人民政府驻上海办事处		

注：本清单由程之春提供，与联合大厦投入使用之初相比，业主结构变化不大，部分单位名称有变。

1　本建筑面积数据来源为沈恭主编《上海八十年代高层建筑结构设计》（上海科学普及出版社，1994 年，277 页）。据 1992 年《联合大厦建设部科学技术进步奖申报表》联合大厦建筑面积为 56 600 平方米，沈恭主编《上海八十年代高层建筑设备设计与安装》（上海科学普及出版社，1994 年，195 页）联合大厦建筑面积为 57 523 平方米。

2　数据来源于华东院存档建筑施工图图纸。

3　沪办大厦，由 3 栋二十一层的办公大楼与 2 栋五层、六层综合楼组成，供各省市、中央有关部驻沪办事机构使用。3 栋办公楼的面积、体形相同，开间、进深、层高均采用统一模数，建筑高度均为 71.2 米，建筑屋面相对首层室内 ±0.00 处的标高为 64.2 米。设计、建设年份约为 1979—1984 年。

4　三结合，指 1967—1977 年，同济大学、上海市建二公司 205 工程队和华东院为实行学校、施工、设计单位三结合，组成“五七公社”。1967 年 7 月，同济大学建筑系部分学生为探索“教育革命”道路，提出学校、施工单位、设计单位“三位一体”的办学设想。10月9日，同济大学建筑系、建工系、建材系部分师生、上海市建二公司205工程队和华东院组成“三结合”“教育革命试点”，定名“五七公社”。1971年6月，同济大学取消建筑系、建工系，两系全部并入同济“五七公社”。1977年12月，经教育部批准，撤销同济大学“五七公社”建制，恢复建筑系及有关学科教研室。

5　金陵综合业务楼，位于上海金陵东路2号，是上海外滩历史风貌街区临黄浦江第一界面的新建高层建筑，建成于1993年。据程瑞身回忆，金陵综合业务楼的设计负责人项祖荃设计该项目时曾向其了解联合大厦的设计经验，讨论过超高层的消防、电梯等技术问题。

6　据1986年6月联合大厦建筑专业施工设计说明，“因建设单位尚未与制造厂签订订货合同，资料不落实，本设计涉及电梯方面的有关图纸仅供施工单位参改，不作为施工依据”。另据联合大厦业主委员会老职工张敏提供信息，大厦建成时采用6台型号M-VT2电梯，速度为2.5米/秒，载重为1000公斤，来自迅达电梯厂。

7　管式勤，见本书蓝天宾馆篇。

8　倪天增，见本书花园饭店篇。

9　项祖荃，男，1940年6月生。1964年9月分配至华东院，华东院院长。1998年2月起任上海现代建筑设计（集团）有限公司（现华建集团）总经理，2000年8月退休后任上海现代建筑设计集团有限公司（现华建集团）顾问。

10　据1992年《联合大厦建设部科学技术进步奖申报表》，联合大厦结构设计主楼桩基采用52米长、断面500毫米的抽孔预应力方桩新技术，单桩承载力230吨，与同类型高度的超高层建筑大多采用钢管桩比较，节约大量外汇和投资，根据本工程打桩决算，预应力方桩仅9900元/根，钢管桩需25 000～30 000元/根，节约资金约300万元人民币。另据沈恭主编《上海八十年代高层建筑结构设计》（281页），联合大厦“根据虹桥宾馆预应力钢筋混凝土桩的设计经验，决定选用长52米（三节），断面500毫米的预应力中心抽空 ϕ240的钢筋混凝土方桩......主楼共用桩318根”。

11　据《上海八十年代高层建筑结构设计》（281页），该工程采用华东建筑设计院“高层建筑空间杆件及薄壁杆系结构计算程序”电算。

12　平法，混凝土结构施工图平面整体表示方法，即把结构构件的尺寸和配筋等按照平面整体表示方法制图规则，整体直接表达在各类构件的结构平面布置图上。

13　许鸿笙（1925.8—2006.9），男。1953年5月进入华东院工作，1988年退休。华东院结构工程师、高级工程师。

14　李克昌，见本书华亭宾馆篇。另据华东院资料，李克昌1968—1969年在南京“9424”厂初次尝试利用结构构造件作防雷处理，后被规程列为防雷方法之一。1978年他牵头提出组合式变电站科研项目，为国内填补了一项空白，技术经济效果显著，解决了国内无油变配电设备登上高层建筑。1985年以来在《供用电》杂志上发表《组合式变电站的应用》《高层建筑物内高压环形母线配电系统》等文章。

15　据联合大厦业主委员会老职工张敏查阅设备清册后提供的信息，大厦建成时主楼采用的6台电梯和裙楼采用的2台电梯来自迅达电梯厂。迅达集团总部位于瑞士卢塞恩，但因联合大厦建成时采用的电梯是否确由瑞士进口难以查考，故此处保留李国宾口述。

16　据沈恭主编《上海八十年代高层建筑设备设计与安装》（205页），联合大厦“电脑机房及电梯控制的接地采用25毫米×4毫米镀锌扁钢独立引下线，与联合接地体连通，防止互相间的干扰”。

17　汪孝安，见本书百乐门大酒店篇。

18　上视大厦，即上海电视台电视制作综合楼，主楼高度137米，塔楼桅顶高度168米，总建筑面积约5.2万平方米。华东院于1995年受邀参与方案设计，大楼建成于1998年。

19　据《上海八十年代高层建筑设备设计与安装》（205页），联合大厦“防雷以屋顶四周女儿墙上建筑钢栏杆作为避雷带，在屋面上划线埋设6号槽钢组成的避雷网格，并用25毫米×4毫米镀锌扁钢与女儿墙上的栏杆和柱内主钢筋焊接连通作为引下线。引下线采用柱内上下焊接成一体的2根主钢筋，然后与地下室的基础承台板及混凝土桩内钢筋焊接，作为接地极”。

20　据联合大厦强电施工图施工说明，主楼防雷装置采用10米×10米避雷网格和女儿墙压顶钢筋以及各层楼外墙内主钢筋组成避雷网格，引下线采用主楼柱内主钢筋（不少于2根），接地极为地下室底板内主钢筋及部分桩基内主钢筋。各连接部的钢筋均应焊接牢靠，防雷接地电阻为10欧姆。施工完毕后，应实测，如达不到要求时，则增设辅助地极，以达到要求为止。

21　“262”厂，即西安核仪器厂，属于军转民企业。

22 “261”厂，即中核（北京）核仪器厂，成立于 1957 年，属于军转民企业。

23 上海松江飞繁电子有限公司成立于 1985 年，是国内专业研发、生产制造、销售火灾自动报警控制设备的知名企业。

24 沈昌平（1939.2—2015.4），女。1974 年 11 月进入华东院，1999 年 2 月退休。高级工程师、华东院建筑师。联合大厦建筑专业主要设计人之一。

25 梁文耀，见本书百乐门大酒店篇。

26 项弼中（1937.2—2019.1），男。1958 年 9 月参加工作，1962 年 11 月调入华东院，1999 年 2 月退休。华东院浦东分院暖通副总工程师、华东院主任工程师。

27 孙传芬，见本书花园饭店篇。

28 申南生，见本书百乐门大酒店篇。

29 静安希尔顿酒店，五星级酒店，位于静安寺附近的华山路上，于 1985 年 1 月批准初步设计，1988 年 6 月建成，地上四十三层，建筑高度 143.6 米。主楼平面呈三角形，裙房呈多边形。该项目建设单位为香港信谊酒店集团和上海锦江（集团）联营公司，由香港协建建筑师有限公司承担建筑设计。

30 据 1992 年《联合大厦建设部科学技术进步奖申报表》，联合大厦电气设计原设计采用两路进线中间设手动联络，后根据大厦具体情况取消了联络开关，节省初投资 40 余万元。

31 据《上海八十年代高层建筑设备设计与安装》（205 页），联合大厦供电电源“高压侧不设联络开关，低压侧采用母线联络开关，可以手动或自动切换。重要负荷采用双回路引至用电末端进行自动切换，保证供电的可靠性”。

32 据《上海八十年代高层建筑设备设计与安装》（204 页），联合大厦主要用电设备容量为 60.6 瓦 / 平方米，变压器容量为 43.46 伏安 / 平方米。据《全国民用建筑工程设计技术措施・节能专篇：电气》（北京：中国计划出版社，2009 年），我国各类建筑物的单位建筑面积用电指标中规定办公楼的用电指标为 30 ～ 70 瓦 / 平方米，变压器容量指标为 50 ～ 100 伏安 / 平方米。

33 上海有线电视台于 1991 年 4 月开始筹建，1992 年 12 月正式建台。有线电视建设被列为上海“八五”期间精神文明建设的重点实事项目和 1993 年市政府实事工程。建台伊始，联网仅 7 万户，到 1994 年年底已发展到了 116 万户。联合大厦设计建造时上海有线电视网络还未形成，但已预留有线电视进楼管线。

34 （半）散装锅炉指的是非成品成套、部分需设计师自行设计、部分构造（包括堆煤场、卸煤场等）由混凝土或砖墙砌筑的锅炉，在工业建筑设计中使用较多。

35 民用院，现华建集团上海建筑设计研究院有限公司。

36 中船九院，中船第九设计研究院工程有限公司。

37 全淹没系统，由灭火剂贮存装置在规定时间向防护区喷射灭火剂，使防护区内达到设计所要求的灭火浓度，并能保持一定的浸渍时间，以达到扑灭火灾并不再复燃的灭火系统。

38 据茅颐华补充，中间水箱间的排水采用的 DN150 专用排水立管，并加设了 DN50 专用通气立管，排水浅沟内设置 DN150 地漏。这以后的运行中，证实了加专用通气管的排水系统比单立管的排水量更大。

39 威景公司，1897 年成立于美国密歇根州的消防设备制造商，从 1985 年开始为中国提供防火工程的技术咨询及设备销售业务。1992 年，威景公司在香港成立威景防火（香港）有限公司，又于 1995 年成立威景防火（中国）有限公司并在上海设立办事处。

上海“自己的”高级旅游宾馆——虹桥宾馆口述记录

受访者简介

林俊煌

男，1928年3月生，浙江宁波人。1950年7月于之江大学建筑系毕业后，留校任建筑系助教，1951年7月起在华盖建筑师事务所、上海联合建筑师事务所任助理工程师。1952年7月进入华东院工作，1988年退休。教授级高级工程师、华东院主任建筑师。作为主要建筑设计人或设计总负责人参与的项目有上海第一医学院生理实验楼及学生宿舍、上海市总工会杭州屏风山疗养院、浦源工程机械厂生活区、崇明县第二人民医院、长春客车厂、新华医院、金山石化总厂腈纶厂、虹桥宾馆、银河宾馆等，以及马里卷烟厂、马里火柴厂等援外工程。其总体主持的上海十六铺客运站设计为上海市1982年优质工程之一。曾获上海市优秀设计一等奖、上海中苏友好大厦设计奖章。1956年上海市先进工作者。虹桥宾馆工程设计总负责人。

徐子方

男，1935年11月生，上海人。1957年毕业于同济大学建筑系。1958年分配至北京水泥工业设计院工作，1960年4月调入华东院工作，1995年退休。高级工程师、华东院建筑师。在彭浦机器厂推土机车间、日本引进外贸万吨蕴藻浜冷库、上海科技情报站情报大楼、上海外国语学院留学生宿舍、石化总厂海滨旅馆、石化总厂技工学校、上海粮食局二十二层高层住宅、杭州屏风山疗养院四分院、静安区中心医院、上海港医院、城隍庙豫园商城等项目中任建筑专业负责人或项目总负责人。曾获上海市优秀设计一等奖优秀主导专业设计奖、上海市重点工程实事立功竞赛个人记功。虹桥宾馆主楼建筑方案设计者，建筑扩初及施工图设计、绘图、校对。

潘玉琨

男，1939 年 6 月生，广东中山人。1962 年毕业于同济大学建筑系，同年 10 月分配至华东院，1988 年 8 月入职香港华艺设计顾问有限公司工作，2005 年退休。华东院主任建筑师、教授级高级工程师，深圳建筑学会、深圳市注册建筑师协会理事、副秘书长，香港华艺设计顾问有限公司副总建筑师。在华东院工作期间曾承担上港二区筒仓、福州外贸中心、海山会馆、金陵东路售票处等项目的建筑设计。主持并参与华艺公司投标中标、实施和获奖的项目主要有深圳火车站、深圳发展银行大厦、深圳市龙岗区政府大楼、深圳赛格广场、加拿大蒙特利尔假日枫华苑酒店、北京中国建筑文化中心等。发表《潘玉琨建筑画选——美丽的蒙特利尔》《深圳建筑风景画》等。曾获“建筑师杯”中青年建筑师优秀设计奖、深圳市勘察设计行业从业 35 年以上卓越贡献专家称号、深圳市工程勘察设计功勋大师称号。虹桥宾馆建筑扩初图绘图。

郭传铭

男，1944 年 10 月生于上海。1966 年本科毕业于同济大学建筑系。1968 年 2 月—1978 年 9 月，于冶金部鞍山焦化耐火材料设计研究院土建科工作。1981 年硕士毕业于同济大学建筑系，同年进入华东院工作至 1997 年 9 月，任高级建筑师、华东院主任建筑师。1984 年 6—12 月，于日本大阪奥村组株式会社研修。1997 年 10 月—2003 年 3 月，任上海现代建筑设计集团上海索艺建筑工程咨询有限公司总建筑师等职（1999 年 5 月—2000 年 2 月，任华东院重庆分院总建筑师）。2004 年 11 月退休并返聘工作至 2013 年 10 月。在上海长征制药厂、海口长城饭店、上海虹桥乐庭、上海世博洲际酒店等项目中担任建筑专业负责人或设计总负责人；在南京状元楼酒店改建、上海齐鲁万怡大酒店、上海红塔大酒店、上海展览中心友谊会堂改建等项目中任装修设计总负责人。在虹桥宾馆项目中，参与方案设计阶段直至工程竣工开业，在工程施工及装修设计阶段驻现场配合工作。

俞有炜

女，1935 年 5 月生，祖籍浙江吴兴。1958 年 7 月毕业于清华大学土木工程系工业与民用建筑结构专业。同年分配到江苏省建设厅勘察设计院工作。1963 年调入华东院工作，1995 年退休。高级工程师。参与或负责设计桂林芦笛岩茶室、上海虹桥机场候机楼（20 世纪 60 年代）、上海鼓风机厂扩建工程、上海外滩长航局售票大楼、小北门高层住宅、虹桥宾馆及银河宾馆主楼、大众汽车厂一期工程等项目的结构设计，以及盘谷银行、友邦大厦等外滩优秀历史建筑的抗震加固工程。对地基加固多有创新和实践，曾获上海市建委优秀专业设计奖 2 次。著有《建筑桩基概念设计与工程案例解析》，参编《民用房屋设计与施工》。虹桥宾馆结构扩初图设计、施工图设计、校对。

周志刚（1936.9—2021.5）

男，生于上海。1963 年毕业于同济大学工程力学系，同年分配至华东院，在建设部组织的工民建设计培训班学习 10 个月。高级工程师、华东院结构专业副组长。1988 年后在光华勘察设计院工作，1996 年退休。任光华勘察设计院副总工程师。曾任长宁区建设委员会重大项目审批专家组成员，上海市招投标专家组成员（1993—1998 年）。参与陕西鼓风机厂、上海鼓风机厂、金山石化总厂腈纶厂等工业项目的组织设计工作，承担上海科技大学电子物理楼、清江百货大楼、海运局综合楼、龙吴路仓库、上海工程技术大学的多栋科研楼和教学楼、淮海路新世界商场、虹桥宾馆、银河宾馆等多层、高层和超高层项目的结构设计。虹桥宾馆结构扩初图设计、施工图设计、校对。

王国俭

男，1951 年 12 月生，浙江鄞县人。1974—1977 年就读于复旦大学数学系计算数学专业。1968—1970 年，进入上海市第八建筑公司工作。1971—1974 年，空军第九航空学校修理厂任无线电员。1974 年 3 月进入华东院工作，2012 年退休。1989 年 1 月—1990 年 7 月，赴比利时天主教鲁汶大学（KUL）工学院建筑系进修，学习医院建筑设计技术并结合中国医院建筑设计特点，研究开发“医院建筑设计 CAD 软件”。教授级高级工程师、华东院副总工程师。参与国家标准《建筑信息模型分类与编码标准》编制，任《土木建筑工程信息技术》杂志编辑部副主编。曾获国家工程设计计算机优秀软件二等奖，华夏建设科学技术奖一、二等奖，上海市科技进步三等奖。虹桥宾馆结构设计电算支持。

陆道渊

男，1956 年 12 月生，祖籍福建。1983 年毕业于同济大学建筑工程分校工民建专业，同年进入华东院工作，2016 年退休。教授级高级工程师、华东院结构副总工程师兼所结构总工程师。主持和参与许多高层、超高层建筑、会展、剧院等项目的设计和科研工作。获中国建筑设计奖建筑结构金奖、上海市建筑学会首届科技进步一等奖、重庆市科技进步二等奖、上海市科技进步三等奖、中国土木工程詹天佑奖等奖项，有 12 项授权的国家发明专利。虹桥宾馆结构扩初设计、施工图绘图。

吴银生

男，1949年10月生于上海，祖籍安徽合肥。1971年1月应征入伍，1974年复员，同年4月进入华东院工作。1988年2月—1990年2月于上海市业余土木建筑学院修读给水排水专业。2009年于华东院退休。华东院给排水工程师。参与或独立承担宝钢总厂旅馆、虹桥宾馆、银河宾馆、福州外贸展览馆、交通银行改造工程、华东旅游大厦、新客站售票楼、全国通信产业贸易中心、上海书城、中共上海市委党校教学综合楼、上海城隍庙给排水改造工程等项目的给排水设计。参与设计的虹桥怡景苑工程获建设部城乡优秀勘察设计二等奖、上海市优秀住宅工程小区设计一等奖，国家图书馆二期工程暨国家数字图书馆项目获中国建筑学会建筑设备（给水排水）优秀设计二等奖。虹桥宾馆获优秀专业二、三等奖。承担虹桥宾馆部分给排水扩初和施工图绘图，设备集中的地下机房设计。

胡仰耆

男，1941年6月生，江苏昆山人。1964年9月毕业于同济大学采暖通风专业，先后在北京建工部建筑科学研究院空调所、河南开封市建委设计室工作，1978年4月调入华东院工作，2002年退休。教授级高级工程师、华东院暖通总工程师、中国建筑学会暖通空调专业委员会名誉委员、上海市建设与交通委员会科学技术委员会委员。承担过各类工程的暖通设计，评审过上海市大量民用建筑工程，在金茂大厦、环球金融中心等多栋地标性超高层项目设计中担任暖通专业顾问。发表多篇论文，参与多项专业翻译工作，主编并参与撰写《高层公共建筑空调设计实例》。1997年被确认为上海市建设系统专业技术学科带头人。曾获上海市优秀专业设计奖1次、上海市科学技术进步奖三等奖2次、中国建筑学会暖通空调工程优秀设计奖一等奖2次。虹桥宾馆暖通工种负责人。

马伟骏

男，1959年11月生。1983年1月同济大学建筑工程分校暖通空调专业本科毕业，同年分配至华东院工作，2019年11月退休。教授级高级工程师、注册公用设备工程师、华东院暖动资深总工程师。主持或承担多项工程的设计、咨询和审定工作。作为专业审定人完成的项目有上海佘山世茂洲际酒店及体验中心、世博中心、天津周大福滨海中心、港珠澳大桥澳门口岸工程、天津茱莉亚学院、乌鲁木齐机场北航站区设计、中国博览会会展综合体等。参加完成多项科研项目，出版专著和发表论文10余篇，承担编制行业标准规范

10 余项。获华夏建设科学技术奖一等奖，建设部绿色建筑创新奖二等奖，中国优秀工程设计银奖，建设部优秀勘察设计二等奖，中国建筑学会建筑优秀暖通空调工程设计奖一、二、三等奖等奖项。获得中国建筑学会当代中国杰出工程师荣誉称号、全国勘察设计行业暖通空调卓越工程师称号。虹桥宾馆暖通施工图设计。

瞿二澜

男，1954 年 6 月生，江苏宜兴人。1982 年毕业于上海铁道学院电信系，同年分配到华东院，2014 年退休。高级工程师、国家注册电气工程师、华东院弱电主任工程师。参与设计及咨询的项目有中美上海施贵宝制药有限公司、上海东方商厦、上海浦东国际机场工作区、上海万象国际广场、上海久事大厦等。参编《智能建筑设计标准》（该标准后升级为上海市地方标准，获上海市科技进步三等奖）、《智能建筑设计技术》。虹桥宾馆弱电扩初图绘图。

王世慰（1937.3—2022.2）

男，1937 年 3 月生，上海人。1962 年毕业于中央工艺美院建筑装饰系，同年进入华东院，2001 年退休。华东院室内设计所长、主任建筑师、上海华建集团环境与装饰设计院总建筑师。曾任中国建筑装饰工程协会常务理事、中国室内建筑师学会理事、上海建筑学会建筑环境艺术学术委员会副理事长。历年来主持参加的重大建筑装饰室内设计工程包括上海虹桥机场、浦东国际机场、上海新客站、上海地铁一号线、上海交银金融大厦、上海东方明珠、南通文峰饭店二号楼、苏州中华园大饭店、上海书城、上海青松城、上海久事大厦、上海百盛商场等。虹桥宾馆室内设计工种负责人、扩初图校对。

采访者： 忻运、姜海纳、张应静

文稿整理： 忻运

访谈时间： 2020 年 5 月 13 日—2020 年 10 月 22 日，其间进行了 12 次访谈

访谈地点： 上海市静安区孙克仁老年福利院、石门二路 258 号，黄浦区汉口路 151 号、四川中路 213 号，电话（视频）采访

虹桥宾馆

虹桥宾馆全景

建设单位：上海市旅游局华亭（集团）联营公司
设计单位：华东院
施工单位：上海市第八建筑工程公司（土建）、交通部第三航务工程局第二工程公司（桩基）
安装单位：上海市工业设备安装公司
技术经济指标：基地面积 15 800 平方米，建筑总面积 55 842 平方米，其中主楼建筑面积 40 719 平方米[1]
结构选型：外框内筒 + 板柱结构
层数：地上 31 层（另有 1 个夹层、2 个技术层），地下 2 层
总建筑高度：102.45 米（主楼主要部分不超过 100 米，±0.000 相当于绝对标高 0.45 米，±0.000 以上至屋顶标高为 102 米）[2]
标准层层高：2.8 米
扩初设计时间：1983 年
竣工时间（主楼结构封顶）：1986 年 12 月
完成全部装饰工程时间：1988 年 8 月
地点：上海市长宁区延安西路 2000 号

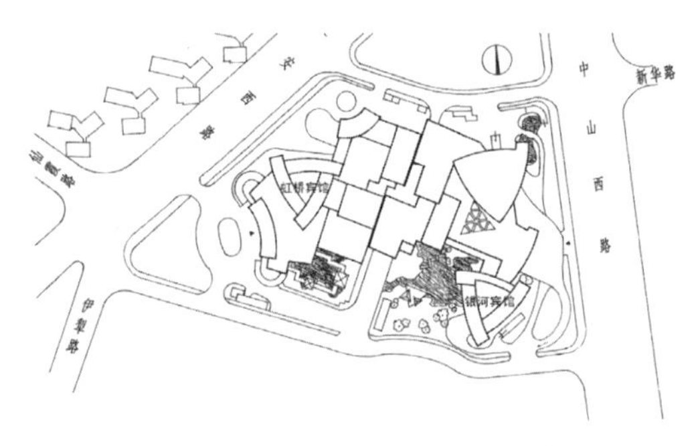

虹桥宾馆总平面图

项目简介

上海虹桥宾馆位于上海市区西部的虹桥经济技术开发区内。延安西路、中山西路与凯虹路围成一个三角形，虹桥宾馆及其姊妹楼银河宾馆坐落于其中一个梯形地块内。主楼平面为弧面三角形，三角形象征着简洁、明快，弧面曲线则代表了活泼、灵动。在虹桥宾馆的设计中，这两种元素首次在高层建筑中得以良好结合。虹桥宾馆项目始于 1982 年，是我国早期自行投资、设计并建造而成的高级旅游宾馆。项目于 1991 年获建筑工程鲁班奖，其三个弧形立面似螺旋形上升、高低错落的造型即便在建成 30 多年后，仍不失典雅别致。

1. 客用电梯厅
2. 服务电梯厅
3. 客房
4. 卫生间

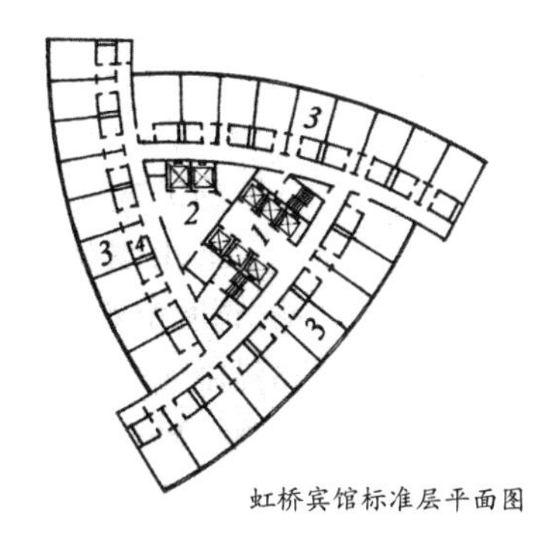

虹桥宾馆标准层平面图

1. 客用电梯厅
2. 服务电梯厅
3. 总服务台
4. 大堂
5. 酒吧
6. 咖啡茶座
7. 厕所
8. 西餐厅
9. 中餐厅
10. 快餐厅
11. 厨房
12. 办公室
13. 邮电
14. 计算机房
15. 行李房
16. 消防监视中心
17. 干货仓库
18. 通风机房
19. 银行营业所
20. 银行办公室
21. 锅炉房

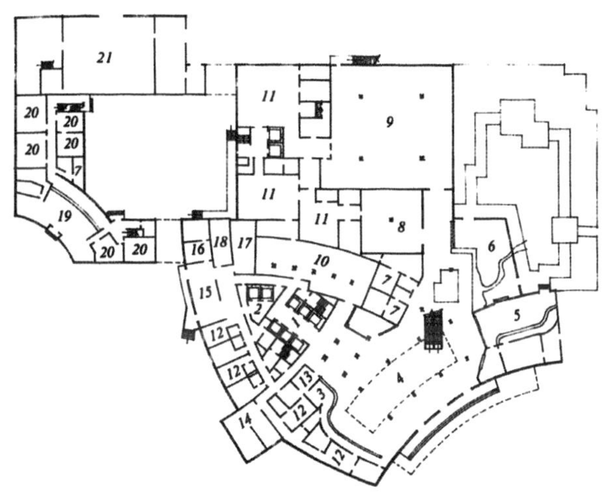

虹桥宾馆一层平面图

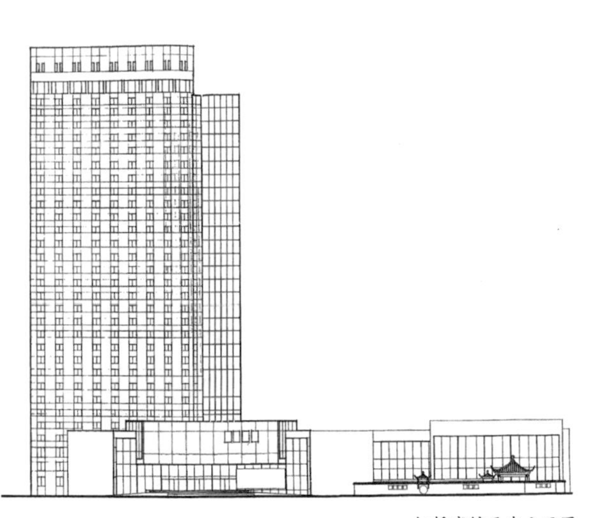

虹桥宾馆西南立面图

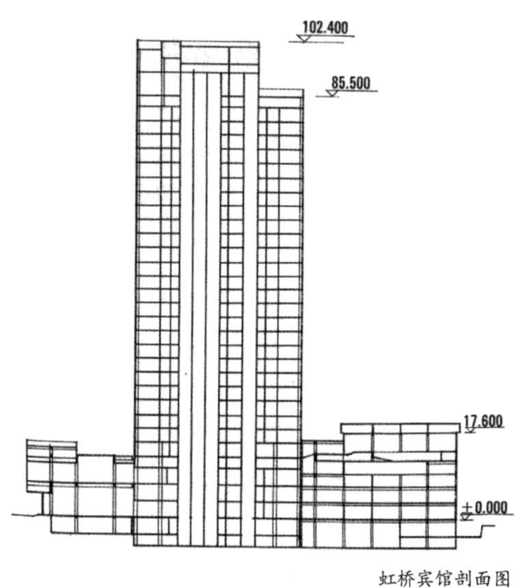

虹桥宾馆剖面图

虹桥宾馆、银河宾馆项目讨论
左起：薛悦来、李道卿、俞陛根、林俊煌、郁正荃、陈仕忠、陈效中
原华东院声像组摄

虹桥宾馆模型
王鸣摄

创新初探索

忻运 您是怎样参与到虹桥宾馆项目中的呢？

| 林俊煌 虹桥宾馆项目开始于 1982 年年底，市里立项之后，设计任务交给了华东院。华东院让当时的第二设计室（以下简称“二室”）负责这个项目，由我担任工程设计总负责人。从设计方案到施工图，再到工程竣工，我参与了全过程。1988 年我就退休了，像这样深度地全过程参与的项目，虹桥宾馆是最后一个。项目基地位于一个三岔路口，基地内规划两个宾馆，虹桥宾馆在基地西面，靠延安西路，东面留给银河宾馆，靠中山西路。作为设总，我对虹桥宾馆项目总体有全面的设计构思。虹桥宾馆主楼留出南面三角形场地作为前场，其东西设两个主要出入口通向城市道路。前场安排车辆流线、停车位和绿化、旗杆等。门厅入口前设置椭圆形喷水池，有水流喷成彩虹。塔楼南立面正对延安西路，北部设行李、货物、职工出入口以及银行，交通流线组织合理。

虹桥宾馆不是哪个人的成果，做好这样的工程项目，大家都很认真，团队也很努力。虹桥宾馆开工前，报纸报道虹桥宾馆开工要配发照片，院里叫我们室几个人拍了一张照片。照片内我的左手边是郁正荃[3]、陈仕忠[4]、陈效中[5]，右手边是俞陛根[6]、李道卿[7]、薛悦来[8]。

忻运 上海那时候有哪些旅游宾馆？

| 林俊煌 那时刚刚改革开放，从国外来上海旅游的人越来越多，上海原有的宾馆不够用了，所以要建设一批对外的旅游宾馆。当年同期在虹桥开发区[9]里建造的还有扬子江大酒店[10]、太平洋大饭店[11]、银河宾馆等，但是由上海自己设计、筹建、管理的宾馆，虹桥宾馆属于较早的一个。

忻运 当时出了很多个方案？

| 林俊煌 因为虹桥宾馆这个项目比较重要，华东院组织大家一起做方案，徐子方、王嵘生、潘玉琨、郭传铭、郁正荃、王凤等都出了方案。从多个方案里我们最终归纳出两种方案，一种是三角形平面的，是王嵘生设计的；一种是弧面三角形平面的，是徐子方设计的。两个方案都做了 1∶300 的模型，是华东院的模型组做的。

当时上海市委对大型高层宾馆十分重视，方案要经过市委审查，由我带了两个方案模型送到康平路韩哲一[12]（时任上海市委书记）的办公室汇报，当时他主管旅游。正汇报时，汪道涵[13]（时任上海市长）

过来一起看模型、听汇报。过了几天，来人通知市委要开会讨论方案。院里派总建筑师方鉴泉[14]和我去市委，我们把两个模型放在会议厅门口，陈国栋[15]（时任上海市委第二书记）、汪道涵以及参会其他的领导、同志经过时都看了，我们向他们作了汇报。过几天韩哲一书记叫我们过去，告诉我们确定了弧面三角形的方案。我想可能是因为弧面更活泼一点。

| 徐子方 改革开放初期，出现了许多三角形平面的建筑设计，但弧形三角形平面造型的设计欧美建筑比较多。虹桥宾馆塔楼方案看起来很简洁，它的平面带弧形，每层要分割成 27 个房间，带角度的分割蛮难的：床有床的尺寸、走道有走道的尺寸，都要符合规定，差一点点这个方案就“泡汤”了。结果正好分割出来符合要求，大家都很开心。

| 潘玉琨 虹桥宾馆由时任上海市副市长的阮崇武[16]负责。因为是第一个虹桥开发区项目，又是不可多得的地块，华东院非常重视。那时我们小组来了两个研究生郭传铭和王嵘生，其中王嵘生还是清华大学本科生、天津大学研究生，沈玉麟[17]的学生。全院征集上来的方案里我一直记得王凤的方案，她也是清华大学毕业的，高中是市三女中，英文很好，在方案设计图上写了虹桥宾馆的英文 Rainbow Hotel，给我留下了深刻印象。

我在 1980 年跟方总（方鉴泉）等一行六人去过香港将近一个月，可以说经历了一场思想“大爆炸”。我当时设计的方案是虹桥宾馆和银河宾馆两个总平面呈 45° 的方形塔楼，彼此视线都不会有影响。但是我的方案没有被选中，我觉得很遗憾。虹桥宾馆与银河宾馆作为虹桥开发区的门户，应该设计成美国纽约世贸双子塔那样。我还曾画过一张虹桥宾馆和银河宾馆的方案效果图，有一年全国建筑画展[18]，每个人最多录用三张，全院只有我和凌本立[19]三张都录用了，我被选中的其中一张就是虹桥宾馆方案的效果图。

| 郭传铭 方案设计阶段主要考虑两个宾馆与地块周边的关系以及造型，所以院里比较了几个双塔楼的方案，也考虑了从中山路、虹桥路几个角度方向看建筑的立面与造型效果。

忻运 虹桥宾馆主楼平面呈弧面三角形、楼顶似螺旋形上升的造型是否参考了其他先例？

| 林俊煌 没有，完全是原创设计。当时市里给我们提的要求就是要设计得和人家的不同。三角形方案有人是做过的，譬如静安希尔顿酒店的平面就是三角形。我在徐子方的设计工作台上和他一起翻阅杂志资料，探索塔楼的形体方案，经过研究认为可以采用弧面三角形，他就做了这样的塔楼设计。

忻运 方案确定后，接下来的工作是什么？

| 林俊煌 方案确定之后就是初步设计，初步设计获得批准之后，就开始做施工图。徐子方设计塔楼时很好地安排了客房、电梯、楼梯、服务设施等。当年没有电脑绘图，弧面的曲线都是手画。徐子方画这个图也不容易，普通圆规没有那么大的，所以用的是曲线规，这边有一个支点，那边绑牢一根铅笔，当中有个木片，里面有根金属弹簧，固定圆心、确定半径以后画。裙房里的门厅、商场也都有曲线，由郁正荃、郭传铭等人绘图。郁正荃还对总平面做了很好的设计，使裙房和塔楼很好地协调成一个整体。

忻运 旅游局还对这个项目提出了哪些要求？

| 林俊煌 旅游局还提出要达到三星级标准、容纳 500 间房间；另外就是要新型的、现代化的、适合上海市的旅游宾馆。结果我们设计的客房数有 600 多套[20]，而且后来评到了四星级宾馆。造价比计划还低[21]，包括设计、材料、施工、装修在内的总投资与静安希尔顿酒店相比大概相差一半，旅游局很高兴。

虹桥宾馆透视图
王嵘生绘制

潘玉琨手绘虹桥宾馆、银河宾馆方案效果图
引自：《1987 全国建筑画选》
（北京：中国建筑工业出版社，1988 年），205 页

忻运 虹桥宾馆怎么做到造价比静安希尔顿酒店低那么多？

| 林俊煌 希尔顿酒店是外资投建、外国人管理的。外国人管理的项目，打个比方，装修房间可能谈好十万元人民币一间的价格就完了。虹桥宾馆每一部分装修都由我们自己设计并且和甲方一起找承包商谈。承包商要把材料、施工方法都分析给我们看，装修方案也要给我们看，报价由我们审核。

忻运 虹桥宾馆项目是您第一次做高层酒店设计？

| 郭传铭 是的。20 世纪 80 年代初，上海出现建设旅游宾馆的高潮，对设计院来说是很好的技术储备机遇，这段时间里许多开创性的工作为华东院打下了“旅游旅馆指导性设计院”的基础。我是虹桥宾馆项目的建筑专业负责人，从 1982 年开始做虹桥宾馆方案，施工图完成之后也一直在现场配合施工，直到 1988 年工程完工。我原来在外地冶金部下属的工业设计院，1981 年 12 月才调进华东院，以前没做过民用高层建筑设计，更没做过高层酒店设计，有这个机会就想全过程地学习一下。

忻运 虹桥宾馆除了建筑以外各专业的主要设计人员是谁？

| 郭传铭 结构设计人员主要有俞陛根、俞有炜、黄宏溯[22]、周志刚、刘绍璋。强电专业是李道卿，给排水专业是戴毓麟[23]，空调专业是胡仰耆，动力专业是张钦奂[24]，弱电专业是徐熊飞[25]。

忻运 虹桥宾馆的开间按今天的标准来看是不是比较小？

| 徐子方 标准客房按当时的国际标准是 4 米 ×5 米，去掉墙的厚度可使用面积 18 ～ 19 平方米，虹桥宾馆标准客房可使用面积是 18.04 平方米。客房层平面呈扇形，房间围绕核心筒布置，所以开间尺寸外大内小，外侧开间 4.25 米，内侧开间大于 3.8 米，其中放行李的位置占 0.55 米，卫生间长度约 2.2 米，进门走道宽度 1.05 米。从客房内隔墙面到进门走道口的长度大于 2.1 米，标准床的长度为 2 米，所以尺寸是正好。这点非常重要，很多旅馆不注意这一点，客人进房间容易撞到床。虹桥宾馆的尺寸是一厘米一厘米卡的。客房门宽度是 95 厘米，1 米就太宽，不美观。国外的规范要求就是 3 英尺，约等于 95 厘米。卫生间门宽度为 80 厘米，不能做 75 厘米，因为外国人“块头大”，75 厘米进出就不那么舒适了。

虹桥宾馆现在讲起来也是品质很好的。外墙是砖墙，保温、防火效果好。内部隔墙采用 12 厘米厚的实心砖，隔声较好，防火可达 2 小时。虹桥宾馆客房窗宽度为 2.1 米，窗间墙的间距是 2 米，客房门至少达到一级防火标准，每间房间等于一个防火区。另外这个宾馆有 6 台载客电梯、2 台行李货梯兼消防梯，都是奥的斯（OTIS）[26] 电梯，正宗美国进口。这家电梯厂家很想做这笔生意，本来电梯井道尺寸差 10 厘米装不下他们的产品，他们重新设计了电梯轿厢，定制好了从美国直接运来。

忻运 华东院在虹桥宾馆项目之前与 OTIS 电梯厂有接触吗？

| **徐子方** 1949 年，华东院的老领导赵深 [27] 和陈植 [28] 在设计浙江第一商业银行大楼（即现华东院汉口路 151 号的办公楼）时采用的两部电梯就是 OTIS，一直用到 1995 年我退休时还是这两部老电梯（电梯在 20 世纪 80 年代大楼改造中进行过升级），可以说用 OTIS 电梯就证明了这个建筑的身价。虹桥宾馆的电梯提升速度为每秒 2.5 米，100 多米要四十几秒才到顶。它的价格贵、保养费高，但是使用寿命相当长，不会摇晃，安全性高。电梯选用非常要紧，不单单是价钱的问题，20 世纪 90 年代我负责的项目里电梯我都选 OTIS。

忻运 虹桥宾馆客房与核心筒之间的公共走廊宽度为 1.35 米，对逃生疏散有什么影响？

| **林俊煌** 客房走廊宽度是符合消防规范的。每层客房 27 间、每边 9 间，客人不多，多年使用下来走廊宽度没有什么问题。如果加宽走廊就要增加面积，三十一层楼的话总建筑面积要增多上千平方米，不符合当年“适用、经济、在可能条件下注意美观”的建筑方针。

姜海纳 虹桥宾馆的层高是多少？

| **潘玉琨** 虹桥宾馆标准层层高为 2.8 米。空调管道的截面还要设计成扁平的，就是为了吊顶后尽量增加层高。

| **郭传铭** 走廊净高只有 2.2 米，为了减少楼板厚度，在结构设计方面也动了一些脑筋。结构设计那时候还是有一些创新的。

结构“第一次”

姜海纳 请您回忆一下虹桥宾馆项目的地基基础设计。

| **俞有炜** 华东院动员了很多人参与虹桥宾馆项目。我主要承担地基基础的结构设计，直至施工图完成。项目采用了 60 米长、分三节的预应力钢筋混凝土空心方桩，方形截面外边长为 500 毫米，空心部分直径 240 毫米，这是该技术全国首次应用于项目中，纯粹出于经济上的考虑。那时国家产钢量还不高，用钢管桩费用比较大。地基土的第七层硬土层（砂土层）局部缺失，到了第八层又是软土层，打到第七层承载力还不够，所以虹桥宾馆的桩基就要穿过第七层硬土层，打到第九层。而且它是 500 毫米 ×500 毫米的方桩，长度 60 米的话，长细比达到了 120 ∶1。一般柱子那么细会失稳，根据当时的资料，长细比（值）不能超过 100。但是经过专家论证，认为这不是支承桩而是摩擦桩，所以即使长细比大也不会失去稳定，可以用。

忻运 60 米的桩分三节，请问是三节先接好再打，还是打一节接一节？

| **周志刚** 是打下去再接头的，上节用 600 号混凝土，中下节用 450 号混凝土。打到一定的标高再接，接好以后再打。当时国内像这样长的桩都是钢管。钢管当时要用美金来买，为了节约外汇，华东院就采用了预应力的空心桩。预应力空心桩单价约为钢管桩的 1/3 ～ 1/2，在节约成本方面还是很成功的。

姜海纳　采用预应力桩除节约成本，还有哪些优势？

｜俞有炜　预应力桩比普通的钢筋混凝土桩耐打，还可以承受拉力。打桩过程中，桩身既要承受锤击压力，如果蹦起来也要承受拉力。预应力桩也比普通钢筋混凝土桩省材料。制造工艺当然更复杂，但管桩在预应力预制厂生产是当时很普遍的。空心方桩系特制，是在吴淞预应力构件厂预制然后再运到现场打。60 米长桩分成三节生产、运输，每节长 20 米，运输也是个难题，需要各方支持才做得成，包括预应力预制厂当时也提供了很多帮助。采用预应力钢筋混凝土的空心桩，虹桥宾馆是第一个，以后也不再用。现在钻孔灌注桩对周边环境的影响同样可控，地下连续墙施工技术也已经成熟，连钢管桩基本上也不大用了。

姜海纳　我们是怎样从预应力钢筋混凝土的空心桩发展到钻孔灌注桩的呢？

｜俞有炜　这就是国外资料看得多了，施工机械也有了，护壁采用的泥浆也配置出来了，就可以采用钻孔灌注桩了。

忻运　虹桥宾馆主楼结构主要是谁设计的？

｜俞有炜　是黄宏澂和周志刚。虹桥宾馆和银河宾馆这两个项目上部结构采用板柱结构，是借鉴了南京的金陵饭店[29]工程。

忻运　虹桥宾馆主楼整体采用了怎样的结构形式？

｜周志刚　虹桥宾馆主楼为现浇钢筋混凝土框筒体系，外面是柱子，里面是筒体，楼板采用板柱结构。客房不能做筒体，只有电梯井道可以做筒体。虹桥宾馆有 8 部电梯，就是 8 个筒体，这 8 个筒体是并在一起的，浇捣起来等于混凝土墙板了。垂直力对超高层结构的影响是不大的，主要是水平力，也就是地震力和风力，要抗 12 级风和 7 度地震。建筑十层以上的地震力和水平风力如果由柱子承受的话，配筋会太多，所以高层建筑抗地震力和风力主要靠混凝土筒体。虹桥宾馆主楼结构设计是按照超高层算的，上海当时规定一定要进行抗震计算[30]。

虹桥宾馆做了两个试验，一个是这个风洞试验，还有一个是板柱试验。虹桥宾馆核心筒与框架之间为板柱结构，没有梁，这样每层层高可以减少 30 厘米，三十层就可以降低近 10 米，保持总高度不变就可以多造三层，为国家节约了投资。另外有梁的结构常给设备工种，尤其是空调风管布置带来许多困难，采用板柱结构有利于设备工种管道布置。

忻运　虹桥宾馆板柱结构的柱子有柱帽吗？

｜周志刚　没有。柱帽的作用是抗剪，虹桥宾馆柱子上的板除了有板面配筋，柱上位置还有抗剪的倒钢筋，作用相当于柱帽，这样柱子受了荷载，分配给板承受的剪力就不大了。

忻运　板柱结构试验用的模型多大？

｜周志刚　就是一块板，板的大小是一个单元，模型结构与实际结构比例为 1∶2.5。板柱模拟试验是在上海建筑科学研究院的支持、配合下完成的，属国内首次比较大型的板柱模拟试验。虹桥宾馆在超高层建筑中不仅采用了板柱结构，而且设备工种因功能要求，需在柱上板带、跨中板带开许多洞，特别是在柱上板带离柱边仅 30 厘米处开有一个 60 厘米 ×150 厘米走管弄的大洞。这种情况在国内外都没有资料可以查阅，虽然经过整体计算和有限元计算，但洞边应力和应变情况仍无法把握。通过板柱试验，可以了解结构在垂直荷载作用下，柱上板带、跨中板带上各控制部位的应力状态和挠度，以及柱上板带开孔部位附近和其他主要部位的裂缝情况，根据试验结果在必要时采取相应的配筋措施，例如在楼板开洞四周以槽钢加强，待管道安装完毕后加焊钢筋、补捣混凝土，以增加楼板的整体刚度。

忻运　虹桥宾馆楼顶上有一个停机坪？

｜周志刚　有的，是为了让直升机可以在紧急情况下停降。黄宏溵不知从何处找到一本内部资料，里面有直升机的型号、冲击力大小、轮子个数等具体数据，我据此计算停机承重板的厚度和配筋，既用到了电算也有部分手算。

忻运　电算具体指什么？

｜周志刚　华东院很早就有电算所，20 世纪 80 年代初成立了计算中心，当年引进了很多计算机专业人才，包括王国俭和他的爱人李建一。王国俭很厉害，他编写的“高层建筑空间薄壁杆系结构计算程序”[31]获得中科院建研所及建设部批准使用，在这之前华东院虽然有电算站，但没有程序。这个程序当时是很实用的，能用于超高层和高层建筑的结构计算。只要将各种会对结构内力造成影响的信息数据都输入程序，就能输出结构内力和配筋。当年全国各地很多设计院都要到华东院的计算中心来算结构，老早电算站一个叫陈鼎木[32]的同志常通宵帮人家算。据统计，华东院计算中心帮助整个华东地区算了 1000 多栋高层、超高层建筑。

姜海纳　弧面三角形平面给电算带来的难度有哪些？

｜王国俭　难点在于计算核心筒时对薄壁柱的定义[33]。高层建筑空间薄壁杆系结构计算程序按照薄壁体系来计算剪力墙内力。该程序将核心筒作为薄壁杆件考虑进行计算。具体点说，核心筒里是电梯井，电梯有一面是开门的，如果将电梯井看作是一根柱子，那么这根柱子是开口薄壁柱，两端与梁相接。其截面一般为槽型，形心和重心不一致，电算中要进行一些转换才能正确反映梁、柱之间力的传递。虹桥宾馆核心筒平面是三角形，划分为若干开口薄壁柱后，其截面形心与重心的距离比一般槽型截面的偏心距离还大。在比较不同的薄壁柱划分方式后，最终选择以离散加刚臂梁[34]输入电算，能较正确地反映核心筒的真实受力情况。

忻运　虹桥宾馆结构电算的情形是怎样的？

｜周志刚　虹桥宾馆的计算工作量很大，当年华东院计算机容量还没有那么大，所以我和王国俭等一起到北京兵器部计算中心借用计算机，使用的是华东院的程序。仅核对打出来的资料，看输入数据对不对就花了 10 个小时。算得的资料总共有 20 公斤重，从北京打包回来以后我们再整理：分析柱子、筒体和板的内力、最后的荷载等，程序把每个构件里怎么配筋都打出来。整理出这些后我们再画施工图。那时候还不像现在电脑画图很方便，爬图板画图画得腰都直不起来。

忻运　弧面三角形平面的形心与重心重合吗？

｜周志刚　弧面三角形平面的形心与重心是不重合的，要先手算以后再输到程序里电算。单算这个重心和形心，我算了一个月。每个楼板重多少、墙重多少、形心和重心相差多少都要输入电脑。标准层、设备层等的数据都要分别算出来，为此设备专业也要提供设备数量、重量、位置等数据。

忻运　虹桥宾馆裙房结构设计有什么难度？

｜周志刚　虹桥宾馆裙房有一个游泳池，荷载比较大，计算相对来讲复杂一点。虹桥宾馆和银河宾馆裙房结构设计基本上是刘绍璋工程师做的，我做校对工作，他已经去世了。

忻运 您参与虹桥宾馆项目时应该很年轻，对这个项目有哪些深刻的印象？

| 陆道渊 虹桥宾馆项目开始于 1983 年年初，那时我刚进入华东院，没记错的话在二室三组，带教老师为俞陛根。这个项目中我负责绘制裙房部分的施工图，第一次做比较大型的项目，对我来讲挑战蛮大的。为了不影响入口视线，雨篷采用上部空间做悬挑梁下挂柱拉住雨篷的做法，从而实现雨篷下的无柱空间。柱子是受拉的，跟普通柱子受力完全不同，设计中要求钢筋要整根贯通。上面伸出来的悬挑梁把柱子拉住，下面的梁搁在柱子上，所以上方梁的宽度比柱子宽，下方梁的宽度比柱子窄，上下两根梁与一般梁的受力也不同。这个方案当时是俞陛根定好的，我只是“照葫芦画瓢”。

张应静 还有哪些难忘的经历吗？

| 陆道渊 我可以讲一件我的亲身经历。那时候虹桥宾馆的地下室浇筑完，发现地下室墙面出现了很多裂缝，由于上方采用了那条大悬挑梁，怀疑是受到大悬挑弯矩的影响导致了裂缝。因为是我画的施工图，我的压力还是很大的。俞陛根和院里做地基的总工程师许惟阳[35]去现场看后，凭经验发现是施工冷缝。所谓施工冷缝，就是混凝土浇筑到一半，料供不上了，再浇筑时先前浇筑的地方已经硬了，新浇的部分与已浇的部分有断裂。正是因为俞陛根和许惟阳经验丰富，一看便知是施工冷缝，与设计无关。

施工难题

忻运 当年设计单位参与现场施工的情况怎样？

| 林俊煌 那时候设计院经常有人在现场，我是工程建设副总指挥，几乎每天都在。总指挥是旅游局派来的一位局级的巡视员，我和他在现场用一个办公室，其实就是个工棚。现场去得多的还有郭传铭，他做了很多工作。

忻运 设计人员配合施工现场解决了哪些问题？

| 周志刚 电梯井门洞上有个梁一样的结构，要配 6 根钢筋。但这个项目芯筒壁出于节约的目的设计得很薄，仅 11 ～ 12 厘米厚。计算下来的配筋太密，混凝土都浇下不去了。施工单位叫我们到现场帮忙解决，我们没办法就电话给周总（周礼庠[36]）。后来采取的方法是使钢筋上下错开摆放，上下排之间距离要很小，各放 3 根，混凝土浇得下去了。

忻运 弧形走廊给施工带来什么困难？

| 吴银生 像这样弯曲的线条，画还算好，施工困难，管子出厂时都是直的，自己随便弯、曲率不统一是不行的。施工单位要先拿木头照施工图上的弧形做好，摆在那里做样子，拿三脚架一样的架子固定三四个点，把直管子摆上去，用千斤顶从三个方向一起顶，顶到管子跟木头做的参照物弯度一样就停下来，换一根直的管子继续顶。

忻运 土建施工单位是哪家？

| 林俊煌 是上海建筑工程局八公司（以下简称“八公司”）。当时选择也不多，只有建工局下属的施工单位。虹桥宾馆是八公司做的第一个高层建筑项目，所以他们也很用心地来了解怎么做。但是按照设计虹桥宾馆要打 60 米的桩，八公司当时在上海打的桩一般只有三四十米深，就说这么深的桩打不了。市建委最后通过招标找其他单位做，第三航务工程局[37]（以下简称“三航局”）就来竞标了，三航局多

在水底或在驳岸上打桩，有经验，最后60米长桩是他们打下去的。

| 俞有炜 虹桥宾馆第一次应用了60米长预应力空心方桩，并进行了试桩检测，三航局在这方面是很有经验的[38]，穿第七层时是最难打的，桩头都做了钢帽，还用了打桩垫，防止桩头被打坏。

忻运 原本桩基打不到设计深度的主要原因是什么？

| 陆道渊 主要原因是打桩单位选择锤击的锤子分量不够。虹桥宾馆的桩中间空心，要穿过砂土层，比较难打。某种程度上最初的打桩单位可能也不是技术上打不下去，而是按原来的价格做不下来了。三航局当时想从水上走到陆上，打到设计深度技术上也没有问题，把锤换大一点就可以，即使换大锤打不下去，还有第二套方案——用水冲，把下面的砂土置换出来，这样桩下去得更快，我记得这种技术叫水冲桩[39]。

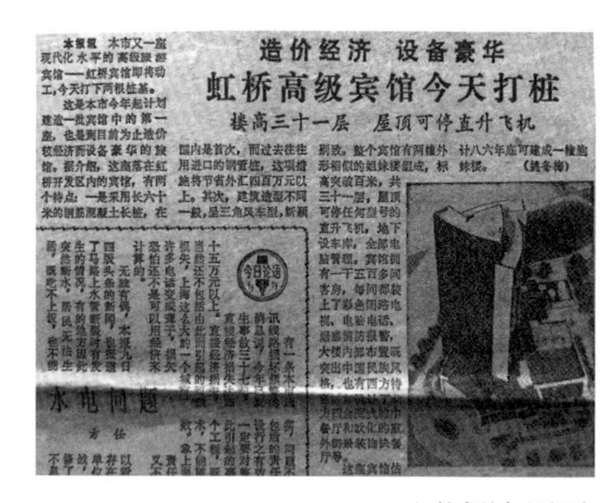

造价经济 设备豪华
虹桥高级宾馆今天打桩
楼高三十一层 屋顶可停直升飞机

本报讯 本市又一座现代化水平的高级旅游宾馆——虹桥宾馆即将动工，今天打下两根桩基。

这是本市今年起计划建造一批宾馆中的第一座，也是到目前为止造价较经济而设备豪华的旅馆。据介绍，这座落在虹桥开发区内的宾馆，有两个特点：一是采用长六十米的钢筋混凝土长桩，在国内是首次，而过去往往用进口的钢管桩，这项措施将节省外汇四百万元以上。其次，建筑造型不同一般，呈三角风车型，新颖别致。整个宾馆有两幢外形相似的姐妹楼组成，标高突破百米，共三十一层，屋顶可停任何型号的直升飞机，地下设车库，全部电脑管理。宾馆拥有一千五百多间客房，每间都装上了彩色闭路电视、电脑电话、烟感消防报警，大楼内部布置既突出中国民族风格，也有西方特[illegible]方四合院式的中餐厅和欧化的室外斜拱装饰快餐厅等。

这座宾馆估计八六年底可建成一幢姐妹楼。（姚冬梅）

水电问题

虹桥宾馆打桩报道
引自：《新民晚报》，第8305号，1984年11月14日
王鸣提供

能源进步和设备专业发展

忻运 您对华东院20世纪80年代参与的高层建筑和虹桥宾馆暖通专业设计有哪些印象？

| 胡仰耆 华东院参与80年代高层建筑设计的首栋建筑是联谊大厦，是一栋二十余层的办公建筑，建成后很多人第一次见到玻璃幕墙外观，深感好看、洋派。紧接着参与设计的就是华亭宾馆。再之后，便是虹桥宾馆和银河宾馆姊妹楼。为了这个项目，包括设备工种在内的设计人员组成了一个庞大的设计组，借用了临近工程现场、时称华东纺织工学院（现东华大学）的教室进行现场设计。所有工种集中在一起，能方便互提设计资料，也方便与施工单位沟通，可及时更改图纸内容，提高设计效率。参与虹桥宾馆暖通空调设计的还是年轻人多，我与同事们均缺乏设计经验。虽然华亭宾馆的设计比虹桥宾馆稍早，但当时还未投入使用，故我们只能从设计侧面了解情况，不能获得暖通系统实际运行的经验。

忻运 虹桥宾馆空调系统的冷热源是什么？

| 胡仰耆 虹桥宾馆与银河宾馆空调冷热源方案的能源问题很突出。当时上海市的电力供应缺口很大，夏季更甚。加之可能当年虹桥开发区刚起步，电网建设跟不上。在缺乏电力的情况下，两个宾馆的空调冷源均只能采用蒸汽型溴化锂机组，即夏季以两台燃煤锅炉产生的蒸汽供给溴化锂机组获得冷量，冬季也用这两台锅炉提供蒸汽，再转换为空调用热水，这样就可少用电。锅炉房与两台溴化锂机组均在地下室。当然，此方案严重污染空气，热效率低，现已换掉。现在回想，改革开放初期我国的经济较落后，不像现在电力充沛，还有鼓励用电政策。那时即使知道蒸汽溴化锂机组的能效较低、系统烦琐，但无其他选择。那时国内生产溴化锂冷水机组刚起步，质量尚不成熟，故基本上均从日本进口，导致许多日本供应商、国内代理商都来抢此项业务。还有空调送、回风用的铝合金风口，我记得大多来自香港一个名叫“威士文”的公司。

忻运 比较当年暖通专业的产品、设计水平和今天的情况，我们取得了哪些进步？

| 胡仰耆 我认为暖通专业经过多年发展，有两点值得肯定：首先是目前暖通空调产品非常丰富，且绝大多数产品已达到国际水平，完全可满足工程需要；其次是各类污染排放标准在逐步提高。现

在暖通专业的设计水平在一定程度上已达到了国际水平，对绝大多数空调系统已很熟悉。此外许多本专业的计算软件、节能规范和技术措施，包括审图公司均能很好地帮助控制各项计算结果、完善节能措施。

忻运 上海市是怎么从以蒸汽为动力、以溴化锂吸收式机组为空调冷源改变为今天以电力冷水机组为冷源的？

| 胡仰耆 上海市建筑物空调冷源从改革开放初期广泛采用溴化锂吸收式机组发展为目前基本采用电力冷水机组，根本原因是能源市场的变化。改革开放初期，市内无天然气供应，只有少量供居民用的人工煤气，电力供应异常紧张，所以空调冷水机组只能用煤为能源，燃烧产生蒸汽供溴化锂机组产冷。上海石门二路 258 号现代建筑设计大厦所采用的两台溴化锂机组由长沙远大厂赠送，已用了 20 年，使用、维护到现在很不容易。随着国家经济发展，电力发展能满足本市经济发展的需要，业主与设计人员必然会自觉地采用价廉、操作简便的电力机组。

除了冷热源的变化，空调送风也发展出各种方案。目前具有一定规模的办公楼建筑常会采用多联机系统，适用于少数人加班的情况。变风量系统（VAV）是目前国外办公楼空调的常见方案，它能根据房间内的空调负荷调节风量等。但从暖通专业角度出发，我的观点是，变风量系统必须依赖良好的自控，理论上节能，但实际未必能管理好。而且办公楼平面中距外窗 2 ～ 3 米外的区域称为内区，此区域全年有余热，要全年供冷，所以这种系统运行费用很大。因此，空调系统不应完全参照国外，而应结合经济能力、管理水平等选择合适的系统。总之，暖通专业技术发展内容丰富，但还是要结合国情。空调系统中的新技术还有地板送风，我翻译过相关资料。

姜海纳 请您回忆一下虹桥宾馆暖通设计的情况。

| 马伟骏 虹桥宾馆暖通设计是我跟着专业负责人胡仰耆一起做的。前期负责人是陈仕忠，他在设计前期离开华东院后，负责人变成胡仰耆，应发枝[40]是审定。当时一个大项目同一个专业可有五六人参与。

虹桥宾馆的标准较高，记得上部楼层[41]为高级客房，用的是四管制的空调系统，下部楼层用的是两管制空调系统。空调水系统没有分高低区，一般 100 米是分不分区的界限，而虹桥宾馆高度大致是 100 米。

忻运 虹桥宾馆引进进口设备的过程也是我们要学习的过程？

| 胡仰耆 是的。华东院 20 世纪 70 年代及以前设计了大量工业建筑，当时都是自主设计，因而对锅炉的系统很熟悉。国外设计事务所尚未大量进入国内，进口设备大多由香港代理商提供，而吸收式溴化锂机组多为日本产。设备性能选择稍保守些也没有人追究，更没有节能审查，有问题在院里小组内讨论研究，主要需把握好不要出差错，系统投入使用后能正常运转。那时只求能跟上国外设计水平，有些技术细节无处了解，当时资料较少。1984 年 9 月，我们第一次到香港去考察[42]，当时内地高层建筑才刚起步，看到香港大量超高层建筑真有些感叹。20 世纪 80 年代，我开始翻译暖通专业的英文资料。那时资料来源主要是外商提供的样本。美国有一家很大的空调公司——约克（York）公司，有很多年，他们的中文样本是请我翻译的。

| 马伟骏 当时美国的四大空调公司都很有名：开利公司（Carrier）[43]起步最早，名称源于开利博士，他就是空调发明家；还有约克公司（York）、特灵（Trane）和麦克维尔（McQuay）[44]。虹桥宾馆选用空调设备是开利（Carrier）公司的空调器。当时有销售人员从香港来跟我们就设备的性能、样本进行沟通。有一个原来在上海机械学院教制冷的老师离开机械学院去了香港的开利公司，由他跟我们对接，这样联系比较方便。

忻运 虹桥宾馆上部楼层采用了四管制空调也是工业建筑里先使用的技术吗？

| 马伟骏 过去四管制只有工业用，有些工业建筑对温度控制要求较高。在民用建筑中使用四管制空调，虹桥宾馆还是比较早的。宾馆采用四管制的设计是到香港考察后学来的。上部楼层和下部楼层标准不一样，四管制和二管制的投入也不一样。采用四管制是因为高级宾馆有世界各地游客入住，每个客人对温度的感受不同，需求不一样，所以要同时能制冷或制热。

忻运 作为上海较早的高级涉外宾馆，虹桥宾馆在水处理方面有什么特殊要求？

| 吴银生 水处理技术上，当时黄浦江的水质很差，我们加氯很厉害，不加水里面有腥臭味。黄梅天当月的前十几天，自来水漂白粉的味道很厉害。虹桥宾馆是涉外宾馆，涉外宾馆的水全部要经过预处理，先砂滤，过滤以后再做紫外线消毒，消毒了以后再加液氯、加次氯酸，进到屋顶水箱再到中间水箱，这些技术在当时是成熟的。

较新的是虹桥宾馆所用的快速过滤器，直径仅 1.2 米。当时内地生产的快速过滤器如达到同等流速、流量，大概要 2.5 米甚至 3 米多高了。虹桥宾馆受地下室高度限制，内地生产的快速过滤器放不下，就从香港购买了 2 台，直径又小，过滤后水的质量又能达到要求。再有属于新技术的就是给排水系统中的热水制备设备，采用了从香港购买的容积式热交换器和快速热交换器，具有体积小、制热交换效率高、稳定性高的优点。

忻运 排水怎样接入市政管网？

| 吴银生 20 世纪 80 年代初，虹桥宾馆和银河宾馆周边全部是农田，现在直到青浦那里都没有什么农田了。那个时候正好中山西路市政改造，虹桥宾馆和银河宾馆就在它边上，所以这两个项目的雨水、污水都是进市政管网的，只要设计符合市政管网提供的接口位置、标高，排入市政管网后就由市政处理了。

忻运 请您谈谈参与虹桥宾馆项目的弱电设计的经历。

| 瞿二澜 我有幸进入华东院是 1982 年的夏天，是上海市规划局人事处将我分配过去的，在院内第五设计室工作。第五设计室当时有弱电、动力、自动化控制和预算四个组。袁敦麟[45]和孙传芬是弱电组组长，这两位老师学的都是有线通信专业。20 世纪 60 年代初，华东院又从邮电部南京邮电学院招来了两位无线通信专业毕业的设计人员——徐熊飞和邹素珍老师。于是弱电组就有了两位有线通信专业的、两位无线通信专业的老工程师，这便是孙传芬和袁敦麟老师针对弱电组设计团队发展的战略布局。

虹桥宾馆和银河宾馆的弱电专业设计都由徐熊飞[46]老师承担。我先是跟着袁组长（袁敦麟）在华亭宾馆画了三四个月图，然后根据工作需要又跟着徐熊飞老师做了一些虹桥宾馆的绘图工作。

忻运 您第一次接触宾馆电脑管理系统是从虹桥宾馆开始的吗？

| 瞿二澜 宾馆内的电脑设备肯定是有的，如华亭宾馆内设计的酒店管理电脑当时就是由酒店管理方提出设计指南要求的。真正要说我能接触到电脑管理系统是在 1985 年中美上海施贵宝药厂[47]项目中才接触到的。当时我们在完成原有的弱电设计内容之后，又进行了系统设计内容的补充，配合外方专业建设人员的需求在原有的电话通信电缆走线槽内增加了专用的计算机网线，并从电脑主机房连接至指定的每间办公室和实验室内工作台的电脑终端上。那时候还没有光缆，都是专用的屏蔽铜缆。

宾馆室内与外立面设计

忻运 我们的设计人员还参与了虹桥宾馆的室内设计吗？

| 林俊煌 是的。大堂铺绿色花岗石地面，白色大理石墙面，设有室内绿化，屋顶采光有玻璃天窗。大堂地面采用的花岗石是我们和甲方一起到材料出产地看的，铺设时施工单位每天早上把花岗石板摆在地面上给我看，由我决定哪块可以用、哪块不能用，哪块用在中间、哪块用在边角。中餐厅中间为中式庭院，四周设围厅，形成四合院。西餐厅采用法国设计师的方案，设置镜面墙面和天花板，配置法式家具和油画等，由室内设计组出施工图。快餐厅采用同济大学建筑系实习生的方案，模拟路边室外咖啡座，设假窗和圆形雨篷，两端设外滩街景图片。

大堂有上二楼的自动扶梯，自动扶梯旁设有小瀑布从二楼流到底层，经咖啡厅流向室外庭院。二楼设大宴会厅，有可调整的活动吊壁以适应各种活动需求。一边夹层设有几间同声翻译室，另一边有电影放映室。二楼回廊的两间会客厅风格一中一西、三个风味餐厅分别名为个园（模仿扬州园林）、愉园（模仿上海豫园）和台园（有台湾日月潭和半边山的画幅）。二楼的多功能厅、大会议厅、大餐厅是香港公司做的装修方案，客房各层由几家香港装修公司根据我们的要求做样板房，经审定后正式装修施工，装修所用材料都要由我们和甲方一起核定。

忻运 虹桥宾馆项目的室内设计有哪些特点？

| 王世慰 高星级宾馆要求高，尤其是室内设计和装饰施工，我们的整体设计水平还处于起步阶段，因此主要与香港公司合作完成虹桥宾馆的室内设计。室内装修共有戎氏、德基、艺林和赐达四家香港公司中标，参与了设计和施工。戎氏和德基负责公共部分，艺林负责客房部分，赐达负责顶层太空舱（餐厅）部分。

忻运 我们当时如何与香港公司合作？

| 王世慰 华东院室内设计组负责配合建筑设计考虑室内装修方案，并配合这四家香港装修公司的设计和施工。虹桥宾馆室内装修的施工管理是香港方，施工图纸都是我们出的，效果图有些是香港公司画的，有些是我们画的。我们曾与虹桥宾馆业主代表梁英华和戴自洁一起到香港配合工作 2 个月，室内设计组去了吴明光、艾小春，由我带队，郭传铭作为建筑专业负责人也参与其中，做协调工作。我们主要是合作设计、考察施工水平、了解材料，业主代表还可借机学习酒店管理。

当时我们对高档旅游宾馆的室内装修没有太多实践经验，去香港也是一次很好的学习机会。我们在香港租住公寓，参观了不少高档酒店。香港几乎集中了全球所有知名酒店品牌，对我们打开眼界大有帮助。香港的室内设计与环境是密切配合的，比如会把室外环境引进室内，绿化与空间的结合挺到位。香港的商业氛围很浓厚，但还是注重以人为本，环境有创意。另外，香港很讲究装饰雕塑艺术在环境中的应用，这给我留下了深刻印象。香港设计公司的管理工作给我启发也很大：一是非常重视设计师和总监的作用；二是当年香港设计师的知识面之广、交流信息量之丰富，令我印象深刻；三是在实践中创品牌，在品牌里创效益。

忻运 华东院在虹桥宾馆室内设计中有哪些自己的探索？

| 王世慰 我们也进行了一些探索，比如在建筑装饰中采用了民族画和桥、流水、栏杆、木雕等传统元素。特色餐厅是我们自己设计的，采用特有的木雕装饰工艺、材料，在这个项目中独一无二。采用

浙江东阳木雕是我向林总（林俊煌）提议的。当时由香港公司负责施工的部分多采用进口材料，是现代装饰风格，东阳木雕这种本土色彩浓厚的工艺能否采用难以定夺。为此，1988年3月10日，由林总（林俊煌）带队，郭传铭、虹桥宾馆业主代表梁英华及戴自洁和我，在东阳木雕装饰工艺厂厂长马光军陪同下实地考察，了解产品、工艺并询问价格后，才感到心中有底。确定以东阳木雕为特色餐厅装饰后，我们选择以隔扇为基本模式，主体墙加宽并装饰以东阳木雕，纹样有图录可供选择，有梅兰竹菊四君子、传统山水庭院风景或人物故事等。特色餐厅从入口门扇、屏风、平顶到顶灯、壁灯以木雕和竹编工艺相结合，营造传统文化浓郁的木雕工艺餐饮环境。施工时，木雕纹样由当地工艺师傅雕刻，部件尽可能在工厂加工后运至现场拼装。林总对此特色餐厅的装饰设计自始至终都十分重视。别具一格的特色餐厅经使用后，林总、业主和宾客都表示满意。东阳木雕工艺在特色餐厅的使用是成功的，也为我国传统民族工艺在宾馆装饰中的应用探索了新路。还有就是时任华东院副总建筑师的凌本立也曾参与这个项目的室内设计，画了一张大堂透视效果图。

考察东阳木雕装饰工艺厂照片
左起：戴自洁、郭传铭、工程师傅、林俊煌、梁英华、马光军
王世慰摄影

忻运　凌本立也曾参与虹桥宾馆的室内设计吗？

｜林俊煌　凌本立提出过一个大堂的装修方案[48]，画了一张彩色透视图，中间加了一个圆扶梯，天花板吊下来一些灯。但因为那时大堂结构已经施工完毕，不能改了，最后没有采纳。

忻运　虹桥宾馆设计时最终决定不要旋转餐厅？

｜林俊煌　我们曾建议虹桥宾馆造旋转餐厅，但被否决了。根据韩哲一书记的说法，否决的原因是没有搞清楚旋转餐厅的原理，以为整个房子都在转。其实旋转餐厅只是餐厅的地板被两个电动机架起来转，就像农村常见的牛车盘：牛拉着车转，带动滑轮，水里有滑板，滑板转动把水抽上来。那时候国内宾馆其实有做旋转餐厅的，比如南京金陵饭店。后来施工过程中，房子已经造得蛮高了，甲方又来问是不是能再加上旋转餐厅。我说，下面结构都定了，来不及了。再后来，上海新锦江大酒店[49]就有了旋转餐厅，不过那是20世纪90年代的事了。

姜海纳　20世纪80年代的建筑贴面砖也是一种流行？

｜郭传铭　当时是很流行，但虹桥宾馆选用金属面砖的主要原因是面砖比较便宜。我们做方案时也希望做玻璃或铝合金幕墙，但是当时虹桥宾馆投资很紧张，是向中国银行外汇贷款的。我1984年在日本看到那里的建筑外立面贴面砖用得很多，效果也不错。那时候我们玻璃幕墙用不起，用铝合金幕墙也不可能，唯一的可能就是这种有金属质感的面砖。但外墙面砖效果不好，这是我们没有想到的。

忻运　虹桥宾馆的外墙材料现在重新改造了吗？

｜潘玉琨　现在都换成铝合金板了。改造后的立面区分了窗间墙和窗台墙，窗间墙为垂直线条。现虹桥宾馆的外立面，窗间墙为深色、窗台墙为浅色，银河宾馆正好相反。

｜王世慰　后来由锦江酒店管理集团接手改造，改名为虹桥郁锦香宾馆，2017年经招投标，由华建集团建筑装饰环境设计研究院的团队中标并承担整体改造设计任务，设计顾问王伟杰[50]当年曾参与虹桥宾馆的结构设计。改造的设计总负责人贺芳是华东院招收的第一批室内设计专业毕业的人才之一。我在网上看了下，外立面也改了，内装修全面调整，令人耳目一新，效果很好。可以说我们以前做得不足的地方，在华东院室内设计专业培养的后辈这里得到了完善，后继有人，希望有机会再去现场看一下。

1　基地面积数据来源于虹桥宾馆业主1990年12月《关于虹桥宾馆建设的情况汇报》，建筑总面积数据来源为施国璋《等弧度三角形筒体的高层建筑——上海虹桥宾馆塔楼基础和结构施工》（《建筑施工》，1987年，第2期）。

2　本高度数据来源为华东院存档建筑施工图图纸。

3　郁正荃（1932.12—2018.4），男。1956年8月进入华东院，1992年退休。华东院主任建筑师。

4　陈仕忠，虹桥宾馆暖通扩初图设计、绘图。

5　陈效中（1925.4—2011.8），1952年5月进入华东院，1988年1月退休。教授级高级工程师、华东院主任工程师。虹桥宾馆结构扩初图校对。

6　俞陛根，见本书上海电影艺术中心及银星宾馆篇。另据华东院资料，“俞陛根在虹桥宾馆一期工程中坚持采用了预应力钢筋混凝土60米长桩的设计方案，节约了大量的资金和外汇。早在1981年于小北门高层住宅建筑工程中已经采用了系统的保护和监测措施，减轻和消除由于沉桩引起的对环境的危害，还在多座高层建筑中采用了板柱结构等，技术经济效果和社会效益俱佳。”

7　李道卿（1931.9—1998.10），男。1953年3月进入华东院，1991年退休。华东院强电工程师。

8　薛悦来，男，1940年3月生。1979年3月进入华东院，2000年6月退休。华东院建筑经济所所长兼主任。工程师、上海华辰建设投资顾问有限公司党支部书记兼副总经理。曾参与虹桥宾馆项目概算。

9　上海虹桥经济技术开发区是上海市人民政府决定新辟的以外贸中心为特征的现代化新区。1984年5月市政府批准虹桥新区详细规划，1986年8月经国务院批准为经济技术开发区。位于上海市区西部，占地面积65.2公顷，在机场到市区的必经之路上。截至1990年10月，虹桥开发区内建成开业的主要宾馆有虹桥宾馆、扬子江大酒店、太平洋大饭店和银河宾馆。详见：《上海虹桥经济技术开发区》，《中国经济特区与沿海经济技术开发区年鉴（1990—1992）》，北京：改革出版社，1992年，484-485页。

10　扬子江大酒店，四星级宾馆，位于上海市延安西路2099号。地上高三十六层，由香港香灼玑建筑事务所设计，于1990年开业，由香港新世界酒店管理公司管理。

11　太平洋大饭店，五星级宾馆，位于上海市遵义南路5号，饭店主楼呈弧形板式，地上二十七层，由上海市华亭（集团）联营公司、虹桥联合发展有限公司与日本株式会社青木建设共同建设，日本株式会社青木建设与日本设计事务所设计，于1992年3月开业。

12　韩哲一（1914—2011），男。1977年8月—1983年4月任中共上海市委书记、市革委会副主任、副市长。

13　汪道涵（1915—2005），男。1980年后任上海市委书记、副市长、代市长、市长，1985年后任上海市政府顾问、国务院上海经济区规划办公室主任。

14　方鉴泉，见本书华亭宾馆篇。

15　陈国栋（1911—2005），男。1979年12月—1980年4月任中共上海市委第二书记，1980年4月至1985年6月任中共上海市委第一书记兼上海警备区第一政委。

16　阮崇武，男，1933年生，1983年3月—1985年6月任上海市副市长，1983年4月—1985年12月任上海市常务副市长兼上海市计划委员会主任。

17　沈玉麟（1921—2013），男。建筑学家，中国城市规划的开拓者。1949年毕业于美国伊利诺伊大学，获建筑硕士及城市规划硕士双学位，同年回国，应聘于交通大学唐山工学院（今西南交通大学）建筑系任教。1952年院系调整后，随唐山工学院建筑系并入天津大学，任天津大学建筑系教授，著有《外国城市建设史》等。

18 全国建筑画展，指1987年7月2—16日在北京中国美术馆举行的《全国建筑画展》，由中国建筑学会、中国建筑工业出版社联合举办，《建筑师》《建筑画》两刊发起并筹备，是1949年后的第三次全国性建筑画展（前两次分别于1962年、1964年举行）。

19 凌本立，见本书百乐门大酒店篇。

20 虹桥宾馆客房数量据业主1990年12月《关于虹桥宾馆建设的情况汇报》为634间，据《中国经济特区与沿海经济技术开发区年鉴（1980—1989）》为661套，据沈恭《上海八十年代高层建筑》（上海：上海科学技术文献出版社，1991年，51-53页）为713间。

21 虹桥宾馆项目总投资，据施国璋《等弧度三角形筒体的高层建筑——上海虹桥宾馆塔楼基础和结构施工》（《建筑施工》，1987年，第2期，8-12页）计划投资为3000万美元，据周志刚《虹桥宾馆工程总结》（未发表）总投资为4500万美元。

22 黄宏溵，虹桥宾馆主楼结构主要设计人之一。

23 戴觞麟，见本书上海建国宾馆篇。

24 张钦奂，见本书上海建国宾馆篇。

25 徐熊飞，见本书上海电影艺术中心及银星宾馆篇。

26 奥的斯（OTIS）电梯公司，美国联合技术公司（UTC）的全资子公司，由电梯发明者伊莱·沙格雷夫斯·奥的斯（Elisha Graves Otis）创立于1853年纽约州扬基市。1984年12月1日，由天津市电梯公司、中国国际信托投资公司和OTIS共同投资的中国天津奥的斯电梯有限公司开业，为OTIS在中国的第一家公司。

27 赵深（1898.8—1978.10），1923年7月毕业于美国费城宾夕法尼亚大学建筑系。1933年1月与陈植、童寯成立华盖建筑师事务所（前身为成立于1931年的赵深建筑师事务所），1950年发起联合顾问建筑师工程师事务所。1952年7月与联合顾问建筑师工程师事务所建筑师陈植、罗邦杰和工程师蔡显裕、许照加入刚成立的华东院，任华东院总建筑师，1953—1955年调至北京中央设计院任总工程师，1956年调回华东院，任华东院副院长兼总建筑师。

28 陈植（1902.11—2002.3），1928年2月毕业于美国费城宾夕法尼亚大学建筑系，获硕士学位。1952年加入华东院，任华东院总建筑师。1955年6月任上海市城市规划建筑管理局副局长。1957年8月调任上海市民用设计院院长，同时兼任上海市基本建设委员会总工程师。中国建筑学会第五届理事会副理事长，全国人民代表大会第三、四、五、六届代表。

29 金陵饭店，位于南京市新街口，于1979年动工，1983年开业。金陵饭店由香港巴马丹拿公司设计，是一栋塔式高层建筑，共37层（包括地下室），总高110米，第三十六层设有旋转餐厅，屋顶设有直升飞机停机坪。塔楼平面呈方形，框架与筒体以无柱帽的无梁楼板相连。

30 上海市建设委员会于1987年3月发布《上海市关于〈地震基本烈度6度重要城市抗震设防和加固的暂行规定〉的实施办法（试行）》，规定了位于市区的22类新建工程应按7度设防，虹桥宾馆属于第13类“七层及以上砖混建筑，六层及以上内框架建筑，底层为框架结构或框架剪力墙结构上部为五层及以上砖混建筑，十层及以上的钢筋混凝土建筑”。虹桥宾馆设计时间虽早于文件发布时间，据周志刚回忆已据此抗震规定进行设计。另据王国俭回忆，虹桥宾馆按7度地震计算地震效应，与周志刚所言相符。

31 据王国俭、周纯铮《高层建筑空间杆系-薄壁结构静、动力分析程序》，1981年中国土木工程学会计算机应用学会成立大会暨第一次学术交流会，高层建筑空间杆系-薄壁结构静、动力分析程序由FORTRAN IV语言在西门子7760计算机上编制，应用此程序可以对高层建筑中的筒中筒结构、密柱抗侧力结构、刚架或薄壁柱结构等进行空间计算，也可以对需要按空间计算的煤矿竖井结构进行分析。

32 陈鼎木（1936.8—2010.9），1962年10月分配至华东院，1997年退休。华东院电算所应用组组长、高级工程师。据华东院资料《1988年度上海市建设工会职工技协积极分子登记表》，“陈鼎木同志为了满足用户的要求，经常加班至深夜，有的用户在节假日前来算题，他就想方设法地让用户在节假日前算好题带着结果回去，有时就帮助用户打包运往东站托运。在算题中，有的用户修改较多，他就不厌其烦地一遍又一遍地复算，因而他加班是常事，元旦前一连十几天地加班至深夜10点以后，有时还通宵加班。由于他的优质服务，许多用户千里迢迢来找他算题（当然亦有硬件优质的因素），有的用户当地亦有软件，但宁可到我院来算，用户说主要原因就是‘你们陈工服务态度太好了！’”

33 据周志刚《虹桥宾馆工程总结》，“本工程在应用‘高层建筑空间薄壁杆系结构计算程序’方面，对薄壁柱如何划分曾经作了反复探讨。计算中，若以整个芯筒及内隔墙划成一个薄壁柱，则不但不易编号，且打印出来的剪心并不易校核，但刚度较正确。而将其离散划分成若干个小薄壁柱则能避免上述缺点，但刚度偏小。离散后加刚臂较接近整体刚度，而不加刚臂梁则刚度偏低甚多。最后确定以离散加刚臂梁输入电算。对于由此引起芯筒刚度偏小的补偿措施如下：倘若水平力 90% 以上仍分配芯筒承担，则按计算结果取值配筋；若水平力在 90% 以下由芯筒承担，则芯筒配筋需适当加大。根据电算结果、数据整理、分析，芯筒承担水平剪力为 93%，柱架分担水平剪力为 7%”。

34 刚臂梁是在结构电算中为正确描述力的传递所引入的概念，并不存在于现实中。当核心筒被划分为若干薄壁柱，而薄壁柱截面的重心与形心不重合时，实际通过梁传递至该薄壁柱的力是偏心的，将引起构件的扭转。然而由于计算程序假设力全部作用于形心，使用该程序进行计算时要先找到薄壁柱的形心、重心，算出惯性矩，再在薄壁柱和梁的连接处的刚度矩阵里引入“刚臂梁”，方能使计算模拟情况与实际受力情况等。

35 许惟阳，见本书华亭宾馆篇。

36 周礼庠，见本书花园饭店篇。

37 第三航务工程局，全称为交通部第三航务工程局，成立于 1954 年，是国内最先获得港口与航道工程施工总承包特级资质的国有特大型施工企业，亦称三航局、中交三航。

38 详见：俞有炜《建筑桩基概念设计与工程案例解析》，北京：中国建筑工业出版社，2010 年，117-123 页。

39 据周志刚《虹桥宾馆工程总结》，本工程采用 50 厘米方预应力空心桩，空腔直径 24 厘米，以便在必要时射水。采用 7.2 吨 MH72B 重型柴油锤沉桩。

40 应发枝，见本书上海建国宾馆篇。

41 据 1983 年 9 月虹桥宾馆扩初图纸为第二十四至二十九层。

42 据华东院资料，胡仰耆在 1984 年为期 2 周的香港考察归来后这样总结道：“对高层建筑（包括旅馆和办公楼）中常用的空调方式、水系统的特点等在原有认识的基础上得到了进一步明确和提高，如为了减小管道承受的压力，可以采用热交换器把水系统分成上下两区。深入了解了目前国外旅馆建筑中空调节能的主要手段有：一、当客房中无人时，对风机盘管系统可采用重新整定温度值或切断风机盘管和照明的电源；二、在公用场所合适地选用变风量空调系统，包括带变风量末端装置和变风量空调箱的系统以及只用变风量空调箱的系统；三、在水系统中广泛采用‘步进控制’的方法来控制水泵和冷冻机的运行，此方法较实用，投资也较少。对香港地区因缺水而广泛采用风冷冷水机组和海水冷却水系统有深刻的印象。风冷机组虽耗电量较大，但某些特殊场合有其可选性。目前我们此类机组产品规格甚少，容量也小，应积极建议有关设备厂试制。香港地区空调系统的水管均采用黑铁管，而我们习惯用镀锌钢管，两者相比差价很大，若我们经过认真分析后也改成采用黑铁管，节约意义是很大的。”

43 开利（Carrier）公司，美国联合技术公司成员。1902 年成立于美国，其创立者威利斯·开利博士在 1902 年发明了全球第一套商用空调系统。20 世纪 30 年代上海的大光明电影院、中国银行大楼即采用了开利空调设备。1987 年，开利公司与上海电气集团（时称“上海电气联合公司”）合作成立国内第一家中央空调合资企业——上海合众空调设备有限公司。

44 麦克维尔（McQuay）公司，制造空调制冷设备的专业公司，创建于 1872 年，于 1992 年进入中国。

45 袁敦麟，见本书华亭宾馆篇。

46 据华东院资料，徐熊飞于 1984 年随虹桥宾馆考察团一行 9 人去香港考察。“有关弱电工种的产品重点了解，音响电视方面参观了索尼、松下、飞利浦、日立产品；电话方面看了瑞典洋行及北方电讯有限公司经销的电子程控交换机；无线呼叫方面参观了新一代（集团）有限公司的产品与使用单位，参观了保安工程公司所经销喷水设备及音乐喷水录像片，收集到宾馆弱电设备方面的大量资料。”据资料记载，虹桥宾馆电脑管理系统设计满足的管理内容有前台功能（总服务台预订、查询、登记、客房状态、旅客结账、餐厅管理、商场管理、电话记事）和后台功能（财务管理、旅客档案、仓库管理）。

47 中美上海施贵宝药厂，中美上海施贵宝制药有限公司成立于 1982 年 10 月，是上海第一家新建的中美合资企业，也是我国第一家中美合资的制药公司。这座代表 20 世纪 80 年代国际先进水平的现代化制剂药厂厂房采用全封闭、全天候，集生产、办公、仓库于一体的整体结构，厂房设计始于 1983 年，于 1985 年 10 月开业。

48 经向凌本立本人确认，凌总确为虹桥宾馆室内设计绘制过效果图，对大堂效果图有印象。

49 上海新锦江大酒店于 1988 年 11 月 8 日试营业，于 1990 年 10 月 8 日正式营业。

50 王伟杰，见本书上海电影艺术中心及银星宾馆篇。

进一步优化的“姊妹楼”—— 银河宾馆口述记录

受访者简介

林俊煌

男，1928 年 3 月生，浙江宁波人。1950 年 7 月于之江大学建筑系毕业后，留校任建筑系助教，1951 年 7 月起在华盖建筑师事务所、上海联合建筑师事务所任助理工程师。1952 年 7 月进入华东院工作，1988 年退休。教授级高级工程师、华东院主任建筑师。作为主要建筑设计人或设计总负责人参与的项目有上海第一医学院生理实验楼及学生宿舍、上海市总工会杭州屏风山疗养院、浦源工程机械厂生活区、崇明县第二人民医院、长春客车厂、新华医院、金山石化总厂腈纶厂、虹桥宾馆、银河宾馆等，以及马里卷烟厂、马里火柴厂等援外工程。其总体主持的上海十六铺客运站设计为上海市 1982 年优质工程之一。曾获上海市优秀设计一等奖、上海中苏友好大厦设计奖章。1956 年上海市先进工作者。银河宾馆工程设计总负责人。

徐子方

男，1935 年 11 月生，上海人。1957 年毕业于同济大学建筑系。1958 年分配至北京水泥工业设计院工作，1960 年 4 月调入华东院工作，1995 年退休。高级工程师、华东院建筑师。在彭浦机器厂推土机车间、日本引进外贸万吨蕴藻浜冷库、上海科技情报站情报大楼、上海外国语学院留学生宿舍、石化总厂海滨旅馆、石化总厂技工学校、上海粮食局二十二层高层住宅、杭州屏风山疗养院四分院、静安区中心医院、上海港医院、城隍庙豫园商城等项目中任建筑专业负责人或项目总负责人。曾获上海市优秀设计一等奖优秀主导专业设计奖、上海市重点工程实事立功竞赛个人记功。银河宾馆主楼建筑方案设计者，建筑扩初及施工图设计、绘图、校对。

俞有炜

女，1935 年 5 月生，祖籍浙江吴兴。1958 年 7 月毕业于清华大学土木工程系工业与民用建筑结构专业。同年分配到江苏省建设厅勘察设计院工作。1963 年调入华东院，1995 年退休。高级工程师、华东院结构工程师。参与或负责设计桂林芦笛岩茶室、上海虹桥机场候机楼（20 世纪 60 年代）、上海鼓风机厂扩建工程、上海外滩长航局售票大楼、小北门高层住宅、虹桥宾馆及银河宾馆主楼、大众汽车厂一期工程等项目的结构设计，以及盘谷银行、友邦大厦等外滩优秀历史建筑的抗震加固工程。对地基加固多有创新和实践，曾获上海市建委优秀专业设计奖 2 次。著有《建筑桩基概念设计与工程案例解析》，参编《民用房屋设计与施工》。银河宾馆结构施工图设计、校对。

周志刚（1936.9—2021.5）

男，生于上海。1963 年毕业于同济大学工程力学系，同年分配至华东院，在建设部组织的工民建设计培训班学习 10 个月。高级工程师、华东院结构专业副组长。1988 年后在光华勘察设计院工作，1996 年退休。光华勘察设计院副总工程师。曾任长宁区建设委员会重大项目审批专家组成员，上海市招投标专家组成员（1993—1998 年）。参与陕西鼓风机厂、上海鼓风机厂、金山石化总厂腈纶厂等工业项目的组织设计工作，承担上海科技大学电子物理楼、清江百货大楼、海运局综合楼、龙吴路仓库、上海工程技术大学的多栋科研楼和教学楼、淮海路新世界商场、虹桥宾馆、银河宾馆等多层、高层和超高层项目结构设计。银河宾馆结构施工图设计、校对。

陆道渊

男，1956 年 12 月生，祖籍福建。1983 年毕业于同济大学建筑工程分校工民建专业，同年进入华东院工作，2016 年退休。教授级高级工程师、华东院结构副总工程师兼所结构总工程师。主持和参与许多高层、超高层建筑、会展、剧院等项目的设计和科研工作。获中国建筑设计奖建筑结构金奖、上海市建筑学会首届科技进步一等奖、重庆市科技进步二等奖、上海市科技进步三等奖、中国土木工程詹天佑奖等奖项，有 12 项授权的国家发明专利。银河宾馆结构施工图设计、绘图。

王伟杰

男，1963 年 11 月生，上海人。1986 年毕业于同济大学结构专业，同年 8 月进入华东院工作，1992 年赴日进修学习一年。历任华东院副总经理、华建集团上海现代建筑装饰环境设计研究院有限公司总经理（2016 年 7 月至今）。参与虹桥宾馆、银河宾馆、解放日报大楼、世贸商城、豫园商厦等项目结构设计。作为项目总负责人或项目经理参与上海市高级人民法院、上海科技大学、世博中心、黄浦江两岸贯通工程（浦西黄浦段）、崇明花博会南园等项目。2014 年度上海市重大工程立功竞赛中被授予建设功臣称号。银河宾馆结构施工图设计、绘图。

许宏禊

男，1942 年 11 月生，江苏镇江人。1965 年毕业于哈尔滨工业大学土木系供热通风专业。1965 年 9 月参加工作，1981 年 8 月进入华东院工作，2002 年 1 月退休。高级工程师、华东院暖通专业顾问总工程师。曾担任解放日报社新闻大楼、银都大厦、万豪大酒店、四季酒店、南京国际商城、大上海会德丰广场、上海大剧院、国家图书馆（二期）、世博洲际酒店、东方之门等重大工程的暖通专业负责人或审定人。获上海市优秀设计三等奖暖通专业二等奖、市优秀设计二等奖暖通专业二等奖、市优秀工程设计一等奖、优秀工程设计暖通专业一等奖等奖项。主编《现代建筑空调设计丛书（第二版）：酒店空调设计》，发表多篇论文。银河宾馆暖通工种负责人、施工图设计、绘图。

林在豪

男，1935 年 7 月生，浙江鄞县人。1951—1952 年先后就读于宁波无线电工程学校、上海南洋模范无线电工程学校。1962—1967 年，同济大学供热通风专业函授本科毕业。1953 年 2 月进入华东院工作，1999 年 12 月退休。教授级高级工程师、华东院动力主任工程师。承担大量锅炉房、煤气站、氮氧站、液氧气化站、油库及供油系统等设计，担任专业负责人的主要项目有戚野堰机车车辆工厂、嘉定核物理研究所、杭州西泠饭店、上海显像管玻璃厂、上海耀华皮尔金顿浮法玻璃厂、浦东国际机场一期能源中心等。主编上海市标准《城市煤气管道工程技术规程》《民用建筑锅炉房设置规定》。曾获全国科技大会重要研究成果奖、全国优秀建筑标准设计三等奖、上海市优秀设计二等奖，以及上海市科技进步二、三等奖。银河宾馆施工图动力组组长。

吴银生

男，1949年10月生于上海，祖籍安徽合肥。1971年1月应征入伍，1974年复员，同年4月进入华东院工作。1988年2月—1990年2月于上海市业余土木建筑学院修读给水排水专业。2009年于华东院退休。华东院给排水工程师。参与或独立承担宝钢总厂旅馆、虹桥宾馆、银河宾馆、福州外贸展览馆、交通银行改造工程、华东旅游大厦、新客站售票楼、全国通信产业贸易中心、上海书城、中共上海市委党校教学综合楼、上海城隍庙给排水改造工程等项目的给排水设计。参与设计的虹桥怡景苑工程获建设部城乡优秀勘察设计二等奖、上海市优秀住宅工程小区设计一等奖，国家图书馆二期工程暨国家数字图书馆项目获中国建筑学会建筑设备（给水排水）优秀设计二等奖。银河宾馆给排水施工图设计、绘图、校对。

采访者： 忻运、钱程、张应静、姜海纳

文稿整理： 忻运、孙佳爽

访谈时间： 2020年5月13日—2020年11月5日，其间进行了10次访谈

访谈地点： 静安区孙克仁老年福利院、石门二路258号，黄浦区汉口路151号、四川中路213号

银河宾馆

银河宾馆（左）与虹桥宾馆（右）

建设单位：上海市旅游局华亭（集团）联营公司
设计单位：华东院
施工单位：上海市第八建筑工程公司(土建工程)、上海市基础工程公司（打桩工程）、上海市工业设备安装公司（安装工程）
技术经济指标：用地面积 15 900 平方米，建筑面积 65 367 平方米
结构选型：现浇混凝土外框内筒板柱结构
层数：地上 33 层（另有 1 个屋面餐厅、2 个技术夹层），主楼地下 1 层
建筑总高度：107.4 米（室内外高差 0.85 米，±0.000 相当于绝对标高 0.85 米，±0.000 以上至屋顶标高为 106.55 米）[1]
标准层层高：2.8 米
柱网尺寸：主楼 4.25 米 ×4.95 米、裙房 8 米 ×8 米
扩初设计时间：1984 年
施工图设计时间：1987—1988 年
竣工时间（主楼结构封顶）：1988 年
地点：上海市长宁区中山西路 888 号

项目简介

银河宾馆是虹桥宾馆的姊妹楼，与虹桥宾馆同时规划，主楼于 1986 年 8 月开工。其与虹桥宾馆造型相似的主楼平面为弧面三角形，这一三角形元素在大型多功能厅、商场、迪斯科舞厅等裙房建筑的造型中得到了呼应，咖啡室、桌球室、卡拉 OK 室、保龄球场等娱乐设施和配套服务也均位于裙房。主楼地上 33 层（不含机房、屋面餐厅和技术夹层），建筑总高度 107.4 米（含机房和屋面餐厅），包含单间、套房和豪华型套房在内的客房共计 844 间，是 20 世纪 80 年代为数不多的由上海自行投资、设计、建造的涉外高级宾馆之一。大堂宽敞明亮，采用较少见的双层入口，将团体旅客和散客进行分流。银河宾馆开业于 1990 年，1991 年被评为四星级宾馆，曾获 1991 年上海市优秀设计一等奖。2014 年被阳光新业集团收购，现已转型成为商务办公楼，更名为 88 新业中心。

1. 银河宾馆
2. 虹桥宾馆

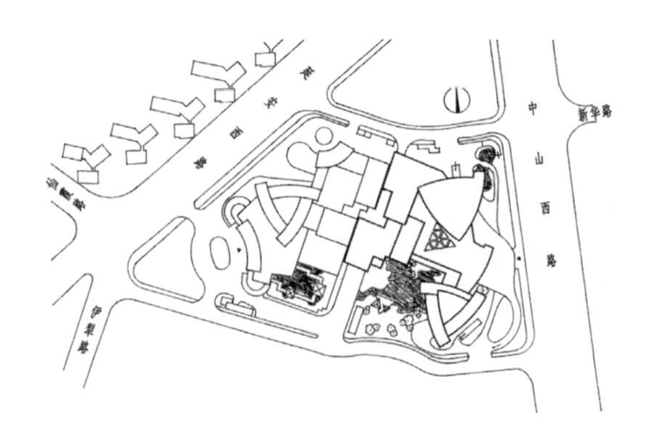

银河宾馆总平面图

1. 客用电梯厅
2. 服务电梯厅
3. 客房
4. 理发、美容室
5. 体育室
6. 迪斯科舞厅
7. 厕所
8. 桌球室
9. 卡拉OK室
10. 多功能厅
11. 小餐厅
12. 会客室
13. 衣服间
14. 厨房
15. 风味餐厅

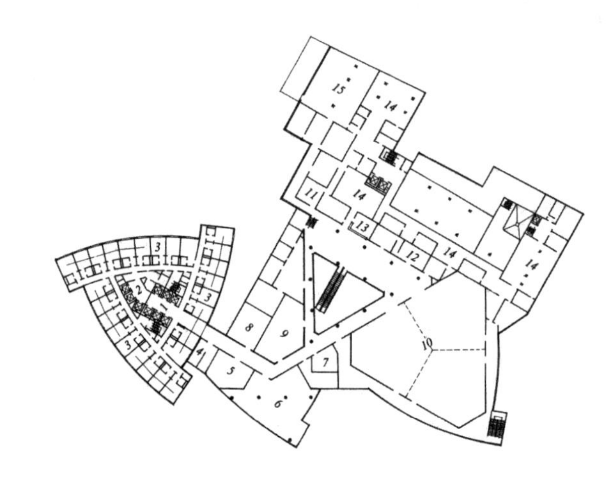

银河宾馆三层平面图

1. 大堂
2. 客用电梯厅
3. 服务电梯厅
4. 行李房
5. 办公厅
6. 计算机房
7. 总服务台
8. 电话
9. 厕所
10. 咖啡茶座
11. 酒吧
12. 中餐厅
13. 快餐厅
14. 小餐厅
15. 陪同餐厅
16. 职工餐厅
17. 厨房
18. 锅炉房及煤场
19. 上下高架车道

银河宾馆一层平面图

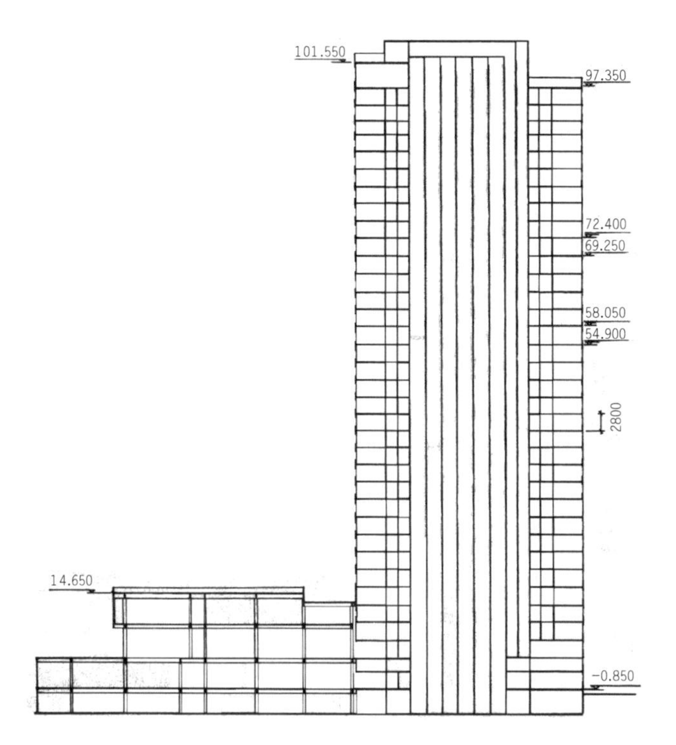

银河宾馆剖面图

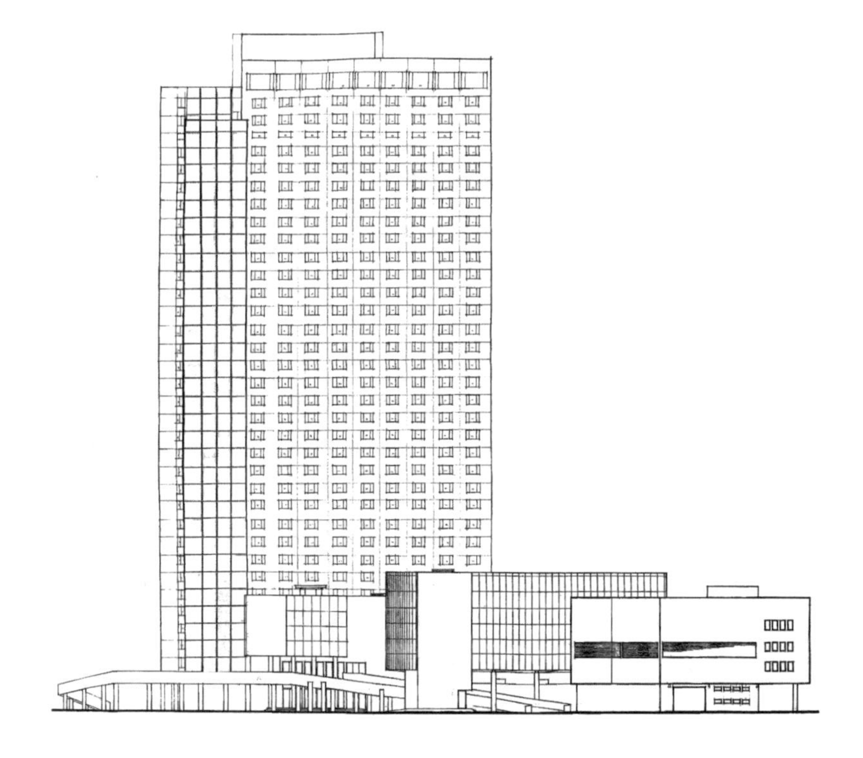

银河宾馆立面图（由裙房北立面与主楼北立面施工图图纸拼合而成）

“银河”“虹桥”交相辉映

钱程　虹桥宾馆、银河宾馆的命名有何由来？

| 林俊煌　虹桥宾馆、银河宾馆的名字都是上海旅游局定的。关于虹桥宾馆的命名在当时就各有想法，还有建议叫上海玉兰宾馆的。我们坚持认为应叫虹桥宾馆，因为这个地区就叫虹桥，以地区名字给宾馆命名，更具有地标性。可是当时叫虹桥的宾馆已经有一个了——机关事务管理局的虹桥迎宾馆[2]，属于国宾馆，在级别上仅次于西郊宾馆[3]。后来是市领导定夺说可以叫“虹桥”，能争取到“虹桥宾馆”这个名字也花了很多力气。虹桥、银河都是天空中壮丽的自然现象，那么有了虹桥，它的姊妹楼就叫银河了，也是取了“疑是银河落九天”这个典故。

银河宾馆入口中庭

忻运　银河宾馆与虹桥宾馆相比有什么不同？

| 林俊煌　虹桥宾馆与银河宾馆基地平面呈梯形，总用地面积 3.1 公顷，前期规划就是要建两座宾馆。虹桥宾馆在基地西面，东面留给银河宾馆，两座宾馆主楼造型、结构大致是一样的，平面形式上翻转了一下[4]。银河宾馆靠近中山西路，项目扩初设计阶段（1984 年）延安西路、中山西路高架开始规划，为此设计抬高入口大堂为两层，且两层均设有入口。二层是散客入口，小轿车从坡道可到达二楼门厅；一层是团体旅客入口，入口前可停大巴车。旅行团的人数多，用分层入口处理，使大批游客、大件行李及大型巴士都不用上二层[5]。

| 徐子方　两个宾馆的主楼几乎是一样的，不过银河宾馆比虹桥宾馆（102.45 米，地上 31 层）高一点，一共有 800 多间客房，客房的尺寸、布置与虹桥宾馆均相同。银河宾馆的裙房采用了玻璃幕墙[6]，门厅采用浮云式吊顶，在当时是一种解决建筑声学问题的新技术，这是虹桥宾馆没有的。垂直交通方面，银河宾馆采用的也是奥的斯（OTIS）电梯，客梯有 6 台，行李货梯有 3 台，比虹桥宾馆多一台货梯，其中两台货梯兼作消防梯。银河宾馆客房外的公共走道比虹桥宾馆宽了 5 厘米，是“争取”来的宽度。高层建筑的平面面积不能随便放大，如果每层多 50 平方米，三十三层就是 1650 平方米，经济性就降低了，业主是不答应的。

钱程　入口分两层处理在银河宾馆项目中是首创吗？

| 林俊煌　这个概念是当时我们设计人员自己考虑出来的。当年宾馆入口这样分层处理的案例应该不是很多，至少我不知道。那时国内刚刚开放，来旅游的外宾增加很多，特别是旅游团，宾馆要适应接待团体游客的需求，所以就考虑了双层大堂、分两个入口处理的办法。另外当时上海的宾馆资源也非常紧张，有外宾或者外省市的亲戚朋友来上海，需要托熟人才能安排住上一个酒店房间。布置尽可能多的客房是当时社会的需要，项目业主方——上海旅游局也有这样的要求，那么设计就要适应它，所以银河宾馆客房数达到了 800 多间[7]。

忻运 那么银河宾馆是怎样在不增加建筑面积的情况下，使公共走道变宽的呢？

| 徐子方 虹桥宾馆公共走道两边砖墙采用的是 12 厘米宽、24 厘米长、6 厘米厚的实心砖，砌出来的墙厚 12 厘米。到银河宾馆时，上海出了一种新型多孔砖，砖块厚度变成 9 厘米。砖墙的砌法其实是多种多样的，把砖头颠倒过来直着砌，使墙厚从 12 厘米变成 9 厘米，每边多出 3 厘米，两边应是 6 厘米，土建施工没那么精确，因此实际上是 5 厘米。

钱程 银河宾馆是通过怎样的设计使得客房数量显著增加的呢？

| 林俊煌 虹桥宾馆二至四层都是诸如桌球室、接待室、会议室、餐厅等公用设施，而银河宾馆二层以上都是客房，且主楼内的大堂面积比虹桥宾馆小，原本会占据主楼两三层的公共部分从主楼里分离出去，放到了裙房，那么可以容纳客房的楼层就相应增加了：一个标准层有 27 个房间，三层差不多就是 100 个房间，就是这样“挤”出空间来放客房的[8]。

钱程 银河宾馆作为和虹桥宾馆同处一个地块的姊妹楼，与虹桥宾馆有共用的设施吗？

| 林俊煌 银河宾馆和虹桥宾馆的主管单位都是上海旅游局，最初的设想是两个宾馆可以有必要的联系，所以虹桥宾馆（裙房）屋顶原本预留了连接通道，可供人们经通道从银河宾馆走过来，共享虹桥宾馆的文娱设施[9]。但银河宾馆的设施还是比较全的，觉得没有连起来的必要，况且两个宾馆在后续的运营中还存在一定的竞争关系，因此实际使用中并没有连通。虹桥宾馆、银河宾馆的配套设施是比较完整的，桌球室、游泳池等都考虑到了，还配备了同声翻译系统[10]。当时我们整套设计三星级、四星级宾馆的经验不多。

忻运 银河宾馆设计的时候汲取了虹桥宾馆的经验？

| 徐子方 由于虹桥宾馆外立面面砖效果不是特别理想，当时院里的项院长（项祖荃[11]）、方总（方鉴泉[12]）、蔡博（蔡镇钰[13]）和郁工（郁正荃[14]）、程维方[15]等人一起讨论商决银河宾馆外立面为白色，采用一种小而薄的国产无光瓷砖，最后效果还不错。

| 林俊煌 本来银河宾馆、虹桥宾馆两栋姊妹楼是想设计成一样颜色的。虹桥宾馆的外立面用的是添加了金属粉末的小瓷砖，来自一家日本公司，由香港建筑商介绍来的，他们介绍说金属面砖的效果和玻璃幕墙差不多。我们在工地上试贴过，看看效果还可以，就没有去实地考察这个面砖用于整个大楼外立面是怎样的效果，并且面砖选择了类似茶色玻璃的深色。贴上去之后才发现，上海的天空有时灰蒙蒙的，设计希望呈现的立面效果出不来。倪天增[16]副市长后来为此还专门给我写了一封信，说虹桥宾馆立面效果不是最理想是由多种因素造成的，而且和整体环境有关，等到将来整个虹桥地区都开发出来，各种各样的楼都起来，会有不同的反响。虹桥宾馆的深色面砖是比较大胆的选择，银河宾馆索性就用白色[17]，而且是用了国产的瓷砖[18]，比较稳妥，建成后与虹桥宾馆形成一深一浅的对比，也挺好。

钱程 银河宾馆项目各专业的工种负责人和主要建筑设计者是谁？

| 林俊煌 银河宾馆项目的建筑工种负责人是程维方，但银河宾馆主楼与虹桥宾馆主楼的形式一样，都是徐子方设计的。结构工种负责人是俞陛根[19]，强电工种负责人是屠涵海[20]，李道卿[21]是主要设计人，文若兰配合设计，弱电工种负责人是徐熊飞[22]，暖通工种负责人是许宏禊，胡仰耆[23]是主要设计人，动力工种负责人是张钦奂[24]，动力组组长为林在豪，给排水工种负责人是戴毓麟[25]，吴银生参与较多。1989 年前我担任虹桥宾馆和银河宾馆两个项目的工程设计总负责人，郁正荃是副设总。1989 年我退休后，郁正荃担任银河宾馆设计总负责人。在华东院领导下，虹桥、银河两个宾馆各工种负责人和设计人很好地完成了任务，我借此向设计团队表示感谢。

| **徐子方**　主塔楼从方案到施工图都是我做的，裙房方案是王嵘生做的、施工图是程维方等建筑师绘制的。银河宾馆裙房与主楼基本脱开，双层大堂也是在裙房里的，主要由裙房建筑设计考虑，主楼只要配合留出入口。

参与结构设计的新老工程师

姜海纳　银河宾馆距其西南角的地下水库位置很近，这给地基设计带来什么难点？

| **俞有炜**　银河宾馆的桩基用的是钢管桩[26]，并在打桩过程中考虑了挖防震沟、袋装砂井、钢板桩等保护措施。除了要保护附近的万吨水库和大直径地下水管道，银河宾馆主楼下的砂性土相对较厚、沉桩难度高是选择钢管桩的另一原因。

姜海纳　那时候有使用钢管桩的条件吗？

| **俞有炜**　恰巧宝钢[27]有一批钢管要低价处理，所以正好用上[28]。而且相较虹桥宾馆的预应力混凝土空心管桩，钢管桩管壁薄，桩尖不封闭，是开口钢管桩，挤土量小，对场地周边环境影响小得多，施工进度也快。

姜海纳　距银河宾馆主楼东面约 40 米处有一个大直径地下水管，邻近的桩基施工会对此水管造成影响吗？

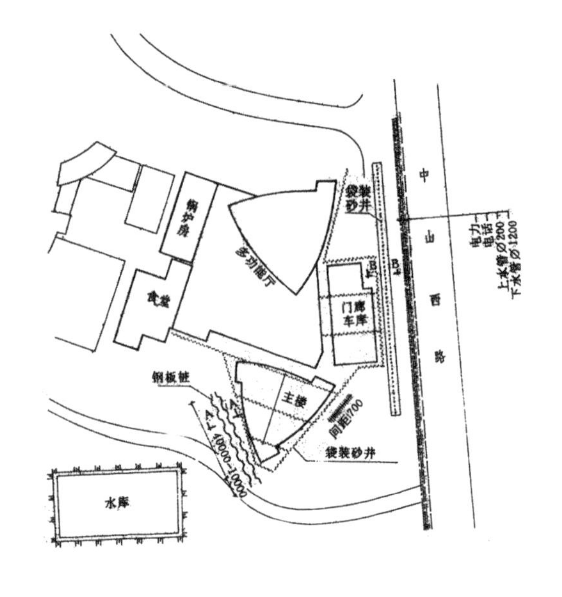

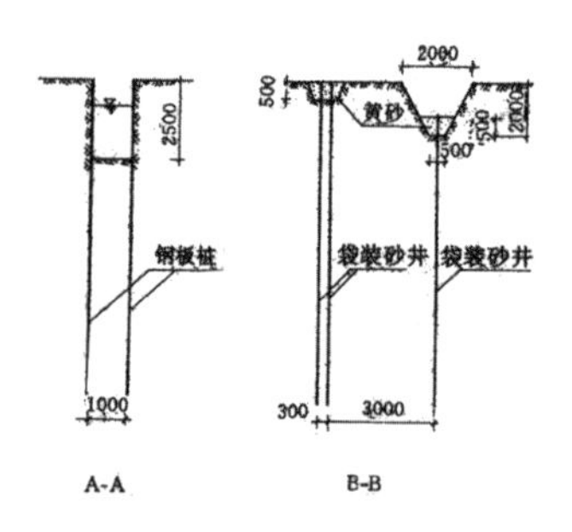

水库、地下管线防护措施布置图
引自：《上海八十年代高层建筑结构施工》
（上海科学普及出版社，1993 年），145 页

| **俞有炜**　考虑到这一点，打桩时应用了信息化施工，在这个水管周边都布置了测点。一旦土层位移达到可能引起水管爆裂的程度，马上停工，等超孔隙水压力减小后再打[29]。监测每天不间断，上午、晚上各测一次，都有报表记录。为了保证施工安全，工人都是动员过的，都很敬业。桩基施工完毕后，还要对建筑物沉降进行长期的沉降观测[30]，这项工作由当时华东院地基组承担。

忻运　虹桥宾馆和银河宾馆的主楼结构设计您都参与了？

| **周志刚**　两个宾馆主楼结构的主要设计人是黄宏溵和我。两个塔楼都是现浇混凝土框筒体系，不同之处在于银河宾馆的筒体里比虹桥宾馆多了一部电梯，是 9 部电梯。外观上看，银河宾馆（地面以上含机房、屋面餐厅和技术夹层共 36 层）比虹桥宾馆（地面以上含机房、屋顶餐厅和技术夹层共 34 层）多了两层。但多一部电梯意味着多开一个洞，结构上并不是简单翻转就可以解决的，加两层内力也都不同了，所以要全部重新计算、重新做图纸，市领导、上海旅游局商量后决定照旧支付设计费用给华东院。

忻运　银河宾馆的结构电算也是去北京兵器部算的吗？

| **周志刚**　第一次虹桥宾馆的结构电算是去北京借用兵器部的电脑算的，那是 1984 年，银河宾馆项目进度大概比虹桥宾馆晚两年，当时上海的计算机容量增加了，可以在上海计算，就没有再去北京[31]。

忻运 银河宾馆相比虹桥宾馆在结构技术上有进步吗？

| 陆道渊 主楼的结构基本差不多。我主要参与了银河宾馆的裙房设计，其中最具有挑战性的是多功能厅上方的空间网架，整个多功能厅是一个无柱大空间。虹桥宾馆和银河宾馆主楼平面都是弧面三角形，需要在裙房有一些三角形的元素与之相呼应，这就体现在银河宾馆裙房多功能大厅的顶部[32]。这个三角形状的屋顶是建筑师设计的，但结构专业要配合建筑专业实现它。这是我入职华东院后第一次设计螺栓球节点钢网架，院里当时还没人设计过空间网架结构。开始设计这个钢网架结构是1985年，当时自己找资料看[33]、参加学术会议，边干边学地摸索。那时院里也有自己开发的网架程序[34]，但计算机没有像现在那么发达，计算还都是穿纸带打孔的那种，所以我也自己手算。网架由等边三角形构成，根据对称性原则，可简化成六分之一形体算出一个近似的解。初步设计的时候，我用差分法来解了一个十二元一次方程，在刚度不变等假设前提下，计算出网架内力大小和杆件粗细，解决了网架的初步设计。到施工图设计阶段，计算机又有了一定的进步，在电算辅助下完成了网架结构的施工图设计。令我印象最深的是，网架结构需满足建筑设计的悬挑要求，三边中最大悬挑长度为8米。在正常使用情况下，悬挑网架结构的支座上部杆件受拉，我就按照受拉杆件设计了，并没考虑安装流程为内部的网架先施工。因此，在悬挑网架还没搭好时，支座上方杆件受压，工人打来电话说杆件都压弯了，让我看怎么处理。我跑到现场让他们马上把悬挑部分安装起来，才使支座上方杆件恢复到设计中的受拉状态[35]。银河宾馆入口中庭的屋顶采光窗也是钢网架结构，和多功能厅屋顶钢网架结构相同，但多功能厅的屋顶是钢筋混凝土预制屋面[36]，入口中庭的屋顶是玻璃采光天窗。

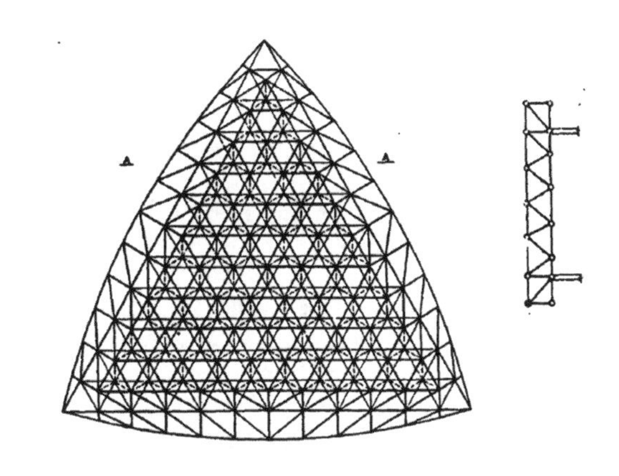

银河宾馆网架结构示意图
引自：陆道渊《上海银河宾馆网架的设计》，《中国土木工程学会会议论文集》，1988年，44页

张应静 网架的高度是多少？会影响层高以及与设备专业的配合吗？

| 陆道渊 网架结构高度是2.8米，相当于一个梁高，上、下两层弦杆由中间的斜腹杆连接，这个空间不能浪费，我与银河宾馆暖通专工程师胡仰耆商量着要尽可能让设备管道、风管等从网架杆件之间的空间穿过去，不占网架下方的空间[37]。怎样安排风管和其他设备管线，避免其与网架的杆件碰撞，需要一定空间想象力。我们用泡沫塑料切了一个圆模拟网架节点，看杆件相交处是否会碰撞，又用纸做成网架的空间关系，模拟各种走线方案。这次结构专业和设备专业之间的配合对我来说是印象最深刻的。

姜海纳 银河宾馆项目是您进院后的第一个项目吗？

| 王伟杰 算是吧，虹桥宾馆我只画了一小部分图纸，银河宾馆大量结构施工图都是我画的。1986年，我与张俊杰[38]、林文蓉、黄良同期进入华东院，被分配到第一设计室（以下简称“一室”）[39]。我们是改革开放以后进院相对较早的一批大学毕业生，进院后的带教老师都是20世纪五六十年代大学毕业的资深老工程师，经过他们的指教、提点，很多与我同期进院的同事现在都已走上行政岗位或技术岗位的领导层。俞有炜是分配给我的带教老师，她父亲是同济岩土力学的奠基人，在学术方面她受父亲的影响

很深，基础非常扎实，思维灵敏。当时的副组长周志刚也带着我学习实践，是我进院时重要的引路人之一。我跟着这两位老师学到了很多。

姜海纳 银河宾馆项目给您留下哪些难忘的回忆？

| 王伟杰 银河宾馆在虹桥宾馆对面的东华大学（时称“中国纺织大学”）进行现场设计，前后大概有一年时间，那时虹桥宾馆已经在施工。20 世纪 80 年代工程师的地位很高，当年小轿车还不常见，甲方每天早上会派一辆高级的进口丰田考斯特停在院门口接设计团队去做现场设计，设计原则也是技术人员说了算。现场设计还有甲方给的补贴费，大概是每天一到两块钱（人民币），我们大学毕业第一年工资每月才 67 块钱（人民币），第二年转正后涨到 72 块钱（人民币）。

银河宾馆的设计有几点我印象特别深。首先，这个项目的平面图中有很多弧形曲线，我们使用的画图板是模型组根据曲线弧度定做的。那时设计师有两项基本功：一是写仿宋体，二是修改图纸时用剃须刀刮硫酸纸的刀工，这两项技能练好了，出图速度就快。我的基本功是在银河宾馆项目里得到了锻炼，本来仿宋体写得不太好，经过这个项目进步了很多。其次就是放样和跑现场。当年不像现在可以在电脑上轻松操作，是在东华大学的室外篮球场上按 1:1 的比例放样，一个礼拜还要跑工地好几次。夸张点说，直到今天银河宾馆的梁多高多宽、里面有几根钢筋我都记得。在现场学放样、在工地上看钢筋怎么扎，都对我真正理解结构设计的内部逻辑帮助非常大。

姜海纳 当年设计规范中对抗震是否有明确的要求？

| 王伟杰 当年虽然规范里还未明确将上海的地震烈度上升到 7 度，超高层建筑结构计算已经考虑 7 度抗震了。但由于缺少专业分析软件，梁、柱等小地方进行抗震计算难度很大，只能按整体计算，重要节点在构造上按照 7 度设防。那时计算机比较落后，小组里用各种计算工具的都有，年轻工程师多用计算器，我用了 34 年的计算器是我在进华东院时可用于结构计算的最先进的电子产品；还有几个老法师用算盘、计算尺。华东院较早地成立了电算站，计算难度较大的高层建筑可以将数据提供给电算站去算，一算就是一整晚，速度很慢。

姜海纳 银河宾馆设置了两个技术夹层，是因为总高度超过 100 米要求设置两个避难层吗？

| 王伟杰 我印象中银河宾馆是按每十五层要设置一个技术夹层的要求，设置了两个技术夹层，可以兼作避难层，夹层层高往往低于 2.2 米，不计入建筑面积。银河宾馆和虹桥宾馆的高度原则上要控制在 100 米以内，因为超过 100 米的话各种设计要求会更高，造价不可控。当初审批时，屋顶水箱、机房等均未计入总高度，以大屋面标高来算高度不到 100 米。但这种高度的建筑，无论是从消防、结构还是机电角度，都必须要做技术夹层：从结构抗震上来说这是加固层，也叫刚性层，能有效加强整体结构刚度，避免大楼变形；从机电的角度来说，这也叫设备转换层，中间水箱、机房、管道交叉、卫生间管线的转换都要放置在这个夹层里。

暖、动、水专业的钻研与实践

钱程 作为银河宾馆项目的暖通工种负责人，您在该项目的暖通设计中遇到哪些问题？

| 许宏禊 银河宾馆项目启动前，华东院已经设计、建造完成了联谊大厦、虹桥宾馆等高层建筑，虹桥宾馆项目的暖通设计我只做了一层大堂，银河宾馆的暖通设计则由我全部负责。从暖通专业角度我们总结了高层建筑建成后的一些问题。

高层建筑制冷机房的端吸式空调水泵及其减震台座位易产生明显位移，甚至导致橡胶软接头爆裂。发生这类故障的原因，首先在于高层建筑中水泵进水口所承受的静水压力远大于其进水口软接头可承受的拉力，不可照搬多层建筑空调水系统的设计方法。其次是水泵在启、停过程中的某个瞬间与它的减震系统发生共振，这时泵与减震器之间摩擦力为零，水泵就在进水口静水压力的作用下发生轴向位移。共振次数越多，位移量越大，最终拉裂软接头。为了避免上述问题，银河宾馆选用水平开壳的卧式双吸泵[40]，并保证出、进水口的直径相同，使水泵进出口承受的静水压力处于平衡状态。水泵减振设计运行成功，不仅确保了施工质量，还被工程队推广到他们负责的其他工程当中。

另一个问题就是排风。由于高层建筑上层风速较高且风向多变，一般设置于高层建筑技术层的客房卫生间总排风口无法正常排风。在银河宾馆中，暖通设计将总排风口分别设在技术层靠近南北方向的两面外墙上，并在其排风静压箱上设置活动百叶排风口[41]，使排风量不受风向变化及高空风速加大的影响。

钱程　银河宾馆项目还有哪些当时堪称先进的设计？

| 许宏禊　20 世纪 80 年代，上海的清洁能源十分紧缺，建筑节能的概念初步形成。银河宾馆暖通设计的节能措施有两个方面，一是该项目的空调冷水系统采用二级泵系统[42]，可以随着负荷的变化而不断改变冷水的供水量，适时地调整转速，减少能耗。此外，由于空调的主要负荷一般在额定负荷的60% ～ 70% 之间，额定负荷的实际工作时间很少，选择合理的二级泵型号可以把水泵最高效率点定在主要负荷的工作点处，有助于进一步减少能耗。二是在餐厅、多功能厅、会议室等人流密度大且变化快的场所，日常室内人数可能只有最大人流量的 1/2 ～ 2/3，若始终按照最大人流量所需的新风量运行，其浪费的能源可想而知。银河宾馆中首次使用根据房间二氧化碳（CO_2）浓度调节空调系统新风量的控制系统，使大空间场所的空调系统达到更好的节能效果[43]。孙格非[44]在看到银河宾馆暖通设计总结时，曾开玩笑地对我说："如果把这个控制系统写在工程总结报告上，其他人很快就都知道了，而且可以无代价地使用，你不再考虑一下？"我觉得只要能起到节能作用，多一个人知道比少一个人知道好。那个时代多数人还不太考虑专利和个人利益，该节能措施后经普及，最终收录到《公共建筑节能设计标准》（GB 50189—2005）5.3.8 条中。

钱程　银河宾馆项目还有哪些让您难忘的回忆？

| 许宏禊　我在设计该项目的负荷、控制阻力和平衡时都是手算，这样方便后期的检查和调试，做到心里有底，和业主、施工单位、设备工厂沟通起来也比较有依据。记得在采购银河宾馆风机盘管设备时，我们从甲方介绍的一家由香港代理商负责联络的日本空调厂家订货。根据我提供的技术要求，代理商提出将与之匹配的 400 型风机盘管更换为 300ss 特殊型即可满足。在业主同意后，我坚持要求供应商在供货时提供相应的性能检测报告，并在抽检时发现产品各指标和普通的 300 型风机盘管样本一模一样，并非特殊型。因此，我向业主提出银河宾馆无法接受这批风机盘管，除非得到香港大学或同济大学实验室的检测报告，证明其技术性能完全满足标书的要求才能认可，否则应全部退货。

当时由于风机盘管已经运抵上海，供应商选择在同济大学测试，在双方同时在场的情况下，抽取两台设备进行全面的性能检测。检测的结果证明设备性能仅符合普通 300 型的性能参数，日本厂家质疑同济大学的试验台是否符合标准，再派专人对试验台做全面检查，但最终没有发现任何问题。之后，日本厂家的亚太区总经理出面，协调结果是更换原电机的电容器，加大风机转速以提高机组风量。最终，厂家提出赔偿和全面修复的方案：所有风机盘管更换了电机的电容器，交由同济大学重新测试，并赔偿 5 万美金和 50 台电机。随后同济提供的噪声测试结果比我们要求的 36 分贝高了 0.5 分贝（实际要高出此测定值）。此事发生后，关于风机盘管设备进场前必须见证抽样、送权威部门检测的要求，于 2007 年写进了我国的《建筑节能工程施工质量验收规范》[45]。

此外，1990 年春，我和团队一起去新加坡为银河宾馆的暖通设计进行考察，这也算是甲方对于设计人员扩大眼界的一种鼓励。我们在新加坡重点参观了一幢四十层的双子塔办公楼[46]，并仔细观摩了电动防烟卷帘设施现场调试的主要过程，当时我们在国内还不曾接触过这种设施。同时，新加坡对于避难层的设计理念和国内也不尽相同，他们的避难层平时可作为内部职工休闲与调节情绪的场所，当时国内高层建筑并没有这样的设计。

钱程 对于银河宾馆的暖通设计，您还有什么体会？

| 许宏禊 银河宾馆的暖通设计还是有遗憾的，比如地下室的洗衣房设计。当时考虑到烘干机上面没有设置过滤器，发热设备又热辐射很高，加之干洗部使用的干洗剂含有对人体有害的四氯乙烯，所以根据专业洗衣设备公司提出的要求，设计采用全新风工位送风装置，在不增加送风量、不降低送风温度的前提下，最大限度地改善工人的劳动条件[47]。但实际使用中，发现送风温度仍高于空调系统的送风温度，操作工人还是觉得工位送风的风速不够。吸取了银河宾馆的经验，我在后来设计四季酒店[48]的时候，通过进口洗衣设备公司的介绍尝试使用了湿式烘干机排风过滤器，同时将干洗部、熨烫部与洗衣房其他不含有害物质的工序部位分开设置，并在清洁工部设置回风，可以使整个洗衣房的平均温度降至 27℃。既节省了能耗，又大幅地提高了洗衣房工作环境的舒适度。

忻运 银河宾馆的动力设计有什么特点？

| 林在豪 银河宾馆是虹桥宾馆的姊妹楼，动力工种配合负责两个宾馆的锅炉房设计。虹桥宾馆与银河宾馆建造时间有先后，所以锅炉房是分开的。那时锅炉房还靠烧煤，银河宾馆锅炉房出口烟道与虹桥宾馆主楼烟囱相接，需要经过一段架设在外墙上的室外水平圆形钢板烟道[49]。为了蒸汽能互为备用，提高供汽可靠性，虹桥宾馆锅炉房分汽缸上留了一个接口，最后用一根蒸汽管道与银河宾馆锅炉分汽缸连接。除尘上都采用“双级蜗旋除尘器”[50]，是我们动力组胡志和、张钦奂两人一边做工程一边做除尘器科研任务开发的干式除尘器。

姜海纳 “双级蜗旋除尘器”这个科研任务的背景是什么？

| 林在豪 当年华东院对科研很重视，每年要有科研计划，做科研是算工作量和人工成本的，科研成果也都用于项目中。“双级蜗旋除尘器”这个科研任务花费了几年时间，当时上海很多设计院都在研制。那个时候烧煤锅炉很多，但是除尘方法不多，除尘效率高的除尘器不多。50% ～ 60% 的除尘效率是比较小的，我们的设计一般可达到 70% ～ 80%。最早的除尘器是单级除尘器，双级除尘器上部比单级除尘器多一个蜗壳，烟气从上面的蜗壳切线进入下一级完成除尘，除尘后的气流再旋转上升从中心筒排出去。它的原理是气流进入除尘器后速度很高，灰尘被甩到壁上，在自身重力作用下掉落，所以甩得越厉害，除尘效果越好，但同时要确保气流排出时不能把底下的灰尘带上来，不能有漏风，因此排尘口要用水封设备配合。

姜海纳 除尘技术后来又有怎样的发展？

| 林在豪 随着除尘要求的提高，根据不同的除尘原理有了各种除尘器，除了电除尘以外还有布袋除尘、水喷淋除尘等，可以根据容量、煤的品种、排放标准等选择不同种类的除尘器。后来，油代替了煤，除尘设备就不需要了。再后来，天然气又把油替代掉了，上海的空气质量好了很多。动力设计从前受能源、

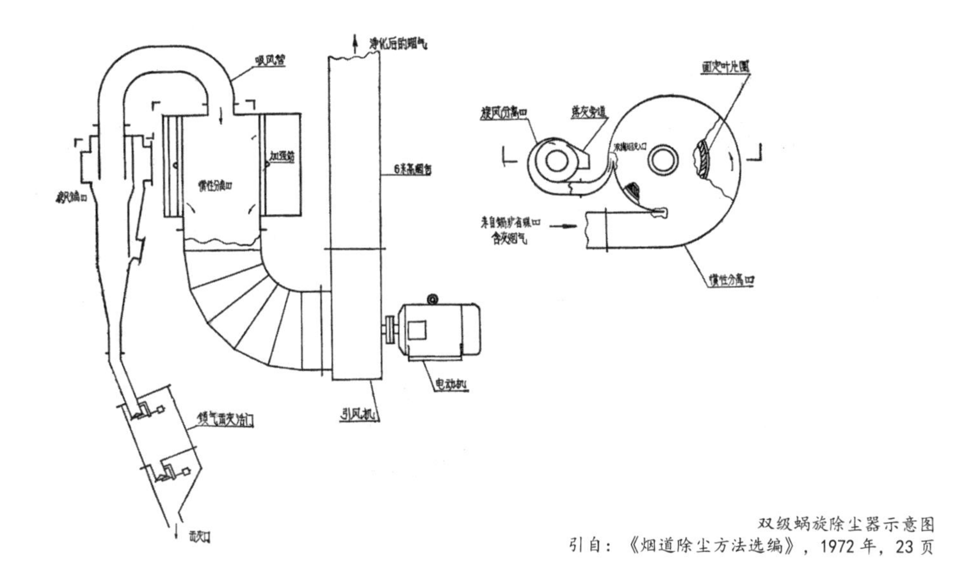

双级蜗旋除尘器示意图
引自：《烟道除尘方法选编》，1972 年，23 页

成本限制较大，现在环境影响成为了决定性因素，国家对环保的要求只会高不会低。但技术也在不停地进步，提出新的要求就会有新的设备来满足。

钱程　银河宾馆的给排水设计有哪些特点？

丨吴银生　宾馆给水水源是城市自来水管网[51]，自来水进入地下蓄水池，经过石英砂过滤，过滤后活性炭吸附、紫外线消毒，再加次氯酸钠[52]。地下室的大型过滤器[53]是内地生产的，里面要衬橡胶，否则铁的（过滤器）没多少时间就生锈了。楼内供水先进屋顶水箱，再进中间水箱，这在当时已经是比较成熟的做法了[54]。排水设计方面，当时延安西路和中山西路的市政管网都已经完善，污水和雨水都接入市政管网处理。排水管道也是内地生产的，那时排水管道的材料还是铸铁[55]，十年后基本就都用塑料管道了。热交换器是香港生产的，材料为紫铜，体积小、制热交换效率高、稳定性高[56]。作为涉外宾馆，银河宾馆对洁具要求也比较高，当时国内生产的洁具还达不到那么高的要求，所以脸盆、浴缸和坐便器都是进口的美国标准牌产品。这些特点与虹桥宾馆是一样的。

结束宾馆的使命

姜海纳　虹桥宾馆和银河宾馆改造，您都参与了？

丨王伟杰　我刚调到环境院时，团队就接到了虹桥宾馆的改建项目，改建后更名为虹桥郁锦香酒店（2017 年）。甲方通过老图纸上的图签签名找到了我，因为我对大楼原有的结构比较熟悉，就作为设计顾问协助甲方进行了虹桥宾馆的改造。30 年后还能再次参与到这个项目中，真是冥冥之中的机缘。银河宾馆有两次改造：第一次改造是十几年前的事，将外立面改为保温铝板材料，要找负责人确认结构上可行并签字，原来的主要设计者大多已退休，就由我签了字。第二次改造涉及功能上的转变，银河宾馆开业以后，上海陆续建成了很多高档酒店，市场竞争压力很大，但是它的区位很好，所以新业主希望将其改造为办公楼[57]。改造是甲方自己做的，但是要获得我们的认可，也找到了我签字。酒店改办公只是层高会矮一点，其他方面从技术上是可行的，办公楼的楼面荷载相比酒店反而是轻的，结构上也不需要额外加固。

姜海纳　主楼的板柱结构按现在的规范是不满足要求的，改造中怎样解决既有结构与现行规范的矛盾？

| 王伟杰　目前大量建筑面临城市更新，但像外滩的老建筑，包括华东院的办公楼（汉口路 151 号），都是按照当年的规范建造的。（这些建筑）在正常使用情况下绝对安全，但如果要严格按照现行抗震规范来“套”，就只能拆除重建，政府机构、主管部门也要考虑可操作性。所以如果改造按照当年规范建造的既有建筑，则不要求百分之百符合现行规范的要求，只是抗震上有条件地加固节点，大原则是改造后的安全性比改造前高。审批条件也会适当放宽，譬如消防上考虑性能化防火设计，结构上通过检测来确保是安全的。这样老建筑才有可持续的未来。

姜海纳　板柱结构在 20 世纪 80 年代具有怎样的意义？

| 王伟杰　虹桥宾馆、银河宾馆应该是板柱结构体系在超高层建筑里面较早应用的案例，难度是非常大的，之前在仓库、厂房等多层工业建筑中应用得比较多。

姜海纳　当年采用板柱结构时既无消防规范也无抗震规范。现在再看当时的图纸，您仍然觉得这种结构形式是安全的吗？

| 王伟杰　这种结构的安全性是绝对没有问题的，之所以现在用得少是因为抗震要求提高了。其实到目前为止，除非是灾难性的地震，这种结构在常规使用情况下通常不会有问题，但为了确保在极端情况下结构更加安全，在高层建筑中还是建议少用。

1　本高度数据来源为华东院存档建筑施工图图纸。

2　上海虹桥迎宾馆，位于上海市虹桥路 1591 号，于 1983 年 1 月开业，是坐落于幽静自然环境中的一组庭院式高级宾馆。

3　西郊宾馆，1960 年上海市委受中央办公厅交办建造一座招待所，为中央领导同志来上海工作和休息之用，选定虹桥地区淮阴路两侧三十多家花园别墅组合为建设基地，建成使用后称“414”招待所，十一届三中全会后中央和上海市委决定招待所对外开放，名为“西郊宾馆”。

4　据郁正荃《上海银河宾馆设计》（《时代建筑》，1992 年，第 4 期，41-44、49 页），“为避免与虹桥宾馆主楼雷同，将其高低错落的方向相反设置，使两个主楼相互依赖、互相平衡，成为一个群体中的一对姊妹主塔楼，位于各主要干道的视点交汇处。两个主塔楼相距 80 米，平面上适当错开，使客房的视线互不干扰，朝向良好”。

5　据郁正荃《上海银河宾馆设计》，“东面在面向主干道中山西路处分设底层、二层两个旅客入口，由新华路进底层入口后，经南面的规划道路转入中山西路或延安西路，二层入口由高架道路上、下坡与总体出入口连通，形成本区域内部的立体交通路线，底层主要解决团体旅客的进出，二层作为散客的出入场所，这样的设想既解决了总体内部交通路线的交叉，又能适应中山西路形成高架干道后，门厅的主入口仍然处在显著的地位”。

6　据郁正荃《上海银河宾馆设计》，裙房“用浅蓝色的玻璃幕墙……与其他用房的白色面砖实墙面形成明显的虚实对比及色彩的调和”。

7　据何椿霖主编《中国经济特区与沿海经济技术开发区年鉴（1980—1989）》（北京：改革出版社，1991 年，339 页），银河宾馆“拥有客房 844 间”，而虹桥宾馆有“各种客房 661 套”。

8　据郁正荃《上海银河宾馆设计》，为增加银河宾馆客房数量，“将主楼与裙房基本脱开，主楼客房直到二层，在底层、二、三层有连廊构（沟）通”。

9　据郁正荃《上海银河宾馆设计》，“从经济效益出发，使裙房的屋面与虹桥宾馆的裙房的绿化屋面相连通，使两个宾馆的公共设施可以互相补充使用，一些较大的文化娱乐设施，如虹桥宾馆已有的室内游泳池、桑拿浴室等，银河宾馆不再设置，而虹桥宾馆所没有的保龄球场、卡拉OK、迪斯科舞厅等由银河宾馆补设，使两个宾馆的大型文娱设施汇成一体，既提高了宾馆各自的等级又可相应节约投资”。

10　据沈恭主编《上海八十年代高层建筑设备设计与安装》（上海科学普及出版社，1994年，96页），银河宾馆“多功能厅设置无线同声翻译系统，采用红外激光控制方式，有40套代表席，200套一般席，能满足国际会议的需要”。

11　项祖荃，见本书联合大厦篇。

12　方鉴泉，见本书华亭宾馆篇。

13　蔡镇钰（1936.6—2019.3），男。1956年9月自南京工学院建筑系本科毕业后进入北京市设计院工作。1959年10月—1963年5月，于苏联莫斯科建筑学院公共建筑系学习，1964年4月获得建筑学副博士学位。1963年10月，进入华东院工作，1998年6月退休。中国工程设计大师、教授级高级工程师、上海华建集团资深总建筑师、华东院总建筑师。

14　郁正荃，见本书虹桥宾馆篇。据华东院资料，为银河宾馆内装修使用的意大利产大理石的质量、品质以及异形柱角边拼接要求的质量及技术问题，他随考察团于1990年年初在意大利巴罗纳与供应大理石的厂方进行了研究讨论，确定了技术要求，并参观了几家意大利较大型的大理石厂的加工工艺。

15　程维方（1930.10—2020.2），男，1952年10月进入华东院，1990年12月退休。高级工程师、华东院建筑师。

16　倪天增，见本书花园饭店篇。

17　据郁正荃《上海银河宾馆设计》，“从形式反映功能及经济实用的基点出发均采用银白色1500毫米×2100毫米的铝合金窗框及净白片玻璃，用白色面砖与之相协调而混为一体，三个边的端部用白色面砖实墙面”。

18　据华东院资料记载，程维方曾于1987年8月赴日本考察面砖生产，参观厂区车间生产线，“觉得他们虽然生产工人不多，但管理水平较高，最后检验一关也掌握较严格”，实验室尽管未允许考察团队参观，但“产品陈列室说明科研工作被相当重视”，为便于银河宾馆工程能做出较佳选择，从日本带了一些新产品面砖回国。据编者向林俊煌、徐子方求证，银河宾馆外立面最终使用材料为国产。

19　俞陛根，见本书上海电影艺术中心及银星宾馆篇。

20　屠涵海，见本书上海电影艺术中心及银星宾馆篇。

21　李道卿，见本书虹桥宾馆篇。

22　徐熊飞，见本书上海电影艺术中心及银星宾馆篇。

23　胡仰耆，见本书虹桥宾馆篇。

24　张钦奂，见本书上海建国宾馆篇。据华东院资料，他于1974年负责《双级蜗旋除尘器》国标图集的编制工作，获得上海市科技成果三等奖，双级蜗旋除尘器被推荐为锅炉配套除尘器之一。

25　戴毓麟，见本书上海建国宾馆篇。

26　据沈恭主编《上海八十年代高层建筑结构设计》（上海：上海科学普及出版社，1994年，141页），“钢管桩的直径为609.6毫米，壁厚12毫米，长60米，分四节，每节15米，桩端进入第九层土，桩端标高为－67.45米，设计中参照虹桥宾馆的试桩资料，取单桩允许承载能力为250吨”。

27　宝钢是上海宝山钢铁总厂的简称，是中国1949年以来建设的规模最大的现代化钢铁企业，于1978年3月经国务院批准建设，以显著增强我国钢铁工业能力，减少进口钢材，节省外汇支出。宝钢第一期工程于1985年9月建成投产。

28　据俞有炜《建筑桩基概念设计与工程案例解析》（北京：中国建筑工业出版社，2010年，125页），“按照当年的价格，60米预应力空心方桩单价为8000～9000元/根，同样承载力的钢管桩约为20000元/根，钻孔灌注桩介于二者之间，但承载力较低。因此进行经济比较时，预制桩为首选”。

29　据《上海八十年代高层建筑结构设计》（141页），“打桩的流程是先打主楼长桩，后打裙房桩，为防止打桩对万吨级水库的影响，长桩的施工顺序是由西南面水库方向开始，然后转向东南面，最后东北面”。另据沈恭主编《上海八十年代高层建筑结构施工》（上海：上海科学普及出版社，1993年，144页），“沿中山西路边110米长管线上设立7个点，实测平面位移累计0～3毫米，垂直位移1.0～2.9毫米；水库处设立6个点，沉降累计最小5毫米，最大7.4毫米。同时，场内还设置了10个孔隙水压力观测点”。

30　据《上海八十年代高层建筑结构设计》（141页），“沉降观测于1987年11月开始，此时结构已完成九层，最后一次观测于 1992 年 4 月，最大沉降量为 54 毫米，与前一次 1 月份相比，沉降量增值为 2 毫米，日平均沉降量为 0.02 毫米，已趋稳定”。

31 据本书联谊大厦篇王国俭口述，1985 年华东院通过建设部引进 VAX-11/780 并成立了计算机站，5 月引进了 VAX-11/850 小型机系统，自此不再需要去北京进行结构计算。

32 据郁正荃《上海银河宾馆设计》，“将主楼曲面三角形引伸到裙房建筑中，即大型多功能厅、商场等做成低层大三角体形，迪斯科屋顶等用小三角形与之相协调，形成一个以曲面三角形为主题相互衬托的群体建筑物”。

33 据陆道渊《上海银河宾馆网架的设计》（《第四届空间结构学术交流会论文集》，1988 年，51-54 页），“针对本工程的建筑体型外边线是一个曲线，而内是一个三角形的特点，我们查阅了许多文献资料决定采用三角形的网格”。

34 据陆道渊《上海银河宾馆网架的设计》，“网架的计算分析与绘图是采用华东院的空间网架结构自动化分析及辅助设计系统（GRIDCAD），它是以网架的结构重量为目标函数进行结构优化计算并自动调整杆件截面，使其达到最小用钢量”。

35 陆道渊在《上海银河宾馆网架的设计》中对网架悬挑部分引起的杆件内力性质转变有如下分析：“这种内力性质转变过程的快慢同荷载的大小变化有关……由于荷载变化在支座附近有一个敏感区域，在这个区域里外荷载一有变化，杆件内力就会发生根本性的变化。对于设计人员来讲，由拉力变为压力杆件容易产生失稳破坏，故应该在这个敏感区域内按压杆来考虑。”

36 据陆道渊《上海银河宾馆网架的设计》，“整个网架是通过单面弧形支座支承在 15 根钢筋混凝土桩上。网架的屋面板采用带肋的三角形薄板，板上并铺有人造皮革。网架的屋面排水坡度是通过在上弦节点立小立柱来解决”。

37 据陆道渊《上海银河宾馆网架的设计》，“上弦杆、下弦杆长度为 4 米，在网架内装有消防喷淋、电器、通风等管道及检修马道”。

38 张俊杰，男，1963 年 8 月生。1986 年清华大学建筑系毕业进入华东院工作至今。现任华东院总经理、党委副书记，首席总建筑师。

39 虹桥宾馆、银河宾馆设计任务原由华东院二室承担，但据华东院资料，虹桥宾馆副设总、银河宾馆设总郁正荃 1984 年为二室三组建筑师，1987 年为一室主任工程师，故推测这期间华东院应进行过科室调整。

40 双吸泵作为离心泵的一种重要形式，因其具有扬程高、流量大等特点，在工程中得到广泛应用。这种泵型的叶轮实际上由两个背靠背的叶轮组合而成，从叶轮流出的水流汇入一个蜗壳中。双吸泵的叶轮结构对称，轴向所受静水压力出于平衡状态，运行较平稳。

41 据《上海八十年代高层建筑设备设计与安装》（90 页），“将每个排风系统的风口分成两个，分别置于类似‘纸风车’外伸角处的两堵朝向角相差 180° 的外墙上，并在风口内侧配有阻挡室外风倒灌的铝合金自垂百叶。无论室外风向、风速如何变化，每个排风系统总有一个排风口处于空气动力阴影区内，从而确保了主楼客房浴厕排风系统正常有效地工作”。

42 据《上海八十年代高层建筑设备设计与安装》（89 页），“冷水循环为二级泵系统，每台一级泵的流量与扬程同一台冷水机组相匹配，保持通过冷水机组蒸发器的水量恒定；二级泵满足所有空调器不同时刻对冷水流量的需要”。

43 据《上海八十年代高层建筑设备设计与安装》（90 页），“设计试选宾馆中人数变动较大的展览厅空调系统，在新风焓值大于夏季（或小于冬季）室内设定焓值时，依装在回风管内的 CO_2 传感器发出的信号来控制新（排）风与回风阀门的开度，在确保室内卫生条件的前提下，最大限度节省能耗”。

44 孙格非，见本书上海建国宾馆篇。

45 《建筑节能工程施工质量验收规范》（GB 50411—2007）于 2007 年 1 月 16 日发布，于 2007 年 10 月 1 日实施。

46 据华东院资料，许宏楔考察新加坡的时间为 1990 年 4 月 25 日—1990 年 5 月 9 日，“此行主要任务是了解汉维公司（即 Honeywell，今译霍尼韦尔）的控制技术及应用设备，拟定银河宾馆空调系统的控制方案。抵新后收到新加坡汉维公司的热情接待，安排我们参观了已建成的海滨广场（旅馆及购物中心综合建筑）等，使我们对该公司的业务范围、技术水平有进一步了解。在参观之余构思银河宾馆各点空调箱的控制方案，参观结束后即同香港汉维公司的陈景荣讨论冷冻机房、热交换站及十大点空调系统的控制方案并提供了书面控制逻辑框架及控制要求，比较圆满地完成了此行的主要任务”。

47　据《上海八十年代高层建筑设备设计与安装》（89 页），“为改善操作人员的劳动条件，将室外空气经适当冷却处理后，以空气淋浴的方式向岗位送风，风口用球形铝合金可调风口”。

48　四季酒店，位于上海市威海路 500 号，于 2002 年 10 月正式开业，2004 年被评定为五星级酒店。

49　据郁正荃《上海银河宾馆设计》，“除空调机房分层设置以外，其余设备用房设置在地下室，并使锅炉房远离主楼客房区，用排烟道与虹桥宾馆主楼内心的烟囱相接，直接排放到 103 米的高空中，主塔楼远离干道 20 米以上，保持了客房的安静与清洁”。

50　双级蜗旋除尘器“第一级是惯性分离器，其外壳是蜗式的……第二级是旋风分离器，是一个阶梯形的圆锥体……除尘原理是：含尘气流进入分离器后快速旋转，气流中尘粒因其惯性而产生离心力，逐渐接近并最后与分离器外壁碰撞后脱离旋转气流，沿筒壁下滑至集尘箱内”。详见：上海市城建局三废组、上海科学技术情报研究所编《烟道除尘方法选编》，上海：上海科学技术情报研究所，1972 年，20-22 页。

51　据《上海八十年代高层建筑设备设计与安装》（92 页），“由延安西路 ϕ500 市政干管及中山西路 ϕ1000 市政干管各引入一根 ϕ250 给水管，在基地间形成环网供应银河、虹桥两宾馆用水”。

52　据《上海八十年代高层建筑设备设计与安装》（92-94 页）“为保证宾馆生活用水水质符合国际标准，对给水进行深度处理。处理流程为：石英砂过滤、活性炭吸附及次氯酸钠消毒。水处理设备有 ϕ300 活性炭过滤器三台、ϕ2500 石英砂过滤器 3 台及次氯酸钠贮槽定量加药泵等。处理能力为 1000 立方米 / 天，该生活用水还经过紫外线消毒和冷冻处理，水温保持在 7 ～ 15℃，主要供应厨房制冰、冷盘、饮料及酒吧等处的低温饮用水”。

53　据《上海八十年代高层建筑设备设计与安装》（93 页），“给水的水处理装置有 6 台 ϕ3 000 毫米机械过滤器，是安装在地下室最重的设备”。

54　据《上海八十年代高层建筑设备设计与安装》（92 页），“楼内供水在高度上分为 3 个分区，在屋顶设 100 立方米水箱，在二十七层和十六层分别设 10 立方米中间水箱。各分区设独立水泵，与该区水箱组成一供水系统向该区供水。三十二层总统层另设一套气压给水系统，由屋顶水箱取水供该层使用”。

55　据《上海八十年代高层建筑设备设计与安装》（93 页），“污水、废水和通气管道全部采用国产铸铁排水管及排水配件，承插式石棉水泥接口……组织工程施工时，注意了用最少的配件和最少的接口，以节省管材和劳动力，为此，专门加工了一批非标准的管道配件，定制了一些短管段……该工程排水管道最大的管径为 ϕ250，国内尚无现成的成品配件，弯头、三通、异径管都要定制”。

56　据《上海八十年代高层建筑设备设计与安装》（93 页），“热水系统与冷水系统分区相同。各区设节能型容积式热交换器，热水水温由温度控制器自动调节，保持出水温度在 65℃左右。设机械循环系统。该工程共设 10 立方米汽水热交换器 9 台，2 立方米汽水热交换器 1 台”。

57　2014 年年初，阳光新业以 20.2 亿元总价先后收购了银河宾馆主楼 100% 股权及裙楼 90% 的股权，同年年底，上海市旅游饭店星级评定委员会发布公告，取消银河宾馆“四星”资质。

琴抒 —— 上海电信大楼口述记录

受访者简介

蔡镇钰（1936.6—2019.3）

男，江苏常熟人。1956 年 9 月，南京工学院建筑系本科毕业后进入北京市设计院工作。1959 年 10 月—1963 年 5 月，于苏联莫斯科建筑学院公共建筑系学习，1964 年 4 月获得建筑学副博士学位。1963 年 10 月进入华东院工作，1998 年退休。中国工程设计大师、教授级高级工程师、上海华建集团资深总建筑师、华东院总建筑师。担任国际卫星地面站、上海无线电车十八厂装配大楼、援建毛里塔尼亚伊斯兰共和国成衣厂和体育场、上海曲阳新村居住区规划及住宅设计等重大项目的设计总负责人。曾获上海市优秀设计一、二、三等奖等奖项。上海电信大楼项目设计总负责人。

许庸楚（1941.6—2023.2）

男，浙江杭州人。1959—1965 年，就读于同济大学建筑系建筑学专业。1965 年 9 月进入华东院工作，2003 年 6 月退休。教授级高级工程师、华东院副总建筑师。工作期间创作及担任设计总负责人的项目众多，主要包括上海国际通信卫星地面站、上海京银大厦、上海胸科医院、华东医院、合肥精品商厦、合肥交通银行、苏州金狮大厦、上海国际航运大厦、中联部改扩建工程等原创项目。曾获国家科技进步奖，建设部优秀设计一等奖，上海市七十年代、八十年代优秀设计，上海市十佳建筑奖，上海市优秀设计一、二、三等奖等奖项。上海电信大楼项目副设计总负责人、建筑专业设计负责人。

胡精发

男，1936 年 10 月生，福建永定人。1957 年 9 月—1962 年 10 月，就读于浙江大学土木系，毕业后分配进入华东院工作，1996 年 10 月退休。高级工程师、华东院所副总工程师。担任虹桥机场机务工程、上海光学机械研究所等项目的设计总负责人兼结构专业负责人，担任上海胸科医院等项目的结构专业负责人兼主要结构设计人。获国家科技成果完成者证书、部级科学技术进步一等奖、上海市优秀设计一等奖。个人获记功表彰、华东院先进生产者。上海电信大楼结构专业负责人、主要结构设计人。

姚彪

男，1938 年 2 月生，江苏扬州人。高级工程师、华东院结构专业主任工程师、组长。1958 年 9 月—1963 年 8 月，就读于南京市华东水利学院水港系，1963 年参加工作。1971—1973 年年初全过程参加全国第一本地基基础规范的编制直至送审稿。1974 年调入华东院工作，2000 年 2 月退休。工作期间三次被评为院优秀生产者。主要参加项目有毛里塔尼亚体育场、厦门凤凰山庄等。担任结构专业负责人的项目有安徽省电力局生产调度楼、曲阳新村等。上海电信大楼项目里参加了方案阶段的结构配合和扩初设计，施工图阶段承担了地下连续墙设计及上部结构局部平面的设计。上海电信大楼地下连续梁及上部结构主要设计人。

温伯银

男，1938 年 12 月生，江苏宜兴人。1958 年 9 月—1960 年 12 月就读于华中工学院无线电系，1960 年 12 月—1962 年 8 月就读于同济大学机电系。1962 年 10 月分配进入华东院工作，2000 年 11 月退休。上海现代集团资深电气总工程师、华东院电气总工程师。主持及指导的重大工程电气设计有上海商城、花园饭店、上海世贸商城、上海大剧院、东方明珠电视塔、上海广电大厦、上海金茂大厦、上海环球金融中心、浦东国际机场等，获多项上海市优秀设计一、二等奖。主编《智能建筑设计标准》（获上海市科技进步三等奖）、《智能建筑设计技术》。上海市建设系统专业技术学科带头人，享受政府特殊津贴。上海电信大楼冷冻机房及高压配电站设计人、柴油发电机房设计人。

王长山

男，1935 年 3 月生，江苏江都人。1955—1956 年就读于苏州建筑工程学校，1956—1958 年就读于上海建筑工程学校。1961—1966 年业余就读于同济大学给排水专业。1958 年 10 月进入华东院工作，1997 年 3 月退休。华东院给排水组长、高级工程师。先后承担金山石化一厂、苏州南林饭店、上海电视台大厦、上海浦东工商银行等重点项目的给排水设计，参与“1211”灭火装置的设计和试验。曾获上海市优秀设计一、二等奖，江苏省优秀设计二等奖。上海电信大楼给排水专业负责人。

林在豪

男，1935 年 7 月生，浙江鄞县人。1951—1952 年先后就读于宁波无线电工程学校、上海南洋模范无线电工程学校。1962—1967 年，同济大学供热通风专业函授本科毕业。1953 年 2 月进入华东院工作，1999 年 12 月退休。华东院动力专业主任工程师、教授级高级工程师。承担大量锅炉房、煤气站、氮氧站、液氧气化站、油库及供油系统等设计，担任专业负责人的主要项目有戚野堰机车车辆工厂、嘉定核物理研究所、杭州西泠饭店、上海显像管玻璃厂、上海耀华皮尔金顿浮法玻璃厂、浦东国际机场一期能源中心等。主编上海市标准《城市煤气管道工程技术规程》《民用建筑锅炉房设置规定》。曾获全国科技大会重要研究成果奖、全国优秀建筑标准设计三等奖、上海市优秀设计二等奖，以及上海市科技进步二、三等奖。上海电信大楼项目动力专业审定人。

周伟潮

男，1956 年 3 月生，江苏如东人。1982 年 9 月，上海电力专科学校热工动力专业毕业分配进入华东院工作，2016 年 3 月于上海现代集团现代都市建筑设计院退休。华东院动力专业工程师、注册公用设备工程师。主要参与的专业设计项目有新苑饭店、苏州南林饭店、上海国际展览馆、上海浦东国际机场供热供冷站等。曾获上海市优秀设计一等奖等奖项。上海电信大楼动力专业的锅炉房、柴油机房的总体管道设计人。

采访者： 姜海纳、孙巍巍、彭怒（同济大学）、高曦（同济大学）

文稿整理： 姜海纳

访谈时间： 2010 年 11 月 8 日—2020 年 10 月 15 日，其间进行了 12 次采访

访谈地点： 上海市黄浦区汉口路 151 号 2 楼会议室，访谈者家中，电话采访

上海电信大楼

上海电信大楼

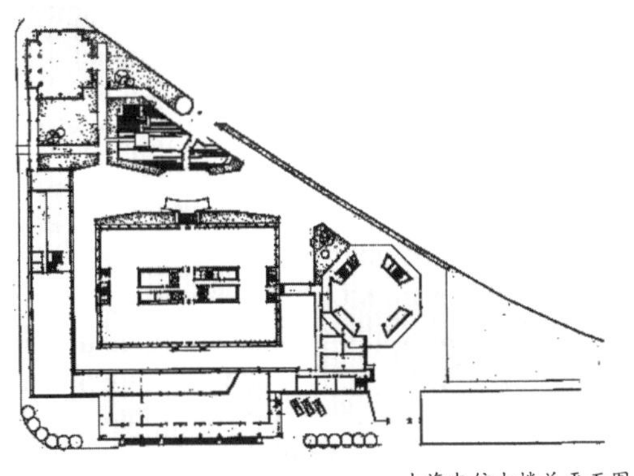
上海电信大楼总平面图

建设单位：上海邮电管理局
设计单位：华东院
施工单位：上海第四建筑工程公司
安装单位：上海市工业设备安装公司
经济技术指标：用地面积 1.5 公顷，建筑面积总建筑面积 43 764 平方米（主楼 35 908 平方米，辅助楼 7856 平方米）
结构选型：筒中筒结构（密柱框筒）
层数：主楼地上 24 层、地下 3 层
建筑总高度：131.8 米（±0.000 以上至屋顶最高处标高为 130.6 米，室内外高差 1.2 米，±0.000 相当于绝对标高 +4.8 米）
消防高度：屋顶结构顶面标高为 118 米（不算机房）[1]
层高：电信大楼一层 5.4 米；二至二十层 5.2 米；二十一至二十三层层高为 7.8 米，二十四层层高为 3.2 米
尺寸：54 米 ×34 米
立项时间：1976 年 1 月
初步设计批准时间：1981 年 1 月
开工时间：1982 年 9 月 27 日
土建竣工：1987 年 10 月 1 日
地点：上海市黄浦区武胜路 333 号

项目简介

上海电信大楼（即上海长途通信枢纽工程）设计以主楼为中心，矩形平面利用率较高，布局分区合理，外形壮观；东面为锅炉房、车库、食堂和浴室，通过连接廊与主楼连接；西面为变电室和冷冻机房，通过走道与营业大厅连接；西北角为柴油机房；北面为冷却水池，利用冷却喷水系统加上音乐控制喷水造型，组成音乐喷水池。上海电信大楼主要设置了国际国内电报、长话、传真、数据及微波通信等综合设施，工艺采用计算机的数字直接控制方式。1988 年 11 月，上海电信大楼建成投入使用，成为当时中国最大的长途通信枢纽，具备完整的通信手段，是可以完成陆（电缆）、海（海缆）、空（卫星）全部通信的现代化通信枢纽。上海电信大楼获国家科技进步成果一等奖、建设部科技情报二等奖、上海市优秀设计一等奖。

1. 过厅
2. 中央监控室
3. 男换班室
4. 女换班室
5. 总配线室
6. 线路控制室
7. 线路测试室
8. 无人机修理
9. 线路维修
10. 译码机房
11. 来报室
12. 派报室
13. 送报员休息室
14. 雨具烘衣间
15. 空调机房
16. 报底
17. 更衣室
18. 开水间
19. 变配电间
20. 男厕所
21. 女厕所

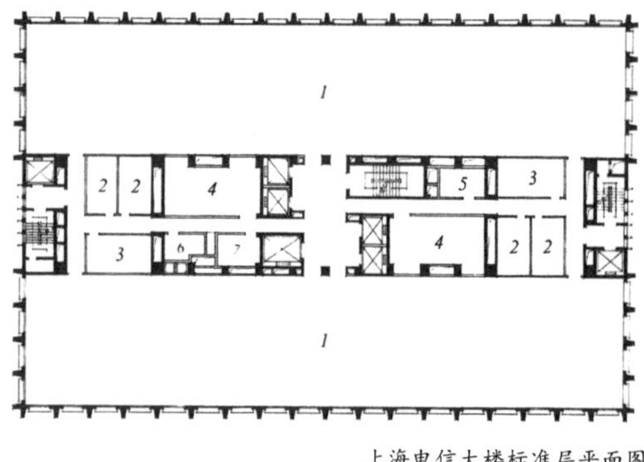

上海电信大楼标准层平面图

1. 机房
2. 更衣室
3. 值班室
4. 空调机房
5. 开水间
6. 女厕所
7. 男厕所

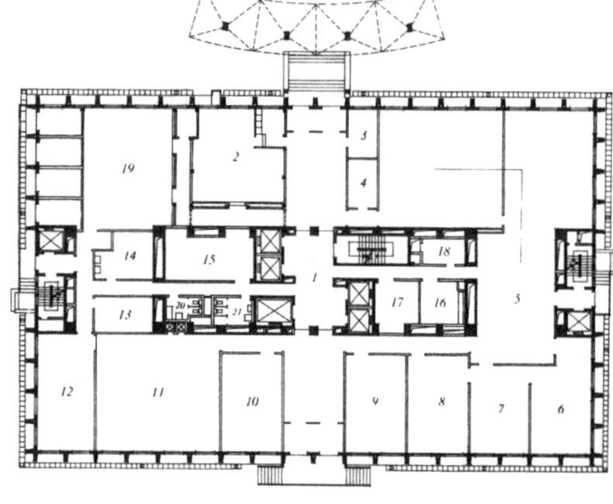

上海电信大楼一层平面图

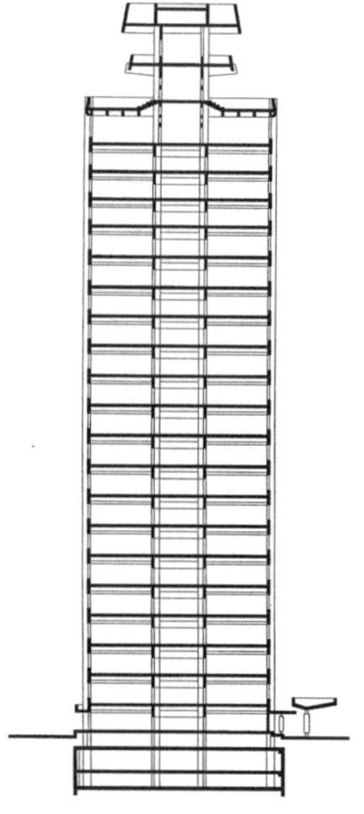

上海电信大楼剖面图

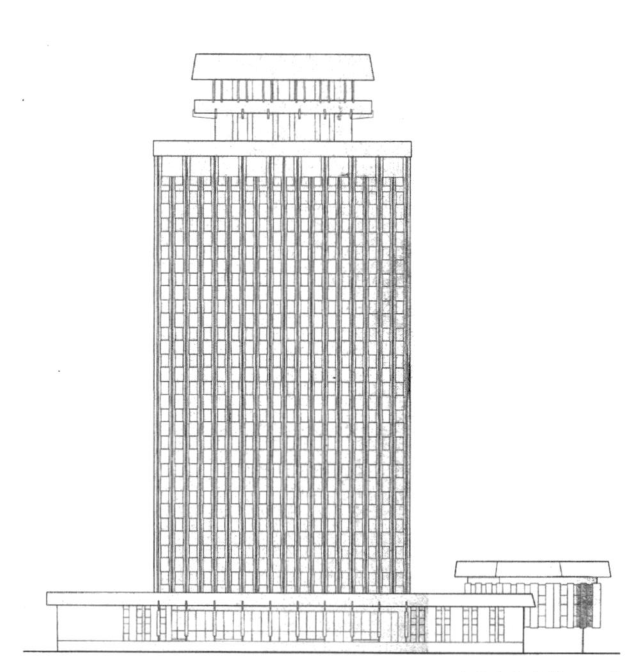

上海电信大楼立面图

“要饭也要建”

姜海纳 上海电信大楼是不是您的第一个通信类设计项目？

| 蔡镇钰 20 世纪 70 年代，我们设计过上海国际卫星通信地面站；20 世纪 80 年代，华东院的通信大楼也做了好几个，上海电信大楼不是我们设计的第一个通信楼。卫星地面站和电信大楼是上海的两个代表性的通信建筑，其总体布局及造型均借鉴了中国传统建筑的特点。上海电信大楼考虑远眺近观的视觉效果，白色主楼稳重大方，由裙房烘托而出，厚檐密柱挺拔向上，屹立在人民广场西南角。上海电信大楼的设计较好地处理了与人民广场的关系，整合了主楼、营业厅、食堂、车库及其他辅助建筑，形成了与人民广场主体建筑相协调的建筑群。

姜海纳 上海电信大楼是在什么背景下建造起来的？

| 蔡镇钰 早在 1976 年 1 月，国家计划委员会批准同意新建上海长途通信枢纽工程。而当时的电信部门只能租用和平饭店的顶楼办公，急需办公场地和现代化的通信设备。当时的业主方——上海邮电管理局领导坚决地说：“要饭也要建”，可见决心之大。[2] 在经历了多轮选址讨论后，最终选定人民广场西南角这块 1.5 万平方米，北靠武胜路，南临延安东路，西靠黄陂北路的三角形场地。当时的选址上还是一片窝棚式的简易民房，十分破败。经过千户人家的动迁安置，场地平整之后，当时正处于“文化大革命”时期，上海市革委会想用这块地来盖海关大楼，还想将上海电信大楼的图纸改建成海关大楼。不过经过曲折斗争，最终没有改成。一波未平一波又起，当大楼进行到扩初设计阶段时，在审批会上，带有“帽子”（大屋顶）、“裙子”（檐口，民族元素）的方案被代表领导批评，设计的空心立体图案墙板的窗间墙也被迫改为平的。

上海电信大楼立面局部

上海电信大楼入口

电话电报业务大厅

机房

国家科技成果完成者证书

证书编号：015968

中华人民共和国国家科学技术委员会

项目名称：上海長途通信枢纽工程

完成者：胡精发（第3完成人）

所属单位：华东建筑设计院

国家登记号：900373

登记日期：1991年6月

发证日期：1992年4月

胡精发荣获国家科技成果完成者证书

2017 年 7 月 5 日采访胡精发合影
前排左起：孙巍巍、胡精发、彭怒
后排左起：董斯静、高曦

姜海纳　上海电信大楼给您留下的难忘记忆是什么？

| 蔡镇钰　上海电信大楼的设计有两点让我难忘：一个是主楼设计的高度问题。设计时，我首先考虑的是建筑的高度、体量和地处人民广场西南角的城市关系。上海电信大楼的高度是经过仔细的设计推敲之后的结果。幸好，设计过程中电话局的三层办公用房加进了原本二十一层的电信大楼功能中，地上层数变为二十四层，再加上屋顶的露天通信设施，可以让我们在屋顶设计有“帽头”。当时的人民广场还相当空旷，如此开敞的周边环境没有一定高度的建筑，怎么能控制得住？再看看现在的人民广场，如果没有当时我们对高度的坚持，电信大楼早就被淹没在高楼林立的环境中了。

另一个是比例与尺度问题。上海电信大楼以机房设备功能为主，标准层层高是 5.2 米，总高度相当于四十四层的办公建筑（当时的一般办公楼结构层高是 3.0 ～ 3.5 米），如果立面处理不好，建筑高度就容易打折扣（指视觉高度受影响）。所以我在尺度上很注意，让人知道建筑一层的高度有接近实际两层的尺度，这个问题很重要！这也让我想起 1959 年国庆十周年参加“十大建筑”评选设计时，在那里我见到了梁先生（梁思成），那时我们天天通宵加班，梁先生来了两次，亲手画了两个人，一个是（身高）7 头半，一个是不到 7 头半大脑袋的，他就提到建筑的尺度问题。他说：“你看天安门最气派，它通过菱花窗、兰花头、瓦当，这些常人尺度来突显宏伟。建筑是 100 米高，就要让人看出 100 米的高度。所以，建筑的尺度掌握好了要用一辈子。”我记得 1987 年，上海电信大楼被列入上海市政府“15 件实事”之一，我们项目组还参加了立功竞赛表彰活动。上海电信大楼是 1987 年 10 月 1 日国庆节那天，正式开始受理国内、国际电报电话业务的。

姜海纳　您将中国古典建筑元素融入上海电信大楼设计，是否想表达内心对传统文化的传承？

| 蔡镇钰　我的确对中国古典园林和建筑充满了情怀，这与我少年和青年时期的求学经历有关。我在家乡常熟长大，父亲是虞山画派的国画教师，我从小就接受国画艺术的熏陶。家乡五色斑斓的民俗文化和父亲虞山画派的国画在我心里播下了热爱中华传统文化的种子。我 17 岁进入南京工学院（现东南大学），刘敦桢、杨廷宝、童寯、刘光华、齐康、钟训正、潘谷西都是我的老师，中国古典园林和建筑打开了我通往建筑设计殿堂的大门。我这一生都在学习和发扬我国传统哲学理念、朴素的生态观和优秀的建筑文化，希望结合先进的科学技术，放眼世界、回归中国，探索和成为一名具有中国特色生态建筑观的中华建筑师。[3]

上海电信大楼正是基于以上理念的实践。上海电信大楼设计吸取中国廊院式建筑的特点，主楼由三面辅房烘托而出，密柱外露，垂直线条有力向上，顶部结合功能冠以“帽头”式的塔楼，体现我国传统建筑精神。主楼主体顶部架空并外露微波天线，不但构成了与塔楼之间的过渡，而且具有通信建筑特点。传统的高层通信建筑一般为板式布局，上海电信大楼却是近似点式的布局，这样不仅突出了市府大楼的地位，还达到了通信电缆出线短，外墙面积少，导热系数小，符合通信工艺和节能的要求。我在《琴抒：蔡镇钰建筑选》[4] 这本书里也提到过，大楼造型构思立足于我国传统建筑精神，与现代建筑融为一体，追求新的地域风格。

“我感觉设计差距不是太大”

姜海纳 听说您毕业分配进院，一天单位都没进，直接去了“大三线”项目现场？您是怎么接触到上海电信大楼这个项目的？

| 许庸楚 这要从我的个人经历说起。1965 年，我从同济大学毕业后直接分配到华东院，借调到建工部第二综合设计院，直接从北京的建工部被派往“大三线”的遵义。所以，我毕业后的报到都没到上海。我和我爱人余舜华 [5] 在遵义地区待的时间最长，有 6 年之久，这期间绝大部分时间都在贵州遵义北部做军工建筑，直到 1971 年才彻底回院。

我从“大三线”回到院里时，蔡镇钰（以下统称“蔡博”）是我的组长，我和蔡博一起设计的第一个项目就是上海国际通信卫星地面站。1972 年尼克松访华，当时我国的商业卫星通信还是空白，为妥善解决中美建交电视转播，我国决定租用美国设备，并在北京和上海各建设一座卫星通信地面站。而当时上海国际卫星地面站的业主方就是上海邮电管理局，也是后来的上海电信大楼项目的业主方。做完上海国际卫星地面站项目后，业主就直接委托我们设计上海电信大楼。我和蔡博都喜欢设计创新，再加上经常合作，所以我们配合很融洽。我是上海电信大楼项目的副设总和建筑专业负责人，后阶段蔡博不再担任设总。上海电信大楼工程设计任务也是由上海邮电管理局的同志陪我去邮电部接回来的。

姜海纳 听说您为了上海电信大楼的选址，还对文物保护建筑的保存作出了贡献？

| 许庸楚 那是“文化大革命”期间的事情了。当时外滩汇丰银行大楼（今浦东发展银行）是市革委会办公所在地，我和我院的陈寿华 [6] 同志一起写了一份报告，目的是阻止当时的市革委会领导将外滩汇丰银行大楼加层后改造为上海电信大楼的办公场所的决定。我们在报告中申诉的理由是：第一，该大楼是历史建筑，建筑史上有它的特殊地位，是西洋古典风格的代表作品，有国际影响力；第二，无法复制的外墙加层需要进口花岗石，那时一提进口就需要外汇。冒险力争的结果便是该历史建筑得以保护下来。

姜海纳 上海电信大楼体现了民族形式在高层建筑设计中的探索和实践？

| 许庸楚 是的。我们在上海电信大楼高层建筑设计中做了一些民族化的探索和尝试。比如传统的台基和塔的布局，大楼的雨篷、柱廊以及营业厅、八边形食堂的建筑处理，都体现了现代技术和民族风格的结合，略向内倾斜的厚檐口是大屋顶的“写意画”。总平面设计中，由于主楼与裙房借鉴园林布局，采用分散式设计，主楼与副楼之间留有一定空间，较好地解决了繁杂的工艺及设备管线通道问题，也避免了由于高低层之间的不均匀沉降而引起的墙面、地面开裂等情况。

姜海纳 曾经被批评的“帽子”“裙子”其实是对中国古典元素的延续吗？

| 许庸楚 我们中国传统建筑就是坡屋顶、大檐口。上海电信大楼的入口檐口设计不能太薄，要厚一点，而屋顶的“帽子”设计是中国古典建筑大屋顶的延续。上海电信大楼里包含了国际国内的通信机房，屋顶上要放微波天线。我们还去了北京、广州、长沙等地参观学习。北京新建的长途电话楼在西长安街上，楼不算太高，屋顶的微波天线都用玻璃钢包起来。我和蔡博回来商量，通信楼的功能标志就是开敞式的空间，包起来信号要损失，传输受影响，我们就做屋顶敞开式的设计。蔡博从高度上考虑，要在屋顶上加“帽子”，我开玩笑地说：“你要我就给你戴一顶。”当时的总建筑师方鉴泉[7]说：“帽子小一点就小一点，太大也没意思。”我说：“方总，太小了也不行！”

“帽子”下面都是设备和机房，“帽子”里面都是放微波天线的构架。项目刚建完，我陪当时的上海市副市长倪天增[8]上屋顶去兜了一圈，他说看下来这个地方蛮好的，景观、文化都很好。后来开敞的屋顶都派上用场，变成一间间房间。

姜海纳 加了“帽子”以后的上海电信大楼在高度上独树一帜？

| 许庸楚 对，初始设计为地上二十一层，1985 年上海市计委批复加建三层标准层作为市话用房，让建筑高度上更挺拔。这在刚建成时的人民广场一带是独树一帜的。

姜海纳 那么建筑的高度在人民广场没有限高吗？消防是如何考虑的？

| 许庸楚 因为不是外滩附近，没有严格的限高要求。而且当时也没有专门的高层消防规范[9]，更没有超高层的划分依据，建筑师是通过参观高层建筑的相关案例作为设计的参考依据之一。消防审批部门依赖建筑师、工程师的设计经验和技术水平。我们得到了极大的信心，也承担着重大责任。

姜海纳 当时有没有参考国外设计的资料和经验？

| 许庸楚 我印象中没有。高层建筑消防问题首先引起了我们的重视，在高层建筑防火规范未出时，我们同市消防处研究，较好地解决了上海电信大楼的消防问题。当时国内大环境还是很封闭的，我们接触不到国外的信息，国外引进的技术很少。上海电信大楼实际上工艺非常复杂，里面包含了各级各类通信用房，我们当时设计得很苦。

姜海纳 为什么说这个项目打破了传统工艺和层高的束缚呢？

| 许庸楚 上海电信大楼本身的工艺性很强，集国际、国内市话、长话、电报、微波、载波功能于一体。那时候设计的电信大楼标准设备层层高一般是 5.7 米，设备通道宽是 7 米，走道宽是 3 米，踏步也比较窄。我和蔡博同邮电管理局的业主商量，考虑未来设备发展的前景，将来设备只会越来越小，因此我们建议将层高改为 5.2 米，以南北双 12 米大跨度，打破传统的 7 米跨条状通信传统的建筑尺度，便于工艺更新、节约能源。这是在广泛调查研究的基础上所做的决定，不仅适当地降低了层高，也节约了造价。同时，考虑高层建筑要便于施工安装，各类管线也要就近进入管弄，我们在设计上采用了垂直管弄分散布置，也可节省各类管线造价。

姜海纳 即便标准设备层层高降低到 5.2 米，也接近于当时普通办公楼标准层高的小 2 倍了！在立面设计上做了怎样的处理让它展现出与高度相适宜的尺度？

| 许庸楚 外立面设计是根据结构来考虑的。我们把柱子截面设计成梯形，这样外立面线条细而硬挺。

另外，由于层高的原因，项目实际的层数没这么多，又因为内部机房可以不开窗，为了外立面表达出尺度感，有的外立面地方设计了假窗，从而表达出办公楼的尺度。

姜海纳 设备和材料都是本土的吗？

| 许庸楚 除了因为当时条件所限进口了一些铝合金门窗外，其余的建材及设备绝大多数都是国产。为方便施工，大楼内部较早地采用干作业[10]装修材料，如塑料地板、轻钢龙骨石膏板隔墙及平顶等。

1987年，项目刚建成时，德国的一个建筑代表团来访，当他们从我这里了解到装修材料全是中国的，设计者、施工人员也都是中国人，绝大部分设备也是中国的，就竖起大拇指说："中国人了不起，即使在德国要建这样的大楼也不容易，过去我们对中国了解实在太少了。"我能感受到他讲的是真心话，因为当时在他们的印象里中国还是蛮落后的。业主的想法就是我们国家有的，就用国产的。我作为一个普通的建筑设计人员，能在工作中为自己的国家争光，心里也高兴。当然，这个楼建起来非常不容易。

吴英华 一般认为改革开放以后，我们跟香港在建筑设计上有差距？

| 许庸楚 我感觉设计上差距不是太大。我在20世纪80年代时曾多次去香港与他们的设计单位交流。我感觉我们院的设计实力蛮强的，日本的大事务所我也去过，也没有感觉设计上差距很大，香港大的建筑设计事务所不多，都是小型的，几乎没看到有华东院这样的规模，但他们在设计创新上有值得我们借鉴的地方。

姜海纳 上海电信大楼的设计在建筑和结构上都有创新点？

| 许庸楚 这个项目是华东院的原创设计，建筑和结构各有优点，互为助力。建筑打破原有传统的通信楼设计标准，从大楼的板式设计变为点式设计，从未来的设备更新和功能匹配角度考虑层高、跨度的设定，也因此将大空间的柱跨由原来的7米设计为12米，这是建筑功能和结构技术的双突破。我们的结构设计在技术上突破了很多挑战，我院的结构工程师们功不可没，通信楼要求百年不毁，筒中筒结构体系比较稳定，采用地下连续墙及逆作法施工亦为创新。

"通信楼要百年不毁"

彭怒 上海电信大楼是上海最早的筒中筒结构吗？

| 胡精发 是的。我们的研究得到了国家科技成果奖，研究人员都有一张科技成果一等奖证书，表明科研成果达到了新高度。上海电信大楼建成后又获得了建设部科技情报二等奖。

彭怒 外筒其实是密柱构成，东西两侧在核心筒对应的位置上还布置了边筒。边筒在受力上有什么作用？

| 胡精发 边筒受力很小，主要是内筒承重。侧柱比较小，起到抗拉抗压、剪力滞后的作用。

高曦 上海电信大楼上部结构的楼板和普通楼板不同，用的是叠合板吗？

| 胡精发 因为是高层建筑，当时受施工设备限制，采用叠合板——即先预制一层，上面再浇一层。当然，如果是全现浇的肯定是最好的，但当时的设备和工艺达不到全现浇的要求。计算的时候设计是假设平面刚度无穷大，但实际施工是做不到的，就要采用黏合的技术——即锯齿形预制板上加上钢筋再现浇一层。为此我们做了很多实验，北京的建筑科学研究院空间程序所配合我们。

高曦 当时是不是使用了接力泵，可以让混凝土打到更高的地方吗？

| 胡精发 接力泵是后期（高层部分施工的时候）使用，但是高强度混凝土像流水一样打一下可以，时间长了高强度混凝土流动性不够就打不动了。这里需要澄清一下，这一点和已经发表的相关论文不符。

彭怒 上海电信大楼用的混凝土标号是多少？

| 胡精发 400 号。这也是我们应用了研究的高强度混凝土技术的一部分。20 世纪 80 年代的建筑混凝土标号很低，一般是 200 号、250 号，300 号以上很少，达到 300 号、350 号已经很高了。我们的科研研究已经达到 800 号、850 号的高强混凝土。之后我院在石门路的供销大厦（现名称不知）里采用 650 号高强度混凝土作为研究试用过。

高曦 施工采用了外墙爬模工艺[11]？

| 胡精发 是的。20 世纪 80 年代后期的施工新技术就多了起来。

孙巍巍 上海电信大楼的地基基础设计是创新？

| 胡精发 是的。首先是地下连续墙，我们设计的地下连续墙只有 600 毫米，很薄！我们是通过计算分析得出的。我们中国一个搞结构的人（忘记人名了），比我年纪还大，他觉得连续墙技术可行，但是计算得到连续墙的厚度要达到 1.2 米，而我们计算达到 600 毫米就够了。地下大开挖 12 多米深，只能采用地下连续墙技术的箱形基础。做好以后，英国专家来参观，都感到不可思议。

其次是逆作法施工，当时国际上采用的案例也不多。[12] 当时的施工单位是第四建筑工程公司，副总工程师是李春涛。逆作法给施工带来很多好处，但设计上很麻烦。当时电信大楼要做两层地下室，上海还没有过先例，而且电信大楼地下室基础底板又不能做太厚，最后地下室底板只做了 1.2 米厚。我们还担心地下室漏水，后来去检查却很干燥，因为我们在地下室底板上还做了一层隔水层，再上面是机房，再往上面是走各种管线的夹层，最上面是 ±0.000，实际上地下室有三层。另外，电信大楼地下室设计的隔墙很少，因为（隔墙多）机房不好用。

彭怒 您讲得连续墙就是基坑周围这一圈是吗？

| 胡精发 是的。

彭怒 这是不是因为有高层建筑，需要支撑基坑。原来不建高层也没有地下室，不需要基础挖那么深，也不需要做基坑维护的连续墙？我想电信大楼这个项目有趣的地方是，我们没有把支撑基坑的维护墙浪费掉，而是作为箱形基础的一道外墙，也就产生了两墙合一的技术。

| 胡精发 是的。别人一般用的都是钢筋混凝土桩，我们利用钢管桩作为上部柱子的位置，兼做逆作法施工的中间横向长笼支撑，钢管一起打下去。每挖 3 米左右深度支撑一次，然后挖土，最后封底。电信大楼的柱子很粗，其实里面是空心的。我们动了很多脑筋的地方就是这些，虽然现在看起来也都是笨办法，但在当时是没有办法的办法！这就是为什么建设部给了我们设计、施工、科研都是全国一等奖的原因。

孙巍巍 当时采用逆作法和地下连续墙两墙合一技术的想法是怎么产生的呢？

| 胡精发 地下连续墙早有人计算，关键是一片片的连续墙如何连接处理。施工单位想了很多办法，

有铰接和刚接。铰接可以展开来，刚接就是两个支架之间的钢筋笼焊接起来。这里有机缘，当时上海基础建设公司[13]做了连续墙和边缘墙的实验，但是因为当时国家经济很困难，实验做不下去。于是我们就提出可以和上海基础建设公司合作一起实验。刚好上海电信大楼地下连续墙设计需要施工单位来协助我们。时任上海基础建设公司的负责人石礼文[14]很高兴，他之前苦于没有人做设计，我们双方一拍即合。

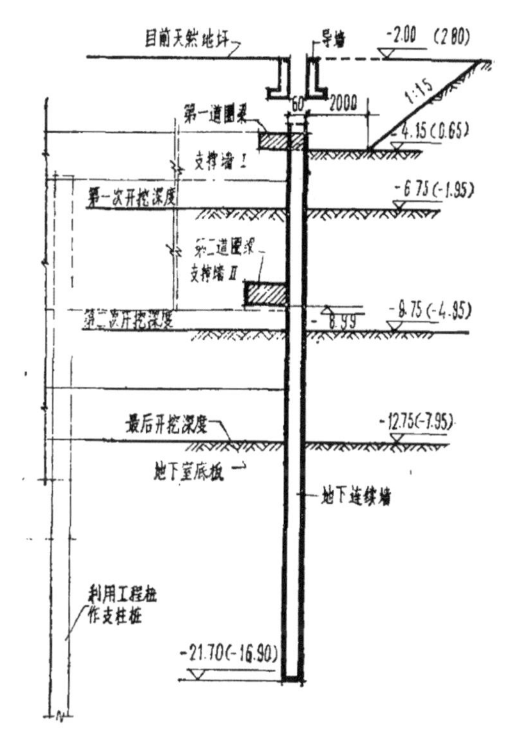

地下连续墙做法剖面示意图

引自：胡精发《上海电信大楼主楼结构设计简介》，《建筑结构学报》，1985 年，第 1 期，73 页

高曦 地下连续墙使用圈梁来防止侧推力是吗？

| 胡精发 对。施工做支撑时，在楼板底下设计有圈梁。在地下部分，圈梁要做在内侧，出地面之后圈梁就做在外侧。[15]

高曦 当时打桩有没有采用钻孔取土打桩工艺？

| 胡精发 刚开始用了，但后来发现不需要，就直接打下去的。为什么呢？最初是为了保护周边建筑和保证电影院正常营业（基地边上施工可能会影响到既有的建筑使用），所以采用取土再打桩的方案。但是后来我们亲自去沪光电影院体验，发现直接打桩的影响并没有那么大。而且当时基地有一条新建管网刚好在施工场地和电影院间做了缓冲，再加上后来周边建筑拆迁了，所以施工时只有最初的两排是钻孔取土打桩工艺，后面就正常打桩了。

彭怒 除了您刚才讲到地下连续墙、逆作法施工，这个项目在结构设计上还有什么特点？

| 胡精发 上海电信大楼地上部分，因为结构的跨度是 12 米，比较大，我们对柱子和梁采用刚接还是铰接进行了研究。试验发现虽然铰接能够减小地震荷载的方向 12% 的荷载，但刚接更稳妥一点且施工更方便。我们最后还是决定采用刚接。

我们还做了很多节点设计。技术上的困难是主楼结构计算太复杂。当时只有上海和北京能计算，一个是华东院，一个北京国家兵器工业部。电信大楼的结构计算是在周礼庠总工程师的主持下结合科研、通过计算结果与实验相比较的方法在华东院内完成的。我参与该科研工作，并负责与上海建科所做比较实验。华东院在 20 世纪 70 年代引进的是 TQ-16 计算机，1985 年引进的是 VAX-11/780 计算机，相当先进。之前华东院将复杂高层建筑的计算拿到北京国际兵器工业部 20 院引进的德国西门子计算机上完成，这在当时已经是国内引进的计算能力很强的计算机了。[16]

| 姚彪 上海电信大楼地下二层设计，局部有四级防空要求，地上高度达到 130 多米，主楼建筑面积在当时属于很大规模，是一座超高、超深、超大的建筑，这给设计和施工带来了很多难题。就设计而言，受当时施工能力的限制，遇上深厚的软土地基，桩基无法到达合适的持力层，且上部结构重量大，周围环境复杂，高层建筑考虑风载和地震时的桩基受力问题，基坑深度已经超过 10 米，一般的基坑围护形式无法解决。

房屋结构基础应有一定埋深，当时我们参考了国外高层建筑的地震灾害情况和他们的经验，埋深取房屋结构高度的 1/10 为宜。本工程埋深需要 12 米左右，因此带来了基坑超深问题，一般的围护方案已不能满足，故而我们引进了地下连续墙技术到工民建工程里，这是我们的首次应用，当时没有先例，没有规范或规程。在参考国内外经验和进行国内工程调研后，我们结合本工程的特点，完成了地下连续墙的设计。需要特别说明的是，当时港工系统已经成功应用该技术建成了上海某修造船厂的船坞项目，上海九院也有先行的设计经验，上海基础公司已经有一定的施工设备和经验，我们是在充分汲取他们经验的基础上，结合本工程的特点，利用地下室的钢筋混凝土的内隔墙逆筑作为地下连续墙的支撑，并在基坑的角部设置水平桁架以增强支撑的整体性，解决了基础底板、楼面和地下连续墙的节点问题，从而解决了地下室的施工难题，为工民建采用地下连续墙的技术提供了典型范例。

当然，随着技术的进步和中国建造能力的发展，现在四五百米的高层多采用外密框筒加内筒的筒中筒结构方案，现行高层结构计算软件的技术也更加成熟。工民建深基坑采用地下连续墙的案例也比比皆是，技术成熟并有了专门的规范。这些都有赖于当年的技术实践和经验积累。

孙巍巍　我们的结构设计人员是怎么分工的？

| 胡精发　上海电信大楼结构设计专业工种负责人是我，结构组组长是印明田，胡川度负责计算结构设计风险，姚彪负责画图和计算、张家禧[17]负责电算等。

姜海纳　上海电信大楼的结构设计，院里提供了怎样的支持呢？

| 姚彪　上海电信大楼项目是上海市重点工程，也是院级重点工程，得到了各方面的重视和支持。院副总工周礼庠、许惟阳，所总工陈寿华，以及技术室的唐德璋都给予了我们很多的技术支持和指导，帮助我们解决疑难问题。院有关部门也给予了大力协助，调配加强设计力量，地基组全程参加桩的承载力试验，模型组制作风洞试验的大楼模型和派员到湖南大学进行模型保证工作，主楼结构计算更是调集多方面的力量进行研究试验。可以说，该工程是上下齐动、内外结合、集体努力的成果。这也为我院后期高层建筑结构设计培养人才、提高设计水平做出了贡献。

孙巍巍　技术上的突破也节省了造价？

| 胡精发　是的。上海电信大楼的基础采用桩基 + 箱基的形式。单桩承土力为 210 吨 / 根，但桩并没有达到暗绿色硬土层（第 6 层），只是打到第 5d 层[18]，为工程建设节约了约 40 万元（人民币）的资金。

姜海纳　我看到施工图上有两套剖面图，一套的建筑屋顶标高是 115 米，另一套屋顶最高处标高是 130.6 米，那么这个项目的建筑总高度是多少？

| 胡精发　130 多米那个图纸是对的。我记得很清楚，当时（上海市）消防处和市建委就高度问题开了两次评审会，讨论的焦点是头上无航线，建筑高度对飞机是否有影响。[19]

姜海纳　那么这个项目应该是超高层？

| 胡精发　这个项目的高度现在来说肯定是超高层。

“这是一座现代化的通信大楼”

姜海纳 请您给我们讲讲20世纪80年代，华东院电气专业的发展?

| **温伯银** 20世纪80年代后，电气专业发展稳定，电气的系统原理没变。最突出的特点就是设备更新快。在材料上，以前是铜线，后来变成铝线。在规范上，我们的规范相当于各国规范的集合。在线路上，出于安全的考虑，上海部分保留了5线制，例如上海商城里的波特曼酒店（美国波特曼建筑设计事务所 John Portman & Associates设计）和花园饭店仍然采用5线制，但是行政办公大楼跟着苏联规范后都是4线制了。由于上海有历史和地域发展的特殊性，上海的电网是当年英国人留下来的发电厂电网，所以上海电信大楼选址所在区域的电压是6.3千伏专用的（现在基本为10千伏），因为是国家重点通信工程，上海电信大楼要两路电源供电，有柴油发电机组备用的要求。

姜海纳 上海电信大楼的电气控制系统的设计在当时是很先进的?

| **温伯银** 上海电信大楼扩初设计中，要对整个大楼中的6只新风空调系统的冷却、加热、加湿进行控制。数以百计的风机盘管的集中控制点的测量、冷冻站各点的温度测量、大楼中6只水箱的高低水位的测量等，均采用工业控制电子计算机集中控制及测量手段，这样既简化了设计又提高了控制能力。在冷冻站的扩初设计中，采用了程序控制的自控系统，提高了控制的灵活性。

姜海纳 在上海电信大楼如何保证供电系统不断电的问题呢?

| **温伯银** 我在上海电信大楼项目中做了2台800千伏柴油发电机房（后改为2台500千伏）及火灾自动报警系统设计。[20] 因为上海电信大楼是联系国内外重要的通信设施，保证连续供电是重中之重。当时要求市政供电系统必须提供两路不同方向的电厂的供电来源，还必须设计备用发电，因此要做柴油发电机房，然而真正用到的少之又少，尤其是在上海的电源满负荷和可靠的情况下。但是，要保证上海电信大楼在战备和特殊环境下都能正常运行，是重要工程设计的基本需要，这些需求不单单是电气专业要配合设计，给排水专业消防设计也起到关键作用。

忻运 请您谈谈上海电信大楼的水专业设计特点。

| **王长山** 我是上海电信大楼给排水专业的工种负责人。从用水来讲很简单，因为大楼以电信机房为主，水专业设计的地方不多。上海电信大楼的冷却塔用水量很大，大堂的空调、冷冻机都需要冷却用水，热量靠水带出去。冷却塔的水处理是我设计的，温伯银设计的自动控制部分。用了一段时间后，冷却塔更新换成了进口的系统，进口的冷却塔设计比较精细，空间也节省很多。

水专业的消防是我设计的。当初做消防设计的时候，消防局负责人要求做水喷淋（灭火装置），但邮电管理局坚决反对。因为水喷淋会导致机房设备故障，电信大楼的系统是24小时绝对不能停下来的，一停下来全国的电信系统就全部停工了，所以他们坚决否定掉了水喷淋，并提出在机架上每隔一段距离挂卤代烷“1211”。假如在火灾比较大的情况下，还可以用大型“1211”车来灭火。卤代烷材料几乎都是用于消防系统上的。柴油发电机房消防设计有清水泡沫的设计。关于设备及产品，我记得当时国内生产的减压阀过不了关。现在的设计如果不用减压阀就用减压消火栓，但当时我们没有减压消火栓，所以我用了分区的设计方法，原理就是为消火栓做减压排空。

上海电信大楼没有单独设计污水处理，因为污水已经可以直接排放到上海浦西的城市区域污水管网里，那里直接通到市政污水处理厂。相反，浦东的项目在当时就必须做污水处理设计，因为浦东当时城市区域污水管网还不完善。这也说明我们的设计会受到城市发展和环境条件的影响，不能用现在的眼光看过去的设计。工程师们也期待项目有更多的技术突破和进步，但限于当时的国家经济发展状况和城市现有条件，很多时候在设计上不得不做妥协。所以说建筑是具有时代特征的，这句话一点没错。

姜海纳 上海电信大楼项目的设计里，为什么没有考虑锅炉房上楼的设计呢？

| 林在豪 上海电信大楼的锅炉房设计最终不是放在主楼里，而是放在室外场地，远离主楼。建筑设计的时候也曾经一度想把锅炉房放到主楼的屋顶上。建筑师是从建筑设计的角度考虑，从比较远的距离看过去，有造型视线上的需求。但是当时以燃煤为能源锅炉房要想上楼，技术上有困难。20 世纪 90 年代初，我们院在设计上海商城的时候借鉴了美国的做法，把燃油锅炉放在主楼屋顶上面，从而突破了消防规范，推动了规范的完善和技术更新。

姜海纳 锅炉房设计是放在屋顶上好还是放在地下室好呢？

| 林在豪 从安全性讲，放屋顶上更安全。因为上海电信大楼锅炉房燃料用煤，因此在场地边上设计的是独立的锅炉房，锅炉房提供采暖及生活热源。在设计上，一是要符合消防防火安全距离；二是要处理好噪声，不要影响居民生活；三是在锅炉选型和系统上设计的安全性要再高一些。

当时物质条件和技术水平不允许，大楼里的煤气只要能供应日常生活就很好了，老百姓因气源紧张还不能用煤气热水器。20 世纪 90 年代初，我主编《城市煤气管道工程技术规程》时，考虑到以后有条件的时候能用热水器，才制定了燃气热水器的相关条款。

姜海纳 上海电信大楼里煤气用在哪里？

| 林在豪 一般是供食堂烧饭、烧菜、蒸饭。当时上海市民用煤气较紧张，要拿一个煤气灶申请书也很困难。后来是当时在上海任职的朱镕基想出一个办法，一户人家申请装一个煤气灶，像投资一样，要买一张煤气发展基金债券。最早的时候上海只有两个煤气厂，有了钱之后浦东又新建了一个，这个厂建起来后民用煤气才发展了。到 1999 年，东海天然气引入上海，随后才能在上海浦东国际机场设计热、电、冷三联供[21] 工程中应用天然气。

姜海纳 这个项目动力设计还有其他特点吗？

| 周伟潮 上海电信大楼动力专业工种负责人是组长祝毓琮[22]。柴油发机房的施工图设计，我是在她的指导下完成的。柴油发电机的设备是广州柴油机厂生产的，该厂生产船用柴油机及柴油发电机。

我是 1982 年毕业进华东院的，学的是动力专业。上海电信大楼柴油发电机房设计时，动力专业是主要设计工种，因为当时的柴油发电机房要自己设计系统、做设备选型、布置机房内部组合，都是自己设计组装的，不像现在都是整体设备，设计上省事儿很多。

1　数据来源为华东院上海电信大楼项目建筑设计施工图图纸。

2　施国强、陈雪樵《上海电信大楼的建设过程与通信功能》(《电信工程技术与标准化》, 1991 年, 第 4 期, 35-38 页）一文中提到项目的筹建过程、建设时间进度、主要工程内容、总体布局和出入口分布等，其中现代化通信设备的安装：“内设有电话、电报、传真的先进通信设备，国际、国内长途电话交换设备，除安装国内长话 4000 路和程控交换设备外，还将迁装国际长话 400 路的程控交换机，现引进瑞典爱立信公司的 AXE-10 型 4000 线长话程控交换机；大楼内即将安装的 512 路自动转报系统是我局自行研制的大容量自动转报系统，也是目前我国容量最大的转报系统；移动电话通信系统全部设备从瑞典爱立信公司引进，初期安装 160 路无线信道，收容 2500 台用户，终期可发展至 15 000 台用户；上海电信大楼安装有中日国际海底电缆（ECSC）终端设备，这条海缆是我国通往日本以及其他国家或地区的唯一海底传输通道，由上海南汇县至日本熊本县岭北镇，全长约 872 公里，中间设置 66 部海底增音机。电信大楼内将迁装太平洋卫星通信终端设备……”

3　在蔡镇钰为《琴抒：蔡镇钰建筑选》一书撰写的前言〈我的建筑观〉一文中，有相似的表达。

4　《琴抒》，由蔡镇钰编著，中国建筑工业出版社出版，于 2007 年 4 月发行。一套四本，由《蔡镇钰建筑选》《蔡镇钰论文选》《蔡镇钰绘画选》《蔡镇钰诗选》组成。

5　余舜华，女，1941 年 11 月生，祖籍浙江慈溪。1960 年 9 月—1965 年 7 月合肥工业大学建筑系毕业。1965 年 8 月，北京工业建筑设计院参加工作，1965 年 11 月进入华东院工作，2002 年 11 月退休。教授级高级工程师、华东院所顾问总建筑师、所总建筑师。参加主要项目有贝宁体育中心、苏州南林饭店等，担任新世界商城、海伦宾馆项目设计总负责人。获上海市优秀设计一、二等奖，院优秀设计奖。

6　陈寿华（1926.3—2005.2），籍贯江苏泰州市。1945 年 8 月—1946 年 7 月于南京临时大学读书，1946 年 8 月—1949 年 7 月于浙江金华英士大学读书。1949 年 9 月参加工作，1952 年 12 月进入华东院工作，1988 年 1 月退休。华东院顾问总工程师、结构副总工程师。据相关资料记载：“上海电信大楼工程是国内起步最早的一个筒体结构，也是当时国内最高的建筑物（由于场地选址多次反复，完工较晚，在其他工程后面施工）。①为了探讨筒体结构受力状态与外单位协作进行了三个模拟实验。该实验方法及实验成果已为国内其他筒体工程所借鉴。该实验已通过鉴定认为达到国内先进水平。② 12.5 米深的多层地下室采用地下连续墙，不仅作为封挡作用，且作为人防地下室的外壁，将连续墙作为承重构件的一部分，这在当时上海还是首次，也探索了计算和构造上的不少问题，节省了钢材、水泥。③在设计过程中，建设单位担心打预制桩影响延安路城市排洪管线、电影院的楼厅以及黄陂路民房的安全，本项目有关领导也提出可利用宝钢下马（当时宝钢正处于下马风之时）的钢管折价转让，我与小组同志一起通过合理布置打桩流水、控制打桩速度、合理选择桩长、观测孔隙水压力等措施，认为应当可以采用预制桩，通过实际施工检验情况良好，比折价后的钢管桩还可节省大量资金和钢材，取得了良好的经济效益。”陈寿华“在这项工程中研究设计方案、确定设计原则、指导设计并组织编写、审核、修改了地下部分设计技术规定和上部结构设计技术规定，审核了地下部分的全部结构图纸（上部图纸因机构调整后由别人接下去审阅）”。

7　方鉴泉，见本书华亭宾馆篇。

8　倪天增，见本书花园饭店篇。

9　据编者调查我国《高层民用建筑设计防火规范》发展历史，我国于 1975 年起编制出台了《建筑设计防火规范》(TJ 16—74)，但缺少高层民用建筑设计部分的内容，新出台不久的规范马上大量修改并不合适，在这种情况下，把《高层民用建筑设计防火规范》作为国家标准制定、推出、试行是适应形势需要的。当时的北京市公安局会同北京市建筑设计院、上海工业设计院（华东院当时的名称）等十个单位共同承担这个规范的编制工作。1979 年 3 月，《高层民用建筑设计防火规范》（GBJ 45—82）经过四年的努力，北京市公安局等十个单位终于完成了规范的编制工作。1982 年 12 月 8 日，国家经济委员会和公安部共同发布了关于颁发《高层民用建筑设计防火规范》的通知，批准《高层民用建筑设计防火规范》为国家标准，自 1983 年 6 月 1 日起试行。这个规范的推出不仅使我国高层建筑在防火上有法可依，且它的基本章节构架在之后出台的《高层民用建筑设计防火规范》（GB 50045—95）中被沿用。《高层民用建筑设计防火规范》于 1995 年 5 月 3 日由国家技术监督局和建设部联合发布，于同年 11 月 1 日实施，后经过多次修订，其自身的系统性、合理性越来越强。但它与《民用建筑设计规范》分别自成体系的发展带来的问题也逐渐凸显。于是，国家在制定新版工程建设国家标准《建筑设计防火规范》（GB 50016—2014）

把原本《建筑设计防火规范》（GB 50016—2006）和《高层民用建筑设计防火规范》（GB 50045—95，2005年版）两部分规范合二为一，实现了建筑防火领域基础性、通用性要求的统一，在我国建筑防火标准发展史上具有里程碑式的意义。

10 此处的“干作业”可理解为在土建施工的收边收口完工后进行安装的工序过程。

11 详见：稽安栋、陈子林《上海电信大楼外筒墙体运用爬模工艺的施工实践》，《建筑施工》，1986年，第10期，12-15页。“电信主楼外筒外模采用爬升模板施工，我们体会到爬升模板施工工艺具有下列优点：①大模悬吊在空中，操作稳定简便，模板不下地面既不占用施工场地又改善了现场文明施工。②爬升模板和支架互相提升，可以节省塔机吊次去增加其他工序吊次的需要从而加快了施工进度，不用塔机施工还可避免塔机常受大风影响施工的弊病从而又可以保证工程进度。③爬模与外脚手（架）相结合逐层上升，可以推迟脚手（架）搭设时间，在超高层建筑施工中对节约外脚手（架）费用有显著作用。④电信大楼主楼层高高，外筒钢筋绑扎困难，在爬模板脚手（架）上增设安全网既作安全防卫措施，又兼作钢筋操作脚手（架）一部分，从而解决了扎钢筋操作平台的问题。⑤爬模采用手拉葫芦，机械化程度虽不高但其操作方便，简单可靠，施工费用较少。”

12 详见：李康俊《上海电信大楼桩基施工概况》，《建筑机械化》，1985年，第5期，2-4页。文中记述：“上海电信大楼采用敞开式逆作法进行施工。整个建筑物和地下室支撑在386根500毫米×500毫米，长33米的钢筋混凝土桩以及14根 ϕ406.4毫米、14根 ϕ609.36毫米、长为41米的钢管桩上，后者兼做逆作法施工的中间框架支撑。所有的钢筋混凝土桩要送入地面以下10米，由于本工程桩数多、间距小，位于市区需限制打桩的影响等，给桩基施工带来较大的难度。本文着重介绍采用钻孔取土锤击桩新工艺的施工经过。”

13 名称为“上海市基础工程有限公司”，前身是丹麦商人于1919年创办的康益洋行，1953年收归国有，现为上海建工（集团）总公司全资子公司。被上海市首家特色命名为“建设铁军”，荣获全国五一劳动奖状，建设部、上海市文明单位等称号。

14 石礼文，中共十四大代表、第九届全国人大代表、上海建工集团党委书记、董事长。

15 详见：胡精发《上海电信大楼主楼结构设计简介》，《建筑结构学报》，1985年，第1期，72页。“根据本工程地下室特点，在地下连续墙顶面下设二道刚度较大的圈梁，把连续墙‘圈’起来，这二道圈梁与地下室的部分隔墙连在一起，以形成刚度很大的水平框架型支撑。这水平框架型支撑是采用逆作法施工来完成的，就是从顶板开始逐步向下随挖土深度分层浇筑地下室部分的墙体，直到最后施工地下室底板。”

16 详见：胡精发《上海电信大楼主楼结构设计简介》，70-73页。文中记述：“筒中筒结构体系的内力要精确分析是比较困难的，为此，我们进行了以上海电信大楼筒中筒结构为背景的框架筒模型、筒中筒模型及电信大楼的模型的实验研究（模型试验工作由上海市建筑科学研究所和我院合作进行）。上海电信大楼的筒中筒计算分析，是采用了我们院计算站的‘高层建筑空间杆系——薄壁结构静动分析程序’计算的，其抗地震计算按振型组合方法进行，为反映顶部鞭梢效应，程序考虑了6个振型。计算结果与电信大楼的1/50比例模型试验研究结果相符。”“本工程于1982年10月开始打桩，1983年5月开始施工地下连续墙，1983年9月开始施工地下室（逆做法施工）到1984年9月地下室结构基本完成。”

17 张家禧，男，1934年12月生，籍贯安徽芜湖。1962年4月，哈尔滨建筑工程学院土木系本科毕业。1960年1月参加工作，1962年4月分配至华东院工作，1999年1月退休。华东院结构高级工程师。工作期间参加大小三线建设，参与或负责多项工程设计并获奖。据相关资料记载：“（上海电信大楼）结构形式为筒中筒，外筒为3米柱距的密柱窗裙墙梁组成，内筒由中间电梯井道、楼梯间等组合薄壁杆件和大断面柱子组成。我担任该项工程电算及主要结构设计人之一。电算后我与胡精发同志执笔合写《上海电信大楼主楼筒中筒结构计算分析》一文。”

18 土壤分层特性：二层为粉质黏土、砂质黏土，三层为淤泥质黏土，四层为淤泥质粉质黏土，五层为淤泥质粉质砂土夹粉细砂，六层是暗绿色硬土层，七层是中沙层，等等。

19 初始设计为二十一层，1985年上海市计委批复加建三层标准层作为市话用房。

20 据相关资料中记载：“主楼32只空调系统采用了‘计算机直接数字控制’，是目前国际上的一种新的控制方式。主楼的建筑设备的监视、测量、控制的电脑管理系统目前都是进口的，而上海电信大楼是按国产设备由自己设计的‘建筑设备电脑管理系统’。（温伯银）为 1983 年上海市建筑学会‘电气学术委员会’撰写论文《大楼建筑设备的控制、监视及测量》。在主楼的火灾报警及消防控制研究上，（温伯银）为 1986 年上海自控设计研讨会，撰写论文《高层建筑消防自动控制》。温伯银是上海电信大楼冷冻机房及高压配电站（2 台 100 万大卡，2 台 50 万大卡冷冻机组）设计人，柴油发电机房（2 台 500 千瓦发电机组）设计人。”

21 热、电、冷三联供是由一个以燃气轮机提供动力发电，同时利用原动机排出的废热经余热锅炉提供热源或经余热型吸收式冷温水机组产生冷、热水。如原动机为内燃机除排出废热利用外，还有机组冷却系统余热利用，实现一个机组热、电、冷三联供。

22 祝毓琮，见本书花园饭店篇。上海电信大楼动力专业负责人。

现代语言，一切从功能出发——华东电力调度大楼设计回顾

20 世纪 80 年代
华东电力调度大楼
秦壅提供

2002 年改造后的
华东电力调度大楼
华东院提供

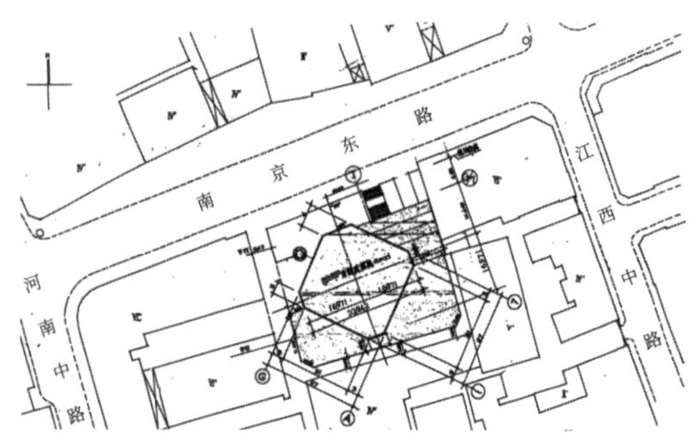

华东电力调度大楼总平面图

建设单位：华东电业管理局

设计单位：华东院

施工单位：上海市第四建设工程公司

经济技术指标：用地面积 1951.61 平方米；建筑面积 22 067 平方米[1]

结构选型：主楼框筒结构（楼板采用现浇双向密肋板，基础采用箱型基础加桩基）

层数：±0.00 标高（室内外高差 3.9 米）以上 24 层、±0.00 标高以下 2 层

建筑总高度：129 米[2]

容积率：11.5

大厦外形：27 米 ×27 米（主塔楼标准层）

开间：9 米 ×9 米

设计起止年月：1980 年—1985 年 12 月

开工时间：1984 年 11 月 15 日

竣工时间：1988 年 2 月 29 日

地点：上海市南京东路 199 号

项目简介

华东电力调度大楼主楼为方形，布局与上海南京东路呈 45° 角，方形主楼的四角做切角处理，构成和南京东路以及周边环境和谐、活泼的空间关系。建筑主入口位于南京东路上，通过 7 米跨度，高差 3.9 米的大台阶设计，完成室外地面到一层大厅人行入口的过渡。大台阶入口下是半下沉式花坛，使繁华的商业街与大楼在空间上有所隔离。20 世纪 80 年代，新建成的华东电力调度大楼系华东地区电网总调度楼，也是工艺与办公等多种功能结合的综合性大楼。华东电力调度大楼的功能包括微波通信系统、自动化信息处理、表盘屏幕监控显示等，还设有科技情报、办公、食堂（1000 座）、电影厅（800 座）、停车库（50 辆）、变电、冷冻机房等大楼设备用房。项目荣获中国八十年代建筑艺术优秀作品、全国及上海十佳建筑之一、上海市优秀设计一等奖、上海市科技进步二等奖、新中国成立 60 周年中国建筑学会建筑创作大奖等奖项。2000—2001 年，大楼经历了第一次升级改造。2014—2016 年，大楼经历了第二次改造，现为艾迪逊（Edition）酒店。

前言

华东电力调度大楼项目于20世纪70年代中后期开始筹备，由华东院承担项目设计。项目经历了选址、场地动迁，方案总体布局调整，建筑面积与高度的两次大调整，真正落成是在1988年。这个项目的选址地是华东电管局的产业置换地块[3]，虽然场地局促，周边环境复杂，但紧邻南京东路，是南京路步行街商圈向上海外滩的重要延伸段，与和平饭店等历史建筑共同构成了南京路的沿街界面。在设计过程中，华东院本土建筑师、工程师受现代主义思想的影响，希望建造一幢“经济、适用，在可能的情况下考虑美观”的建筑。无疑，他们成功了，无论是从社会责任还是业主的利益出发，华东电力调度大楼都是贴合实际的、能体现实用建筑美学综合素养的、在高层建筑结构技术的完美支撑下的优秀作品。

本文通过采访华东电力调度大楼项目的建筑师、结构工程师以及设备专业的工程师，对项目建成前的设计历程进行重点回顾，了解当时建筑设计机构的设计人员与城市规划管理部门以及需求方（业主）的关系，体会现今相较于计划经济时期三者关系之间的转变，感受上海这座城市日新月异的发展浪潮，以及不同时期城市社会环境和经济发展对建筑的影响。

1984年的第一次颠覆性修改

华东电力调度大楼从20世纪70年代开始第一轮设计，曾有“火柴盒”形设计方案，为长边平行于南京路的矩形平面，外框架内核心筒的开敞式空间布局。因为用地有限，功能较少，标准层建筑面积仅有800平方米，高度也仅有60多米。1984年，设计方案布局经历了第一次颠覆性的大调整。据设计人员回忆，由于板式高层遮挡地块周边建筑南向采光，市规划局提出调整主楼平面布局，减小对周边住宅采光产生的影响。建筑师在此建议的基础上，将高层塔楼设计调整为方形平面，并将原本平行于南京路的布局变为旋转45°的总体布局。而这并未成为最终设计，调整仍在继续，建筑师认为高层塔楼旋转45°的布局虽然会减少对周边住宅阳光的遮挡，但方形平面的一角正对着南京路，会对城市街道乃至周围环境产生“尖锐对立”的效果，由此产生了切掉塔楼方形平面四个角的想法，形成一个四个长边和四个短边构成的八边形平面布局，协调建筑与城市周边环境的关系。结构工程师根据结构受力分析，认为切除方形平面四角可消除角部应力集中，技术上可行。

1. 入口平台
2. 进厅
3. 车库
4. 变电所上空
5. 厕所
6. 接待室
7. 传达室
8. 下沉式花坛

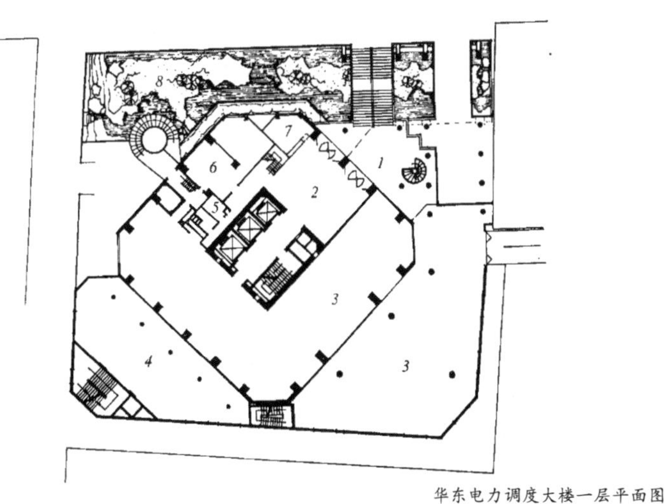

华东电力调度大楼一层平面图

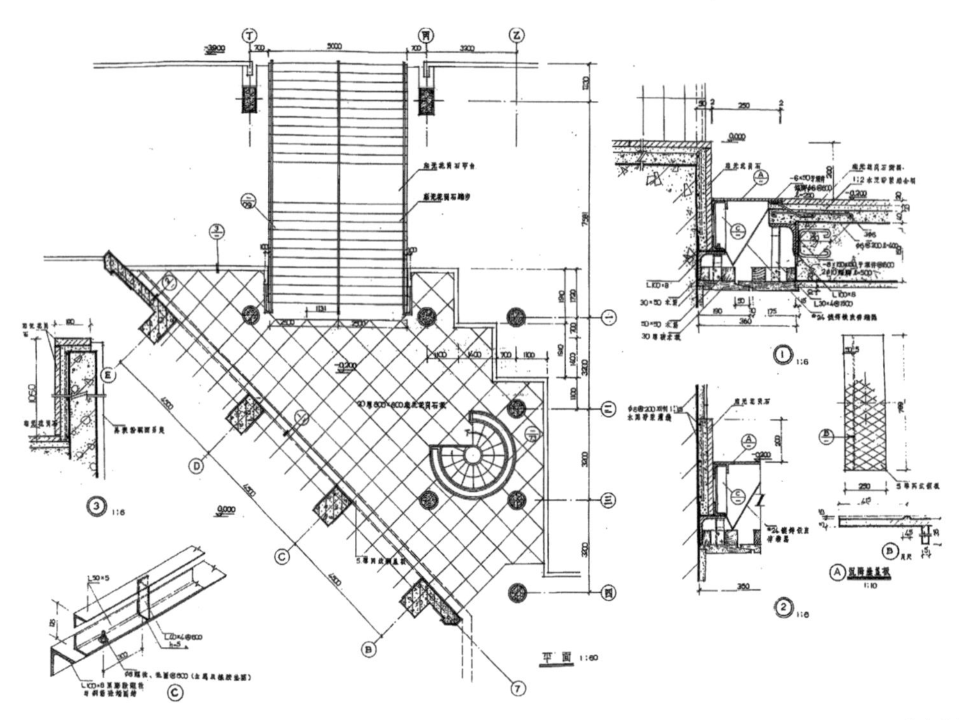

入口平台阶梯详图

受访过程中，建筑师和工程师们都回忆起当时参观刚建成的南京金陵饭店高层建筑的情景。为了增强塔楼四角主体结构的抵抗应力，南京金陵饭店的角部墙体设计得很厚，建筑师设计时不得不把楼梯、洗手间等功能“塞进”四个角里。而将华东电力调度大楼主楼方形平面的四个角切掉，把应力引到角部边上的剪力墙上，正是华东院结构工程师们基于南京金陵饭店的设计提出的想法，这一想法提出后也得到了华东院结构专家的认可。结构工程师还曾经在切角部位立面上设计了钢斜撑，但建筑师提出，切角处的玻璃幕墙上透出钢斜撑会影响外观的美观，于是结构工程师最终取消了钢斜撑的设计，将切角部位的剪力墙结构加强，主楼的结构设计得干净利落，完整的玻璃幕墙贯穿整个大楼高度，使主楼立面挺拔而现代。

高层塔楼平面旋转 45° 也使大楼入口的空间布局更为灵活。设计利用大楼 45° 转角后的角部空间作为入口平台，使本来十分有限的用地被有效利用。入口设计有人行渡桥，渡桥下设计有下沉式花坛和水池，并用螺旋楼梯连接地面和下沉式花坛，形成了一个渐进式的下沉空间。南京东路的室外地面与大楼一层大厅室内的高差为 3.9 米，设计通过多级台阶踏步的人行渡桥引入人行，场地东侧车道直通大楼半地下层的停车库，在有限的入口空间里，实现人车有序分流。对于大楼方形平面旋转 45° 的布局方案调整，业主方也表示了认可。在一份 1982 年 12 月华东电业管理局（业主方）发给规划局的文件中提到：“经我们研究，认为该调整扩初设计与原设计比较，平面布置较紧凑，K 值 [4] 提高，走道缩短，各种管线长度相应缩短，工艺布置也比较合理，与邻近建筑相距较远。” [5]

在回忆过程中，建筑师还提到，“下沉式花坛和水池并不是一开始设计就有的想法”。华东电力调度大楼用地面积仅为 1951.61 平方米，场地地块狭窄，当时业主方和建筑师认为，尽可能地最大利用场地边界作为建筑的建造范围是最好的。但规划部门考虑到高层建筑可能会对南京路会产生压迫感，要求建筑边界退南京路规划红线最小处 7 米，7 米退距空间不能建造建筑，正因如此，建筑师才考虑设计下

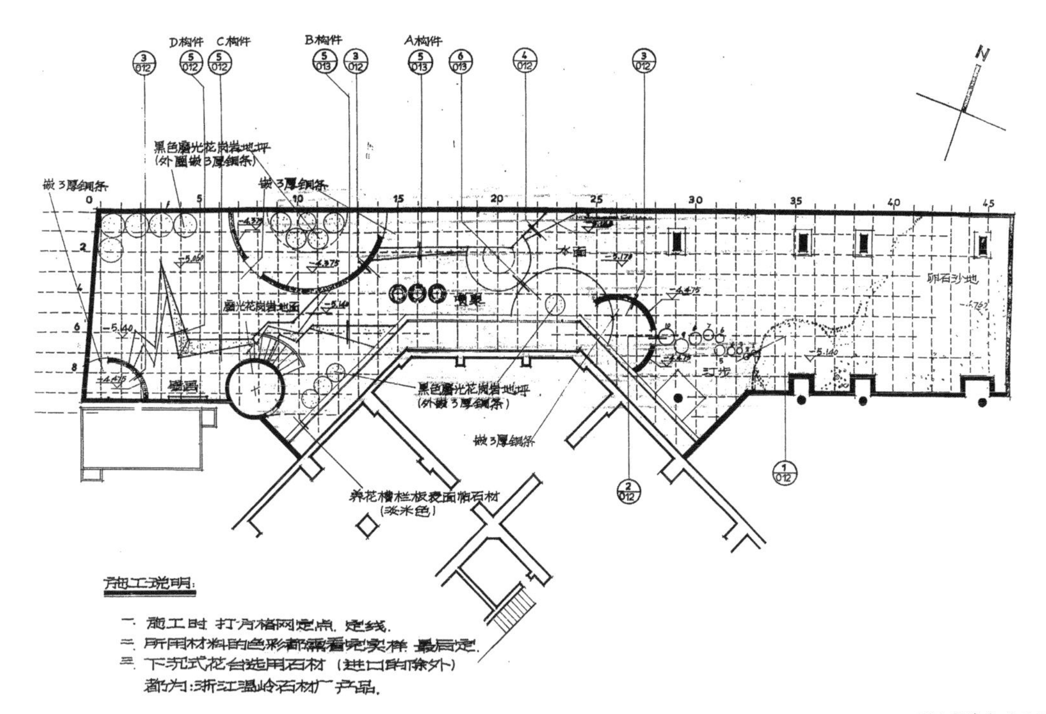

下沉式花台平面图

沉式花坛和喷水池。建筑师认为，南京路上行人众多，或会有“侵入”大楼前广场的可能，设计上做下沉式花坛，既能让行人看到宏伟的建筑，又能阻隔喧闹的人群，避免影响大楼的办公环境。

然而，下沉式花坛的设计也遇到了技术上的挑战。首先，建筑规范里的消防要求主体建筑外轮廓周长的 1/4 要能作为消防扑救面，且消防车要能环通。为此，建筑师和消防局频繁沟通，因场地本身的限制条件较多，场地沿南京路及两侧通道可让消防车开进，最后消防部门适当放宽了消防要求。其次，下沉式花坛的喷水池底板结构设计存在难点。上海的地下水位高，水池的自重不够，底板会逐渐浮起来。所以如何用桩基锚固，需要打多深的桩，如何让下沉后的主楼在地基沉降完成后正好与水池底板的高度一致等问题，全凭结构工程师经验性的预测判断和辅助计算解决。依托华东院结构工程师的技术支撑，最终结构设计的预判和实际沉降吻合，下沉的位置与计算的位置相差无几。

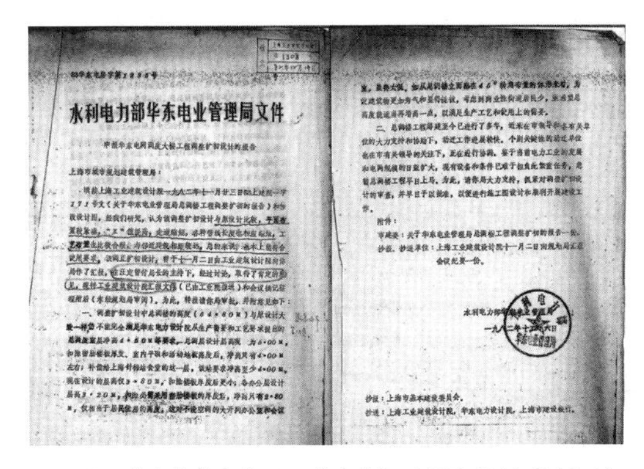
水利电力部华东电业管理局文件

“82 华东电房字第 1235 号文件”（1982 年 12 月 14 日）
秦壁提供

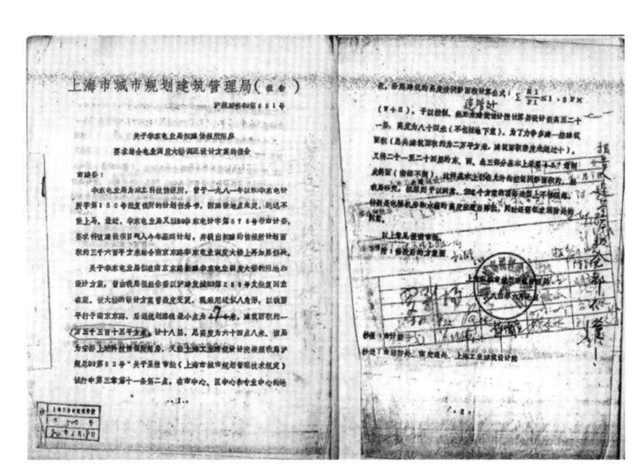
上海市城市规划建筑管理局

“沪规建修第 661 号文件”（1984 年 6 月 7 日）
秦壁提供

1984 年后的两次对建筑高度的调整

华东电力调度大楼经历了两次高度上的调整。一次是 1984 年 6 月，建筑总高度从 64.8 米调整为 84 米，建筑面积也相应增加。一次是 1985 年，因微波通信设备需要安装在高度 100 米的屋顶，建筑最终达到百米。而“争高”并非单纯的“欲与天公试比高”，高度意味着更多的建筑面积。事实上，业主对调整早有迫切需求。20 世纪 80 年代初，上海的城市建设蒸蒸日上，日益旺盛的电力需求让华东电力调度大楼的业主方对办公用房、设备用房等的需求与日俱增，原有的建筑面积、层高标准已经无法满足新的功能需求。

1982 年 12 月 14 日，据水利电力部华东电业管理局“82 华东电房字第 1235 号文件”——《申报华东电网电管大楼工程调整扩初设计》的报告中记载，“调整扩初设计中总调楼（即总调度楼，电力调度大楼在当时业主方的叫法）的高度（64.80 米）与原设计大致一样，仍不能完全满足华东电力设计院从生产需要和工艺要求提出的总调度室净高 4.5 米等要求，总调层设计层高现为 5.0 米，扣除密肋楼板厚度、室内平顶和活动地板高度后，净高只有 4.0 米左右；补偿给上海针棉站食堂的这一层，该站要求净高至少 4.0 米，现在设计的层高 3.2 米，扣除必须采用密肋楼板的厚度后，净高只有 2.8 米，仅相当于居民住房的高度，这对不设空调的大开间办公室和会议室房间高度来说显得太低了。如果从总调楼的立面效果上来看，为使建筑物更加秀气和显得挺拔，考虑到商业性街道居民少，希望总高度能适当再高一点，以满足生产工艺和使用上的需要”（文件中，当时的华东电力调度大楼被称为“总调楼”，总调层是指有总调度室的二十一层）。

1984 年 6 月 7 日，在上海市规划局呈送给市建委并抄送华东院的一份“沪规建修第 661 号文件”中，明确了华东电力调度大楼的设计方案调整内容，（主楼）采用方形切四角（近似八角形），以狭面平行于南京东路的（平面）布局；退规划线路最小点为 7 米；层数由原来的十八层提高到二十四层，并为控制建筑南向阴影面积，二十一至二十四层的东、西、北三个方向采用斜面屋顶的外立面处理；高度由原来的 64.8 米调整为 84 米（不包括地下室）；建筑面积由原来的约为 15 515 平方米变更为总建筑面积约为 2 万平方米；拟建情报所计划面积约 3600 平方米，结合南京东路华东电力调度大楼上再加层解决。

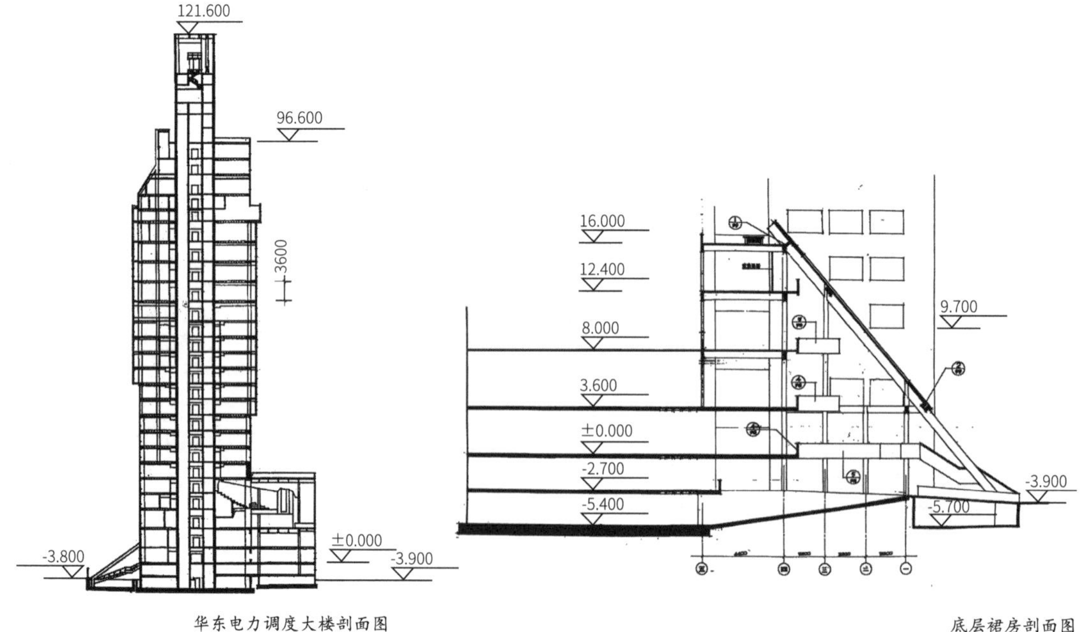

华东电力调度大楼剖面图

底层裙房剖面图

1985 年，业主方提出要在大楼屋顶设有微波塔和相关设备装置的工艺要求，出于这一要求，微波通信的功能一定要达到地面以上 125 米的高度才能准确传输。最后，建筑的主楼屋顶高度被重新定位在 100 米，屋顶上设有 25 米高的钢混结构芯筒，在芯筒的顶端设置 7 米直径的微波天线，这是从工艺要求出发设计的微波塔[6]。从施工图剖面图纸上可见，大楼屋顶结构面相对标高为 96.6 米，并未到达百米高度，然而大楼一层大厅入口标高为 ±0.00，而室外地面相对标高为 −3.9 米。也就是说，从室外地面到屋顶结构标高，总高度为 100.5 米[7]，确保了业主对工艺高度的要求，建筑师还将这一设计称为“偷高度”。

然而，业内专家在设计评审会上对“渡桥”——多级踏步抬升 3.9 米高差的入口空间设计手法提出了质疑，专家认为入口多级踏步是纪念性建筑的设计手法，在华东电力调度大楼里采用并不合适。面对质疑，建筑师认为这样的设计是对工艺要求和经济性上的考虑：“我们是‘偷’了一点高度的，现在的设计如果是从图纸上 ±0.00 标高算到屋顶的高度，那么大楼是符合 100 米内的规划限高要求的。”华东电力调度大楼入口层（±0.00 标高）之下设计有两层地下室（层高均为 2.7 米，最下面一层为停车库），±0.00 位于地面以上 3.9 米处，意味着地下层底板的抬升，底板的土方挖深越浅。建筑师回忆说：“最终地下施工大开挖的挖深也仅有 5 米多，可以省掉基坑维护的工序、时间，还可大大节省施工费用。”

调整并未停止……华东电力调度大楼的高度虽然达到了工艺的要求，但是百米高的主楼遮挡了北向城市住宅的日照。市规划部门要求设计在高度上减掉三层，可如此一来，大楼的建筑面积会损失很多，这是业主方所不能接受的。建筑师为了不降低建筑高度，在尽可能保留建筑面积的情况下，修改了二十一至二十四层的东、西、北三个方向的外立面设计。通过计算，最终以与地面形成 56° 倾斜角度的斜屋面[8]解决了采光遮挡问题。可以说，华东电力调度大楼是满足规划审批部门、业主对功能需求，以及建筑师创意的心理需求的综合成果。

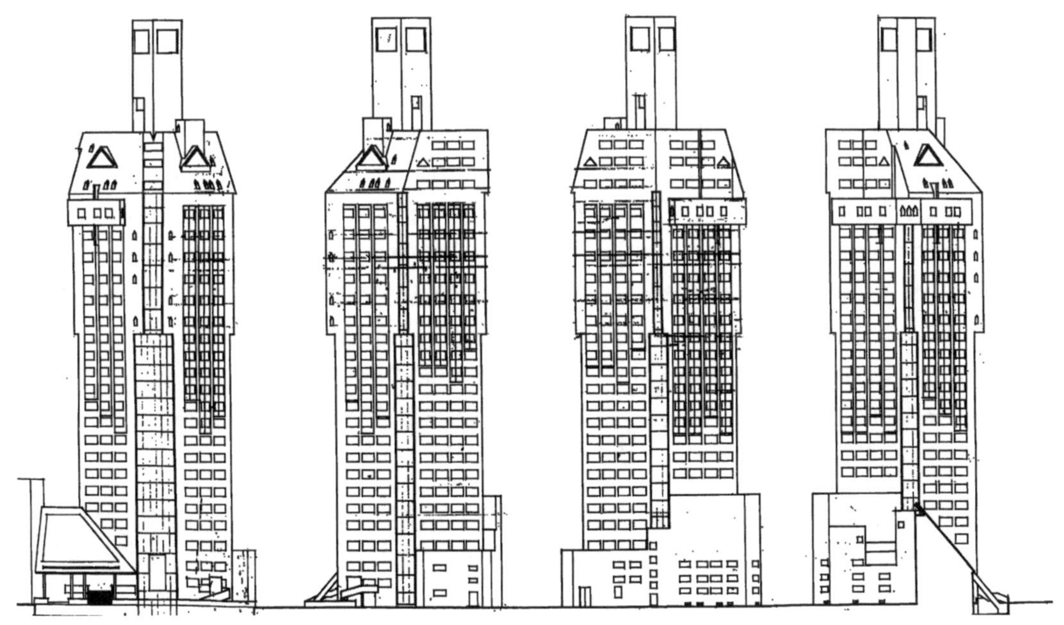

华东电力调度大楼北立面图、西立面图、南立面图、东立面图

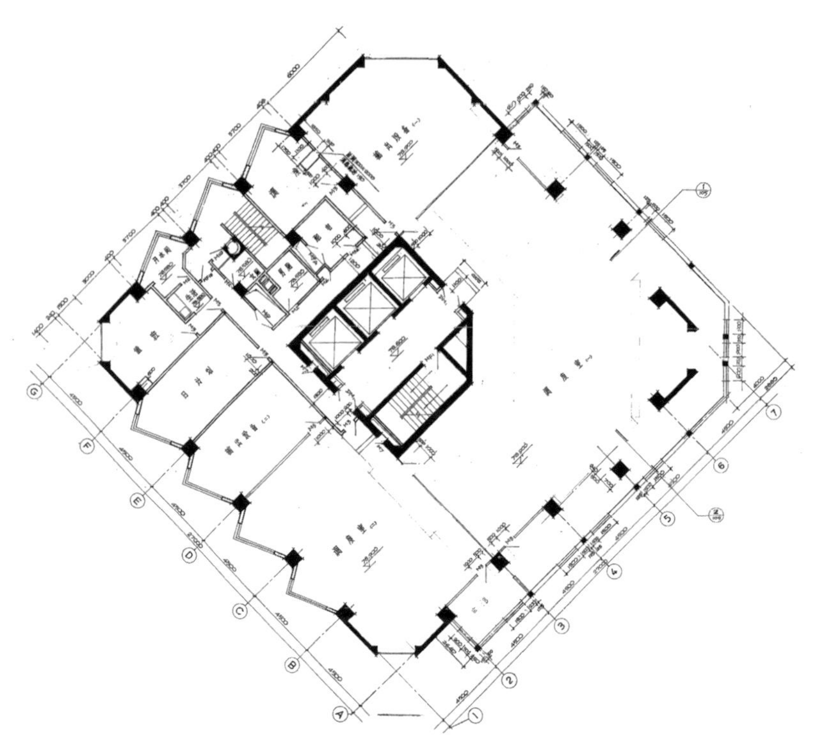

华东电力调度大楼施工图二十一层平面图

“经济、适用，在可能的情况下考虑美观”

一切外在表现都源于内部功能的需求，这一原则同样体现在立面开窗设计上。据建筑师回忆，大楼中段的 L 形外窗设计是大楼立面最活跃的部分，L 形的转角窗在外立面上显现出一种有节律的跳跃感，淡化了上部机房层与下部办公层不同层高的差异感。L 形窗与水平墙面构成 60° 和 30° 的夹角，这是基于尽量获取好的朝向和景观视角等综合因素的考虑。建筑师这样总结，项目在设计过程中受规划、消防、工艺、使用功能等诸多因素的制约，颇费心思。虽然华东电力调度大楼为了满足城市管理部门和业主的需求设计，调整不断，但是建筑师从未放弃过在可能的情况下对创意的追求，且有意无意地结合功能，吸取现代建筑的一些设计手法，不生搬硬套，才形成了目前大楼的形态，使其与周边的建筑群和谐融入。此外，建筑师还在斜屋面上设计了三角窗，一方面为通往屋顶的疏散楼梯提供采光和通风，另一方面是出于外立面设计上美观的考虑。建筑师表示，斜屋面的设计是妥协的结果，从施工、管理和使用的角度，斜屋面的设计并不是最理想的选择，但在外观上看确实不错。在外立面上还可看到在二十一层有一段外墙被悬挑出来，这是由于总调度室的面积不足，总调度室的东南向两侧外墙分别悬挑出 2.64 米和 2.88 米，以满足检修走道的工艺需求。而内芯筒平面在二十一层也为满足工艺需求被切去一角成为五边形的核心筒，这是为了满足室内工作台到显示屏半径范围的工艺距离需要的设计。

1986 年，在施工图纸完成之后不久，大楼入口雨篷的设计也经历了一次颠覆性的调整。建筑师罗新扬[9]提出，华东电力调度大楼的主塔楼采用“削切”“减法”的设计手法。例如华东电力调度大楼的方形塔楼切四角就是削切的手法[10]，再比如南向入口裙房立面被设计成台阶式的层层叠落效果，也是削切手法，是打造雕凿感的表达。雨篷被设计成“人”字双坡，是与裙房的台阶式立面统一考虑的效果。但

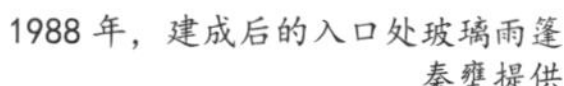
1988 年，建成后的入口处玻璃雨篷
秦壅提供

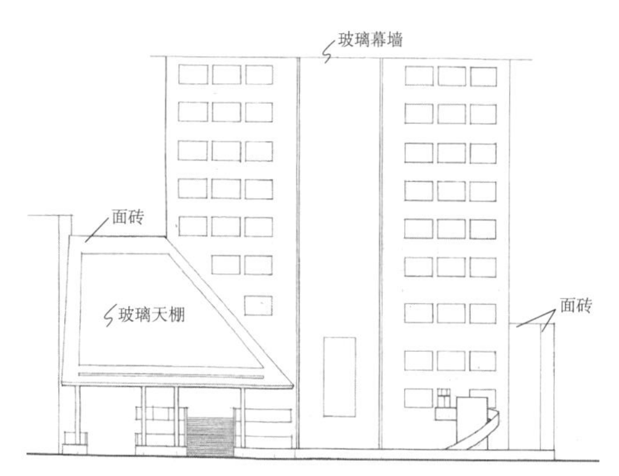

修改后的裙房和雨篷立面图

是从国外参观回来的业主觉得入口还可以更气派。在这一指导原则下，建筑师不得不对入口雨篷重新设计修改。最后建成的雨篷为单坡玻璃雨篷设计。建筑师王琦[11]说："这个入口雨篷设计是我和秦工（秦壅[12]）一起修改的，考虑下雨的时候，人们可以有个地方躲雨，雨篷下的面积也因此都计算为室内面积。"建筑师秦壅说："入口雨篷的设计是王琦的方案，做完还没有把握，我们还单独做了模型推敲，这个设计符合业主的要求。设计采用半开敞坡顶、夹胶玻璃采光，雨篷边沿不得超过退后红线 7 米范围，混凝土斜柱则插入下沉式花坛内。[13] 为了这个雨篷的设计，我还向我们部门的主任建筑师鲍尔文请教，他说要给人的感觉是建筑主体和入口雨篷的设计和建造是一体的。雨篷的结构设计是吕毓丕[14]，因为受力计算很麻烦，他配合了很久。"

特别值得一提的是，建筑师为了立面面砖与圣三一堂[15]的面砖颜色相协调，还将红砖面砖拿到圣三一教堂去做对比。对于外立面面砖颜色的选择，建筑师秦壅回忆说："在一次专家评审会上，冯纪忠先生曾建议要深一点、重一点，不要用很浅的颜色，还说国际饭店的面砖蛮好的，最后我们选定了褐红色的面砖。考虑到面砖用在上海南京路上，等于是给厂家做广告，建筑师要求面砖的价格不能很高，且质量也要好。这款面砖尺寸是 200 毫米 ×52 毫米 ×11 毫米，单价每平方米只要 15.74 元。用上去以后，颜色大家都很喜欢，面砖背面凹槽呈梯形，面砖在施工中只要离缝铺设，满铺水泥砂浆就不会掉下来。施工单位领导尤其重视，特意安排了经验丰富、工作质优的上海师傅去贴面向南京路一侧的面砖，事实也证明这一立面的面砖的确贴得最好。"立面上玻璃幕墙的色彩和反光度的选取也是做了大量选择和比对工作，最终都体现在大楼外立面的整体效果上。这些设计无一不体现出设计师的独具匠心，以及在经济适用的前提下尽量实现美观的现代主义思想。1988 年，大楼建成不久，华东电力调度大楼被行业学者赞誉为"后现代主义建筑"。

建筑师王琦回忆了参与项目建筑设计的人员，"项目的设计总负责人是罗新扬和秦壅，建筑师梁廷泰、王浩和我，我们仨都参与了施工图的设计和绘图。"结构工程师王银观也回忆说："我院副院长杨僧来、副总工程师陈宗樑[16]先后指导了项目设计，吕毓丕是项目的结构工种负责人。我和李国增两人做具体的设计绘图工作，我负责竖向的墙面以及地基部分的设计工作，李国增主要负责水平方向的楼板设计。院里电算组的王国俭也配合我们做了大量结构计算工作。华东电力调度大楼形体比较复杂，计算难度高，需要用到高层建筑空间薄壁杆件结构计算程序。当时院里的 TQ-16 计算机性能不能满足要求，王国俭还和陈宗樑一起去北京做计算。"

“现在看来当时的设计偏保守”

建筑师秦蕴谦虚地说：“这个项目获上海市优秀设计一等奖、上海市科技进步二等奖，是我们建筑专业沾了结构设计的光了，这个项目结构设计有好多突破点，第一，施工取消深基坑围护设计，以砂井、砂沟代替，不但节约了造价也减少了对周边建筑的影响。第二，方形主楼四角切角后，8 个角的剪力墙结构设计的几何截面加大，与建筑配合消解了应力集中的问题，也成就了大楼立面别具特色的玻璃幕墙设计。第三，三层的会场舞台中间的柱子，以托架梁方法承受其上二十多层的荷载，这是结构设计的创新。”

结构工程师王银观[17]回忆说：“因场地周围有老介福布店等民用建筑，下沉式广场离南京路人行道仅 1 米距离，为减少不均匀沉降，华东电力调度大楼最终的地基为箱形基础加桩基。主楼采用直径 70 厘米的钢管灌注桩基础，裙房为预制钢筋混凝土结构空心管桩[18]，设计与施工严格控制沉降量小于 50 毫米[19]，基础附近安置了测试沉降的精密仪器。当时空心柱很流行，省材料、施工快，结构受力也没有问题。大楼建成使用后无裂缝，证明结构设计和施工的成功。华东电力调度大楼结构设计时还没有《高层建筑混凝土结构技术规程》，也没有《建筑抗震设计规范》，但抗震等级的计算[20]还是有的。我记得华东电力调度大楼的结构总高度一定要控制在 100 米以下，所以设计对层高‘咬’得很紧。为了控制层高，我们采用密肋梁楼板体系（双向密肋板）设计，楼板采用现浇双向密肋板，肋高约 350 毫米。在 20 世纪 80 年代应用密肋板的建筑蛮多的，主要是考虑层高，每层至少可节省 180 ～ 200 毫米[21]，以达到增加层数、增加建筑面积、节约造价的作用。华东电力调度大楼的双向密肋板用的是塑料模壳，这种模板可以重复利用，一般是三个层面的模板量，下面用好后再一层一层地搬上去。[22]当时的结构设计虽然做了很多创新，但现在看来，总体上设计还是偏保守了。例如外围剪力墙设计 400 毫米厚，不要说华东电力调度大楼的荷载是 450 千克／平方米，就是 600 千克／平方米也是没问题的。”

华东电网的“中枢神经”

华东电力调度大楼是华东电网的中枢神经，它的消防安全是建筑师、工程师十分重视的设计因素。但是我国那时还没有自己研发的消防报警系统，一切都依赖进口。20 世纪 80 年代末，随着建筑高度的不断增加，消防报警系统开始被逐步引入到高层的消防设计中。华东院参考了当时国外先进的高层建筑安全标准，率先决定在华东电力调度大楼中引入消防报警系统。当时国内应用这一技术的建筑很少，且大多选择直接使用进口设备和材料。

电气工程师吕懿范说[23]：“也是机缘巧合，上海松江有家新开的电子设备厂，负责人是清华大学毕业的姐弟俩，姐姐叫郑琦，弟弟叫郑大鹰，清华大学毕业以后在西安‘262’厂工作过，在烟雾报警方面专业水平很强，正好出来自己创业。我们就找到他们合作，也因此华东电力调度大楼引入了国内第一个自主研发的消防报警系统。虽然这套系统当时并不完善，但也基本满足了功能的需求，还帮助甲方节约了不少预算。虽然国内还没有规范，但是国外当时有可依据的规范，我们以国外的规范为参考，坚持做消防自动报警系统设计，事实证明这个决策很明智。华东电力调度大楼电气专业的消防报警系统介入设计比较早，线路设计埋在楼板里，为多年后改造工程中的管线综合部分提供了方便。”

暖通工程师黄秀媚[24]说：“这栋大楼也是上海很早就安装了空调的高层建筑。在此之前，空调大多在军工项目里设计和使用，很少涉及民用。华东电力调度大楼除办公功能以外，还有重要的机房设备层，对设备维护和散热降温的需求很高，设备必须持续供电并保持在一定的温度状态以内，因此才在这样的民用建筑里安装了空调。为了节约预算，工程师提出了一个比较创新的想法，用外面喷水池的水来代替冷却塔进行冷却，但最后这一设想并未实现。”[25]

给排水工程师林水和[26]说：“华东电力调度大楼的给水系统采用分区并联供水方式，水箱内设置了水位感应线，可以通过中央控制系统了解大楼供水和设备运行情况。消防系统除水喷淋设计外，所有机房采用卤代烷‘1211’气体灭火设计。因为这栋楼担负着华东电网的总调度功能，对消防有着严格的要求，机房不能进水。设计在部分管道上增设了抗振柔性接口，以满足结构上的振幅要求，在给水和冷却水循环管道上设置橡胶软接头，以此防止管道和楼体产生不均匀沉降后管道破裂的问题。”

绷紧了的经济弦

20 世纪 80 年代初期，业主方提供的大楼建造造价是控制在 2000 万元人民币。建筑师罗新扬回忆说：“我印象深刻的是，计划经济体制下，项目的概算都精确到一分一厘。当时，华东电力调度大楼的概算是 2000 万元人民币，不包括机房工艺的设备费用，但包括室内装修，超过就要去北京申请重新批经费 。做完扩初图纸，概算出来是 2200 ～ 2300 万元，我们自己又不得不在设计上一砍再砍。我记得很清楚的是，当时为了砍预算，我召集了各工种的负责人一起商量，设备很干脆地就把备用机器砍掉了，在图纸上加上‘以后安装’几个字。此外，当时设计的窗很小，这也是造价限制的缘故，所以在大楼第一次改造的时候，资金充裕了，我就将这个窗又改大了。”

建筑师秦壅说：“1986 年，由于设计施工图几近收尾，设计上也经历了大大小小的数次修改，业主方要求华东院提供最新的概算书。”1986 年 8 月，华东院出具了一份概算书，概算书详细记述了调整的三大方面：一是工程在施工图设计中与扩初设计土建工程及设备安装工程有可变更修改和设计部分。新增主楼裙房部分地下车库、新增江西中路引桥设施；修改原工艺层部分空调为全大楼空调、修改外墙折角处固定窗为玻璃幕墙；大楼入口处设玻璃天棚、大楼部分楼层提高建筑装修标准（外墙全部铺贴面砖、

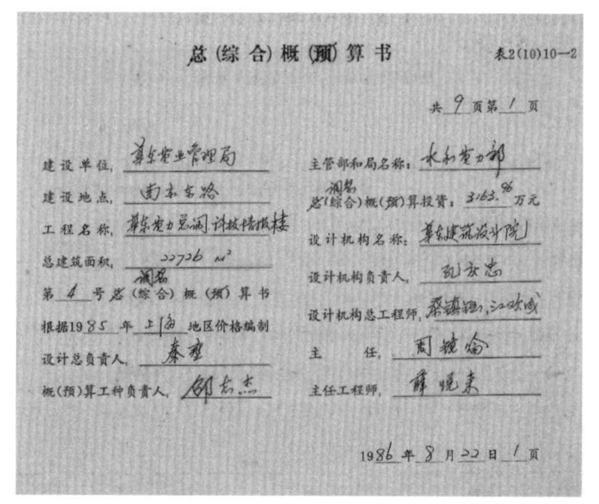
总(综合)概(预)算书　表2(10)10—2

共 9 页第 1 页

建设单位：华东电业管理局　　主管部和局名称：水利电力部

建设地点：南京东路　　总(综合)概(预)算投资：3163.96 万元

工程名称：　　设计机构名称：华东建筑设计院

总建筑面积：22726 m²　　设计机构负责人：

第 4 号总(综合)概(预)算书　　设计机构总工程师：

根据19 85 年 上海 地区价格编制　　主　　任：

设计总负责人：秦壅　　主任工程师：

概(预)算工种负责人：

1986 年 8 月 22 日 1 页

总概算书
秦壅提供

会场室内
秦壅提供

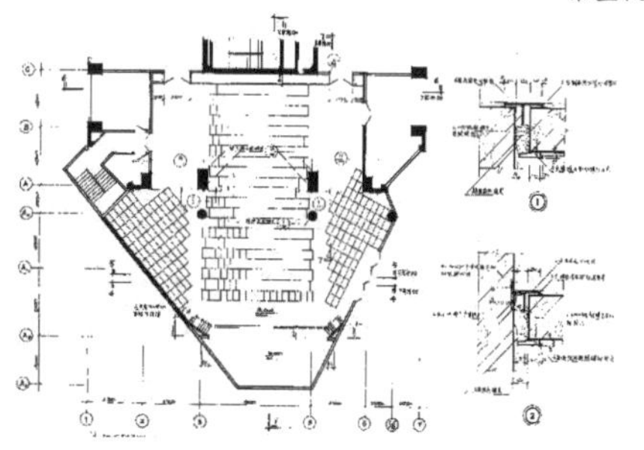
食堂兼会场座位排列示意图

入口门厅伞形灯设计
秦壅提供

室内弧形参观廊
秦壅提供

增加铝合金轻钢石膏板平顶、增加活动地板及铝合金玻璃隔断、大楼进厅内装修调整、大楼屋顶花园等设建筑艺术小品）。二是由建设单位提供部分设备及材料根据订货合同与原扩初设计概算经核后在量差和修差上予以调整的部分，有铝合金窗、玻璃幕墙、塑料地板、地毯、变压器、逆变器等。三是根据建设单位提供对部分已竣工结算的工程与原扩初设计概算调整的部分，大楼桩基工程（钢管桩、R.C.方桩）。在这份概算书上还明确写有：总建筑面积 22 726 平方米，概算总投资 3163.96 万元人民币。根据竣工验收单显示，实际使用造价为 2656 万元人民币。

建筑师王琦感慨地说："那时候主要有几个花费比较敏感，一个就是地基基础本来是想要做钢筋混凝土的水泥桩，但是最后业主决定换成钢管桩，造价就上去了。还有一个就是剪力墙厚度越厚造价越高，那时结构工程师也很为难，因为四角切掉已经很难算了，剪力墙更难算了，还要做得相当薄，当时为了节约施工造价，要求只能将剪力墙做到 40 厘米厚。但是等 1988 年项目建成后，和中国其他地区同类型的项目横向比较，在上海的南京路上建一个建筑面积 2 万多平方米的百米高层建筑仅仅花了不到 3000 万元（人民币），真是很便宜了。秦工（秦壅）对造价比我敏感。"

造价控制是建筑师与工程师共同努力的结果。除了上述提到的底板抬升减少施工造价等处外，为了保证品质和低造价，他们对材料也精心筛选。当时的室内设计还是简装为主，材料选择上仍是追求适用、经济和适当的美观原则。因为裙房新增了一个 800 座的电影厅及一个职工大餐厅的功能，裙房设计由二层变为五层（±0.00 米标高以上）。建成后的裙房里三至五层为电影厅，凭借室内几何空间和柱子的比例，体现了电影厅的尺度；吊顶的形状与观众厅平面结合得自然贴切；内墙面为水泥凹凸粉刷（墙面用木条间隔，粉刷后木条摘掉），有线条及凸凹的效果，涂浅棕色涂料，营造出柔和宁静的氛围，且对空间的音质、节省造价有利；门厅的灯是伞形的设计，是建筑师专门到上海市燎原灯具厂定制的产品；位于二十一层的总调度室层高很高，建筑师在其夹层里设计了一个弧形参观廊，使参观者不必进入调度室，避免干扰调度员的注意力等。

结语

华东电力调度大楼的设计，一开始并不被人们所看好，更没人将它作为"大项目"那样重视，因此华东院参加设计的人员并不多。在经历了对设计人员的深入采访后，随着对设计过程的逐步了解，笔者越发深刻地感到，这是个充满"奇思妙想"的建筑，设计每一次的调整、每一个细节的处理都是美学与适用功能之间的平衡。至于最终呈现出来的效果，可以说是出人意料的"惊喜"。其设计过程远比本文所述内容更复杂、更波折，从设计人员的表述中，笔者深切地感受到设计师们在思维上的激烈碰撞，这些碰撞、交流让华东电力调度大楼的设计特点更为突出，成为 20 世纪 80 年代独具特色的优秀作品。

值得反思的是，20 世纪 80 年代建筑师所处的社会地位和所拥有的话语权是今日的设计师不能比拟的。据建筑师回忆，当时最没话语权的是业主，也由此建筑师、工程师深受业主信任和倚重。此外，20 世纪 80 年代的中国高层建筑正处于积累经验的起步阶段，消防、抗震等行业的规范并不健全，也因此让建筑创意在审批中有了更多尝试的机会。我们探讨华东电力调度大楼的存在，脱离不了那个时代行业发展阶段的特殊性。

遗憾的是，在项目的追踪采访中，部分专业的重要设计人员已去世，例如结构工种负责人吕毓丕、给排水专业工程师贾克欣等。加之对于 40 多年前完成的项目，多数人记忆寥寥。笔者仅能在本文文末附上所有施工图的图签信息——包括主任工程师、组长、设计、绘图、校对、工艺（非华东院设计人员）等设计人员名单：一方面，便于读者了解 20 世纪 80 年代华东院施工图的图签构成（21 世纪初期，华东院施工图信息有全新调整）；另一方面，因这些仅是参与 20 世纪 80 年代设计华东电力调度大楼的施工图设计的所有图签上的设计人员名字，对于参加方案阶段、初步设计阶段的设计人员目前未找到资料记载，这里权作是对项目基本信息的部分呈现，为后继研究者深入挖掘提供线索。

特别要指出的是，虽然本文挖掘的是 20 世纪 80 年代的华东电力调度大楼的设计情况，但不容忽视的是，后续两次改造对华东电力调度大楼的可持续发展起到了决定性的作用。第一次改造是在 2000 年年初，设计总负责人为罗新扬（他也是 20 世纪 80 年代项目的设计总负责人之一）。罗新扬说："改造以复原我原来的设计初衷和不破坏南京路的建筑和城市风貌为出发点。20 世纪 80 年代，由于造价的限制，设计和材料的选择都是从经济性的角度出发，内部装修很简单。大楼已经使用十年后，办公面积的需求更多了，电力调度的工艺也改变了，是要改造了。我在改造中主要做了几点改动：把原来的窗高度开大，这样既不影响造型，而且改造后的立面比原来要美观；重新设计了入口雨篷，让雨篷下部的空间更明亮，可见部分南向采光，大厅也变得更加敞亮；恢复了下沉式花坛的设计；重新选择了外立面窗、玻璃幕墙材料以及外墙面砖材料；拆除业主在下沉式花坛西侧搭建的二层建筑（当时是出租给中国银行做营业厅使用）；对一部分梁和柱子结构进行加固，将抗震烈度在原先基础上提升了一度；对室内装修和局部功能进行调整，由于原来调度部分工艺减少，办公人员增多，竖向交通运力不足，因此在面向南京路的切角处，增加两台观光电梯设计。21 世纪初，在经济上肯定比 20 世纪 80 年代好太多，业主曾提出要将整栋大楼改造成全金属幕墙外立面。金属幕墙我也想过，也曾经介绍给古铜色玻璃幕墙（接近砖色的）给业主，但是罗小未老师说，这个项目已经登记为保护建筑，要保留原来的建筑风貌，就不要动它的外立面了。在专家评审会议上我就讲了这个情况，专家们都同意（罗小未老师的建议）。但是早期采用的外立面砖墙已经被施工队敲掉了，专家们说：'砖墙重新上去'，因此我们重新选择了相近颜色的砖墙贴上去。试想，如果这次改造不是我中标，那么可能在这次改造中大楼已经面目全非了。另外，专家的意见还是非常有分量的，最后能够说服业主不用幕墙而换回了面砖以及拆除西侧二层房屋，这些都不是靠一个设计师的力量能做到的。可惜的是，下沉式花坛在改造完成之后没多久，大概 2002 年就又被填掉了。"第二次改造在 2014—2016 年，华东电力调度大楼被改造为艾迪逊酒店，设计由如恩设计事务所和华东院联合设计。大楼再一次碰到历史风貌要被彻底颠覆的情况，幸运的是，在上海市建筑学会曹嘉明以及知名学界专家们的呼吁下，大楼的风貌被再一次保护了下来，同时大楼裙房和内部被改造为适合酒店的功能，华东电力调度大楼经历了 30 多年后摇身一变成为了艾迪逊酒店，完成了大楼的华丽转身，再现大楼的生命力。

最后，要特别感谢接受华东电力调度大楼项目采访的第一代设计者们为本文提供的宝贵的信息。他们是建筑师罗新扬、秦壅、王琦，结构工程师王银观，设备工程师孙悟寿、吕懿范、黄秀媚、林水和。

附

华东电力调度大楼施工图图签对照

专业	图签上人员及信息
建筑	鲍尔文（主任工程师）； 王竞先（小组长）； 罗新扬（工程设计总负责人）； 秦壅（工程设计总负责人、组长、校对）； 王琦（设计、绘图、校对、填表人）； 梁廷泰（设计、绘图）； 邵坚贞（设计、绘图）； 方菊丽（绘图、组长）； 黄奎耀（绘图）； 邹锦侯（工艺）； 余粟（设计、绘图、校对）
结构	陈宗樑（主任工程师）； 吕毓丕（小组长、校对、设计、绘图）；； 王银观（设计、绘图）； 冯春寿（设计、绘图）
暖通	虞茂祥（组长）； 孙悟寿（组长）； 黄秀媚（会签）； 徐亚明（设计、绘图）； 王小红（设计、绘图）； 李娟玉（校对）
动力	刘根林（设计）
给排水	余志训（组长）； 贾克欣（组长）； 林水和（设计、绘图）； 姚仁德（校对）
强电	温伯银（组长）； 吕懿范（设计）； 施润春（绘图）； 李秀荣（绘图）； 李润霞（校对）
弱电	孙传芬（设计、绘图）； 徐熊飞（校对）； 赵济安（绘图）
室内	鲍尔文（主任工程师）； 秦壅（工程设计总负责人、小组长、设计）； 王琦（设计、绘图）； 梁延泰（设计）

1　数据来源于竣工验收报告。

2　±0.00 相当于绝对标高 6.9 米，±0.00 与地面高差 3.9 米，机房顶高度是顶部标高 125.1 米，加室内外高差 3.9 米，建筑总高度是 129 米。

3　与华东电业局置换的地块今位于上海山东路、九江路路口，即今上海黄浦体育馆所在。当年体育馆的设计已经造好，华东电力调度大楼却迟迟未动工。

4　K 值是指某层外墙总长度与某层面积的比值。同样面积，K 值越大，经济性越差。

5　华东电力调度大楼场地狭窄且周边贴近老建筑、住宅与街道，施工、消防、采光等方面给大楼的建造带来了各种设计上的约束。

6　参照《建筑设计规范》，25 米的微波塔截面面积小于屋顶平面的 1/8，所以不计入结构高度。微波塔的结构设计者是华东院华东电力调度大楼项目结构专业负责人吕毓丕。

7　根据华东院相关项目施工图，最终消防高度为 100.5 米（屋顶楼面相对标高 96.6 米 + 室内外高差 3.9 米），规划高度为 102 米（消防高度 + 女儿墙高度 1.5 米）。

8　斜屋面，亦可叫斜墙，可作为墙面的一部分。

9　罗新扬，男，1940 年 9 月生。1965 年进入华东院，1986 年调入华东院深圳分院工作，1999 年退休。高级工程师、华东院建筑师。华东电力调度大楼设计总负责人。

10 随着楼层上升越往上切角也越小，十六至二十层没有切角设计。

11 王琦，男。1962 年生。1983 年毕业于西安建筑科技大学建筑系。1996 年获美国德雷塞尔大学室内设计硕士学位。1983 年进入华东院工作。华东院建筑师。1989 年 12 月离开华东院赴美留学并定居，曾任美国德雷塞尔大学客座教授，从事建筑设计和室内设计工作。华东电力调度大楼建筑专业主要设计人。

12 秦壄，男，1935 年 11 月生。1952 年春进入华东院工作，1999 年 1 月退休。华东院主任建筑师、一室室主任。华东电力调度大楼设计总负责人。

13 “大楼入口处的玻璃顶棚，共享空间是完全由结构构件来组成和界定的。入口处四根倾斜的柱子插入下沉式花坛里，似乎将入口台阶稳当地拉着，显出特有的向心感觉，下沉式花坛也因之与主体建筑融汇在一起。”详见：秦壄、王琦《华东电业调度大楼剖析》，《时代建筑》，1989 年 1 月刊，5 页。

14 吕毓丕（1936.4—？），男。1962 年 10 月进入华东院工作，退休时间不详。华东院结构主任工程师。

15 圣三一堂位于上海市黄浦区九江路 219 号，与华东电力调度大楼选址近在咫尺。上海圣三一堂是上海市现存最早的基督教新教英国圣公会主教座堂，俗称“红礼拜堂”。“文化大革命”期间被当作临时办公场地占用并遭部分破坏，2005 年后，上海圣三一教堂被归还给基督教机构并已被修复。修复设计机构为华东院与华建集团历史建筑保护设计院。

16 陈宗樑，见本书花园饭店篇。据资料记载，在华东电力调度大楼项目中陈宗樑“担任主管主任工程师的工作，为工程设计制订了统一技术措施，并直接参与钢管桩设计及打桩的环境保护设计及环境检测要求的制订，完全达到了预期效果”。

17 王银观，女，1942 年 3 月生。1961 年 8 月参加工作，1973 年 8 月进入华东院工作，2002 年退休。高级工程师、华东院结构工程师。华东电力调度大楼结构主要设计人。

18 “主楼选用 φ609.6×11 毫米的钢管桩，长度为 49.6 米，共 187 根……裙房选用 400 毫米预制钢筋混凝土方桩，桩长 24 米”详见：沈恭《上海八十年代高层建筑结构设计》，上海科学普及出版社，1994 年，223 页。

19 “裙房为框架结构，主楼与裙房用沉降缝脱开，缝宽 120 毫米，缝间用中、粗砂填灌。”详见：沈恭《上海八十年代高层建筑结构设计》，221 页。

20 据沈恭《上海八十年代高层建筑结构设计》（221 页）：“结构设计烈度为 7 度，（按）3 类场地、振型组合计算。”

21 据沈恭《上海八十年代高层建筑结构设计》（228 页）：“双向密肋楼板方案可降低楼层结构高度，从而有效地降低层高和整幢建筑物的总高。就本工程而言，可降低约 15 米，为在狭小地段争取有效建筑面积创造了条件密切房间分隔灵活，满足了综合功能大楼的要求，采用钢台模，定型塑料模壳，既方便施工，又加快模板的周转。”

22 主楼从上至下的八层为电力调度机房层高 4.6 米，办公区域层高 3.6 米。

23 吕懿范，女，1943 年 2 月生。1964 年 9 月分配至华东院工作，2000 年 9 月退休。华东院强电专业高级工程师。华东电力调度大楼电气设计专业负责人。据其相关资料记载，“电气设计比较复杂，设计采用封闭扦接式母线槽，比电缆及导线敷设便于施工，安全可靠”。

24 黄秀媚，见本书花园饭店篇。华东电力调度大楼暖通专业主要设计人。

25 “大楼采用全空调设计，有 25 个空调系统。防烟楼梯采用正压送风。”详见：沈恭《上海八十年代高层建筑》，上海科学技术文献出版社，1991 年，140 页。

26 林水和，男。1975 年加入华东院工作，现退休返聘中。华东院给排水专业高级工程师。华东电力调度大楼给排水专业主要设计人。

相关研究

20 世纪 80 年代上海住宅设计研究初探

姜海纳　吴英华　张应静

华建集团华东建筑设计研究院有限公司

摘　要　本文旨在探讨上海 20 世纪 80 年代的高层住宅的规划与设计，作者基于华东院在这一时期的众多高层住宅经典案例，如春光路一条街、曲阳新村、仙霞新村、沪太新村、西凌家宅改造、药水弄改造等，结合当年项目参与者的口述访谈和院内存档资料，梳理总结了当时上海高层住宅在总体规划、户型设计、结构优化、周边配套等方面的特点。

关键词　高层住宅　总体规划　户型设计　结构优化

1 综述

自20世纪初至1949年，上海有高层公寓35栋，层数在八至二十层，供企业高管、高级职员和文化人士等使用。公寓造型丰富，户型标准不一，且面积普遍比较大。层高一般在3.5米、净高约3.2米，开间一般为4米以上。平面布置现代，常设有入口门厅、大客厅、阳光房、大阳台，主卧室常带有独立的卫生间、独立的餐厅，与厨房之间常设有备餐间且设备齐全，有煤气、暖气、热水锅炉等，较多高层建筑还设有后楼梯及服务人员用房，建筑物的设计标准和建造质量均高于一般居住水平。20世纪50—70年代，上海的住宅建设以多层住宅为主。自1972年上海开始建造高层住宅，第一批高层住宅是结合了上海旧区改造进行设计的，例如漕溪北路高层（1975年）、康乐大楼（1976年）、华盛大楼、陆家宅高层（1977—1978年）、中百九店三栋高层（1978年）[1]。在总体设计上，若遇南北向道路，则常采用板式高层垂直于道路成组布置，其平面布局常为外廊或内廊式，沿街高层也较多采用底层和二层的商业布局。房型基本沿用多层住宅的设计标准，即开间3.3米、层高2.8米；厨房和户内通道共用，面积一般在3～4平方米；卫生间2.5～3.3平方米（图1）。

20世纪80年代，我国进入改革开放的新时期，住房短缺问题成为城市发展的主要问题之一。据统计，1977—1980年，上海市区周边地区建设了33个新村。从1980年起，上海市住宅建设分四次规划，在中心城区边缘新辟74个居住区。第一批是1980年上报批建设的兰花、长白、曲阳、彭浦、沪太、泰山、长风、虹桥、仙霞、田林、宛平、上钢、潍坊等13个新村；第二批是1982年上报批准的工农、民星、运光、彭浦（东块）、管弄、仙霞（南块）、长桥、德州、上南、雪野、临沂、梅园、泾西等13个新村；第三批是1985年上报批准的市光、国和、国定路、丰镇、凉城、彭浦（北块）、甘泉（北块）、真北、仙霞（西）、康健（西）、梅陇等22个新村（图2）。第四批是1986—1990年上报批准的长海、图门路、田赌宅、清涧、杨思、菊园、泾南、桃浦等26个新村。从1980—1995年，上海市中心城区周围新辟的居住区有100多个，为市民提供了大量房源。许多工业区的住宅新村，在原有的基础上扩大成市郊边缘的大型居住区。例如彭浦新村，从1958年开始陆续建设的彭浦一村、二村、三村，最初是为了解决彭浦工业区职工的居住问题。到了20世纪80年代，彭浦被确立为大型居住区，先后又兴建了彭浦四村至九村。到1994年，居民已经达到15.8万人。虽然大量建造了六层

1920－1990上海高层建筑发展(建设)概况表

时期	宾馆、旅馆		综合楼		住宅、公寓		科教文卫		工业、其他		总计	
	幢	万平方米	幢	万平方米	幢	万平方米	幢	万平方米	幢	万平方米	幢	万平方米
1920－1937	11	14.10	38	35.20	32	32.40	3	3.40	7	9.10	91	94.20
1938－1948			1	1.44	3	1.85					4	3.29
1949－1979	4	4.93	3	1.76	27	19.88			6	5.80	40	32.37
1980－1990	72	180.06	80	155.92	531	605.83	58	73.47	72	83.60	812	1098.88
共计	87	199.09	122	194.32	593	659.96	61	76.87	85	98.50	948	1228.74

资料来源：1、1979年以前系根据上海市房产管理局1988年7月编《上海楼宇》一书

2、1980－1990系根据《上海八十年代高层建筑》编辑部搜集的资料

图1 1920—1990年上海高层建筑发展（建设）概况
引自：曹晓真《上海高层建筑技术发展与本地化（1980s）》，上海：同济大学，2019年，4页

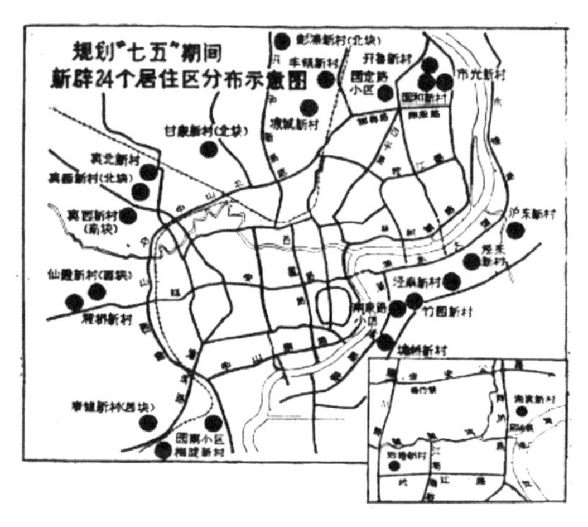

图 2 上海中心城周围 22 个居民新村和吴淞卫星城两个居民新村示意图
引自：“‘七五’期间新辟居住区分布示意图”，《解放日报》（1986 年 9 月 18 日）

楼的标准住宅，但是依然供不应求。由于地价和拆迁费用等经济原因，高层建筑也开始逐渐成为上海住宅建设的重要类型。

1981—1987 年，上海市共新建高层住宅 130 多栋，建筑面积约 130 万平方米。1984 年，上海新建高层住宅建筑面积占全年住宅总量的比例从 10% 提高到 30%。为节约用地，取得较好的经济技术效益，层数自十二至十五层逐年上升为十五至三十三层，并出现了发展高层住宅与多层住宅相结合的态势。

此后，高层住宅在数量上明显增多，质量与户型标准也有所改进。例如户均建筑面积 60 ～ 65 平方米，层高 2.8 米，开间为 3.3 米、3.6 米，建筑平面灵活多样、功能合理。为提高土地利用率，除以南向户为主外还增设东、西向户，尽量避免北向户。户型组合按一房一厅小户型、二房一厅中户型、三房一厅大户型等均配置一定比例，还特别强调包括卫生间在内的使用空间的全采光及通风要求；每户户型设计有封闭式厨房 4 ～ 5 平方米，独用三件洁具卫生间并预留双缸洗衣机位置；电梯一般选用载重量为 1 吨（载客 12 人）服务 60 ～ 100 户，18 层以下住宅电梯速度一般为 1 米 / 秒，另设消防电梯和疏散通道；每层还设有带封闭前室的垃圾间；利用地下室停放自行车。高层住宅的立面造型丰富，板式住宅的平面在设计上有错层式、跃层式，以及为改善东西向住宅日照的锯齿形布局等；点式平面有蝶形、Y 形、X 形、风车形、方形、八角形等。外立面装饰根据区域和环境的不同区别对待，常采用涂料或面砖、玻璃马赛克等饰面；室内墙面和平顶一般为白色涂料、水泥地坪，室内其他装饰由住户自理。设备标准除参照多层住宅标准外，还增设了共用天线电视终端盒、传呼系统等；预留电话管线用户，底层设信报间等。每栋高层住宅均设大楼管理值班室和电梯司机休息室。这一时期，由于外向型经济发展需要，上海还新建了部分外商投资的高层商品住宅。层数二十四至三十层，层高约 3 米。户均建筑面积 100 ～ 200 平方米。每户房间面积较宽敞，用料标准高，功能齐全，有冷暖设备、电话和通信设施，厨房、卫生间全部采用进口设备。早期案例有采用内天井布局的雁荡大厦（1985 年）、龙柏公寓（1988 年）、启华大厦和锦明公寓（1990 年）等。

20 世纪 80 年代，人们主要通过单位分房、动拆迁或作为居住困难户被照顾等渠道进行住房的分配。20 世纪 90 年代中后期，逐步取消福利分房制度之后，住宅商品房时代来临，单位、个人集资建房，土地批租开发商投资建房等方式成为住宅建设的主要开发模式，住宅的套内户型面积、居住小区的环境、配套设置等标准、等级均有较大的改善，与 20 世纪 80 年代的计划经济时代分配住房时期的户型设计标准有了较大的提升（图 3、图 4）。

2 华东院住宅设计回顾

20 世纪 80 年代，改善市民的居住条件、对住宅建设的大量需求是上海市迫切需要解决的问题。蔡镇钰[2]在谈到上海住宅商品化与旧房改造探索时说：“住房是人类基本需求之一。住宅的发展在一定程度上体现了一个国家的经济实力，是提高人民素质的物质条件。上海市的住宅建设在改革开放和经济蓬勃发展的大好形势下，近

10年取得了很大的成绩。在住宅建设与城市建设相结合、新区建设与旧区改造相结合，以及充分调动中央、地方、单位和个人建房积极性等方针政策的推动下，从1979—1992年，上海新建住宅5797万平方米，人均居住面积为10平方米，已经达到房屋成套率70%的小康水平目标。除新建住宅外，旧房改造还要在更大的程度上发挥潜力。”

改革开放以来，国家以工业建设为重心向改善社会民生、满足人们的生活需求的发展时期转变，特别是民生工程的住宅需求日益凸显。据李莲霞[3]回忆：“1985年华东院成立了住宅设计研究所，住宅设计研究所是挂牌在生产所里的研究部门，我们既要做住宅项目设计又要抽出时间来做住宅通用设计图的研究。华东院出色地完成了沪住5型（图5）、新沪住5型（图6）和沪住8型等住宅通用图的设计，并主持编制了全国住宅通用图集和上海住宅标准图集。”李莲霞和曾蕙心[4]设计的嘉定梅园新村（1983—1984年）为沪住5型住宅的试点工程，项目获上海市优秀设计三等奖。在李莲霞和曾蕙心撰写的《上海市多层住宅建筑标准化与多样化的试点：沪住5型住宅和嘉定梅园新村设计》一文中，详细介绍了沪住5型住宅的单元组合、小区总体规划设计的多样化手法，以及梅园新村的设计实践[5]。1993年，李莲霞、刘志筠[6]、方菊丽[7]被授予“住宅专家”的称号，之后由于住房商品化市场的蓬勃发展，传统的经济适用型的集约设计已经不再适用于商

图3 上海某机关职工住宅
引自：上海工业建筑设计院《建筑实录1952—1982》

图4 上海宛南华侨新村
引自：上海工业建筑设计院《建筑实录1952—1982》

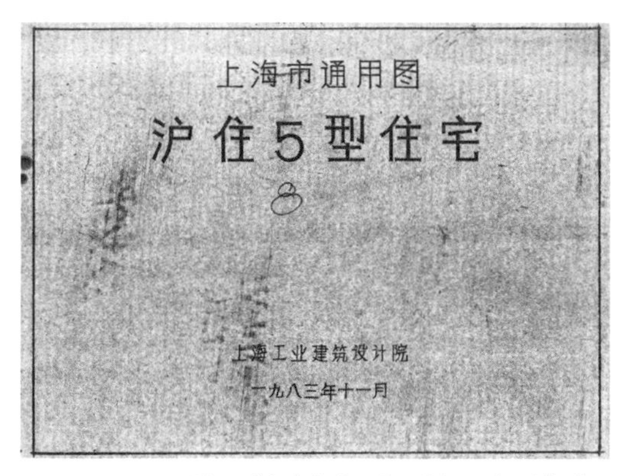

图5 《上海市通用图：沪住5型住宅》封面
汪孝安提供

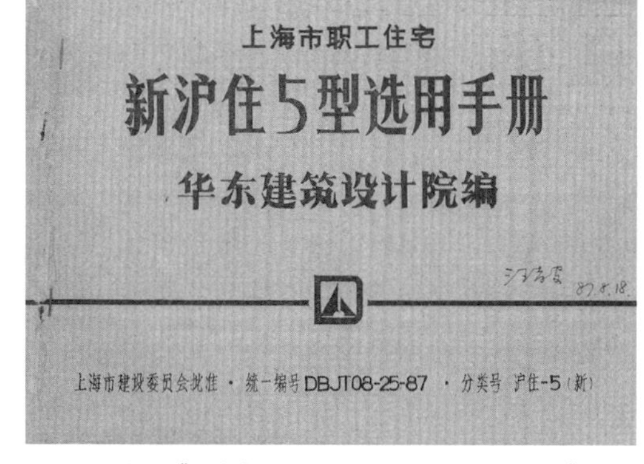

图6 《上海市职工住宅：新沪住5型选用手册》封面
汪孝安提供

品住宅市场的主流而慢慢淡出历史的舞台，使得这次评选成为第一届也是唯一的一届，“住宅专家”的称号成了第一批也是唯一的一批被授予的殊荣。

20 世纪 60 年代起，方菊丽曾和曾蕙心就一起参加过上海低层及多层住宅公寓的调研工作，后在住宅设计竞赛、职工住宅定型设计以及上海华侨公寓等设计项目中崭露头角。谈到上海住宅的发展，方菊丽说：“要谈上海的住宅发展，就要先谈当时上海的两大设计机构，上海的住宅设计项目基本上都是华东院和民用院（上海院前身）承接的。20 世纪 70 年代以前，华东院隶属于建设部，设计任务多来源自部里，因此上海市的大部分住宅设计任务都被分派进了民用院。早期的住宅设计低标准的居多，比如民用院设计的蕃瓜弄[8]。当时的居住理念源于苏联，他们往往设计大房型，但是（公用设施）是合用，他们的考虑是如果后续居住条件改善了，那么一家人就独用一套单元房。那时的口号是‘五年超英国’。当时还有个说法叫‘合理的设计，不合理的使用’。比如上海鞍山四村，户型设计就是考虑两家人家合用的，户型设计的标准也很低。厕所都是合用的，厨房也是合用的，一条长走道连通卧室，只有卧室是一家人的独立空间，所以那时大家就形成了一种观念——卧室是一家人独有的，卧室最重要。因此，设计以卧室为主，当时还没有起居室的概念。后来发展到两家人合用公共走道空间，原先的走道宽度是 1 米或 1.1 米，如果能够稍微宽一些，扩大到 6 平方米的面积就能放下一个小桌子。为什么要这样呢？因为那时候学校里都组织学习小组，今天几个同学到这家做作业，明天就去那家做作业，那么就需要一个小桌子让同学们在一起写作业。扩大的过道就变成了小过厅，起到了客厅的作用，这是早期的、与卧室私密空间相对应的公共活动空间的雏形。再后来，两家合用一套单元的矛盾凸显，就考虑是否建造小面积的独门独户单元。民用院和华东院都设计了很多户型标准图集，用于全市大量建造的工人新村。华东院的住宅标准户型设计还获了大奖。”

在计划经济时代，住房是用人单位统筹分配，为解决职工住房问题可以采用单位自己买地建房，也可以集资参与政府开发建房。等新房子建好分给职工后，已分得新房的职工就可以腾挪出原先单位分配的房子给其他职工居住，以此来改善居住环境，并解决不同职级职工的住房问题。这种模式也叫“福利分房”，因为能分到房子的职工就是享有了单位给予的福利，由此而得名。在谈到单位自建房，方菊丽说起华东院在 20 世纪 80 年代建造的衡山路工房[9]设计：“这个项目可以说是‘见缝插针’。那时‘文化大革命’刚刚结束，华东院好不容易在衡山路找到一块三角形地块，方鉴泉总建筑师和我一起做这个项目的设计。衡山路工房的场地条件苛刻得不得了，地块前后都有房子，底层房间的日照没有办法满足，我就考虑做跃层式，即一层跟二层合在一起是一家，然后用一条公共楼梯直接从一层连通到三层，这条楼梯就可以做得比较小。设计一共做了 5 户，由于户型标准的面积有限，因此我是反对做通廊式设计的，毕竟楼梯也是分摊面积。另外，我把承重墙以外的分隔墙设计全部取消，采用家具去分隔空间。楼梯下面的空间都被做成了储物空间，储物的家具都可移动，是为了搬家方便。虽然只有 5 户，但是我画了 57 张图纸，连带家具设计都一并绘图了，包括顶棚的吊柜设计，可以说是绞尽脑汁‘偷’了很多空间。” 华东院的工房设计可以让我们一窥当时职工住宅设计的集约和有限的单元面积标准。甚至一套单元户型内有时需要解决三四代人同堂的居住问题。在 1985 年《中国技术政策》蓝皮书中，住宅建设技术政策引入了“套”的概念，和建筑面积一起作为主要计量单位和建设控制标准，要求除必要的分居居室之外，应当有独用的厨房、卫生间及相应的设备，书中提出应当设计户型小，功能好，一户一套的住宅。华东院总建筑师汪孝安回忆说：“1987 年出台的《住宅建筑设计规范》中规定，住宅应按套型设计。每套必须是独门独户，并应设有卧室、厨房、卫生间及储藏室间。套型按不同使用对象和家庭人口构成设计，可分为小套、中套、大套，小套使用面积应不小于 18 平方米，中套应不小于 30 平方米、大套应不小于 45 平方米[10]。”当时汪孝安参加了市里举办的住宅厨房、卫生间设计竞赛并获奖，厨房设计布置了排烟竖井及煤气灶上的排烟装置，这在还没出现排油烟机的时代里，设计方案颇具前瞻性。作为年轻的建筑师，汪孝安结婚时分得一间老式里弄的亭子间，13 平方米的使用面积，他将空间布置得井井有条，功能似乎还“应有尽有”，他说：“我已经感到相当满足了。”可见，20 世纪 80 年代，仍然是以“居者有其屋”的基本居住需求和改善居住环境的需求为主导的时代。

改革开放时期，上海的城市建设飞速发展，人们的住房问题亟待解决和改善。“七五”住宅设计竞赛（“七五”时期是 1986—1990 年）是上海市为推进住宅建设在行业内推广的重大竞赛活动，旨在寻求可供普及推广的优质户型设计。每个设计院先内部做竞赛，并鼓励个人参与，强调个性化。最终，送到市里参加评选的方案有 300 多个。专家代表了权威和公正，评审专家都是上海建筑行业里的佼佼者，例如时任同济大学系主任的冯纪忠也是评委之一。评审委员会还专门组织人员审核设计面积是否符合经济指标的要求，核对没问题后再进行评选，通过数轮的评审最终得出结果，可见其严格的程度。方菊丽说：“在这次的竞赛中，我设计的多层住宅方案获得了上海市一等奖。我的参赛设计是一梯两户，这样楼梯占用的公共面积是最经济的。当时的住宅户型的标准面积都特别小，所以在设计中一点点面积都要被最大化利用。首先是对面宽的推敲，以前华东院做住宅设计面宽做 3.6 米比较多，民用院大多做 3.3 米，但是这两个面宽尺寸实际上都有问题。做 3.6 米经济性不好，因为从住宅的角度来讲，那时的 3.6 米面宽其实就相对‘豪华’了。而当时参赛的方案里大量采用了 3.3 米面宽的设计，细致推敲下来，3.3 米面宽的住宅使用起来也是有问题的。比如当时以卧室为主要活动空间，卧室要放电视，所以一般床都是靠墙放，普通的床是 2 米长，再加上床头床尾就不止这个长度了；门一般是 90 厘米宽，实际上墙到门的地方是有一个小墙垛的距离，如果没有这个距离，墙很容易被门把手撞坏。上海当时都做 24 厘米厚的墙，墙体本身的厚度加粉刷的厚度，最终把这些尺寸仔细算下来，3.3 米的面宽其实是不好用的。所以，我当时就提出了‘半模’的概念，设计取了 3.45 米的面宽，也就是用了 3.6 米和 3.3 米的折中模数，这样一来既满足了经济性，又解决了使用中的细节问题。我的设计有一个重要的做法就是我把卧室缩小了。根据‘七五’竞赛提供的面积标准，已经可以做到户型单元内功能分区了。以前不做功能分区是因为都是两家人一起合用空间，概念上就觉得卧室才是一家人私密的独处空间，所以那时候卧室的面积都做得比较大。现在一个单元给一家人独用了，卧室最主要的功能是睡觉，反而厅是很重要的家庭活动空间，所以我就缩小了卧室面积，把更多的使用面积让给了厅，让厅更大一点儿。我的设计还有一个特点，就是我在外墙面设计了一个‘凹槽’——利用南向的卧室和厅以及北面的房间错落布局，形成住宅立面上的凹槽空间。因为在 20 世纪 80 年代是没有考虑安装空调的，尤其是夏季非常依赖日照和通风，最好有对穿风，如果室内通风良好的话其实比空调还要舒服，所以我做‘凹槽’的设计就是为了让厅里也有好的日照和采光。做‘凹槽’的设计还有一个作用，就是当时上海人晾衣服都是用龙门架，其实这很危险，龙门架有掉下来的隐患；上面住户晾晒的衣服滴水下来，会弄湿楼下晾晒的衣服或被子，这也是一个问题。我就在这个‘凹槽’的两边墙体之间做了一根横梁，然后设计了一个晾衣的搭口，要晒衣服的时候就挂出来。这样外立面上效果也整洁很多，住户用起来也更方便。”

1985 年，上海市建委制定了《上海市“七五”期间职工住宅设计标准》，将多层住宅每户平均建筑面积的上限从此前的 45 平方米提高至 50 平方米。20 世纪 80 年代中期后，商品房悄然出现，商品房的户型面积标准要宽松很多，户型设计也出现了各种尝试。对于曾经出现的、风行一时的错层式住宅，方菊丽认为："错层的设计在别墅里面用是没问题的，因为毕竟别墅的面积一般都很大，但是错层被用在多层住宅的设计里就相当不经济了，而且造价也高。有些甲方喜欢，觉得有新意，认为就好像是住在高级小别墅里一样，其实这是一个住宅发展历史上的弯路。敢不敢去讲个'不'很重要，华东院还是有底气的，一个建筑师在住宅设计上的作用很关键，能说服甲方就说明你心里是有底的。"谈到跃层式的设计，她说："万科当时专门做了两个同等面积的房型来比较，一个是跃层式、一个是大平层设计，对比后发现跃层也是不经济的，多了很多公摊面积。此外，做了跃层就真的显得高档了吗？我觉得也不一定。当时的多层住宅户型真正的使用面积并不大，做跃层肯定是浪费了一些内部交通的面积。反而是后来商品房越来越多，户型面积可以做得越来越大了，再去做跃层就舒服多了，所以设计也是要分情况。……跃层设计的室内楼梯比较陡也没有关系，楼梯设计虽然窄，但是楼梯宽度和扶手设计都是考虑好的。就像石库门的楼梯也很陡，使用起来也是没问题的。做跃层是要有道理，比如华东院的衡山路工房设计也是一个跃层，当时是从满足日照的角度考虑，一层满足不了日照要求，做跃层是较好的选择。"

对于单元住宅设计后调研和经验，方菊丽也有自己的看法，"华东院住宅研究所成立之前，大家对住宅设计都不怎么重视。成立之后我们还做了一些调研，我当时就提出调查人们对住房使用的反馈。这个调查一定是先要看这个人原本是住在哪里的。比如这个人原先住在棚户区，分配面积的时候能给到 18 平方米的朝南住宅就已经很满意了，但如果这个人原先住的是花园洋房，肯定满意程度就不一样。所以，住房的真正受众人群是要去仔细分析的。""总体而言，对于上海来说，朝向很关键，西南向就比东南向要好。上海黄梅天下雨多，所以东南向的墙面都很湿，而西南向在夏天最热的时候有西晒，墙面容易晒干。还有上海常年是东南风风向，但是在夏天最热的时候却是西南风，所以最热的时候西南向还能享受到很好的通风效果。当然，正南向肯定是最好的。如果要考虑偏角度的话，正南朝向偏 18° 以内是最好的，这样的日照是最多。而且一梯两户最好，一梯三户中间的户型没办法南北通风。当然，现在室内都装空调了，这些设计上的细节也都没有以前那么重要了。"

对于高层住宅设计，黄志平[11]说："华东院在曲阳新村、仙霞新村、沪太新村、梅园新村等住宅项目里都有高层住宅的设计，当时做高层住宅多半是因为用地上多层住宅的容积率排不出了才会用高层点式或高层板式住宅的设计，在有限的土地上增加容积率和户数，但这并不是说高层住宅就一定好。高层住宅日照间距比较大、占地面积比较大、施工周期长、造价贵，同样的土地面积上还是板式更经济些。但高层住宅也有优势，比如对于千篇一律的、像'兵营'一样的板式住宅来说，点式在布局上更活泼一些，对打破平淡的规划布局和视觉效果还是有利的。当时专家们对高层住宅也是各持所见。中国高层住宅建设大量涌现还是在住宅商品化之后。"方菊丽提到："从经济性来说，单元式的板式设计，即一梯两户或者一梯三户的设计，走道最短，也最经济。有些板式高层住宅做了内天井也是不提倡的，油烟都排在了天井里面、隔音效果也不好、垃圾掉下去也很脏，所以内天井的做法后来就逐渐消失了。"春光大楼建筑的设计专业负责人胡妙华[12]在访谈中提到，天井的设计有几个不利因素：一是串味，赶上气压低的天气油烟排不出去，造成二次污染；二是噪声扩散，尤其是小天井的设计；三是垃圾乱扔以及消防隐患；其他还有采光暗等不利因素。方菊丽认为："高层住宅十一层是最好的高度，因为通风好，而且只需要一部电梯、一部楼梯，核心筒面积最小，也是最经济的设计。"谈到住户拿到房子后往往对户型进行改造的情况，方菊丽表示："后来我们也发现，很多人拿到房子以后要做改造，这是为什么呢？第一，就是设计本身没做好，不好用；第二，住户也不一定懂，最终改下来也不一定就好用。做设计就是要有工匠精神，要去抠细节，要看到使用中的各种情况……上海的住宅设计相对的标准要稍微高一点儿，在经济性的约束下更注重设计的合理性。”

据统计，20 世纪 80 年代，在华东院的住宅归档项目中，高层住宅项目有 41 个，曲阳新村、仙霞新村、沪太新村、药水弄、西凌小区、春光大楼等都是典型的高层住宅的代表案例。

3　华东院典型高层住宅案例

3.1　总体规划和设计理念

3.1.1 曲阳新村

曲阳新村（图 7—图 12）自 1979 年年初开始全面规划设计，至 1985 年全部建成，是上海 20 世纪 80 年代最具代表性的大型居住区之一，占地约 73 公顷，住宅建筑面积约为 76 万平方米，可居住 7 万多人，公共建筑面积 9 万平方米，小区配套设施齐全。曲阳新村的公建配套规划分为居住区级——全新村为居住区，在行政上相当于一个街道的规模；居住小区级——全居住区分为 6 个居住小区[13]，每个小区占地约 10 ～ 14 公顷，可住 1.2 万～ 1.5 万人[14]；居住组（里委）级——在行政上相当于一个里委，曲阳新村每个居住组（里委）定为 4000 ～ 5000 人。即每个居住小区内分设三个居住组（里委）中心、服务半径为 100 米左右。里委中心设置熟食店、烟杂店、里委服务店、青少年活动室及里委办公室。里委中心的设置是借鉴了上海原有里弄建筑在弄堂口均设置盐糖小百货店的传统特点而配套设计的，以方便居民，就近服务。[15] 由于在有限的土地内要解决更多人们的居住需求，因此高层住宅成为了整个居住区的有机组成部分。

20 世纪 80 年代的住宅小区设计已经借鉴了苏联组团式住区的设计方法，且多数将居住小区的商业等配套设施规划在小区周边沿街位置，即可对内提供服务，又可对小区以外营业。当然也有特例，刘祖懋[16]（曲阳新村居住区规划、设计的主要设计人，也是马华大楼——曲阳新村里由外商参与投资的 K 形点式高层住宅[17]的建筑施工图设计人[18]）在访谈中谈及：“曲阳新村的总体规划中，每个小区的布局都是住宅在周围、公共建筑在中间[19]。例如商店设在各小区中心位置[20]，商业中心主要有三种功能，菜场、百货商

图 7 曲阳新村居住区（原名玉田居住区）总平面图
引自：上海工业建筑设计院《建筑实录 1952—1982》

图 8 曲阳新村建筑群
方维仁拍摄

图 9 曲阳新村 K 形 12 层点状高层住宅
引自：蔡镇钰《琴抒：蔡镇钰论文选》，北京：中国建筑工业出版社，2007 年，93 页

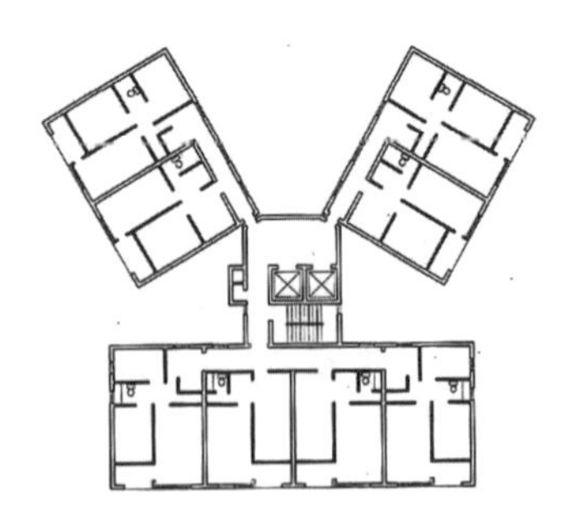

图 10 曲阳新村 K 形住宅平面图

图 11 曲阳新村跃层式高层住宅
引自：《琴抒：蔡镇钰建筑选》，95 页

1. 卧室　4. 楼厅
2. 厨房　5. 天井
3. 卫生间

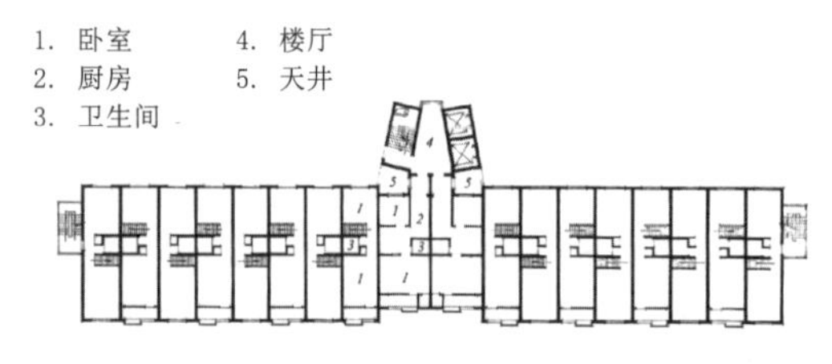

曲阳新村跃层式高层住宅三层平面图

1. 起居室　4. 卧室
2. 厨房　5. 电梯厅
3. 卫生间　6. 天井

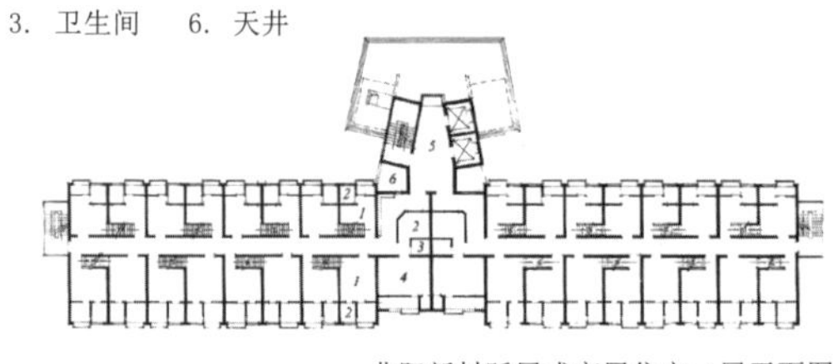

曲阳新村跃层式高层住宅二层平面图

1. 卧室　4. 天井　7. 休息室
2. 卫生间　5. 配电间　8. 垃圾间
3. 门厅　6. 电话机房　9. 值班室

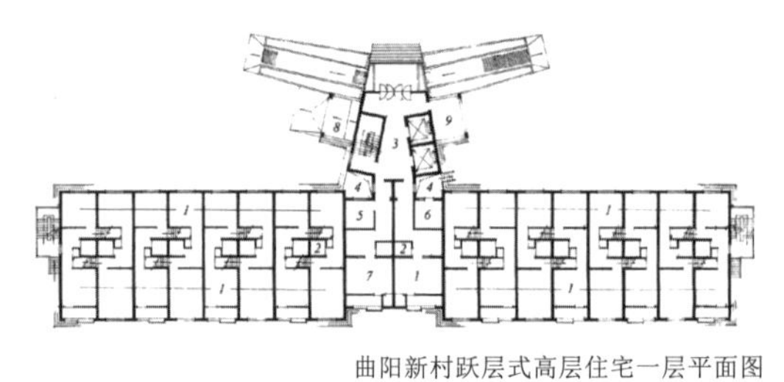

曲阳新村跃层式高层住宅一层平面图

图 12 曲阳新村跃层式高层住宅平面图

店和饮食店，建成后的商业中心内部居民使用多。”据《琴抒：蔡镇钰论文选》中“上海曲阳新村公建配套设计”部分记载：“为了避免公建布置在住宅底层和沿街布置的缺点，曲阳新村各级配套公建均不附设在住宅底层，并按其功能要求设置在单独的地段内，以改善城市交通，方便居民和提高分类公建的使用质量。”（图 13）

3.1.2　沪太新村

沪太新村（图 14）占地面积 74 公顷，总建筑面积 72 万平方米。用城市道路及新增多条新村道路分为 5 个小区，住宅以多层为主，大部分采用沪住 5 型，高层住宅占 16%，大多为板式高层建筑（图 15—图 17），唯有北区和东三区各有 3 栋点状高层建筑（图 18—图 20）。其主要特点是发展了“居住组群”的设计手法，住宅点、条结合，随着地形错落有致。公建配置齐全，并都经过精心设计，公建均布置在组群围墙外，有公共连通道路，商店上部的住宅通过立交桥进入组群围墙内（图 21—图 22）。设计着意于创造美好的居住环境，每一组群有一块中心绿地，用绿化和建筑小品分隔成供老年、成年、少年儿童分别活动的场地。新村内人车分流，一般车辆都

图 13 曲阳新村配套建筑
左起：中心商场、体育馆、文化馆

1. 北区
2. 西区
3. 东一区
4. 东二区
5. 东三区
6. 绿化保留区

图 14 曲阳新村跃层式高层住宅平面图

图 15 沪太新村板式高层住宅

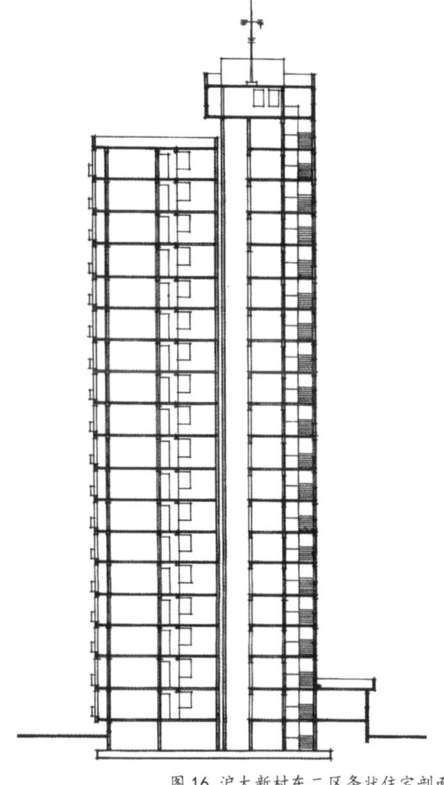

图 16 沪太新村东二区条状住宅剖面图

1. 卧室
2. 厨房
3. 卫生间

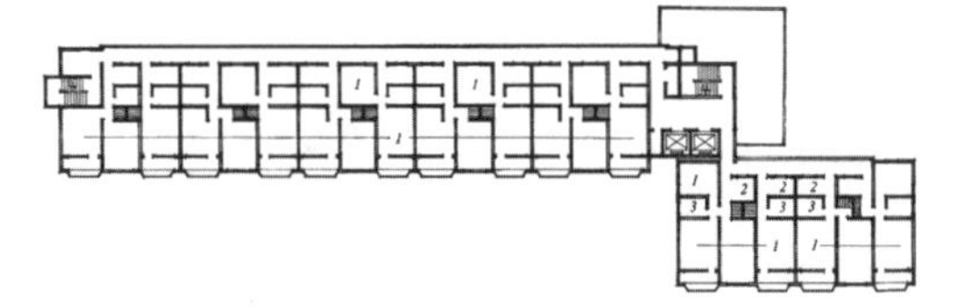

图 17 沪太新村东二区条状住宅标准层平面图

不必进入组群内，组群内部清静、安全、舒适。李莲霞于 1983 年带领小组同志开始上海沪太新村的设计，并担任该工程的设计总负责人。

李莲霞回忆说："当时我担任住宅设计研究所的主任工程师，指导和管理沪太新村项目的规划设计和全部单体设计。这个项目的工程设计总负责人是何友健[21]，他当时是住宅研究所的建筑专业组长。刘志筠具体做了许多设计，后期也担任过一些子项的工程总负责人。此外参加设计的还有程维方[22]等人。"她在讲述中谈及，整个沪太新村通过内部道路分成几个小区，且每个小区内还形成组群和中心；总体布局直线与曲线结合，规划布局要有变化，每个小区各有特色、色彩也不同，让孩子们回家容易辨识道路；出于对小区内部管理的考虑，设计将幼儿园、小学、和中学等公建设施布置在各个小区的边缘，各自有独立的出入口，这样人流不需要从小区内穿行，做到了互不干扰；每个小区设计了门卫室和自行车库，门卫室兼顾收发信件、送牛奶、打公用电话等作用，自行车库结合人防设计做成半地下的，也节约了空间；住宅沿街底层是商店、楼上是住宅，并设计有直通住宅入口的人行天桥，住户可不必通过底下一层或二层的商业空间进入小区回到自己家。

沪太新村项目建筑专业主要设计人朱国华[23]与刘志筠共同负责了沪太新村西区的设计，除了沿用成熟的户型标准图并根据总平面要求做单体拼接组合外，朱国华还在设计总负责人刘志筠带领下参与了沪太新村商业配套项目沪太饭店高层以及宜川电影院的原创设计。他介绍说，宜川电影院（即新上海影都）的设计很有特点，

图 18 沪太新村点式高层住宅

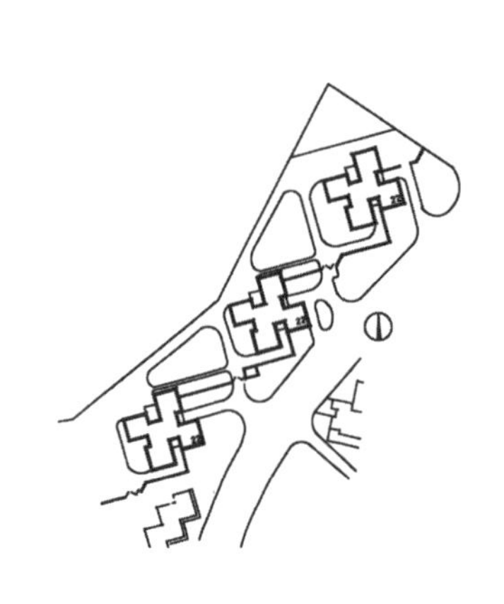

图 19 沪太新村北区点式高层住宅总平面图

图 20 沪太新村北区标准层平面图

图 21 沪太新村配套建筑：沿街商店
朱国华提供

图 22 沪太新村配套建筑：新上海影都
朱国华提供

获得了建设部的二等奖。和一般的电影院不同，它的功能比较丰富，除了3个电影厅，还设有录像厅、舞厅及音乐茶座、小型招待所、电子游艺室、录像带出租商店等综合设施，为沪太新村几万居民提供精神文化生活方面的支持。因此电影院主楼的设计充分利用建筑空间，将内容不同、大小不等的使用空间互相穿插、渗透。观众入场后由入口大厅至进厅、休息厅、观众厅要经过4个空间和高度，既感受到不同空间的变化和趣味，又可达到由明及暗的视觉过渡。朱国华特别提到：“当时在上海任职的江泽民同志特地去沪太新村视察过，评价也很高，觉得整体配套、环境、建筑布局都做得挺好[24]……20世纪80年代上海市民居住条件不太好，沪太新村在当时兴建的一大批居民住宅中属于佼佼者。”

3.1.3 仙霞新村

仙霞新村（图23、图24）位于仙霞路水城路口。该住宅小区于1983年开始规划，小区包括点式高层（图25）、板式高层（图26）、多层、底层沿街商业、幼托所及配套设施等，分一街坊及二街坊两期。一期工程约占地35公顷，建筑面积约35万平方米，由六层为主的多层住宅和高层住宅分街坊建设。一街坊有板式高层及一些多层住宅，板式高层分别为十六层、十四层、十二层，按地形曲线状连成一片。[25] 仙霞新村设计总负责人管式勤[26] 在多年前的一次采访中谈及，“我一进华东院就先要过关：第一关是先到工地去跟工人同吃同住同劳动，短则3个月、长则半年，我的工作是到工地推水泥车，跟现在的

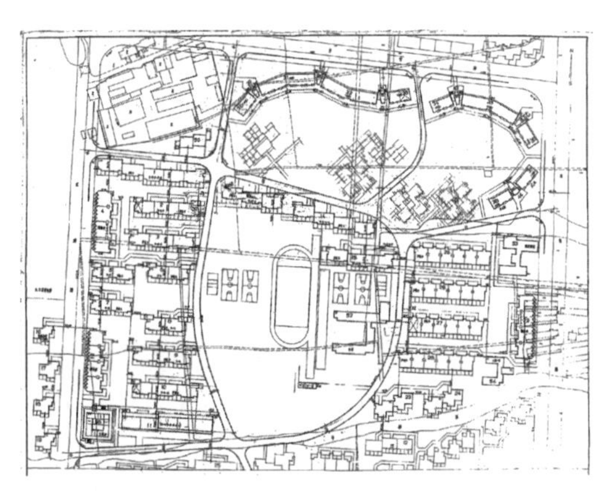

图23 仙霞新村总平面图

图24 仙霞新村高层住宅区模型照

图25 塔式高层住宅实景

图26 仙霞新村板式高层住宅外景
左起：A型住宅、B型住宅、C型住宅
引自：《管式勤建筑师作品集》（上海人民美术出版社，2011年），47页，52页，50页

建筑工人干一样的活；第二关是参加 1963 年华东区住宅方案设计竞赛，全院的新进建筑师都必须参加，根据竞赛成绩决定分配的科室……”“仙霞新村是当时上海开发的 12 个大住宅区之一，它由三个街坊组成，其中两个街坊全部是多层，还有一个街坊全部是高层，板式和点式高层的组合。当时的设计多半是高层和多层在一个街坊里都有，这个设计在当时还是比较受欢迎的。设计压缩了面宽开间，保证南向采光，保证绿化和空地面积，强调均好性。建筑设计不在大小、也不在于地位和重要性，在于你有没有想法。”[27] 负责仙霞新村项目高层与多层住宅施工图设计与绘图工作的徐云偲[28] 谈到：“仙霞新村的高层住宅有 6 栋点式高层和 3 栋曲线布局的板式小高层，管式勤在方案设计时有意把板式小高层设计得尽量长，形成明显的‘线性’和点式高层的‘点’状布局相互呼应，从而围合出开阔的中心绿地。”

为改善市民居住在大量棚户区、改善市民居住的环境，上海市在普陀、徐汇、黄浦等旧城区进行了旧区改造，西凌家宅改造（改造后更名为西凌小区，图 27—图 29）、药水弄改造等的建设都属于这类范例。西凌家宅原是居民集中的棚户区，是个典型的“滚地龙”旧区，被列为“七五”期间 23 个旧区改造基地之一，也是南市区三大危房棚户改建地之一。西凌小区占地 9.5 公顷，总建筑面积为 30 万平方米，有高层住宅 10 栋，高层建筑面积占小区总建筑面积的 60%，小区内多层住宅为 23 栋，均为板式建筑。为使居民有良好的生活环境，小区新建了一条西凌家宅路，它东起西藏南路，西至制造局路，横小区东西，沿路两侧设置了商业网点，路南商业用房被设计成骑楼，使行人与

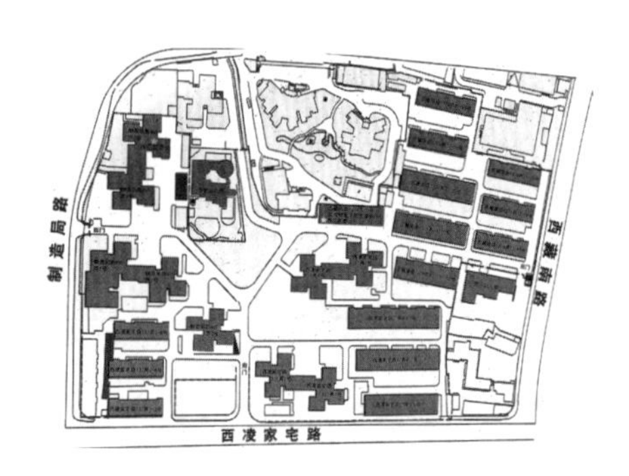

图 27 西凌小区（现名为西凌新邨）总平面图
王茂松摄，姜海纳、刘书意图片处理

图 28 西凌小区风车形住宅
王茂松、陈雪莉提供

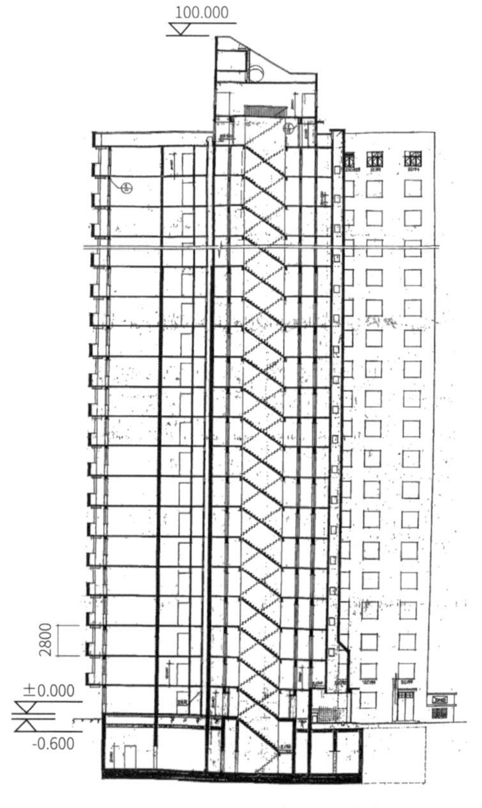

图 29 西凌小区风车型住宅剖面图
程之春提供

购物者均可免受日晒雨淋。除此之外，小区内还设置了1栋大型商业建筑长江菜场以及功能齐全的幼儿园2个、托儿所2个、公共厕所1个、自行车棚多处、变电站3座、水泵站2座、电话终端柜1座、煤气增压站1处，等等。各种配套设施一应俱全。西凌小区内除新建了西凌家宅路外，还开辟了3条主干道，小区以此自然划为5个住宅块，自成管理段。另外，对小区的绿化也作了统筹安排，除在宅前屋后星状种植绿化外，还成块成片布设草坪、乔木、园林小品等，预计绿化面积达2万平方米左右。[29]

3.1.4 药水弄

普陀区药水弄棚户区改建（图30）是当时倪天增副市长亲自负责的工作之一，专门负责“三湾一弄”，“一弄”指的就是药水弄。药水弄住宅居住建筑面积273 090平方米，其中高层住宅200 234平方米（3234户），多层住宅72 856平方米（1652户）。设计根据基地朝向采取南敞、北闭，层次由南向北逐渐升高，由六七层的多层住宅到十几层的高层住宅，再过渡到二十至二十八层的高层商品房住宅。规划布局高低起伏，有节奏、有层次，疏密相间，错落有致。多层单体选型选用上海市职工住宅沪住5型为基础的优化设计，高层住宅选用风车形单元组合的点式高层住宅户型（图31、图32），此设计可进行不同层次的组合或选择不同户室比的单元组合。

随着高层住宅的建设，还出现了综合楼的形式。例如上海打浦桥路高层住宅（图33）的底层是商店、二层是幼儿园以上是住宅，这是组团式布局的一种演变形式。[30]

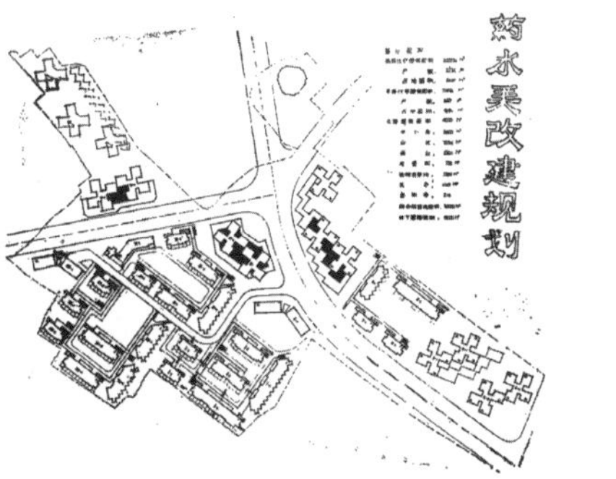

图30 药水弄改建规划图
引自：方旦、王茂松《上海市普陀区药水弄棚户区改建规划设计》，《住宅科技》，1986年，第1期，31页

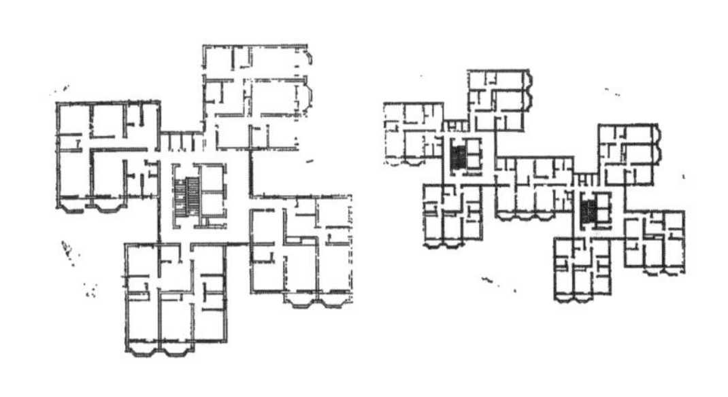

图31 药水弄二区风车形点式高层住宅标准单元平面图及拼接图
引自：方旦、王茂松《上海市普陀区药水弄棚户区改建规划设计》，《住宅科技》，1986年，第1期，32页

图32 药水弄实景
王茂松、陈雪莉提供

图33 上海打浦桥高层住宅，1977年建成
引自：上海工业建筑设计院《建筑实录1952—1982》

3.2 户型、结构及机电设计分析

3.2.1 户型设计

回溯上海的典型住宅，户型设计经历了三个时期的重大历史变革：第一代是以 20 世纪二三十年代的石库门里弄住宅、20 世纪三四十年代的新式里弄和公寓住宅为代表；第二代是以 20 世纪五六十年代曹杨新村（1951 年，是中华人民共和国成立后兴建的第一个人民新村）、蕃瓜弄（1963 年，上海第一批规模性的棚户区改造）为代表的工人新村，特点是一室户无配套的筒子楼为主；第三代是以 20 世纪 80 年代大批出现的小厅、小煤卫独门独户布局的新村工房为代表。直至 20 世纪 80 年代末 90 年代初，出现了商品住宅的多样化住宅格局（图 34、图 35）。

1. 通用图设计

由于过去上海新建住宅千篇一律，过于单调，20 世纪 80 年代，上海市建委发起了住宅通用图方案竞赛，李莲霞自 1981 开始从事上海市住宅通用图设计，她设计的方案在竞赛中成功入选。其方案采用较少的构件类型，做成较多的平面类型，被定为沪住 5 型住宅。沪住 5 型住宅采用“半单元”定型的新方法，即用三种基本小单元：两开间、三开间、端部都是包含半个楼梯间的“半单元”，组合成的 7 种定型单元可以设计成条形、曲折形和点式平面的住宅，拼成各种不同的户型比。设计面积标准符合要求，平面灵活，外形活泼而有变化。华东院先是在嘉定梅园新村试点[31]，用沪住 5 型的 7 种单元布置了 19 栋住宅楼，建成后引起本市及兄弟省市许多同行的注意和称赞。后在此基础上改进提高，并于 1984 年华东院编制完成沪住 5 型住宅通用图。由于比较好地统一了标准化和多样化的矛盾，沪住 5 型住宅通用图设计获得了华东地区优秀标准设计一等奖和 1984 年上海市优秀设计二等奖。1987 年，华东院又设计出新沪住 5 型通用图，其面积标准稍低于市建委的“七五”住宅标准，但因设计合理，充分利用空间，在使用功能上满足居民生活方向新要求，而且进一步完善了标准化和多样化，该设计获得了 1988 年上海市优秀设计二等奖。此外，华东院设计的沪住 8 型住宅通用图也获得了华东地区优秀标准设计二等奖。李莲霞说：“这些住宅通用图的设计大概是同时进行的，稍有先后，具体哪一年推出来的我记不清了。时间最早的是沪住 2 型，这是民用院设计的。在很长一段时间里，上海市住宅通用图用的都是沪住 2 型。早期华东院没有参加住宅通用图的设计，我本人也是 20 世纪 80 年代初才开始做这方面的研究。沪住 3 型、沪住 4 型的细节我已经回忆不起来了，但研究沪住 5 型的过程我记得很清楚，当时我们丢开了住宅设计研究所里的具体项目，专门考虑这个通用图的设计。我在做这些通用图的时候，有一个主导思想就是造出来的住宅变化要尽量多，但是单元构件要尽量少。”沪住 5 型通用图纸的设计主要基于标准化和多样化的大原则，基

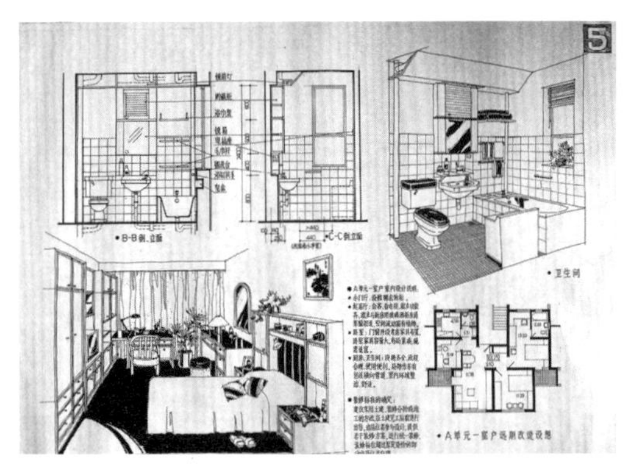

图 34 A 单元一室户远期改造设想
汪孝安绘

图 35 20 世纪 80 年代居家布置图
汪孝安绘

本单元可以很方便地组合。比较沪住5型和新沪住5型通用图，沪住5型有3个基本单元，变化出7种组合单元，新沪住5型包含了7个基本单元，变化出10种组合单元，在这个基础上再进一步变化出更多户型。这些变化一方面是户型的变化，另一方面是平面形状的变化。李莲霞说："我们设计了几个基本单元可以很方便地组合，组合出来以后户型不一样，体形不一样，做出来的房子造型也不一样，拼装了以后就比较丰富多样。我认为就算同样是1室户、2室户也要有变化，户型也不能全是一样，要有各种形状、各种平面，让住的人也可以有一点趣味。"

在体现出丰富多样的特点的同时，还要尽量满足居住者不同的居住习惯。李莲霞说："沪太新村是沪住5型通用图出来以后，我做的第一个大型住宅项目。在这个项目里，我们把沪住5型的各种单元、户型都进行了应用。沪太新村的户型主要是三种：1室户、1室半户和2室户，另外还有少量的小2室户和3室户。户型比例的具体控制不由建筑师负责，设计院也无权决定，要按照上海市规划局和建委的相关规定并与业主需求相结合（表1）。我不愿意每户人家的格局都一模一样，总希望有一点变化。但不管怎么变，我非常强调居住的功能一定要好。我要求不管户型大小，每一户必须要有房间朝南，而且尽量有多个房间朝南，朝向好、通风好，还要有一定的私密性。还有一点就是每家每户的杂物要有个隐蔽的地方储藏，还不能占用太多面积。譬如走廊过道上方有一块钢筋混凝土的预制板悬挑出来，就可以当作小储藏间。居室的朝向、开门的位置、平面的关系、储藏空间的设置，这些不能马虎。当时的住宅面积很小，户型种类也不能设计得太多，只能在这些限制里尽量去做提升。还有，以前的标准住宅进门就是厨房，我希望为每户家庭提供一点活动的地方，于是有了小过厅的设计。"

曲阳新村设计总负责人蔡镇钰讲述曲阳新村的户型设计上的创新时说："单体建筑户型内将当时无'厅'的布局扩大了走道，利用转角墙面成为'厅'的雏形；且设计尝试实施了跃层式住宅[32]，一家二层、南北朝向在空间内搭配均匀。"曲阳新村结构工种负责人和设计人李国增[33]提到："曲阳新村采用了跃层式的设计创新，曲阳新村的赤北小区的板式十八层住宅设计中含2栋跃层式高层住宅，且由原来的十三层改为十八层，跃层式由建筑师李永光设计。"

2. 点式高层户型设计

华东院点式高层设计的风车形平面户型被大量用于曲阳新村、仙霞新村（图36）、闵行新村、镇宁路高层、南阳小区等住宅设计中。陈雪莉[34]说："这个平面被套用到好多项目里。我们曾经做过一个统计，上海地区大概有400多栋，甚至外地也在套用。这个平面的来源也很有意思，20世纪80年代还没有太多高层住宅，上海市建委组织了一次'七五'期间职工住宅定型设计方案竞赛，我和王茂松[35]就参加并做了这个方案。这个平面有一个中心，四面搭接四个户型组合。当时做这样一个竞赛不只是单单提供一个方案，也是想要解决上海高层住宅的设计问题。做这个方案的关键点是设计放在任何的位置都能够获得良好的朝向，且四个户型单元可以灵活组合，还可以进行自由搭接。当时'七五'住宅定型设计的题目限制很多，想要找到一个可推广的标准设计。最后这个风车形的方案，还获得了市里颁发

表1　沪太新村住宅户室比

户型	1室户	1 1/2室户	小2室户	2室户	3室户	合计
居住面积（平方米）	14.0～16.0	约20.0	约20.0	25.0～31.5	32.5～40.0	
百分比（%）	29.5	32.1	8.8	25.0	4.6	100

注：户室比未计入高层住宅（2室户为主）；居住面积未计入部分住宅套中的小厅；本表为规划数字，未经最后核算。
引自：李莲霞《上海沪太新村的设计》，《住宅科技》，1987年，第4期，9页

的‘七五’期间职工住宅定型设计方案鼓励奖。”

对于为什么风车形平面在大量的点式高层住宅设计中能被大量推广和应用，王茂松说：“在华东院结构工程师杨思政[36]的带领下，通过与湖南大学合作的风洞试验验证，从而肯定了四翼风车形户型单元组合的剪力墙结构的安全性和可行性，使这一设计从此得以应用和推广。最原始的结构方案被杨思政尝试应用于上海静安寺赵家桥小区（图 37）项目里，杨思政也是这个项目的设计总负责人……风车形点式高层住宅户型设计第一次是应用在上海静安区静安寺附近的赵家桥小区中。后来西凌家宅、药水弄的点式高层住宅都套用了这一户型标准图的设计。这个方案的好处在于，一是建设快；二是材料省；三是布局灵活，四个户型单元组合怎么放都可以。该户型能推广得那么快也是因为方便，不需要做概算，所有数据都有，工程造价也有，很容易去复制。此外，这个点式设计是可以拼接组合的。药水弄中出现两栋平面看似合在一起的情况，其实两栋中间是分开的，没有真正连在一起，组与组之间设了抗震缝。”点式高层户型除了华东院创新设计的四翼风车形外，还有 K 形、Y 形等以及板式高层住宅的设计。方旦[37]说：“采用风车形户型设计在日照、通风上都比较好。那时候做 Y 字形和板式的面积没有这个户型组合的有效面积多。一梯 4 户的标准层建筑面积 400 多平方米，两两拼接就是 8 户，在满足高层住宅日照分析的情况下，可节省了两栋点式高层之间 13 米的消防间距，从而节约有限用地，可创造更多的绿化等空间。采用这个户型是我们和王工（王茂松）反复对比的结果。”[38]

图 36 仙霞新村高层住宅风车形平面图

图 37 赵家桥小区实景
王茂松、陈雪莉提供

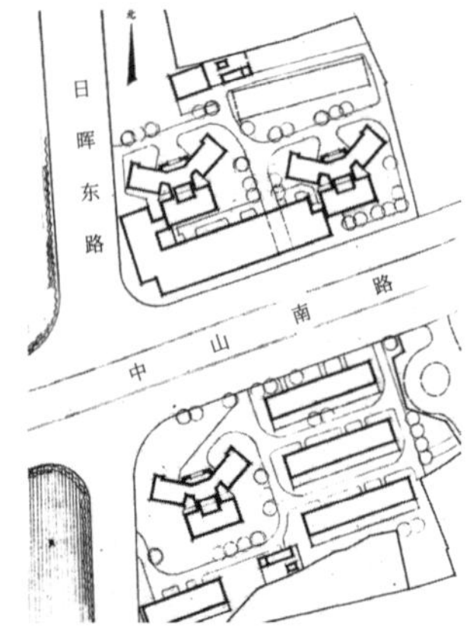

图 38 春光大楼总平面图
引自：上海工业建筑设计院《建筑实录 1952—1982》

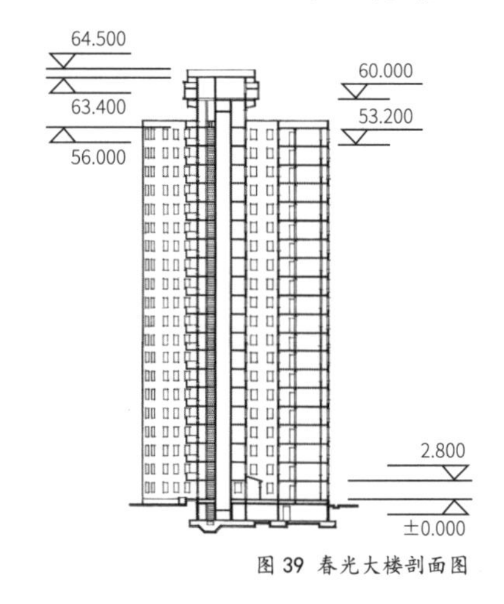

图 39 春光大楼剖面图

中山南路一条街（简称春光大楼，图 38—图 39）[39] 高层住宅设计共 3 栋，胡妙华作为建筑专业负责人，配合设计总负责人王凤[40] 进行了春光大楼的设计。她回忆说："当时业主要求我们必须充分满足容积率的指标，城市规划部门对建筑物的高度也有一定的限高要求。为此，王凤动了很多脑筋，我也尽力配合。在平面设计中，我们的理念是尽量做到户型的均好性，因此产生了蝴蝶形（Y 形）的平面形式（图 40、图 41）。在总平面布局中，考虑到采光、通风的均好性。由于平面设计是两梯多户型，为保证每户厨卫有外窗，中间设计有小天井，以保证每个住户的全明性。"

3. 板式高层户型设计

徐云僊说："仙霞新村的板式小高层（图 42）从平面图上看，板式小高层相连的折角处区域被处理为交通核或住户。其实，这种折角处的户型住起来是不太舒服的，当时管总（管式勤）说如果房间面积小的话做异形的房间布置困难。这也是为了折线效果而不得不做的一个户型，结构设计倒是不难，只需将转角处的柱子扩大一点，变成异形的柱子。板式小高层立面有部分楼层的阳台是半敞开式的，这也是为了立面的错落变化。"

方旦："药水弄里的板式高层户型（图 43）的设计是出于不浪费用地，因地制宜、见缝插针的考虑。这种高层的小户型板式住宅的锯齿形的平面和户型是我设计的，当时真的没办法，寸土寸金，哪怕一小块地朝向极差也要想办法设计出南向的采光。药水弄的板式户型设计多为了解决动

图 40 中山南路一条街高层住宅 Y 形塔楼（1983 年建成）
引自：上海工业建筑设计院《建筑实录 1952—1982》

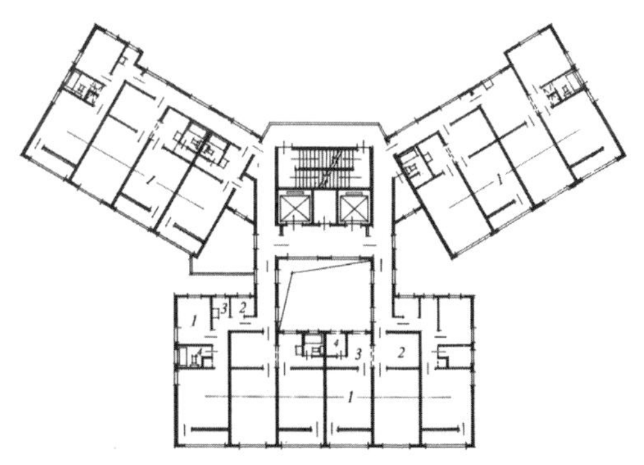

图 41 春光大楼标准层平面图

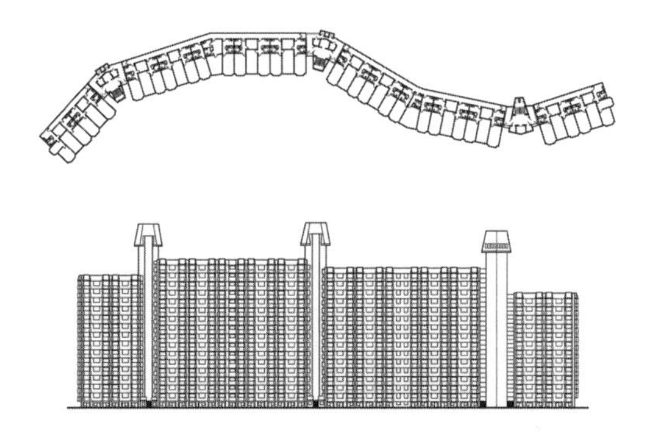

图 42 仙霞新村板式高层组合示意图
引自：《管式勤建筑师作品集》，46 页

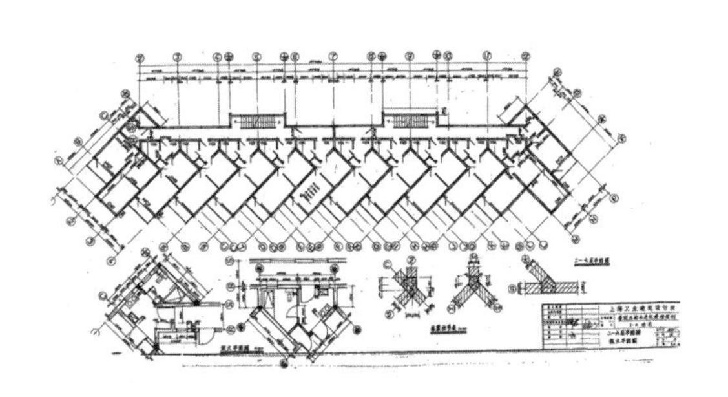

图 43 药水弄小户型高层组合平面施工图

迁居民的居住需求，特别是几代同堂，希望可以分到几套小户型的家庭，设计是 1 室户、1 室半户为主，是在沪住 5 型基础上的优化设计，虽然单元面积小，但开间和布局紧凑。”

3.2.2 消防设计、人防设计

概括来说，20 世纪 80 年代的设计师已经有消防设计的意识，相应的规范也是有的，但远没有现在完善，可以说这是一个设计与审批部门不断摸索的过程。胡妙华说：“住宅设计与建造最能体现出时代特点，早期高层住宅的消防设计没有现在规范严格。比如春光大楼项目里的两部电梯，应该至少有一部是消防电梯，其前室也需要正压送风，但是当时设计的消防前室没有考虑正压送风，而是直接通过阳台室外送风和排烟。疏散楼梯应该是防烟楼梯，而我们的设计采用剪刀楼梯，每侧出口都应该设计有一个防排烟前室并用防火门隔断，但实际的设计分隔得不够清楚……我认为，高层建筑一定要考虑本身的自救能力。我们现在住宅里的消防设施就是消防水带和消防栓，长时间不用可能就不好用了。此外，这些设施普通百姓大多不会用，消防知识普及远远不够。所以火灾发生时，消防设计的数量和到达时间就是关键了。自救的模式一方面是尽量缩短疏散时间，另一方面则是消防设施一定要充分、可靠，使人安全地到达扑救区域。”

值得一提的是，还有一些有特色的消防设计，以仙霞新村为例。徐云偲就曾提到：“因为仙霞新村的点式高层在周围地区是最高的，需要在最高点上设一个瞭望塔，进行 24 小时火情监控。仙霞新村点式高层的瞭望塔是突出来的，四面开窗以保证 360° 瞭望不遮挡。从立面造型上来看，的确像个‘小帽子’一样，这实际是从功能出发的设计。”

此外，访谈中建筑师们都提到，地下室是为人防预留的防空洞，被当做居住区的自行车停车库。因此，地下室也可到达整栋楼层和室外。人防设计的防毒通道、男女的淋浴室等都是为了应对核污染给人们带来的伤害，人防设计的墙和门要求设计得非常厚，有些地方还要垫防辐射的铅进去等人防设计的要求。

3.2.3 高层住宅结构设计

1949 年以前，高层住宅设计十层以上有采用钢框架的，十层以下为钢筋混凝土框架结构。20 世纪 70 年之后，十五层以下一般为钢筋混凝土框架或框剪结构，十五层以上则采用了钢筋混凝土剪力墙结构。后来又发展了内浇外挂[41]和大开间剪力墙结构体系。大模板现浇钢筋混凝土剪力墙厚 200 毫米，楼板为预制预应力钢筋混凝土多孔板。施工中采用滑模、爬模、大模板等新工艺。为适应本市软土地基实际情况，高层住宅基础形式因地制宜，一般采用桩基，当需要设置地下室时，也有采用桩基加箱形基础的形式。在基础的施工上，常采用大开挖、井点降水。结构抗震都按 7 度设防设计。

板式高层住宅也常采用框架剪力墙体系和 L 形、T 形、十字形柱子相结合的方式，柱子嵌入墙体内，使居室内的面积有较好的使用效果。李国增就曾谈到：“曲阳新村东北小区十三层板式住宅采用的就是异形柱[42]，即短肢剪力墙。在曲阳新村十八层的高层住宅设计里，一方面是抗震提高到 7 度设防标准，另一方面建筑高度增加，为了安全性的考虑全部改用剪力墙设计。”此外他还提到，跃层式户型的设计虽然带来了户型的多样性，但是结构设计相对更复杂，华东院运用电算库的高层建筑空间薄壁软件计算程序 SPS-304，这是华东院自己编写的、专门用于计算高层建筑并考虑每榀抗侧力结构空间协同工作的计算程序。这对当时的结构技术来说，华东院已经走在全国前列，尽管如此，李国增说：“电算时我还动了点脑筋，用了等代层整体计算和子结构再分析两次计算。”

胡妙华说：“春光大楼项目的结构专业主要设计人是崔治中[43]和韦兆序[44]，结构专业审定人是任潮军[45]。虽然春光大楼二十层高层住宅的结构设计仍采用剪力墙体系，但初步设计时韦兆序与另一同志对纯剪力墙体系和框剪结构体系两种方案进行内力分析和比较，提出了框剪体系造价低于剪力墙体系的论证。可见当时人们已经认识到框剪体系更具经济性，点式高层住宅的结构优化成为必然。”

徐云偲说：“当时仙霞新村点式高层住宅设计的结构工种负责人是潘祖琨[46]，她就要求我们在建筑设计时尽可能拉直剪力墙，因为拉直后受力强度就高得多了，后来好多（点式）高层住宅都采用这种形式。”风车形平面的结构全部采用剪力墙体系，采用横三道、纵三道的剪力墙，形成井字形的结构形态。方旦说：“风车形结构设计是难点，以前没有这个户型出现是因为户型单元拼接处是结构受力最薄弱的地方，用于高层住宅，设计上存在风险。当时是我们院结构工程师杨思政带领同济大学、南京工学院的研究生一起做抗震实验、结构受力分析、风洞试验，对风车形的四个单元模块组合做结构设计研究。他和学生也一直在完善这个结构模型，我们建筑也配合他。项目里应用成功后，他自己对这个研究成果也很满意。”

沪太新村有6栋点状高层住宅[47]首次采用了华东院新修改的高层住宅通用图“华住Ⅱ−24（22）”，这套高层住宅通用图是针对当时仙霞新村点状高层住宅进行的优化设计。江欢成[48]回忆说：“这个点状高层住宅的设计优化，是我1985年担任华东院总工程师的‘第一把火’，希望通过对它的优化使大量高层住宅节约材料、降低造价，改善居住条件，并为今后高层住宅的设计做个样板。于是，我加上刚进院的几位优秀大学生周建龙[49]（同济）、张伟育[50]（清华）等，以及刚调来的两位有经验的工程师王明辰[51]（清华）和陈琪[52]（同济），组成了一个高层住宅专题设计组，我担任设计总负责人，负责出主意并审核、审定，具体的计算分析和画图工作主要是上述四位在做。”在优化设计中，江欢成院士提出了“强墙弱梁”“强剪弱弯”[53]的概念，他说：“华东院仙霞新村点状高层住宅方案剪力墙太多，不仅造价高，对抗震不利，房间的分隔也缺乏灵活性。因此我在优化点状高层住宅的结构布置时提出，一是减少剪力墙的数量，非必要的剪力墙改用砖砌。二是减薄剪力墙，所有的剪力墙厚度不超过220毫米。三是在长墙上开洞，可以做门洞，也可以做衣橱；还有就是窗台改用砖砌。经过优化，建筑结构的整体刚度变小，自振周期拉长到一秒多，混凝土的用量大为减少，比起原先的方案重量减少了10%。”[54]王明辰补充说道：“为了适应这一要求，我们还采取了减少或取消次梁的措施，使布局更加灵活。按照一般的做法，隔墙下面应该要一道梁来托住墙。我们做了很多工作，把原来的双向楼板改为单向连续板，每块板跨4.8米，厚度只有140毫米，能够满足各种建筑隔墙的分割方案，方便进行大空间设计。”优化设计保证了方案的稳定性和抗震性，对于高层住宅发展而言，结构专业起着举足轻重的作用。在风车形点式高层住宅的优化设计中，陈琪配合通用图纸的建筑设计需求，将通过式厨房改为独立式，主要公用阳台改为每户独立阳台，取消地下室人防及垃圾管道室，并对结构优化后的建筑平面进行了总体调整。据华东院资料记载，沪太新村的6栋高层住宅采用新修改的高层住宅通用图“华住Ⅱ−24（22）”后，比原设计节约了565万元人民币。除了沪太新村，还有海潮路工房、长白新村、金家巷等高层住宅也参照它作了优化。

3.2.4 高层住宅设备技术

20世纪80年代的住宅设计，弱电专业的设计内容相对较少，暖通与空调的设计在普通住宅设计里几乎没有。以沪太新村高层住宅设计为例，电源由街坊变电所通过两路低压电缆供给，一路常用，一路备用；每户设电表、共用天线电视终端盒及电话出线盒；住宅内采用垂直分区给水，设屋顶水箱、中间水箱各一；室内煤气两路进楼环通，进户处安装管道挠性补偿器；垂直分区供水，地下室设水泵房，设屋顶及中间水箱。春光大楼的设计则更为简单，大楼设中间水箱，每户设电表、水表及煤气表，每层设电话接线箱，每户设公用天线电视终端盒及闭路电视。这基本就是这一时期高层住宅设计的标配。

关于高层住宅建筑的主要设备——电梯，徐云僊说："20 世纪 80 年代初，高层住宅建筑在上海刚刚起步，我们不知道怎么配电梯，包括电梯机房的设置、如何安装、结构如何配合都不清楚。电梯厂商虽然有提供通用图纸，但在具体的建筑上怎么用还不明确，为此我和结构专业的佘彬[55]一起到上海迅达电梯厂去了解电梯的设计要求，再思考怎么应用到自己的建筑设计上。所以仙霞新村的点式高层也算是高层住宅设计里电梯的早期尝试。"

4 结语

20 世纪 80 年代，说来也许难以置信，上海居民的"梦想之家"仅仅是一套两居室的房子。1987 年 11 月 24 日的《新民晚报》上曾刊登了一位署名"斯人"的作者一篇名为《书房与客厅畅想曲》的文章，他在文章中写道："谁也没有想过在这一辈子要买汽车，盖别墅；谁也没有想过在这一辈子要去巴黎、罗马或者尼罗河畔观光度假。我们唯一的希望是能够住上两房一厅的新公房，有个书房，有间客厅。"

20 世纪 80 年代中后期，以单位参建的模式建设的商品房悄然兴起。药水弄主要设计人、建筑师方旦认为，政府将药水弄改造作为民生改造的工程也要考虑经济价值的平衡，商品房的形式可以提高部分容积率，缓解政府的财政压力，"在药水弄的动迁中，参建单位拿出已有的动迁房让拆迁户不用等房子造好后再回迁，这样解决了建造过程中大量动迁居民要自己解决居住的问题，可以说，药水弄改建项目帮助了居住条件困难的家庭实现了'居者有其屋'的重大民生问题，又满足了有资金的参建单位改善住房条件的需求。"同样，西凌家宅旧区改造为满足 2600 多户棚户居民的回迁，并保证拆建平衡，住宅的建设量巨大。政府财政能力有限，无法满足资金需求，为尽快推进旧城改造民生工程，缓解南市区棚户区的居住紧张，政府尝试了财政出资小部分、企业集资出大部分的方式。徐其明[56]说："在政府牵头下，五家企业集资参建，保证了西凌小区这一大规模棚户改造项目的快速实施"。据西凌小区项目设计总负责人程瑞身[57]回忆："华东院当时的职工住房也很紧张，参与西凌小区投资建设后，华东院获得了约 80 户住宅房源，缓解了职工住房的需求"。

20 世纪 90 年代之后，福利分房制度逐渐退出历史的舞台，商品房时代来临，地产开发的黄金时期在 21 世纪隆重登场……华东院在历史的舞台上从未缺席，从 20 世纪八九十年代兴建的商住两用综合体到 21 世纪以中远两湾城为典型的高品质的商品住宅、高级公寓以及高端别墅等业务成为华东院在住宅设计领域与时俱进的广阔天地。

感谢本书顾问、全国工程勘察设计大师、华东院总建筑师汪孝安的审阅与修改！

1　部分内容引自：沈恭《上海八十年代高层建筑》，章明〈上海高层住宅〉，上海：上海科学技术文献出版社，191-192 页。

2　蔡镇钰，见本书银河宾馆篇。“曲阳新村总体及规划”国家科技成果第一完成人。据资料记载，曲阳新村西南小区规划获上海市科技成果三等奖。

3　李莲霞，女，1930 年 8 月生，浙江杭州人。1946 年就读于之江大学建筑工程系，1950 年 6 月毕业。1950—1952 年在上海华盖建筑师事务所、联合顾问建筑师工程师事务所工作。1952 年 9 月进入华东院工作，1988 年 1 月退休。教授级高级工程师、华东院主任建筑师、顾问主任建筑师。曾参加北京展览馆、上海中苏友好大厦设计，主持设计江南船厂、大连船厂、大三线工厂项目等一批船舶、机械、冶金、仪表、水泥工业厂房，以及中国科学院研究实验楼、镇江农机学院、沪太新村、华侨新村、打浦桥高层等民用和住宅项目。设计沪住 5 型、新沪住 5 型、沪住 8 型等住宅通用图，并主持编制许多工业建筑和住宅的全国通用图集和上海标准图集。曾获上海市优秀设计一、二、三等奖，上海市科技进步三等奖，华东地区优秀建筑标准设计一、二等奖等奖项。1993 年被评为上海市住宅设计专家。吴英华、姜海纳于 2020 年 11 月 18 日拜访李莲霞、林俊煌，并对李莲霞进行采访。

4　曾蕙心，女，1932 年 4 月生。1953 年 3 月参加工作，1960 年 3 月调入华东院工作，1988 年 1 月退休。高级工程师、华东院建筑师。

5　详见：李莲霞、曾蕙心《上海市多层住宅建筑标准化与多样化的试点：沪住 5 型住宅和嘉定梅园新村设计》，《住宅科技》，1985 年，第 6 期，3-6 页。

6　刘志筠，女，1937 年 4 月生，江苏南通人。1955—1962 年就读于同济大学建筑学专业。1962 年 10 月进入华东院工作，1997 年 5 月退休。高级建筑师、华东院主任建筑师。主要设计项目包括嘉定梅园新村、沪太新村、中国唱片厂录音馆、上海闵行工人俱乐部等。在住宅设计和标准设计方面有专长，并获得多个上海市和全国奖项。据资料记载，刘志筠是沪太新村工程规划设计人之一，参与了一些子项的设计，担任沪太新村工程后期设计总负责人，还设计了少年儿童图书馆、宜川电影院等沪太新村文化设施。

7　方菊丽，见本书联谊大厦篇。姜海纳于 2020 年 12 月 4 日在汉口路 151 号对其进行了采访。

8　蕃瓜弄，位于上海市天目中路、共和新路交口处西北。1949 年前为棚户区，传闻居民中曾收获一特大蕃瓜（南瓜），人称蕃瓜龙，谐音蕃瓜弄。1965 年改建成五层楼房的新村，并沿用蕃瓜弄为新村名。

9　工房是指房屋的一种建筑类型。上海把住宅建筑类型划分为六类，分别为公寓、花园住宅、职工住宅（工房）、新式里弄、旧式里弄、简屋。

10　自 2019 年 8 月 1 日起施行的《住宅设计规范》（GB 50096—2019）中，已取消住宅套型分类的概念。

11　黄志平，男，1954 年 10 月生。1975 年 1 月分配进入华东院工作，2001 年 5 月调离华东院。华东院第四设计所所长。姜海纳于 2020 年 11 月 11 日电话采访了住宅设计研究所所长黄志平。

12　胡妙华，女，1940 年 8 月生。1958—1964 年，就读于同济大学建筑系本科，毕业后分配进入华东院工作，2000 年 8 月退休。华东院浦东分院副主任建筑师。中山南路一条街项目（又称“春光大楼”）建筑专业建筑负责人，建筑施工图设计、绘图、校对。姜海纳于 2020 年 11 月 4 日拜访胡妙华家并进行采访。

13　据蔡镇钰《上海曲阳新村居住区的规划设计》（《住宅科技》，1986 年，第 1 期，25 页）：“全区由城市道路划分为 6 个居住小区，自 1978 年年初开始全面规划设计。西南小区建成最早。”

14　据蔡镇钰《上海曲阳新村居住区的规划设计》（25 页）：“长期以来在上海的住宅建设中往往是以规模较小的街坊（2～7 公顷）为单位进行规划设计。由于街坊规模偏小，公建配置不全，导致街坊内居民生活很不方便。曲阳新村是以较大规模的居住小区为单位进行规划设计，在居住小区内不设穿越小区的城市道路，每个居住小区占地约 10～14 公顷，可住 12 000～15 000 人，这样的规模可以在小区内配备一套比较完整的公建服务设施，送小孩进幼托及小学生上学都可不穿越城市道路，比较方便安全。”

15　曲阳新村介绍部分内容引自：蔡镇钰《琴抒：蔡镇钰论文选》，北京：中国建筑工业出版社，2007 年，7 页。

16　刘祖懋，男，1938 年 9 月生于上海，江苏无锡人。1962 年 8 月毕业于清华大学建筑系，同年 10 月分配至华东院工作，1999 年退休。高级工程师、华东院副主任建筑师。曾承担多个有关国防科研项目的厂房和科研楼及小三线军工厂，以及杨浦区少年宫剧场活动楼、上海自行车链条厂装配大楼、苏州采香二村高层住宅、安徽省电力局调度大楼、曲阳新村居住区、厦门凤凰山庄别墅、电信大楼等民用工程的建筑设计。作为曲阳新村居住区规划、设计的主要设计人承担各类多层住宅的套用及修改设计，并设计了K形12层点状住宅。曲阳新村马华大楼建筑施工图设计。曲阳新村居住区工程获上海市科技进步三等奖。忻运于2020年11月17日、11月23日、12月7日对其进行电话采访。

17 据蔡镇钰《上海曲阳新村居住区的规划设计》（27-28页）："点状高层住宅首批建造在大连西路和曲阳路交叉口处狭长地段，平面呈Y形（编者按，即刘祖懋口述中所称K形），由于总体上交错布置，每栋高层住宅间距减少至24米左右，提高了建筑密度，并留出了适当的绿化用地。每层有8户共96户，2室户和2室半户各占一半，平均每户建筑面积61.58平方米，平均每户居住面积31.80平方米，平面系数K=54%，中间单元为4户，朝向正南，东西两翼各2户，朝向分别为东南和西南。结构形式采用6米间距剪力墙承重系统经济合理，墙厚16厘米，楼板为6米跨预应力钢筋混凝土空心板或平板，板厚18厘米，中间隔墙采用8厘米厚陶粒混凝土板以减轻结构自重。施工方式采用大模板现浇钢筋混凝土，中间单元和两翼单元的模板可以互为套用，以提高施工效率，节约模板。"

18 在访谈中，刘祖懋说："曲阳新村总建筑面积近100万平方米，当时是很大的工人新村，邓小平亲自视察过。设计总负责人是蔡镇钰，他也负责构思。规划和总图安排主要是王广苓负责，结构工种负责人是姚彪。由我承担建筑设计的马华大楼，主要结构设计人是张家禧。"

19 据蔡镇钰《上海曲阳新村居住区的规划设计》（25页）："曲阳新村公建配套设计思想是立足于改进以往居住新村中公建配套的规划和设计中存在的问题而进行探索，公建配套规划明确分为居住区（服务半径约400米）、居住小区（服务半径约200米）和居住组（服务半径约100米）三级。"

20 据蔡镇钰《上海曲阳新村居住区的规划设计》（28页）："小区商业中心设计改进了目前街坊内沿用小而分散的商店设计，采用了集中的、组合式的商业中心建筑，商业中心布置在小区中央地块或小区周边临近道路出入口以方便居民，商业中心四周留有空地以便人流集散和货物出入。"

21 何友健（1933.2—1998.12），男，福建福州人。1954—1959年就读于建筑学专业。1959年9月参加工作，1962年10月进入华东院，1993年3月退休。高级工程师、华东院建筑师。主要设计项目包括上海石油化工总厂腈纶厂、寿康大楼、沪太新村居住区等。参与编制的《多层厂房短柱框架图集（非地震区）》等被评为全国优秀标准设计。据资料记载，他担任沪太新村规划和部分单项工程设计的总负责人。

22 程维方，见本书银河宾馆篇。据资料记载，程维方参与了嘉定梅园新村、沪太新村等住宅项目设计，也是沪住5型住宅通用图的设计者之一。

23 朱国华，男，1962年5月生，江苏常州人。1980—1984年就读于南京工学院（现东南大学）建筑系。1984年7月进入华东院工作，2006年7月离开华东院。国家一级注册建筑师、华东院副主任建筑师。先后参与和主持许多大型和有影响力的工程设计，包括沪太新村、沪太饭店、新上海影都、闵行工人俱乐部、新世界商城、锦华小区、上海区域空中交通管制中心、东郊宾馆主楼及宴会楼等。曾获中国建筑学会建国60周年建筑创作大奖，建设部优秀设计二等奖，上海市优秀设计一、二等奖，上海市优秀住宅单体设计一、二等奖，上海市建筑学会九十年代优秀创作奖，上海市建筑学会建筑创作佳作奖等奖项。沪太新村项目建筑专业主要设计人。吴英华于2020年11月18—19日对其进行电话采访。

24 朱国华讲述，邵坚贞在沪太新村做了不少园林设计，景观相当不错。据资料记载，她负责沪太新村的绿地规划设计，含总体、地形、道路、小品、植物。

25 仙霞新村介绍引自：管式勤《管式勤建筑师作品集》，上海人民美术出版社，2011年，44页。

26 管式勤，见本书蓝天宾馆篇。

27 此段管式勤对仙霞新村的访谈内容来源自2010年1月，姜海纳对管式勤的采访文章《对话管式勤总建筑师》。

28 徐云僊，女，1939年3月生。1963年毕业于同济大学，同年进入上海市规划建筑设计院工作。1983年1月进入华东院工作，1995年4月退休。高级工程师、华东院建筑师。孙佳爽于2020年11月20日、12月2日拜访徐云僊并对其进行采访。施意蒨、徐云僊、汪孝安、张建华、沈毅、王勤男、李敏敏等多位建筑师参与了仙霞新村高层与多层住宅楼的设计与绘图工作。

29 上海市西凌家宅住宅改建指挥部《昔日棚户，今日住宅小区——十年改建，西凌家宅展雄姿》，《上海建设科技》，1994年，第6期，38页。

30 引自：吴信忠、耿毓修《上海居住区公共建筑规划的几点做法》，《城市规划》，1982年，第2期，17-18页。

31 据李莲霞在访谈中回忆，她跟刘志筠一起参加了嘉定梅园新村的设计。

32 据蔡镇钰《上海曲阳新村居住区的规划设计》(28 页):“曲阳新村跃层式住宅每两开间、三个楼层为一基本单元,每户入口均在中间层走道南北两侧,进分户门后为各户的厅、厨房,通过各自的小楼梯直达卧室、卫生间和阳台。”

33 李国增,男,1946 年 11 月生,河南平顶山人。1970 年 7 月毕业于同济大学。1979 年 8 月—1981 年 12 月在同济大学结构理论研究所读硕士研究生,毕业后在同济大学建工分校任教。1982 年 2 月调入华东院,2006 年 12 月退休。国家一级注册结构工程师,华东院高级工程师。曾完成一批大中型房屋建筑的结构设计工作,如山东省电力中心调度楼、上海雨衣厂大楼、曲阳新村、华东电业管理局大楼、福州国贸广场、上海广东大厦、文汇报文印中心、上海银都大厦、盛大花园高层住宅、东航浦东机场基地大楼、上海万都中心等。在曲阳新村板式十八层住宅(含 2 栋跃层式高层住宅)设计项目中为结构工种负责人和设计人,施工图设计、绘图。忻运于 2020 年 11 月 18 日、11 月 24 日对其进行电话采访。

34 陈雪莉,女,1937 年 12 月生,浙江绍兴人。1962 年 7 月毕业于同济大学建筑系,同年进入华东院,1993 年 7 月退休。华东院副主任建筑师。曾获国家优秀设计银质奖、国家科技进步三等奖、上海市科技进步一等奖等奖项。退休后,曾担任上海光大会展中心项目公司顾问、副总建筑师。张应静、姜海纳于 2020 年 11 月 18 日汉口路 151 号对其进行采访。

35 王茂松,男,1935 年 7 月生,广东佛山人。1962 年毕业于同济大学建筑系,同年进入华东院工作,1988 年离开华东院。华东院副主任建筑师。1992 年调入上海市司法局,任司力房产公司法人代表兼总经理,1995 年退休。1995—2008 年,返聘为上海工程勘察设计有限公司总建筑师、专家技术委员会委员。药水弄改建项目工程设计总负责人之一。张应静、姜海纳于 2020 年 11 月 18 日在汉口路 151 号对王茂松、陈雪莉进行采访。

36 杨思政(1935.11—2007.3),男。1957 年 9 月—1962 年 7 月,浙江大学工民建专业本科毕业。1962 年 10 月进入华东院工作,1997 年 12 月退休。高级工程师、华东院结构工程师。据相关资料记载:“杨思政在 20 世纪 80 年代参加或独立负责设计了较多的高层建筑工程,例如大名饭店高层旅馆、控江路高层和嘉定高层住宅,独立设计浦东天后宫、药水弄、赵家桥和大连西路等二十四至二十八层高层住宅。其中框剪体系、内浇外挂底部框支体系、模块式剪力墙体系等多种结构设计达到了较高的科技水平。在负责高层工程设计时,曾指导大连力学所研究生设计了高层剪力墙配筋程序,解决了剪力墙配筋的强度计算问题,并应用到生产中去。”

37 方旦,女,1960 年 1 月生。1978—1982 年,同济大学建筑系城市规划专业本科毕业。1983 年进入华东院,1995 年离开华东院。现任华建集团工程建设咨询有限公司顾问总建筑师。药水弄项目主要建筑创作和设计人。姜海纳于 2020 年 11 月 20 日拜访方旦并对其进行了采访。

38 “高层住宅选用新设计的‘模块’组合塔式高层,此种设计可以进行不同层次的组合(二十至二十八层),也可以多单元组合或选择不同户室比单元组合,同时也可以根据基地的不同朝向来组合平面,这样便于用同一平面组成多种高度、形状的高层住宅群,也便于加快施工速度,简化设计,提高出图率。”详见:方旦、王茂松《上海市普陀区药水弄棚户区改建规划设计》,《住宅科技》,1986 年,第 1 期,30 页。

39 中山南路一条街由中山南路两侧地块组成,现拆分为两个小区,并更名为“康衢小区”“春江小区”。

40 王凤(1937.12—2012.1),女,浙江宁波人。1962 年进入华东院工作,1997 年退休。华东院主任建筑师。中山南路一条街(春光大楼)住宅项目设计总负责人。据其相关资料记载:“1986 年,中山南路二十层塔式住宅设计荣获‘上海市优秀设计三等奖’,该工程对住户获得良好朝向和通风做了有效的尝试,该建筑采用的剪刀式楼梯对紧急时疏散人流和消防方面也能起到良好作用,所采用的增设单元门的做法减少一梯九户相互干扰的影响。”

41 内浇外挂(inner-cast out-hung)结构,又称“一模三板”,内墙用大模板以混凝土浇筑,墙体内配钢筋网架;外墙挂预制混凝土复合墙板,配以构造柱和圈梁。内浇外挂便于施工,加快进度,提高建筑的工厂化加工,确保工程质量和不降低抗震能力的前提下节省建设投资。

42 据资料记载:“该项目采用装配整体式框剪结构和异形薄壁柱。”另据蔡镇钰《上海曲阳新村居住区的规划设计》(28 页):“板式高层建筑采用框架剪力墙体系和 L 形、T 形、十字形柱子,柱子均嵌入墙体内,使居室内的面积有较好的使用效果。”

43 崔治中(1934.12—2018.12),男。1953 年 9 月—1957 年 8 月,华南工学院土木系本科毕业。1957 年 9 月进入华东院工作,1992 年 2 月退休。华东院所结构总工程师。1997 年获上海市建设系统专业技术学科带头人荣誉。据其相关资料记载:“中山南路一条街 20 层高层住宅,崔治中是结构专业负责人。该工程 1986 年评为上海市优秀设计三等奖。”“在西凌家宅设计中,优化剪力墙布置,比同类型高层节约 25% 投资,技术经济效果显著。高 208 米的新金桥大厦是目前上海自行设计、采用钢结构的最高建筑。”

44 韦兆序,见本书百乐门大酒店篇。

45　任潮军（1918.8—？），男，浙江鄞县人。1938 年 8 月—1942 年 7 月，上海雷士德工学院建筑系毕业。1951 年 6 月—1953 年 2 月，任公信工程司开业建筑技师。1953 年 2 月进入华东院工作，1987 年 1 月退休。华东院主任工程师。担任中山南路高层住宅的结构审定人。据其相关资料记载，“继大名饭店以后，从 1979 年至 1981 年，任潮军又主持四幢高层住宅设计，采用三种结构体系：①中山南路高层住宅和温州路高层住宅都是二十层，采用剪力墙体系，墙厚为 16 厘米，楼板为预制空心板。②五金交电二司控江路十六层住宅采用框支剪力墙体系，纵向剪力墙采用单道‘鱼骨式’，是杨思政同志创新提出。③市建二公司四平路十八层住宅采用框剪结构。这个工程特点是梁、柱宽度与填充墙同宽 20 厘米，建成后使室内墙面光滑无外凸线条。在剪力墙结构中，墙厚为 16 厘米，预制空心板进墙需要一定的搁置宽度，一般需要 4 厘米左右。为了保证剪力墙在竖向连续性，我们对空心板端部加的处理使进入墙体的空心部分可以捣成实体。同时对剪力墙的连梁因墙的轴向变形效应和侧力作用下弯曲效应引起超配筋，提出连梁按开裂断面计算，来降低刚度及由静荷载引起墙柱轴向变形效应，按施工进程逐层计算，来减少杆端弯矩，双管齐下来解决。框剪结构中提出利用框架纵横梁与空心板组成楼板平面内桁架（将空心板作为压杆）将侧向传至剪力墙上。对于框支剪力墙结构压力分析，当时无现成程序，我们分二段进行，先做剪力分配，而后用有限元法分析框支剪力墙结构的内力”。

46　潘祖琨（1938.2—2020.9），女。1962 年 2 月—1964 年 2 月，于北京工业设计院工作。1964 年 2 月进入华东院工作，1997 年 11 月退休。华东院所结构副总工程师。据其资料中记载：“1980—1985 年，担任了仙霞点状住宅的结构工种负责人，对高层剪力墙体系的计算及受力进行了分析、计算、比较，积累了一些经验，并写了总结。与三室副主任工程师、高级工程师冯乃昌一起，根据仙霞高层住宅设计总结写了《仙霞风车形高层住宅设计技术小结》并在四川成都召开的第九届全国高层会议论文集中发表。”

47　这 6 栋点状高层住宅分别位于沪太新村北区和东三区。根据设计图纸标注，北区 45 号、46 号、47 号高层住宅套用华东院新修改的高层单体“高层住宅通用图华住 II -24（22）设计号 YB-88-04”；东三区 26 号、27 号、28 号高层住宅套用华东院新修改的高层单体“高层住宅通用图华住 II -24（22）设计号 YB-88-03”。

48　江欢成，男，1938 年 1 月生，广东梅州人。1958—1963 年就读于清华大学土木工程系。1963 年 2 月进入华东院工作，2004 年 12 月创立上海江欢成建筑设计有限公司。中国工程院院士、全国工程勘察设计大师、教授级高级工程师、现代集团资深总工程师、华东院总工程师，曾任上海市人大代表、全国政协委员、上海市政府参事。他始终致力于结构设计的创新和优化，其作品既包含上海卫星地面站、大屯煤矿主井、赞比亚党部大楼、上海东方明珠广播电视塔、印尼雅加达电视塔、上海金茂大厦等经典原创项目，又包括点状（仙霞型）高层住宅、重庆滨江广场大厦、上海陆海空大厦、上海湖北大厦、深圳会展中心、上海国际金融中心、郑州东站、厦门国际交流中心等优化设计项目。发表专业论文及课题研究成果多篇，获第一届全国科学大会奖、中国土木学会詹天佑大奖、中国建筑学会建筑创作大奖（1949—2009）等多个奖项。被评为建工部援外战线先进工作者、上海市劳动模范、国务院有突出贡献中青年专家等。点状高层住宅优化设计负责人。吴英华、姜海纳于 2020 年 12 月 4 日拜访了江欢成院士并进行采访。

49　周建龙，男，1965 年 9 月生，江苏江阴人。1982—1987 年就读于上海同济大学土建结构专业。1987 年 7 月进入华东院工作至今。全国工程勘察设计大师、上海市领军人才、教授级高级工程师、华东院首席结构总工程师，兼任中国勘察设计协会结构设计分会副理事长、全国超限高层建筑抗震设防专项审查委员会委员、同济大学兼职教授。先后承担上海环球金融中心、南京绿地紫峰大厦、武汉绿地中心、武汉中心、天津 117 大厦、上海铁路南站、国家会展中心（上海）、上海 500 千伏静安（世博）输变电工程、世博奔驰文化中心、江苏大剧院等五十余项重大工程的结构设计。获全国优秀工程勘察设计奖、全国优秀工程勘察设计行业奖、华夏建设科学技术奖、中国建筑学会优秀建筑结构设计奖、上海市科技进步奖等奖项 30 余项，出版《超高层建筑结构设计与工程实践》，主编或参编规范标准 10 余项，发表论文 60 余篇。获得全国杰出工程师、上海市优秀学科带头人等荣誉称号。在点状高层住宅优化设计中，担任结构专业的主要设计人。

50　张伟育，男，1965 年 1 月生，上海人。1982—1987 年就读于清华大学土木环境系建筑结构专业。1987 年 7 月进入华东院工作至今。教授级高级工程师、华东院结构专业副总工程师、结构二院总工程师。先后参与东方艺术中心、上海浦东机场航站楼（一期）、杭州绿地之门、吴江绿地中心、世博轴索膜顶棚及阳光谷、中国浦东干部学院、宜兴东氿大厦、杭州钱江新城、上海养云安缦酒店等项目的结构设计。曾获中国建筑学会优秀结构设计、上海市科技进步奖、全国优秀工程勘察设计等奖项。在点状高层住宅优化设计中，担任结构专业的主要设计人。

51　王明辰，女，1940 年 5 月生，江苏无锡人。1958—1964 年就读于清华大学土建系工业与民用建筑专业。1987 年 8 月进入华东院工作，2000 年 5 月退休。高级工程师、一级注册结构工程师、华东院副主任工程师。主要设计项目包括浦东机场一期能源中心、浦东红塔大酒店、沪太新村、沪太饭店、宁波国际大厦、太阳岛高尔夫俱乐部等。点状高层住宅优化设计结构专业主要设计人。吴英华于 11 月 20 日拜访了王明辰并进行采访。

52　陈琪，女，1945 年 10 月生，安徽嘉山人。1964—1970 年就读于同济大学城市建设专业。1970 年 7 月参加工作，先后就职于湖南省建筑设计研究院、杭州市建筑设计研究院等单位。1987年9月调入华东院工作。华东院建筑师。据陈琪回忆，还有一位同事姜烨也参与了通用图纸的建筑设计工作。

53 根据江欢成院士的讲述，他做优化设计，常常采取减轻重量、均匀变化刚度、增大延性等措施使结构更合理，提高安全度。“强墙弱梁”指的是剪力墙刚度强，连梁相对弱，在地震的时候连梁先损坏，只要墙不倒建筑的主体结构就是安全的。“强剪弱弯”也是一个道理，剪切破坏属于脆性破坏，而弯曲破坏属于延性破坏，这样设计可以使结构通过弯曲变形消耗地震能量。

54 在《优化设计的探索和实践》[《建筑结构》，2006，36（增刊），1页]一文中江欢成院士提到，当年曾经有国外开发商对高层住宅的设计提出两个控制指标：混凝土35厘米/平方米，钢50公斤/平方米，达到指标有奖。这个指标一定程度上反映了当时商品住宅结构设计的优秀水平。而华东院的点状高层住宅方案优化以后的指标，混凝土34.3厘米/平方米，钢39.73公斤/平方米，均超出上述指标数值。

55 佘彬（1934.11—2014.12），男。1979年11月进入华东院工作，1999年4月退休。华东院结构专业副主任工程师。曾担任由华东院、香港中鼎、市建四公司三方合资的中鼎世华建设公司副总经理、总工程师。据其资料中记载：“在华东院内发表《仙霞二街坊六幢高层沉桩流程研究》，负责仙霞新村3幢板式高层（12层、14层、16层）上部设计及6幢点状高层（22层、24层）人防桩基。”

56 徐其明，男，浙江建德人，1964年6月生。1985年毕业于同济大学建筑系城市规划专业，同年进入华东院工作。1992年赴日本东京大学留学，硕士毕业后在日本株式会社现代计画研究所工作，2000年回国先后担任上海实业（上实集团）高级经理、上海申标建筑设计院院长，现任上海其伟企业发展有限公司董事长。在西凌小区项目中承担总平面规划设计和建筑设计。

57 程瑞身，见本书百乐门大酒店篇。其担任西凌小区工程设计总负责人。

参考文献

[1] 杨扬．迁出石库门 踏入成套房 上海住房消费步步高 [N]. 人民日报（华东版），1995-5-4.

[2]《上海住宅建设志》编纂委员会．上海住宅建设志 [M]. 上海：上海社会科学院出版社，1998.

[3]《上海房地产志》编纂委员会．上海房地产志 [M]. 上海：上海社会科学院出版社，1999.

[4] 范立琴．本市“七五”期间将出现新型住宅 [N]. 文汇报，1985-11-3.

口述史视野下的上海合作设计——以 20 世纪 80 年代华东院高层旅游建筑实践为例

吴英华

华建集团华东建筑设计研究院有限公司

摘　要　本文聚焦上海这一拥有丰富合作设计实践的城市，截取 1980—1990 年这 10 年为片段，选取这一时期 4 个具有代表性的合作设计案例——华亭宾馆、花园饭店、上海电影艺术中心及银星宾馆、虹桥宾馆，汇总华东院建筑、结构、暖通、动力、给排水、强电、弱电各专业数十位设计师的口述访谈及相关设计资料，以此为基础从当年项目参与者的视角展示 20 世纪 80 年代华东院高层旅游宾馆的合作设计情形，并梳理、总结其中的得失。

关键词　合作设计　20 世纪 80 年代　旅游建筑　高层建筑

1 引言

回顾中国建筑界合作设计的历史，改革开放以后的这一次被称为建筑交流合作的“第三次浪潮”[1]，也是公认影响最大的一次，可说在相当程度上重塑了中国建筑业的面貌。1980—1990 年作为这次浪潮的开端，有着发时代之先声的特殊意义。当代建筑的研究学者对此不吝表达肯定，邹德侬说“进入 80 年代，结束了中国建筑与外界的隔绝状态”，王明贤赞誉自此“中国建筑开始了现代意义上的创造”。这次建筑交流合作的起始，与改革开放后的外商、港澳台商投资热潮密不可分，结合对当时投资流向和经济发展的总体分析，可以观察到以下三个特点。

特点一，在改革开放、引进投资的背景下，外商、港澳台商的建筑工程和设计企业抓住机会跟随进入、开拓市场，成为 20 世纪 80 年代与设计院展开建筑交流合作的主角。其获取项目的途径，大致可分为三类：外商或港澳台商企业指定、委托外方或港澳台的设计公司进行设计；日本大林组等国际工程总承包企业承揽工程后，自身具有设计和施工能力；相关单位经过审批，邀请外方或港澳台的设计公司进行程度不一的合作。

特点二，旅游业是改革开放之初最先壮大发展起来的行业之一，因此旅游建筑在 20 世纪 80 年代涌现出大批合作设计的优秀作品。1982 年，美国贝聿铭建筑事务所设计的北京香山饭店、美国陈宣远建筑事务所设计的建国饭店先后落成，开启了合作设计的潮流。上海至 1986 年才迎来第一个酒店合作设计项目——上海华亭宾馆，随后的几年里，日航龙柏饭店、静安希尔顿酒店、花园饭店等一批上海旅游建筑都以某种方式展开了合作设计交流。

特点三，高层建筑设计建造的数量和品质呈现跨越式发展。以上海为例，上海的高层建筑曾在 20 世纪二三十年代经历了较大的发展，随后数十年陷入低潮，直到 80 年代重新迎来春天。八九十年代，上海建设了 812 幢高层建筑共 1098.88 万平方米，是此前 60 年建设总面积的 8 倍多。[2] 蔡镇钰在《上海八十年代高层建筑》的“高层旅游建筑”专章里对此评价：“无论从总体布局、平面布置、建筑造型和室内外环境设计以及结构选型、施工方法、设备配置、新材料的应用，都有很大进步和发展。”

基于上述特点，本文特别选取了华亭宾馆、花园饭店、上海电影艺术中心及银星宾馆、虹桥宾馆 4 个具有代表性的高层旅游建筑案例，以华东院当年项目参与者访谈资料为基础，力图展示 20 世纪 80 年代上海合作设计的情形，并梳理、总结其中的得失。

2 合作设计模式及典型案例

据统计，在合作设计刚刚起步的 20 世纪 80 年代，上海本地设计院在外方、港澳台地区同业的合作中较多以设计咨询的角色出现。（详见附表:“20 世纪 80 年代合作设计的上海酒店一览”）本文选取华亭宾馆、花园饭店、上海电影艺术中心及银星宾馆和虹桥宾馆作为研究案例，正是因为它们在合作设计方式上各具特点。

2.1 模式 1：合作方提供概念方案，本地设计院深化及施工

华亭宾馆项目由香港王董建筑师事务所提供概念性设计方案，华东院负责方案深化和施工图设计。据设计图纸显示，王董建筑师事务所于 1979 年 11 月完成了华亭宾馆的概念方案设计；1982 年华东院进行了华亭宾馆初步设计；1983 年 5 月 25 日—6 月 4 日，华亭宾馆裙房建筑设计负责人田文之等赴香港考察，和王董建筑师事务所就华亭宾馆项目进行了交流。王董建筑师事务所此后没有进一步参与华亭宾馆项目，由此带来的结果是华东院全面接手了华亭宾馆的设计工作，对主楼结构体系及立面设计进行了较大调整，将原来的框架结构改为框

架剪力墙结构，并对立面方案进行相应修改直至建成。

2.2 模式 2：合作方设计，本地设计院顾问咨询

花园饭店项目包含新建的主楼、裙房、汽车库，以及改建的法国总会建筑四个部分，由日本大林组株式会社东京本社负责设计，华东院作为顾问单位提供设计咨询。整个设计以大林组为主，华东院主要承担主楼的技术和施工咨询、法国总会建筑的加固改建，以及多层汽车库的设计工作。除审核主楼图纸外，华东院协助日方解决了如消防、环保、园林绿化、卫生防疫、交通等一系列问题，更在 1987—1989 年承担了花园饭店中原法国总会建筑的加固改建工作。因大林组和华东院 1984 年已在上海虹桥机场国际候机楼扩建工程中合作过，双方有一定了解，此次合作可谓强强联合、优势互补。大林组是花园饭店的总承包方，华东院学到不少设计经验，并在汽车库子项目中第一次尝试设计总承包；华东院解决了法国总会建筑的加固改建难题，在设备专业图纸深化方面也做了许多工作。

2.3 模式 3：双方联合设计，本地设计院总负责，合作方参与分包子项设计

上海电影艺术中心及银星宾馆由华东院和冯庆延建筑师事务所（香港）有限公司联合设计。上海电影艺术中心和银星宾馆是同在一个地块的两个功能建筑，前者由上海市电影局出资建设，后者由香港华人银行投资建设。最后商榷下来，由华东院负责总体设计及电影艺术中心设计，冯庆延建筑师事务所负责银星宾馆的设计。冯庆延建筑师事务所因规模较小，一般只做建筑设计部分，其他部分的设计需找其他专业事务所配合。在银星宾馆项目中，冯庆延建筑师事务所自己设计了建筑图纸；结构图纸系聘请华东院退休结构工程师完成；设备工种图纸只出到系统图，后续的图纸深化由华东院接手。此次合作设计更多是因为尊重银星宾馆投资方香港华人银行的决定，而非华东院没有能力独立设计。尽管如此，透过交流，华东院设计团队仍然在图纸设计、项目质量控制、施工管理等多方面获得了有益的经验。

2.4 模式 4：分专业合作，本地设计院全过程设计，合作方参与室内设计

上海虹桥宾馆主要由华东院原创设计完成，但室内设计部分业主通过竞标引入了多家外方设计公司以及香港地区的设计公司。其中西餐厅采用法国公司的方案；戎氏、德基、艺林和赐达四家香港公司也参与了室内设计和施工，戎氏和德基负责公共部分，艺林负责客房部分，赐达负责顶层太空舱部分。当时包括华东院在内的许多本地设计企业的室内设计整体水平还处于起步阶段，为确保宾馆的装修品质，遂有了这次合作。

3 设计方面的交流学习

3.1 多元化的设计交流碰撞

改革开放初期，中国建筑界闭塞已久的环境被打破，建筑师和工程师们急于和国际接轨。无疑，设计院与港澳台地区设计公司、外方设计公司的合作是一个相当有效的学习途径，推动了建筑创作的多样性和风格的多元化发展。以华亭宾馆为例，主楼平面以一条灵动的 S 形曲线打破了当时建筑惯有的“方盒子”造型，与周边建筑、环境和道路形成良好的对话。针对 S 形曲线设计，为了确保建筑的安全性又便于结构计算，华亭宾馆高层部分结构专业负责人汪大绥回忆说：“华亭宾馆主楼采用剪力墙为主的框架剪力墙结构体系，利用技术层做转换，从而解决了建筑上层标准客房和下部大空间转换的难题。”

在合作过程中，设计院的建筑师们一方面努力吸收各方建筑设计理念并应用于实践，另一方面也并不怯于表达自己的观点，双方既有合作的

火花，又有精彩的碰撞。以花园饭店为例，大林组在主楼立面设计中将正立面作为设计重点，其他面则比较随意。负责花园饭店建筑专业设计审图工作的许庸楚对此提出了质疑：“在淮海路那个地方（花园饭店）四个面都是主立面，没有次立面。”日方觉得有理，依言调整了设计方案。在处理场地内既有的法国总会建筑时，双方也发生了分歧。这幢老房子当时已有60多年历史，房屋结构老化、沉降开裂都非常严重。大林组经过3次实地勘察后建议拆除重建，而中方因其难得的建筑价值和宝贵的历史意义坚持要求保留。在大林组主动放弃的情况下，华东院采取“增强基础刚度和整体比、适当替换和改建、增大竖向构件的抗侧刚度”等一系列措施，出色地完成了加固改建工作。

3.2 全面学习，补足短板

当时即便在北上广这样的一线城市，高等级旅游建筑的数量也非常少，本地设计院的设计师缺乏相关经验，对其中的许多功能布置、流线设计均非常陌生。在合作设计的过程中，通过和港澳台地区设计公司、外方设计公司、国外酒店专业管理公司、进口设备供应商的接触和交流，大家提升了对酒店设计各方面的综合认识水平，同时也对国际酒店专业管理标准有了较深入的了解。

一是学习国际酒店标准。在花园饭店项目中，华东院设计师通过设计审图对高级酒店的设计有了系统性的认识；在华亭宾馆项目中，酒店管理方喜来登集团进驻时，项目施工设计基本已完成。针对设计不完善的部分，酒店管理方提出了大量设计修改意见，包括增设消防喷淋全保护，修改餐厅、厨房、咖啡厅布置及流线，调整客房开间、桌椅尺寸，要求客房窗下墙高度低于700毫米，更改车库壁灯做法等。

二是推动室内设计发展。当时室内设计专业尚处于起步阶段，华东院直到1985年院所调整才正式成立室内设计组。为了确保酒店的室内设计效果，花园饭店室内设计由日本株式会社观光企划设计社负责，华亭宾馆、虹桥宾馆、银星宾馆的室内设计部分均有香港室内设计公司参与。可以说，合作设计有力推动了本地设计院的室内设计发展水平。

三是增加建筑师在超高层领域的实践。20世纪80年代，中国高层建筑在经历了几十年的断层之后，正处于重新起步阶段，本地设计院渴望设计高层建筑却又极度缺乏实践经验。日本大林组的花园饭店设计方案、香港王董建筑师事务所的华亭宾馆设计方案，项目期间的参观行程，项目落地过程中的交流配合等，都为本地建筑师和工程师摸索高层建筑设计提供了有益的养分。正是这一时期对大跨度、大空间、超高层技术的积极学习和应用，才有了此后超高层设计和技术的不断突破。

3.3 设计出图、规范等方面的差异

3.3.1 设计出图差异

在口述采访中，华东院的设计师普遍表示，与合作方在出图批次、图纸深度等方面都存在很大不同。总体上，合作的港澳台、外方设计公司比较灵活，一般分批出图，图纸有详有略。“详”是指其图纸会详细画出门、窗转角区、花坛面砖贴法及灰缝处理等各种细部做法，当时本地设计院的做法是由设计师现场指导或由施工单位放样师傅去做。“略”则是指合作方最终版的施工图（放样图）由施工单位结合自身施工方法和工艺进行绘制，本地设计院则由设计院负责画，施工方只管按照图纸施工，有不明确的地方就需要设计师去现场指导。

因本地施工单位当时缺乏图纸深化设计能力，针对合作方图纸较为简略的设备专业部分，参与花园饭店、上海电影艺术中心及银星宾馆项目的华东院设计师都有将合作方图纸翻成本地通用施工详图的经历。本地设计院的出图方法不仅增加了设计图纸修改的工作量，也不一定是施工方的最优解，设计师还时常需要去现场指导施工。参与花园饭店、华亭宾馆项目的华东院设计师因

赶进度、设计修改反复等原因都进行了长时间的现场设计。

3.3.2 设计规范差异

20 世纪 80 年代初期，国内的设计规范还很不完善。首先，规范编制水平较为落后，内容相对简略，在许多领域都存在空白。其次，改革开放前的国内设计规范跟随苏联标准，没有与国际通行的标准接轨。在合作设计过程中，许多规范内容从无到有、从粗到细，并逐步和国际接轨，为后续规范的制定和完善打下良好基础。1990 年，建设部建筑设计院主编的《旅馆建筑设计规范》（JGJ 62—1990）发布并实行。这是中国首部专门针对旅馆建筑的设计规范，其中许多内容就来自本地设计院参与合作设计的交流学习成果。

以花园饭店项目为例，当时上海市建委副主任沈恭针对双方的规范差异特别指示，现行规范里有的内容按照规范执行，现行规范没有的内容参考日方规范执行。负责花园饭店强电专业设计审图工作的温伯银表示，他们复印了大林组提供的日方电气规范，设计时直接参考对方规范内容；负责花园饭店弱电专业设计审图工作的孙传芬回忆，她通过花园饭店的审图和图纸绘制工作记录了大量弱电专业的绘图样例，有些是双方存在标识差异，有些是全新的系统和设备。负责花园饭店暖通专业设计审图工作的黄秀媚还提到，她在花园饭店审图过程中发现中方消防规范某些地方比日方更严格。

3.4 增进设计经济性思维

1979 年 6 月 8 日，国家计委等单位发出《关于勘察设计单位实行企业化取费试点的通知》，华东院等 9 家设计企业成为全国首批企业化管理改革试点单位，率先开始从单纯的生产型企业转变为生产经营型企业。设计成为一种市场商业行为，与此相对应地，设计师的思维和工作模式也要相应改变。

在合作设计中，本地设计院的设计师明显感到，合作方的设计经济观念比较强，追求经济效益和实用性，设计时着重考虑对工程造价和质量的把控，这一点在旅馆这样的商务建筑中尤其明显。由于处在计划体制向市场经济变轨的初期，本地设计师对于如何落实建筑的经济性并无太多经验。温伯银回忆说：“我印象比较深的是电压降的计算，同样是 220 伏照明，线路越长电压损失越大。日方每个电路都要计算，以前我们是不算的。我们设计人员当时最大的问题是没有经济概念。日方的设计人员考虑经济问题，要他们增加线路，修改图纸很难。”

3.5 增进对新材料、新设备的了解

当时国产建筑材料、设备在种类、性能、设计方面存在很大不足，当设计项目等级比较高的时候，只能选择从欧美、日本等地进口。根据《花园饭店（上海）纪念图册》的附表统计，44 项建筑材料条目共涉及企业 95 家，其中中国内地（大陆）的企业 22 家，占比为 23.16%；51 项设备条目共涉及企业 74 家，其中中国内地（大陆）的企业 22 家，占比为 29.73%；13 项附带家具条目共涉及企业 28 家，其中中国内地（大陆）的企业 11 家，占比为 39.29%。

一方面，在项目设计和施工中想要有所创新，离不开新材料、新设备，当时这往往意味着进口。像华亭宾馆的观光电梯、大堂全玻璃幕墙等设计当时在上海都是具有突破性的设计，为确保各项性能达标，所用的玻璃从中国香港或日本采购；花园饭店采用滑模工艺加混凝土泵送技术，在当时的超高层建筑施工中是一种新的尝试。当时本地滑模操作平台普遍为 1 层，而租用的国外滑模设备设计为 2 层操作平台，使滑模工作可立体交叉进行，大大加快了施工速度。

另一方面，设计师急需增进对新材料、新设备的了解，业主也同样缺乏运营和维护的知识和经验。例如银星宾馆的空调设计采用了当时较先进的四管制，但酒店开业后设计师张富成发现管理方觉得太麻烦根本没有开启使用，造成投资浪费。华亭宾馆的 BA 系统也存在类

似的情况，让高价进口的设备没有发挥应有的作用。

4 项目管理方面的探索

4.1 了解建筑师负责制

在上海电影艺术中心及银星宾馆设计中，华东院设计师们通过和香港冯庆延建筑师事务所的合作，了解到建筑师负责制的各项实施细节。以机电专业为例，香港建筑师对项目进行全过程的质量和造价控制，建筑师和机电工程师着重把控重要的技术设计原则和优化内容，对于管道走向、层高要求等具体细节则赋予施工单位主动权，最终由机电工程师审批并负责。和本地设计院相比较，香港设计公司的这些做法灵活又务实。在合作设计的过程中，华东院的设计师还配合制作了详细的机电设备技术规格书，为日后独立承接机电咨询工作打下了基础。

4.2 尝试工程总承包

改革开放前，建设项目的组织形式大都以工程指挥部为主，指挥部负责建设期间的设计、采购、施工管理，建成后移交使用部门。通过合作设计，本地设计和施工企业积极向国际工程总包企业学习现代工程项目设计管理方式，其中尤其值得一提的就是设计施工一体化的工程总承包模式。

1987年，中央确定全国12家设计单位展开全国项目总承包试点，其中就包括华东院。华东院领导班子当机立断，透过与花园饭店工程业主野村株式会社以及工程总包方大林组的协商，选择了一个规模不大的多层地上汽车库作为首次工程总承包的试水项目。汽车库项目由华东院和上海第一建筑工程公司联合总承包，总负责人为冒怀功。伴着花园饭店总承包试点的成功，华东院总承包部随即迅速成立。这是上海建委系统第一家以工程项目总承包为主的股份制公司——上海华东建筑设计工程咨询顾问公司的前身。

5 结语

1980—1990年这段时期的合作设计，尽管如邹德侬所言：“建筑师也并非国际大师，即便是大师，也不见得是大师力作，更多是一般建筑师事务所的日常业务活动”，但大量引入了不同流派和地区的建筑企业风格多元的设计，为中国建筑带来新风气，也推动了本地建筑师的成长。这种合作对双方都是极其有益的，本地设计师需要在设计、技术、管理等各个环节向合作方企业学习，对方也借此逐步熟悉本地法规、建设程序、执业环境，既扩大了市场份额，又为未来企业的本土化打下基础。在建筑史的研究中，对于海外合作设计各阶段的研究成果和论文颇多，但基于设计师口述访谈和相关资料的20世纪80年代上海高层旅游建筑合作设计研究目前暂未发现，本文也算为对这段历史感兴趣的研究人士提供了一个新的视角。

附

20 世纪 80 年代合作设计的上海酒店一览

项目名称	建成时间	合作设计方	上海本地设计机构	合作方式
华亭宾馆	1986 年	香港王董建筑师事务所有限公司	华东院	香港公司供概念设计方案，华东院负责深化及施工图设计
上海日航龙柏饭店	1987 年	日本设计事务所	华东院	日方设计，华东院顾问咨询
虹桥宾馆	1986 年	戎氏、德基、艺林和赐达四家香港公司	华东院	华东院负责全过程设计，香港公司参加室内设计
静安希尔顿酒店	1988 年	香港协建建筑师事务所	民用院	香港公司设计，民用院顾问咨询
上海国际机场宾馆	1988 年	日本鹿岛建设株式会社	华东院	双方共同设计
花园饭店	1989 年	日本株式会社大林组东京本社	华东院	日方设计，华东院顾问咨询
新锦江大酒店	1990 年	香港王董国际有限公司、潘衍寿集团、科联顾问工程师	民用院	双方共同设计
波特曼酒店（上海商城）	1990 年	美国波特曼建筑设计事务所	华东院	美方设计，华东院顾问咨询
太平洋大饭店	1990 年	日本（株）青木建设、日本设计事务所	民用院	日方设计，民用院顾问咨询
上海锦沧文华大酒店	1990 年	新加坡赵子安联合建筑设计事务所	民用院	新方设计，民用院顾问咨询
扬子江大酒店	1990 年	香港香灼玑建筑事务所	民用院	香港公司设计，民用院顾问咨询
上海电影艺术中心及银星宾馆	1990 年结构封顶	冯庆延建筑师事务所（香港）有限公司	华东院	双方联合设计

1　第一次为 20 世纪二三十年代，第二次为 20 世纪五六十年代。

2　相关数据系根据《上海八十年代高层建筑》一书中陈光济撰写的〈上海高层建筑综述〉一文提供的“1920—1990 上海高层建筑发展（建设）概况表”引用并计算得出。据该表记载，上海高层建筑建设面积在 1920—1937 年期间为 94.20 万平方米，1938—1938 年期间为 3.29 万平方米，1949—1979 年期间为 32.37 万平方米，1980—1990 年期间为 1098.88 万平方米。

参考文献

[1] 邹德侬 .80 年代中国的外来建筑影响——四谈引进外国建筑理论的经验教训 [J]. 世界建筑，1993（4）：54-58.

[2] 王明贤 . 后现代文化逻辑的展示——海外及港台建筑师在北京设计作品解读 [J]. 世界建筑，1993（4）：26-27.

[3] 上海市建设委员会 . 上海八十年代高层建筑 [M]. 上海：上海科学技术文献出版社，1991.

[4] 华东建筑设计研究总院，《时代建筑》杂志编辑部 . 悠远的回声：汉口路壹伍壹号 [M]. 上海：同济大学出版社，2016.

[5] 金磊，李沉，刘江峰，等． 1978—2008：中国建筑设计 30 年——事件与评述 [J]. 建筑创作，2008（12）：48-57.

[6] 华东建筑设计院院办 . 上海华东建筑设计工程咨询顾问公司 94 年 12 月 12 日正式开业 [J]. 中国勘察设计，1995（1）：52.

20 世纪 80 年代高层建筑结构演变与华东院结构计算程序发展

孙佳爽

华建集团华东建筑设计研究院有限公司

摘 要 上海的现代高层建筑在 20 世纪 70 年代中后期酝酿，并于 20 世纪 80 年代的时间段完成大量实践与创新，随着高层建筑形式与结构体系的演变和发展，为了满足高层建筑结构计算的需要，结构计算软件也随之不断地被开发、应用、升级。本文以访谈资料及相关文献内容为资料，以华东院最早自主研发的“高层建筑空间薄壁杆系结构计算程序”为主要研究对象，结合受访者关于华东院计算机的机构变迁、计算机站硬件系统的重大引进、华东院自主研发的高层建筑结构计算软件发展、应用结构计算程序的高层建筑项目等回忆，探究高层建筑空间薄壁杆系结构计算程序等结构计算程序在高层建筑形式与结构体系演变中起到的促进作用，及其对后续建筑行业计算机信息化技术快速发展打下的坚实基础和影响。

关键词 高层建筑结构 结构计算软件 空间薄壁杆系 华东院

1 引言

上海作为我国高层建筑发展的中心城市之一，在经历自改革开放至今的四十多年时间里，大量建成的高层及超高层建筑在满足功能使用的同时，也不断尝试突破传统的建筑艺术与造型，带动了建筑行业包括材料技术、设备制造技术等行业的发展。反观高层建筑发展的源头，除建筑结构材料的突破外，需解决的首要技术难题就是结构体系的创新。翻阅关于高层结构体系发展的诸多学术文献，更多的是关于结构形式的创新设计和单体案例的介绍，关于结构计算方式的革新、结构计算程序的兴起等计算机辅助设计技术的开创介绍较少。作为高层建筑及其结构形式创新的重要支撑依据，对其的梳理和总结是目前高层建筑发展史研究中空缺的部分。

纵观发展历程，计算机辅助设计技术除了改变传统结构计算的形式，也带来了“甩图板”的技术革命，且结构计算程序的领域包括地基基础、上部结构、砌体结构、钢结构等众多方向，本文以 20 世纪 80 年代华东院结构计算发展的角度，选取极具代表的上部结构计算程序，采用口述记录与查阅文献的方式，梳理其研发机构——华东院计算机站的机构变迁、结构计算程序的开发与发展过程，以及其在 20 世纪 80 年代不同类型的高层建筑上部结构中的实践与应用。

在口述记录方面，不仅采访到了华东院原计算机站的各任领导，如计算机站主任宗有嘉[1]、计算机站软件组组长王国俭[2]，也梳理了华东院 20 世纪 80 年代中使用了上述程序进行结构计算且具有结构体系演变代表性的高层建筑案例，并采访了相关项目的结构工种负责人和设计人员，如电信大楼结构工种负责人胡精发[3]、华亭宾馆结构工种负责人汪大绥[4]、联谊大厦结构设计人员高超[5]、虹桥宾馆结构设计人员周志刚[6]。试图通过计算站成员和相关项目结构设计人员的口述资料，发掘高层建筑结构计算程序的起步过程及结构体系复杂化背后的技术转折点。

2 发展“三步走”

下文将以平面框架计算、高层建筑三维空间协同工作通用程序、高层建筑空间薄壁杆系结构计算程序等一系列高层建筑结构计算程序演变和发展的关键节点为依托进行阐述。

2.1 从“手算”到“机算”的第一步

2.1.1 最初的“计算机组”和“程序库”

20 世纪 70 年代末至 20 世纪 80 年代初，计算机结构计算程序的开发使国内结构设计逐渐由“手算”向“电算”转变。1974 年，华东院引进了在当时属于国内领先水平的国产 TQ-16 计算机，并设置计算机机房。1976 年 1 月，华东院正式成立计算机组，最初成员仅有 5 人[7]。1979 年，由院副总工程师周礼庠[8]具体领导，华东院参与由建设部设计局牵头组织研发的国家建设部建筑结构计算程序库（以下简称“程序库”）SPSW-2 的开发，并作为该程序库的“库”长单位，与其他大型设计院共同开发程序库的系列软件，一起制定了鉴审软件的工作条例、审议软件的发展规划，并审定了程序库中大部分的结构应用程序及其升级版本。

2.1.2 平面框架计算

据王国俭回忆，当时的结构工程师多用程序库中的“平面框架计算”程序对多层建筑上部结构进行计算。计算时通常将框架体系结构简化为平面框架结构，水平荷载按每榀框架受荷面积进行分配，将每层的水平荷载与垂直荷载框住进行逐层计算后，得出的力和弯矩作为结构设计依据加以匹配钢筋数量。虽然，此阶段的 TQ-16 计算机需通过纸带打孔的方式输入数据，但得益于“库”中程序，结构计算已得到相对“解放”。

2.2 高层建筑结构计算的第二步——高层建筑三维空间协同工作通用程序（SPS-304）

20世纪80年代初，高层建筑的不断涌现导致高层结构设计与计算的工作量随之增多，由于高层建筑的水平荷载分为风力荷载和地震荷载两种，平面框架计算程序无法胜任高层建筑的结构计算。1982年，华东院开发的SPS-304高层建筑三维空间协同工作通用程序（以下简称“空间协调程序”，SPS-304是其在国家建筑工程结构标准程序库的编号），将一栋平面近似矩形的高层建筑按平面框架形式分为横向平面和纵向平面，通过“楼板无限大”的假定，把每榀平面框架的刚度叠加到每个楼层里计算出地震力，再将风力分配到每层平面的剪力墙抗侧力结构，以此逻辑开发的空间协同程序可适用于采用矩形横纵框架的高层建筑。

2.3 从平面到三维的第三步——高层建筑空间薄壁杆系结构计算程序

2.3.1 应用在TQ-16的第一版

随着高层建筑平面如S形、V形等形式的复杂化，建筑结构不再是可以清晰区分横向平面和纵向平面进行计算，同样是在1982年，由华东院在国内最早自主开发的“高层建筑空间薄壁杆系结构计算程序（以下简称‘空间薄壁杆系计算程序’）”突破了平面框架计算及空间协同程序的计算方式，此方式用薄壁柱描述墙，通过楼板作用在三维的构件上，而非作用在平面的每一榀框架上。因此，空间薄壁杆系计算程序是全国第一个使用TQ-16计算机的AOGOL语言来解决高层建筑结构三维计算的软件，第一个应用的项目是上海电信大楼。[9]

2.3.2 应用于大型计算机的第二版

由于系统硬件的TQ-16计算机容量小、速度慢，且需用通过纸带穿孔的方式输入数据，导致大型复杂工程无法进行计算分析。当时华东院负责的上海联谊大厦、华亭宾馆、虹桥宾馆等诸多高层建筑项目，需在时称北京国家兵器工业部第五设计院的一台大型计算机上进行结构计算。因此，华东院从北京国家兵器工业部计算中心引进一台大型西门子7760计算机，提升计算机组的硬件配置，以免结构计算及设计人员每次赶往北京进行大量结构计算的奔波。

由于在大型机运行的软件编译程序与TQ-16的AOGOL语言不同，时任华东院计算机站软件组组长的王国俭，负责空间薄壁杆系计算程序适用于大型计算机的开发，他参考当时国外先进的通用分析软件SAP5的模块式编程先进方法，开始采用FORTRAN语言在西门子7760计算机上进行改版，并用大量考题对其进行测试。应用此程序可以对高层建筑中的筒中筒结构、密柱抗侧力结构、刚架或薄壁柱结构等进行空间计算，也可以对需要按空间计算的煤矿竖井结构进行分析。此次空间薄壁杆系计算程序适应大型计算机的开发工作，为20世纪80年代中期华东院引进小型计算机的决策做了重要的技术准备，并获得中科院建筑研究所及建设部批准使用。

2.3.3 引进小型计算机的第三版

1983年4月，华东院计算机站成立。1985年年初，华东院通过建设部自国外引进VAX-11/780系统，并在站内设立了算题组。同年5月引进了VAX-11/850小型机系统。自此，计算机终端的概念使广大设计人员和计算机技术人员对计算机有了新的认识，系统管理、软件编制、上机算题都可以在终端解决。

空间薄壁杆系计算程序的第三次开发，结合结构专业设计人员的建议，不再用使用纸带和卡片输入数据，而是根据结构设计图纸，将水平力、位移等数据按软件规定直接输入程序，俗称“填表”。分析结果则会输出到纸张中，设计人员再根据数据配钢筋。至此，空间薄壁杆系计算程序，从力学分析的计算软件逐渐变成可直接导出DWG文件格式图形的结构设计软件，具有后期PKPM、盈建科（YJK）等工程管理软件的雏形。

在对宗有嘉、王国俭、周志刚的口述采访中，他们都不约而同地提到了计算机站的陈鼎木[10]工程师。20 世纪 80 年代中后期，空间薄壁杆系计算程序在小型计算机的成功开发使得全国 20 多个省市的多家设计院前往华东院计算机站进行结构计算，陈鼎木工程师经常会通宵帮他们计算。据其工作记录统计，在二十余年的设计工作期间，华东院计算站共完成近千幢高层、超高层建筑的结构分析和计算。同一时期，由华东院负责设计的上海建国宾馆、蓝天宾馆等平面形式非矩形的高层建筑均采用小型计算机的空间薄壁杆系计算程序完成结构分析和计算。

3 结构计算程序下的高层建筑案例

下文引入的案例均为华东院在 20 世纪 80 年代中使用了上述程序而进行结构计算且具有结构体系演变代表性的高层建筑案例。此处整理和概括案例在结构计算部分的相关内容。

3.1 第一个应用的电信大楼

上海电信大楼项目于 1976 年年初启动。1981 年 1 月，国家建委批准本工程初步设计，并按批准的会审纪要进行施工图设计。1982 年 9 月 27 日，经国家经委批准，开工建设，正式基础打桩。1987 年 10 月 1 日，土建竣工，营业大厅正式交付使用，开始受理国内国际电报、电话业务。1988 年 11 月，上海电信大楼建成投入使用，主楼地上 24 层、地下 3 层，成为当时中国最大的长途通信枢纽，亦是具备完整的通信手段，可以完成陆（电缆）、海（海缆）、空（卫星）全部通信的现代化的通信枢纽。

项目获得上海科技成果奖和建设部设计施工科研成果奖。主楼采用筒中筒结构（密柱框筒），外筒使用密柱，内筒短边设两部消防电梯且筒中设有卫生间、控制设备和电梯等配套设施。由于筒中筒结构体系的内力分析在当时比较困难，为此，上海市建筑科学研究所和华东院合作进行了以上海电信大楼筒中筒结构为背景的框架筒模型、筒中筒模型及电信大楼的模型实验研究。而筒中筒的结构计算分析则采用华东院计算机站的空间薄壁杆系计算程序，计算结果与电信大楼的 1/50 比例模型试验研究结果相符[11]。据胡精发回忆，“主楼的结构计算太复杂。当时只有上海和北京能计算，一个是华东院，一个是北京的中国建研院空间程序所。那时我院已经采用计算机做结构计算了，最初用的是 TQ-16，后来用‘719’计算机。电信大楼先是由我院编写程序，但是都计算不了。上海做不了只好送到北京计算。那种计算机需要手工打孔，我院专门派两个人去北京做计算，最后计算完的资料就有几大箱”。

3.2 S 形的华亭宾馆

华亭宾馆项目于 1983 年 8 月开工。1985 年 5 月结构封顶，项目位于上海市中心城区西南部，是上海体育馆和游泳馆的重要配套组成部分。建筑裙房 4 层、主楼 28 层，是 20 世纪 80 年代上海新建的首批高档酒店之一。香港王董建筑师事务所受邀完成前期概念设计，华东院在此基础上完成方案调整、扩初设计、施工设计。

华亭宾馆主楼呈 S 形，建筑北侧尾端还有阶梯状的 7 级退台设计，这些都对结构扭矩计算产生了不利影响，增加了结构分析计算的难度。主楼上部采用以剪力墙为主的框架剪力墙结构体系，由伸缩缝分为 3 段。据汪大绥和王国俭二人回忆，两端的弧形体块采用空间薄壁杆系计算程序，由王国俭配合计算，将全部结构离散化，按梁、柱、薄壁柱三类杆件逐根输入程序[12]；中间体块为直线与弧线的组合，采用空间协调程序（SPS-304），由盛左人[13]、黄志康[14]配合计算。

3.3 联谊大厦

联谊大厦于 1985 年建成，是中华人民共和国成立以后，上海第一幢现代化智能型大厦。建筑地上 29 层、地下 2 层，由于采用了外框内筒形式，办公室均为无柱大空间，可提供使用更加灵活的办公空间。

据宗有嘉回忆，联谊大厦采用王国俭开发的空间薄壁杆系计算程序，其与设计团队一起去北京计算结构，同时计算站派潘丽君去北京进修学习计算机电脑输入，后面的数据输入工作均由潘丽君完成。同时，王国俭对该项目前往北京的结构计算印象深刻，“白天我们到计算机房里去算，打出来一大堆纸，然后晚上要核实数据和图形。大热天住在地下室很辛苦，结构总工程师陈宗樑买西瓜给我们吃，项目工程师们每天都在期盼快点算出来好早点回家。电算站的发展最要感谢的是三位老专家——张钦楠[15]、周礼庠和朱民声[16]。没有部里和院里的领导重视，我们实际上搞不起来信息化”。

3.4 弧面三角形的虹桥宾馆

虹桥宾馆项目始于1982年，1986年12月结构封顶。项目位于上海市区西部、虹桥经济技术开发区内，地上31层，地下2层，结构选用外框内筒板柱结构。三个弧形立面似螺旋形上升，高低错落的造型是我国早期自行投资、设计并建造而成的高级旅游宾馆中的一大典范。

虹桥宾馆主楼平面呈弧面三角形，为结构计算带来了两个难点：首先，弧面三角形平面的形心与重心不重合。据周志刚回忆，弧面三角形重心与形心的位置需要手算并耗时了一个月的时间，手算之后再将每层楼板重量、墙重量、形心与重心的相差距离输入程序进行电算。标准层、设备层等的数据都要分别算出来，为此设备专业也要提供设备数量、重量、位置等数据。其次，计算核心筒时对薄壁柱的定义[17]。由于空间薄壁杆系计算程序按照薄壁体系来计算剪力墙内力，因此需将核心筒作为薄壁杆件进行计算。但核心筒的电梯井有一面需开门，如果将电梯井看作是一根柱子，那么这根柱子是开口薄壁柱，两端与梁相接。电算中要进行一定转换才能正确反映梁、柱之间力的传递。

据周志刚回忆：“虹桥宾馆的计算工作量很大，当年华东院计算机容量还没有那么大，所以我和王国俭等一起到北京兵器部计算中心借用计算机，使用的是华东院的程序。仅核对打出来的资料，看输入数据对不对就花了10个小时。算得的资料总共有20公斤重，从北京打包回来以后我们再整理：分析柱子、筒体和板的内力、最后的荷载等，程序把每个构件里怎么配筋都打出来。整理出这些后我们再画施工图。那时候还不像现在电脑画图很方便，爬图板画图，画得腰都直不起来。”

4 结语

总结华东院关于高层建筑多自由度的结构计算发展过程，可分为三个阶段：20世纪70年代，华东院等大型设计院积极引进国产硬件设施，并参与开发计算机结构计算程序库及其程序。20世纪80年代初，硬件升级至大型机。在不同的计算机语言下，高层建筑结构计算程序得到初步发展。20世纪80年代中后期，硬件再升级至小型机。高层建筑结构计算程序的再开发得以全面应用，助力高层建筑设计迈出更大的步伐，并为华东院的高层建筑结构设计水平在全国保持领先作出巨大贡献。

20世纪90年代，随着改革开放的进一步深入，建筑行业进入全面运用计算机技术和信息化管理的高速发展阶段，但华东院自主研发的程序并没有再发展下去，此局面主要有三方面原因：第一，当时设计院结构分析软件蓬勃发展，是由于软件整合诸多国家结构规范，而国外软件无法做到。但设计院开发的结构分析软件要发展成商品软件必须投入大量人力与资金，设计院以生产为主，缺乏商品软件开发的基本条件。第二，中国建筑科学研究院作为结构规范编制单位，更有优势建立自己的工程管理软件PKPM，其他设计院没有这方面的有利条件，在竞争中处于劣势。现在PKPM、YJK等国产结构计算设计软件不但可解决符合中国规范的结构计算，而且能满足结构工程师出图的需求。第三，结构越来越趋向复杂，结构计算需考虑更多的因素，例如非线性计算、减震计算、弹塑性动力时程、流体动力学、几何大变形等问题。要解决上述问题，国外通用仿真软件具有得天独厚的优势，已覆盖了国产软件能力的不足。这也是在 20 世纪 90 年代华东院以及现代集团（现华建集团）先后引进 ETABS、SAP2000、ANSYS、ABAQUS、CDSTAR、FLUENT 等国外软件的原因。20 世纪 90 年代以后，高层建筑结构计算一般是将国产与国外软件融合应用：先使用国外软件解决复杂结构精细化计算问题，将结构方案调整到较合理的阶段；再通过模型数据转换至国产软件 PKPM 或 YJK 进行国家规范验证计算，并自动出图满足结构工程师实际需求。

本文着重分析和阐述华东院结构计算程序辅助高层建筑结构计算的开发与应用，正如引言中写道，计算机辅助设计技术除了改变结构计算的形式，也带来了计算机绘图的技术革命。1986 年，华东院由上海市建委批准引进 9 台 APOLLO 与 TEK 图形工作站，其中 5 台引进 GDS、DOGS、CALMA 三套 CAD 软件系统，此后的重点高层建筑项目均应用以上软件制作三维模型进行建筑设计与美学角度的分析、最终成果展示及施工图出图，华东院各专业设计人员“甩图版”的浪潮自此得以激发。以此可见，计算机三维软件的开发和应用亦为 20 世纪 80 年代高层建筑的发展打下坚实的基础，虽非本文主要研究方向，但作为重要转折点仍在文末加以说明、补充。20 世纪 90 年代后，华东院计算机站也因业务内容的扩大与复杂化，变更为计算机所、技术中心等机构。

附

华东院电算机构、硬件、软件的演变与发展一览

时间	机构名称	硬件设施	应用软件
1974 年	计算机机房成立	TQ（图强）-16（国产）	建筑工程结构标准程序库 (SPSW-2) “库”长单位（参与开发）
1976 年 1 月	计算机组成立		
1979 年			AOGOL 语言下的平面框架计算
1982 年			AOGOL 语言下的高层建筑三维空间协同工作通用程序（SPS-304）（自主开发）
			AOGOL 语言下的高层建筑空间薄壁杆系结构计算程序（自主开发）
具体时间不详		大型西门子 7760 计算机（从北京国家兵器工业部计算中心引进）	以 FORTRAN 语言及模块化结构编程方法重新开发的高层建筑空间薄壁杆系结构计算程序（自主开发）
1983 年 4 月	计算机站，成员已增至 20 多人		
1985 年 5 月		小型机系统：VAX-11/780（国外引进）	以 FORTRAN 语言及模块化结构编程方法重新开发的高层建筑空间薄壁杆系结构计算程序（自主开发）
1986 年		APOLLO 与 TEK 图形工作站（国外引进）	GDS、DOGS、CALMA 三套 CAD 软件系统（国外引进）

1　宗有嘉，见本书联谊大厦篇。

2　王国俭，见本书华亭宾馆篇。

3　胡精发，见本书上海电信大楼篇。

4　汪大绥，见本书华亭宾馆篇。

5　高超，见本书联谊大厦篇。

6　周志刚，见本书虹桥宾馆篇。

7　据《悠远的回声：汉口路壹伍壹号》（上海：同济大学出版社，2016 年，102 页）中记载，最初成员有刘建民、朱民声、洪肖秋、盛佐人、钱立奇。

8　周礼庠（1919.2—2017.8），男。1954 年 6 月进入华东院工作，1988 年 1 月退休。华东院副总工程师、顾问总工程师。

9　张桦、高承勇、张鹏，等《建筑设计行业信息化历程、现状、未来》（北京：中国建筑工业出版社，2012 年，125 页）页提到，华东院是最早自主开发“高层建筑空间薄壁杆件结构计算程序”的单位，在全国第一个使用 TQ-16 计算机来解决高层建筑结构计算问题。第一个项目为电信大楼，其后联谊大厦、华亭宾馆、东方明珠等项目都引用此软件进行了结构分析计算。

10　陈鼎木（1936.8—2010.9），男。1962 年 10 月分配至华东院，1997 年退休。华东院电算所应用组组长、高级工程师。

11　胡精发《上海电信大楼主楼结构设计简介》，《建筑结构学报》，1985 年，第 3 期，70-73 页。

12　根据资料记载，汪大绥撰写的《上海华亭宾馆结构设计》一文，在第九届全国高层建筑会议上宣读并收入论文集，并在《建筑结构学报》1986 年第 6 期摘要发表。

13　盛左人（1933.6—2018.5），男。1958 年 8 月参加工作，1973 年 12 月调入华东院，1993 年 8 月退休。华东院电算组高级工程师。

14　黄志康（1948.8—2013.5），男。1969 年 1 月参加工作，1975 年 8 月调入华东院，2008 年 8 月退休。华东院电算专业工程师。

15　张钦楠，见本书上海建国宾馆篇。

16　朱民声（1914.3—2016.12），江苏常州人。1929 年 8 月—1934 年 7 月，北京清华大学土木系毕业并留校任助教至 1935 年 7 月。1955 年 9 月—1936 年 7 月，美国密歇根大学工学研究院获土木工程硕士学位。1937 年 9 月—1942 年 7 月，重庆大学土木工程系教授、重庆兴业建筑师事务所任总工程师。1954 年 2 月—1955 年 6 月，上海同济大学兼任教授。1956 年 12 月—1985 年 12 月，任华东院主任工程师，并于 1978 年 5 月开始管理院电子计算组工作。曾任中国土木工程学会计算机应用学会副理事长、中国土木工程学会计算机应用学会名誉理事等职。

17 据周志刚提供的《虹桥宾馆工程总结》，本工程在应用“高层建筑空间薄壁杆系结构计算程序”方面，对薄壁柱如何划分曾经作了反复探讨。计算中，若以整个芯筒及内隔墙划成一个薄壁柱，则不但不易编号，且打印出来的剪心并不易校核，但刚度较正确。而将其离散划分成若干个小薄壁柱则能避免上述缺点，但刚度偏小。离散后加刚臂较接近整体刚度，而不加刚臂梁则刚度偏低甚多。最后确定以离散加刚臂梁输入电算。对于由此引起芯筒刚度偏小的补偿措施如下：倘若水平力 90% 以上仍分配芯筒承担，则按计算结果取值配筋；若水平力在 90% 以下由芯筒承担，则芯筒配筋需适当加大。根据电算结果、数据整理、分析，芯筒承担水平剪力为 93%，柱架分担水平剪力为 7%。

参考文献

[1] 张桦，高承勇，张鹏，等．建筑设计行业信息化历程、现状、未来 [M]. 北京：中国建筑工业出版社， 2012.

[2] 郑守成，阮健萍．框架简化计算时水平力分配问题 [J]. 福建建筑，1994（1）：34-38.

[3] 华东建筑设计研究总院，《时代建筑》杂志编辑部．悠远的回声：汉口路壹伍壹号 [M]. 上海：同济大学出版社，2016.

[4] 王国俭，周纯铮．高层建筑空间杆系 - 薄壁结构静、动力分析程序 [C]// 中国土木工程学会计算机应用学会成立大会暨第一次学术交流会论文集，1981.

[5] 胡精发．上海电信大楼主楼结构设计简介 [J]. 建筑结构学报，1985（1）：70-74.

[6] 汪大绥．上海华亭宾馆结构设计 [J]. 建筑结构学报，1986（6）：73-74.

[7] 徐培福，王翠坤，肖从真．中国高层建筑结构发展与展望 [J]. 建筑结构， 2009（9）：28-32.

[8] 包世华，方鄂华．高层建筑结构设计 [M]. 北京：清华大学出版社，1990.

[9] 于鲁辉．高层建筑结构计算程序的选择与使用 [J]. 特种结构，1998（3）：24-27.

[10] 周坚，罗健．高层建筑三维空间协同工作体系弯扭耦联简化分析 [J]. 土木工程学报，1989（2）：22-32.

王世慰先生谈 20 世纪 80 年代华东院室内设计专业建制与实践

张应静

华建集团华东建筑设计研究院有限公司

摘　要　20 世纪 80 年代作为中国改革开放之后的第一个 10 年，有着重要的意义，对室内设计专业来说，也是如此。王世慰作为 20 世纪 60 年代进入华东院的设计师，对于华东院家具组的初创到室内设计组的组建都起到了至关重要的作用。他在 20 世纪 80 年代所参与的项目实践更是具有示范意义，反映了当时华东院室内设计的本土探索与中西融合，也反映了那个时代上海乃至全国城市建设的历程。

关键词　室内设计　旅游宾馆　华东院　人才培养

1 引言

在改革开放之前，国内对于室内设计还没有足够的认知，似乎提到室内设计就是“穿衣服”，就是“涂脂抹粉”。此外，落后的经济条件也限制了室内设计的发展，室内设计与“高标准”几乎是同义语。而早在 20 世纪 40 年代，国际上就已经从“室内装饰”发展成为“室内设计”，室内设计不再单纯作为满足视觉要求的装饰，而是综合运用技术与艺术手段组织的理想室内环境，与建筑、结构、设备浑然一体，成为不可或缺的部分。

受访者王世慰，上海人，生于1937年。1962年毕业于中央工艺美院建筑装饰系，同年进入华东院，为华东院室内设计所长、主任建筑师，上海华建集团环境与装饰设计院总建筑师。曾任中国建筑装饰工程协会常务理事、中国室内建筑师学会理事、上海建筑学会建筑环境艺术学术委员会副理事长。历年来主持参加的重大建筑装饰室内设计工程包括上海虹桥机场、浦东国际机场、上海新客站、上海地铁一号线、上海交银金融大厦、上海东方明珠、南通文峰饭店二号楼、苏州中华园大饭店、上海影城、上海书城、上海青松城、上海久事大厦、上海百盛商场等。他的职业生涯与室内设计行业发展有着颇深的渊源，既见证了华东院室内设计团队的萌芽与发展，反映出 20 世纪 60 年代起室内设计专业在上海乃至全国的发展历程，在这个过程中他也是推动专业前进的重要力量之一。

王世慰进入华东院之前，作为中国室内设计行业的开创者及奠基人之一的曾坚[1]曾就职于华东院，从事家具设计。王世慰说：“1960 年，华东院的老专家曾坚调职去了北京建设部，在北京工业建筑设计院专门成立了室内设计室，他看我也是上海人，就在我毕业后（1962 年）把我推荐到华东院，他告诉我华东院需要建设一个家具组，于是我就过来了。刚进华东院的时候，华东院乃至整个上海的建筑设计单位都没有将室内设计作为一个独立的专业，从全国来看都是为数很少的。当时我们专业被称为家具组，附属于第三设计室二组。”

1962 年是一个特殊的年份，华东院迎来了一大批大专院校的优秀学生，他们来自清华大学、同济大学、天津大学、哈尔滨工业大学等，倪天增、管式勤、田文之、潘玉琨、张延文等人都是在这一年进院的。王世慰说：“中央工艺美院建筑装饰系和清华大学建筑系当时是兄弟班，很多清华建筑学专业的教授来给我们上课，如王炜珏，而中央工艺美院的老师也有在清华授课，如奚小鹏。我们和倪天增、凌本立、王凤等人都算是兄弟班的同学了。”除了学校之间的老师会进行跨校授课交流外，还有来自北京建筑设计院总建筑师张镈，北京工业建筑设计院戴念慈、林乐宜、曾坚，清华大学吴良镛等都会在中央工业美院做讲座。王世慰说：“我就是在学校的讲座上认识了曾坚，因为我们都是上海人，所以觉得很亲切，他后来还作为我毕业设计的指导老师。”可以看出对室内设计（当时称为建筑装饰）专业人才培养已经逐渐受到重视。

早期建筑类型不多，工程总量不大，对于室内设计专业的要求也就相对较少。在当时的建筑施工图说明中有一条“装修用料与做法”，涵盖了室内设计的相关内容。工程项目中大多是由建筑师来完成室内设计部分，那个时候很多建筑师都是优秀的室内设计师，这种状况一直持续到 20 世纪 80 年代。[2]

2 旅游宾馆发展：20 世纪 80 年代初期室内设计蓬勃初见

2.1 龙柏饭店

20 世纪 80 年代是中国社会、经济发展过程中一个重要的转折点，随着改革开放的不断深入，旅游业被列为重点发展的方向。要发展旅游业，就一定要做大量的宾馆，室内设计在旅游宾馆中恰恰有着非常重要的作用，作为建筑设计的继续和深化部分，影响着项目的最终效果。华东院作为国家旅游总局和建设部任命的旅游旅馆指导性设计院，承担了上海市大量旅游宾馆的设计任务。而设计于20世纪80年代初期的龙柏饭店，可以算是代表当时建筑室内设计水平的作品之一。

王世慰说："我参与的第一个宾馆设计是龙柏饭店。那时整个华东院家具组只有四五个人，有艾小春、袁鸣、惠健中，大部分是上海工艺美术职业学院家具与室内设计专业毕业生，在这之前就更少了。龙柏饭店位于上海西郊，是我们自己设计、管理、经营的第一个宾馆项目，在全国都有着极大的影响。该项目中有部分室内设计由建筑设计师完成，我们团队主要负责从主楼到辅楼的客房家具、灯具设计等。"

龙柏饭店的设计特色之一就是在建筑环境和室内装饰方面作了深入探索。该项目基地原本就有很好的环境，建筑设计以环境为出发点，做到了建筑与环境相协调，为环境增色。而室内装饰设计则以"中而新"为目标，挖掘民族特色，将传统的图案形象与新材料相结合[3]，并赋予地方材料新的形式[4]，十分注重家具、灯具的形式和效果（图1）。

2.2 新苑宾馆

新苑宾馆亦是王世慰早期参与的重要旅游宾馆项目之一，项目位于上海市西郊虹桥路中段南侧，基地外围是一派田园风光，因此从建筑设计到家具设计，都力图创造浓厚的江南庭院建筑环境。在室内设计上，强调乡土气息，以国产本土材料为主，选竹、木、藤、石，并借鉴了庭院建筑的传统手法命名，将书法、诗画及厅堂功能融为一体。王世慰说："在这个项目中，我们与建筑设计负责人张兰香、翁皓等充分沟通之后，在确立了要体现江南特色的设计概念下作了深化，尝试了农家乐风格的主题，并得到院总师方鉴泉的悉心指导，最终效果得到业界内的一致好评，影响还是挺大的。从这个项目之后，我们对于材料的运用、空间的塑造等都有了一些经验。"

20世纪80年代早期的旅游宾馆项目以多层为主，多汲取中国传统造园手法，在材料选择方面也受到诸多限制。该阶段的室内设计对项目的重要性已经日益突显，并得以重视，而室内设计师们也在为数不多的项目中积攒着宝贵的经验。

图1 龙柏饭店室内实景

3 教学与实践结合：华东院 20 世纪 80 年代中期室内设计专业的发展

3.1 人才培养途径探索

自 1962 年进入华东院承担建筑装饰与家具设计的任务，至 1982 年正式成立室内设计组，经历了 20 年的时间，王世慰也从刚进入华东院的年轻人成长为室内设计室组长。他说："由于我们团队只有四五个人，在项目少的时候还好，加之建筑设计师也能承担一部分室内设计的工作，比如在华亭宾馆的设计中，田文之就负责室内装饰概念设计。但是随着项目越来越多，工程越来越大，专业的人又少，建筑师也无暇顾及，人才的缺失就成为亟待解决的问题。于是院内领导决策，要加强专业人才建设，并设立了 5 个人才培养的途径。"

第一，自培自建，开设室内设计培训班。华东院、华建集团上海建筑设计研究院（以下简称"上海院"）与上海华山美术职业学校合办，由学校与设计院一起出师资力量，并向社会广泛招生，毕业后经考核优中选优。王世慰说："当时在培训班上课的老师多是设计院的设计师，如我院有清华大学毕业的王凤、同济大学毕业的朱银龙等，上海院当时请了清华大学毕业的田守林，都是建筑设计师。由我担任室内设计专业课程老师，此外还安排了电气、给排水、动力等各专业老师。美术基础的指导老师由华山美术职业学院担任。学员在这里学习两年，最终考核通过后再由各院选拔。这样自培自建的室内设计培训班一共办了两届，1985 年第一届[5]毕业生中华东院选拔出了 5 个人，分别是王传顺、朱传宝、许天、周国庆、于奕文；1987 年第二届毕业生中华东院选拔出贺芳、陈春华、王莹、金文倩、李捍原、卢铭等。通过这两批自培自建的招生，我院的室内设计力量得以大大充实。"

第二，委托代培。由华东院委托中央工艺美院（北京）和浙江美院（杭州，今中国美术学院）进行专业代培定向。王世慰说："通过这个途径进入华东院室内设计组的有张伟、顾复、林约翰等。"

第三，加强充实，从院内调干部过来充实室内设计专业力量。郭传铭，1981 年同济大学建筑学硕士毕业后进入华东院，1989 年调入室内设计室。他是"文化大革命"后进入华东院的第一个建筑系毕业生，也是华东院内第一个由建筑师转行的室内设计师。此外，还有同济大学建筑学专业毕业生顾骏、周豪杰等。王世慰说："他们的加入让我们团队的技术力量得以加强，特别在方案评审、图纸把关上发挥了积极作用。"

第四，面向大专院校招聘，如向同济大学、上海大学等院校招聘。王世慰补充说："如吴明光、沈峯、周文巍、毛小冬、徐访皖、冯榆、李佳毅等"。

第五，面向社会招聘。王世慰说："如濮大铮、庄黎华、陈钟岳、赵峥、唐小寅等，都是从社会招聘进华东院的。"

通过这五个途径，华东院室内设计团队成员从最初的四五个人扩充至三十余人。

3.2 多层到高层的发展——百乐门大酒店

华东院室内设计团队在前期累积的旅游宾馆设计经验以多层为主，到 20 世纪 80 年代中后期，高层旅游宾馆项目慢慢增多。百乐门大酒店项目除了有原先室内设计小组成员共同参与，也成为华东院通过自培自建选拔出的这批室内设计师参与的第一个重要项目，如袁鸣、王传顺、许天等均参与了百乐门大酒店的项目。

王世慰说："承接这个工程时，我们已经做过龙柏饭店、新苑宾馆等多层宾馆，有了一定的实践经验，但百乐门大酒店是高层三星级酒店，现场的客观条件也很有限，比如客房空间、公共部分空间都很局促，这样的条件下，要做出功能合理、满足要求、精益求精的室内设计，是要花工夫的。”

在20世纪80年代，外方、港澳台方的设计师来中国做设计已逐渐增多，在这个过程中，我们的设计师对于他们的设计手段和方法都有所了解，且能不断运用到相应项目中，并将一些技术逐渐本土化。对于室内设计专业来说，借鉴外方、港澳台方的室内设计流程以及宾馆建筑样板间的设计是一个重要的举措。王世慰说：“做百乐门大酒店室内设计时，先发动我们小组的所有同事都参与做方案，待调整完善后，给出一套有设计说明、公共部分和客房的彩色效果图及相应的装饰材料，再与工程设计总负责人（以下简称‘设总’）程瑞身和业主沟通，通过之后正式做施工图。这个过程是在吸取别人的经验上摸索出来适应我们自己项目的方法。”值得一提的是，在百乐门大酒店项目中，还尝试了做样板间，这在当时是不常见的。王世慰说：“我们在确定方案后做施工图的过程中，就明确了要做样板间。这个过程特别关键，决定着客房的好坏以及总造价的高低。比如同样的效果，材料选便宜些的，造价就会低一些，整体核算下来就便宜很多。当时做好样板间以后，业主、设总与院内领导都来参加评议，我们将大家反馈的意见调整至满意之后，最终以此为样板，再投入客房的全面装修施工中。至今，样板房的形式已经被普遍采用了。”

最终，百乐门大酒店的室内设计认真贯彻了“适用、经济、美观”原则的结果，创造了低造价、自主设计、自主选用装饰材料、自主装饰施工、自主经营管理的旅游宾馆，最后的效果无论是客房，还是大小餐厅、包间、娱乐设施、会议室等，从建筑装饰的角度来说还是到位的，在当时来说实属不易。

3.3 原创到合作的室内设计实践——虹桥宾馆

龙柏饭店、新苑宾馆、百乐门大酒店等项目都可以说是华东院室内设计师自主摸索出来的道路，而虹桥宾馆则是与香港公司共同合作完成的，在合作的过程中不断地吸收他们的成熟经验，并将本土特色恰如其分地融入设计之中。

王世慰说：“虹桥宾馆作为高星级宾馆要求高，尤其是室内设计和装饰施工，而我们的整体设计水平还处于起步阶段，因此主要与香港公司合作完成虹桥宾馆室内设计。室内装修共有戎氏、德基、艺林和赐达四家香港公司中标，参与设计和施工。华东院室内设计组负责配合建筑设计考虑室内装修方案，并配合四家香港装修公司的设计和施工。室内装修的施工管理是香港方，施工图纸都是我们出的，效果图有些是香港公司画的，有些是我们画的。”

为了完成这个项目，华东院室内设计团队由王世慰带队，与业主代表一起到香港配合设计长达2个月时间。王世慰说：“当时去了吴明光、艾小春，郭传铭作为建筑专业负责人也参与其中，做协调工作。主要是去考察施工水平、了解材料，业主代表借机学习酒店管理，参观了不少高档酒店，对我们打开眼界大有帮助。”在这个项目中，华东院的室内设计师也进行了本土化的探索，比如在建筑装饰中采用民族画和桥、流水、栏杆、木雕等传统元素，并完成了特色餐厅的设计，采用特有的浙江东阳木雕。

4 类型丰富多元：20世纪80年代后期室内设计任务的延展

4.1 文化建筑实践案例——上海电影艺术中心

上海电影艺术中心及银星宾馆作为华东院在20世纪80年代后期的一个重要的文化建筑项目，对于室内设计团队来说是一次崭新的尝试。王世慰说：“在上海电影艺术中心和银星宾馆土建结构已封顶、电影艺术中心内框架各厅空间已成形时，项目设总靳正先通知我们室内设计专业组去承担上海电影艺术中心的室内设计，并由我作为

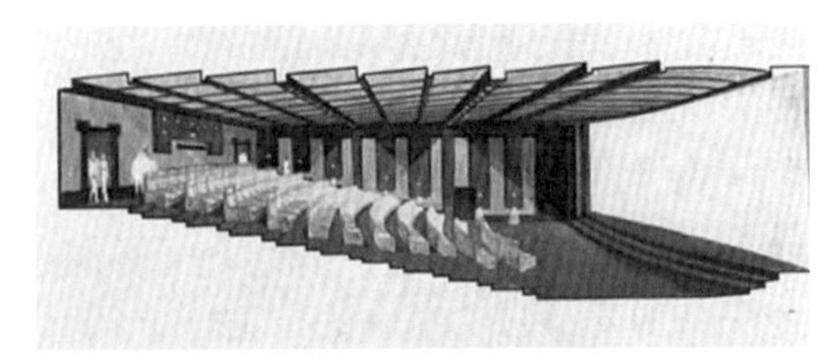

图 2 1200 座电影厅剖视效果手绘图
王世慰提供

该项目的室内设计工程设计总负责人。我当时很吃惊，原本以为是做银星宾馆部分，之前我们已经有做宾馆设计的经验了，但电影艺术中心是从来没有做过。此外，靳总说这个项目完全是我们自行设计，投资也有限制，只能应用国产装饰材料，并由上海市四建公司总承包承担装饰施工。任务交接是在该工程现场进行的，方便我与筹建处的领导认识一下，另外也可以去项目现场的各厅室转一圈，对各空间组成做初步了解。靳总也在现场为我介绍了她对上海电影艺术中心室内装饰设计的指导思想——满足功能要求，无需多余装饰。这对我有很大启发。”

在上海电影艺术中心的室内设计过程中，设计团队成员集思广益，各自发挥自己的长处。该项目中引进了世界顶级的影视音响设备，堪称当时上海乃至全国最先进的电影厅，多个大小不一的电影厅汇集一体，从建筑、结构到室内设计，难度都不言而喻。王世慰说：“在 1200 座大厅的设计中，我们与声学组章奎生配合最为密切。先出两三个草图方案，然后和章工沟通，他对空间以及材料的使用都进行过计算，是有科学依据的，待核定后所选的方案，我们再进行沟通协调，并按他的要求做调整。比如他会对材料做要求，是吸声的材料还是反射的材料，完全要按照他的要求去做，声学在这个项目中是非常重要的部分。在室内装饰工程完工，音响声学调试时，我记得业主方当时有个号称‘金耳朵’的声学专家林圣清会在现场各大、小影厅的场中、前、后各种位置坐着，去反复听声音，我们和章奎生也要和他一起配合，反复推敲论证调整。最终竣工试用，语音音响清晰真实、层次分明、立体感强，试听效果得到观众的一致好评（图 2）。”

4.2 标识设计初探

标识设计和建筑的关系非常密切，标识、标牌、路引等被称为无声的引导员，从属于建筑装饰室内设计的范畴，是建筑和室内设计紧密结合的产物。在设计百乐门大酒店时，业主提出要进行店标竞标，可见当时对于标识设计已经重视起来。最终，百乐门店标竞赛由华东院室内设计室庄黎华中标。王世慰说：“我当时正在项目现场，筹建处业主跟我打招呼希望我们院也能够参与，我就在室内设计组动员大家投标参赛。我室不少作品都入围，优中选优，最终庄黎华庄工中标，也是情理之中的事情。”

上海地铁一号线建筑环境艺术设计荣获 1996 年上海市优秀建筑装饰专业一等奖（图 3），而这个项目是王世慰作为副协调参与的重要交通建筑室内设计。王世慰说：“1990 年前后，我与建筑大师蔡镇钰一起参与地铁一号线轨道交通的建筑装饰总协调工作。蔡总是总协调，我是副协调。我们工作的重要意义在于，地铁一号线项目建设上，无论是层高、空间安排、材料使用、室内设计、标识设计等方面都起到了范本作用，为后来的地铁二号线、三号线等众多轨道交通建设打下了坚实的基础。特别要提到的是，当时地铁一号线的地标设计也是在全国范围内征集的，其覆盖范围空前，最终是我院室内设计师王传顺中标，可谓影响深远，在地铁轨道交通线上到处都可以看到这个标志。”

5 结语

个人的发展、企业的发展与学科的发展，微妙交织在一起，相互关联。纵观华东院室内设计专业的发展过程，20 世纪 80 年代作为一个特殊的时间段，专业人员数量激增，设计类型与设计任务不断刷新。王世慰作为华东院室内设计专业的带头人，从他的视角中，可以看出室内设计专业累积能量的过程，从个人到企业，为室内设计行业发展所做的努力。1997 年，王世慰被评为上海市建设系统专业技术学科带头人，也是对他为室内设计专业发展起到的代表作用的认可。

同样得益于 20 世纪 80 年代企业对室内设计专业的人才培养以及各类型的实践经验，华东院室内设计团队成员在 20 世纪 90 年代又迈进了一大步，承接的任务范围逐渐扩大，从上海市扩大到外省市，从旅游宾馆、文化建筑扩展到交通建筑、金融银行、商业文化等各个领域，在上海及全国都具有相当的知名度和影响力。1994—1996 年，华东院室内设计所成立。1997 年，华东院完成华设、华辰和华董的筹备组建，并正式挂牌。其中，华董全称“上海华董建筑工程装饰有限公司”，为华东院下属子公司，由原先的华东院室内设计所改制而成。1999 年，上海华董建筑工程装饰有限公司和上海院的民利装饰公司组建“环境与建筑装饰设计研究院有限公司”，至此走向一个新的开端。

奖状

设计副总协调负责人王世慰同志在上海地铁一号线建筑环境艺术设计（11个车站站厅及站台）工程中，荣获1996 年度，上海市优秀建筑装饰专业设计一等奖。

上海市建设委员会

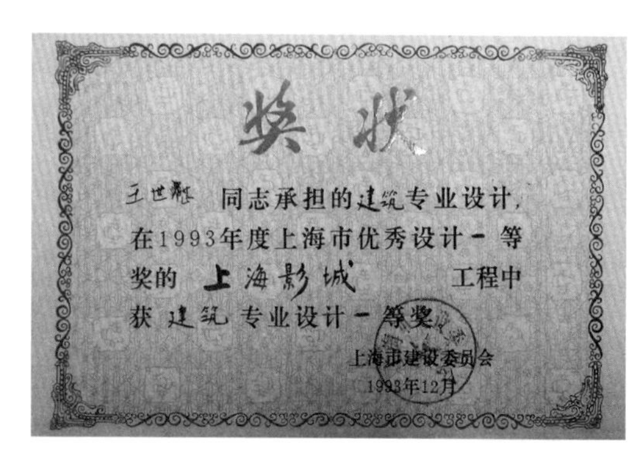

奖状

王世慰 同志承担的建筑专业设计，在1993年度上海市优秀设计一等奖的 上海影城 工程中获 建筑 专业设计一等奖。

上海市建设委员会
1993年12月

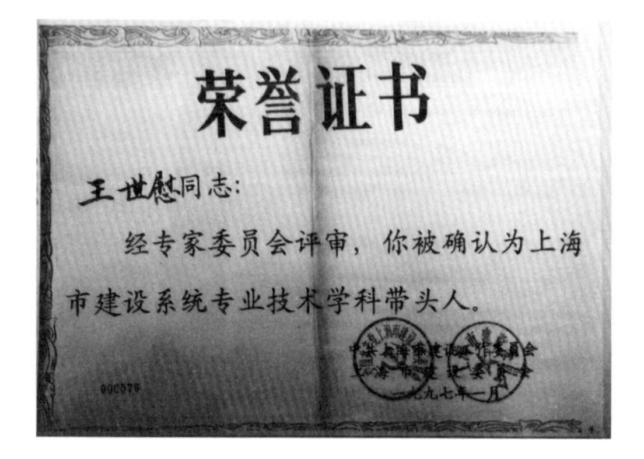

荣誉证书

王世慰同志：

经专家委员会评审，你被确认为上海市建设系统专业技术学科带头人。

一九九七年一月

荣誉证书

在《家具》杂志创刊十年来所载科技论文的评选活动中，被评为“十佳”科技论文，特颁发此证，以资奖励。

论文题目：旅馆家具设计
刊出日期：1986 年 第2.3.5.6期
获奖作者：王世慰

图 3 部分获奖证书
王世慰提供

1　曾坚（1925—2011），男，上海人。1947 年毕业于上海圣约翰大学。在中华人民共和国成立后，参与指导新中国的建筑设计、室内和家具设计、工业设计等多领域。1952 年参与组建华东院，任院技术室主任。1960 年奉调北京，任北京工业建筑设计院土建综合室主任，并建立了室内设计组。后在香港创建了第一个设计公司——华森公司（1979—1985），1985 年与加拿大华人共同创建了我国第一个中外合作的建筑设计事务所。

2　据华亭宾馆项目设计师田文之采访叙述记录。

3　龙柏饭店大餐厅装饰以丝绸之路为题材的陶瓷壁画，在餐厅平顶的处理方式参考了传统藻井。

4　竹厅以竹材为主，用于墙面、柱面等装饰，配以竹篾编制的灯具，极具江南地方风格。

5　据相关报道记载，由上海市建筑学会主办的室内装饰设计学习班在上海工业设计院（华东院曾用名）、上海民用建筑设计院、上海市高教局设计室及上海厨房设备金属制品厂等有关单位的支持下，于 1985 年 2 月 28 日在沪隆重开学。

参考文献

[1] 钱学中 . 上海龙柏饭店建筑创作座谈会 [J]. 建筑学报，1982（9）：81-82.

[2] 王世慰 . 新苑宾馆室内设计 [J]. 建筑学报，1988（2）：28-31.

[3] 华东建筑设计研究总院，《时代建筑》杂志编辑部 . 悠远的回声：汉口路壹伍壹号 [M]. 上海：同济大学出版社，2016.

时代的烙印——华东院高层建筑特征解析

姜海纳

华建集团华东建筑设计研究院有限公司

摘　要　本文对20世纪80年代上海大型国有设计机构华东院的12个代表高层建筑案例进行分析，以全专业设计的口述资料为基础，试图在繁杂的信息中厘清华东院高层建筑发展的特征，展现华东院的“工业印记”由来以及设计创新和技术引领价值，探索上海高层建筑技术发展的轨迹，以期为当代建筑设计与技术发展研究提供更多参考依据。

关键词　20世纪80年代　高层建筑　特征　技术发展与创新

1 引言

1985 年，华东院由工业建筑设计院更名为华东建筑设计院，从设计机构名称的变化可以看出，作为一家著名的、国营大型设计机构，顺应国家建设重心转移和适应社会民生需求，变革是必然的选择。1949 年到 20 世纪 70 年代，中国的高层建筑数量极少。20 世纪 80 年代是中国高层建筑发展的萌芽期，这一时期的高层建筑多为旅游宾馆、酒店、办公楼、重要的民生工程（上海电信大楼）和住宅等，其特点与改革开放，上海城市恢复商贸、旅游发展带来的功能需求息息相关。这 10 年的发展为 20 世纪 80 年代后 40 多年的高层建筑的蓬勃发展奠定了扎实的技术基础。

2 发展特征

20 世纪 80 年代是现代高层建筑的起点，这一时期华东院的高层建筑发展展现出如下特征：一是建筑创作激情空前高涨，无论是借鉴中国古典园林建筑还是道法西方，建筑师都在创作上寻求对“自我”的突破。二是受社会经济发展的影响，经济、适用以及在可能的情况下考虑美观是这一时期工程设计的高度概括。三是为支援国家以工业建设为重心，华东院从工业建筑中汲取的经验被应用于现代高层建筑的设计里，成为这一时期华东院设计上的特色。扎实的技术底蕴让华东院在 20 世纪 80 年代的高层建筑设计和技术上有了自主创新的驱动力。四是“走出去、引进来”，开阔眼界、取长补短，在合作中汲取养分，为高层建筑在未来 40 年发展中与国际接轨奠定了基础。

2.1 创作激情高涨

党的十一届三中全会后，中国大地建设的浪潮逐步兴起，上海这座城市面临着急需快速恢复生产和解决民生需求的矛盾，有限的土地和建设量增长相矛盾，高层建筑便自这一时期开始大量建设；城市建设受到资金不足的影响，引进外资、港资项目，多业主联合集资建设等多种投资方式并存。在此情景下，建设的需求从未如此强烈，建筑师为了在紧张的用地内提高高层建筑的容积率、降低造价，以及尽可能地考虑美观绞尽脑汁。打开国门后，中国的建筑师、工程师开始有了走出国门开阔眼界的机会。建筑师许庸楚在经历了花园饭店、电信大楼项目，以及为了项目去日本和中国香港考察后有感而发：“我感觉我们院的设计实力蛮强的，日本的大事务所我也去过，也没有感觉设计上差距很大；香港大的建筑设计师事务所不多，都是小型的，几乎没看到有华东院这样的规模，但他们在设计创新上有值得我们借鉴的地方。”

信息来源的多元化也间接为一度处于“禁锢”思维模式下的建筑师们提供了创新的动力，建筑创作的热情在改革开放城市建设的浪潮中复苏。建筑师已经厌倦了仅仅出于低造价考虑的、火柴盒式的建筑。在塔楼平面形式上的探索百花齐放，有如上海建国宾馆、蓝天宾馆、银星宾馆的 V 字形（三角形的两边）塔楼布局，还有如虹桥宾馆和银河宾馆这对姊妹楼的曲线等边三角形形态布局，更有如联合大厦主塔楼平面般等边三角形做切角后形成的不规则六边形布局。这些平面形式都是在三角形的基础形态上的演变。特别的一例是蓝天宾馆，它是建筑师管式勤结合场地既有建筑设计的改扩建工程。在设计上，蓝天宾馆的建筑平面功能布局新旧体量完美融合，室内空间精致典雅。遗憾的是，如今我们只能在本书中回味蓝天宾馆的精彩设计，这也是本书收录的唯一一个消失的案例。在塔楼立面设计上，有简洁、现代、高效的高端涉外办公大楼——全玻璃幕墙的联谊大厦，还有华东电力调度大楼如跳跃音符般富有韵律的折角悬挑窗设计。上海电信大楼的立面采用竖向与横向线条的深浅“浮雕”对比，形成了大楼独特的光影立体效果，建筑师蔡镇钰谈到大楼整体的造型是用现代语言对古典官式建筑的演绎。可以说，设计是建筑师的建筑观的直观展现。

与此同时，建筑师和结构工程师已经开始从平面形制以及和结构技术的关联性上寻求更多突破。典型的例子如华东电力调度大楼的方形塔楼平面的切角设计与结构切角部位消除应力集中的设计合二为一。华亭宾馆塔楼采用S形新颖平面，上部标准客房和下部大空间的建筑功能与采用技术转换层的框架剪力墙结构体系相匹配。上海电信大楼的外立面表达正是密柱在表皮形成的效果，与主塔楼采用的密柱框筒的筒中筒结构配合得天衣无缝，建筑风格与结构选型完美融合。

建筑是具有时代性的，它们会受到社会发展、经济条件和本土建造技术等诸多因素的影响，但这些都无法阻碍建筑师在可能的情况下对建筑美的追求。从场地布局、环境营造到平面形制与立面设计，无论是简洁现代的涉外办公大楼联谊大厦，还是风格浪漫与理性功能交织的华东电力调度大楼；无论是建筑师心中效法中国古典建筑和园林意境的上海电信大楼，还是与既有建筑有机共生的蓝天宾馆，它们都是本土建筑师绚烂耀眼的创作激情的体现。

2.2 “经济、适用，并在可能的情况下考虑美观”

20世纪80年代，上海急需大量资金恢复生产，建造民生工程。受社会和经济发展的影响，“经济、适用，并在可能的情况下考虑美观”是这一时期工程建设实际情况的高度概括。在联谊大厦这样的引进港资的项目里，由于这类项目可以用外汇采购进口设备和材料，投资相对宽裕，建造的标准也要求较高。但这并不意味着这类项目就不讲究经济性，恰恰相反，外资或港资对“经济性”的理解彻底颠覆了建筑师和工程师们的传统认知，他们认为“经济性”并不是单纯便宜就好，而是要用好的设备和材料体现出办公大厦的高端和现代，在舒适性上“浪费”钱的情况下，让建筑师尽可能地优化平面布局以提高大厦的出租面积，压缩核心筒以及公共交通空间的面积，以此来达到“经济性”的目的。此后，这一体现经济性的指标在高层建筑中成为院内设计师评估经济合理性的重要参考指标之一。总之，这一时期的项目建设资金不受造价影响的颇少，且民生需求激增，项目也多是边设计、边施工，时间也是经济性的绝佳体现。被媒体报道“上海速度”的联谊大厦建设得又好、又快、又省，其施工创造了三天提升一层的“上海速度”，并提前22个月开业，多创外汇500万美金。经济性源于设计与建造技术的有力支撑，大厦简洁的矩形平面布局，以及在造价允许的情况下采用了对周边场地影响最小的钢管桩设计和钢板基坑围护，这些都为在有限的施工场地上尽可能地减少对周边建筑的影响、提高施工速度创造了有利的条件。结构工程师在设计中大胆采用了联合箱型基础，并在裙房下加设桩位以确保同步沉降，最终达到裙房和主楼间不设沉降缝的目的，便于设备管线在主楼和裙房间便捷连通，减少了设缝后的处理节点和施工环节，为建造提速争取了时间。

本土多为政府相关事业机关出资或与民营合资建造的工程，这些工程的建造费用往往不高且有上限，需要严格控制工程造价，能省则省。在宾馆项目设计上，设计往往仅满足规范的最低标准。例如虹桥宾馆标准客房平均可使用面积是18.04平方米，走道宽度仅有1.05米，走道净空仅有2.2米，虽然符合国际标准，但空间极为经济。此外，出于降低造价的考虑，在钢材价贵的情况下，无法采用钢管桩的虹桥宾馆大厦首次应用预应力混凝土方桩技术，这是因低造价使华东院在结构技术上而有的自我挑战和突破。虹桥宾馆设计总负责人林俊煌说：“虹桥宾馆的设计、材料、施工、装修在内的总投资是静安希尔顿酒店（外方设计方案，钢框架混合结构）的一半左右。”

再如华东电力调度大楼，项目每经历一次重大调整，都带来工程造价的变动。工程师在此项目中大胆引进新研发的消防报警设备，除了是对国产品牌的扶持外，更是出于经济性的考量。百乐门大酒店是为解决上海静安区“住宿难”的问题而筹建的多业态综合商业回迁项目。从项目名称由“静安旅馆”更名为“百乐门大酒店”即可以看出：除了对老上海曾经辉煌的商业娱乐文化的怀旧外，项目还体现了业主们在建设、投资和经营思维上的转变。业主对其从最初的多层小旅馆加底层商铺的低端定位逐渐升级为准三星标准的酒店定位，为此向银行贷款，筹集建造资金，贷款让业主开始有了背债建房的初体验。在建筑师的“游说”下，多层旅馆演变为 20 层的高层酒店，实际建成后显著的规模效应带来了长期、持续的收益回报。百乐门酒店所有抉择的背后都是对经济回报率的考量。

此外，设计上考虑经济性还体现在结构设计上。例如结构上普遍采用宽扁梁和密肋楼盖板设计，为的是减少梁高以及建筑总高度，争取更多的层数和使用面积。建筑总高度降低更意味着节省建筑材料和工期，从而达到降低总体工程造价的目的。高层办公建筑的标准层层高在这一时期一般为 3.0～3.5 米，例如港资项目的联谊大厦，其标准层层高也仅为 3.35 米，上海联合大厦的标准层层高为 3.4 米。宾馆的层高标准还要低，例如上海建国宾馆标准层层高仅有 2.9 米，客房区域只能采用板柱结构，无梁楼盖让有限的空间更好用，走管线也更经济，从而节省造价。这一时期，华东院的高层建筑项目中经常可见采用板柱结构（扁梁和密肋楼盖板）的设计，即无梁楼盖的做法，这些都是从经济性角度的考量。后由于设计规范对上海抗震等级要求的提高，板柱结构的无梁楼盖设计无法满足抗震规范从而不再被设计采用。

2.3“工业印记”，为创新奠定基础

成立于 1952 年的华东院是建设部直属的六大建筑设计机构之一，曾经承担计划经济时代国家指派的大量国防、工业、民用、援建工程等。20 世纪 80 年代，中国的工程建设由以工业建设为重点转移到以民用建筑为主，恢复国民生产、生活成为上海城市发展的迫切需求。此时，华东院已拥有技术实力雄厚的建筑、结构（包括电算和软件开发）、设备（暖通、给排水、动力、强电、弱电）、概预算、室内等专业技术人才，工程设计实践积累颇丰。这为华东院从工业建筑设计转型为民用建筑设计奠定了扎实的基础。

在结构设计上，华东院积累有大量大跨度、超大荷载、抗震（振）、软土地基基础的结构厂房设计经验，结构工程师充满了自信。上海联合大厦结构专业负责人徐萼俊说：“高层建筑的结构设计并没有多大挑战，其设计甚至比某些荷载巨大的工业项目的难度要低。”特别的是，20 世纪 70 年代起，华东院就引进了计算机硬件，并开发软件，这也是现代工程技术得以飞跃式发展的基础之一。20 世纪 80 年代，高层建筑复杂整体受力结构计算已无法用人力取代，华东院是电子计算机在建筑工程中应用的先驱者，这一时期华东院传统的手工绘图和拉测量尺的计算方式，与引进的大型计算机设备、自主研发的高层空间薄壁结构计算软件等现代化数字技术手段并存。

在机电设计上，张富成（原华东院主任工程师）说：“电气自动控制最早源于工业厂房设计中。也许我们在技术、设备的发展上落后欧美 20 年，但金山石化工程的自动控制是我们自主设计的。”20 世纪 80 年代，很多设备及配件都没有成品，工程师的自主设计得以充分发挥。例如，上海建国宾馆的空调热工仪表是暖通工程师自己设计的。那时国产成品设备少、标准低，进口的设备不仅贵，还需要外汇和复杂引进手续，这使大多的建筑仍然以本土工程师的自主设计创新为主。因此，这一时期，华东院的民用建筑设计带有工业建筑设计的“基因”也就不难理解。华东电力调度大楼首次应用了国内研发、生产的火灾报警系统，使华东院成为早期民用高层楼宇应用电气自动化控制系统的先行者。“20 世纪 80 年代的弱电智能化仍方兴未艾，人们对何为网络还知之甚少的时候，华亭宾馆已经应用同轴电缆系统引入网络”，弱电总工程师吴文芳说：“20 世纪 80 年代的弱电系统的先进设备基本依赖国外进口，今天弱电系统国产化率已经相当高了，且弱电系统从传统的做硬件转化为做软件和做平台为主，弱电系统在高层建筑楼宇中的作用也越加凸显。”在上海电影艺术中心，弱电工程师参考了上海仪表局无线电制造厂和上海航天局的系统设备和材料，自主设计了多语言同声翻译

系统。虽然项目最后还是选用进口产品系统，但是从工业建设中汲取技术“养分”是这一时期华东院在民用设计领域的独特“印记”与创新体验。

在暖通设计上，设计过恒温、恒湿的超洁净厂房的工程师们将空调系统引入民用建筑的办公、宾馆设计中。配合高级宾馆的新风与排风冷热源交换的转轮式全热交换机组和四管制风机盘管加新风系统，可使酒店客房在节约能耗的基础上保证冷热源同时供应，又可提高舒适度。无独有偶，溴化锂空调机组原先在工业建筑中使用，是利用了蒸汽作为机组的热源来进行制冷的原理。设计要配备锅炉系统，用锅炉的蒸汽带动溴化锂空调机组的利用率还是不够高效，但是可节省大量有限的电力资源，这十分契合当时上海用电紧张的情况。甚至到了 20 世纪 90 年代初，在华东院设计的上海电视台大厦项目中，溴化锂空调机组和电制冷的空调机组同时存在，当用电高峰季节，溴化锂空调机组就会用于补充电力不足时的空调制冷。待电能源供应充足后，大量设计才改为用电空调机组设备。

在给排水设计上，华东院与上海交通大学合作，从金山石化项目开始基本解决了冷却塔国产化问题。华东院主任工程师张富成说：“那时的冷却塔规范也大多是华东院编制的。”20 世纪 80 年代，城市排水系统管网经历了从无到有，从初步建立到逐渐完善的过程。污水处理设备也经历了从庞大到小型集约的过程，设备占用空间的改变使得节约出来的空间可被再利用，从而提高经济效益。

动力设备的发展和应用与社会经济和能源的发展有着紧密的关联。动力专业在工业建筑里是极为重要的工种，华东院在工业院时期就有独立的动力专业组。工程师们自主设计研发的芒刺式静电除尘器，将工业建筑的电除尘设计在民用建筑上，既节省空间，除尘效果又好。锅炉房设计彼时还没有成套成品的设备可用。这一时期常有半散装锅炉设计，由动力工程师设计锅炉系统，土建工程师配合，结合场地定制锅炉设备并设计锅炉房，包括考虑堆煤场和卸煤场地。锅炉房系统的设计是动力专业工程师从工业建筑设计中汲取经验的再应用，这是一直从事民用建筑设计的工程技术人员所不具备的技能。

综上所述，“工业印记”并非简单的技术应用，而是一种来源于技术积累的自信。正如全国工程勘察设计大师、华东院资深总工程师汪大绥对结构技术发展的总结性回顾中所说：“不论是工业建筑还是民用建筑，不论是机场的大跨度设计和超高层的结构挑战，结构技术都有创新点。但是我认为，最主要的还是华东院的设计人员的整体素质。我国‘第一五年计划’和‘第二个五年计划’以重工业为主，而重工业又是以机械工业厂房设计为主。华东院从 20 世纪 50 年代开始做工业厂房设计时就沿用了苏联的预制装配式的结构形式。厂房的结构形式又叫排架结构，采用全预制的屋架、屋面板、吊车梁和柱子等结构构件。因为当时没有计算机辅助计算工具，结构工程师设计都要靠手算，这就要求结构工程师有扎实的数学和力学基础，那还是有难度的。由此，工程设计人员的技术素养也是在工业建筑设计中被锻炼出来的。基本功打好了，创新就有了基础。”华东院的技术创新体现在无数个工程实践中，设计推动了新技术、新材料、新设备的需求，规范也得以在发展的过程中逐步建立和完善。

2.4“走出去、引进来”

1979 年后，香港成为内地和发达国家之间的跳板。联谊大厦就是上海市和香港新鸿基集团合作的项目。华东院的建筑师和工程师去香港参观，第一次接触到玻璃幕墙设计，第一次接触擦窗机，也第一次有了平面布局的经济性概念。工程师们见到了大品牌的变压器、冷冻机组、消防报警喷淋系统、高低压开关柜等先进的设备及技术参数。联谊大厦采用的阻燃变压器——六氟化硫（SF_6）气体绝缘变压器，让变电所上楼成为现实。联谊大厦电气专业负责人寿家兴感慨说：“知识和经验都是学习来的。”

银星宾馆由香港上扬投资有限公司投资建设，设计委托给香港冯庆延建筑师事务所。而彼时的香港冯庆延建筑师事务所在上海的业务属于开端期，在华东院工程设计人员的帮助下，一批华东院的退休专业设计人员被聘请进冯庆延建筑师事务所协助开展设计工作。这一合作过程中，中方设计机构的人员不仅看到了香港设计机构的图纸深度，还第一次接触到了建筑师负责制的项目管理体系。当时国内机电设备技术规格书只有订货设备表，彼时香港已应用《机电设备技术规格书》。这些积累为之后华东院能独立承担项目全过程质量和造价管理等业务提供了宝贵的经验。

花园饭店是由上海市锦江联营公司和日本野村证券集团投资建造的豪华型五星级宾馆，日方直接将花园饭店的高层大厦委托给日本大林组负责设计与施工管理。华东院是花园饭店设计图纸的审核单位，并负责完成多层汽车库设计和 58 号楼（法国总会）的改造升级。时任华东院院长的孔庆忠提出要求："国内有规范的按照规范来，没有规范的按照日本的标准来。都有规范的，按照更严格的标准来。"华东院的建筑师和工程师在配合的过程中学他人之长，补己之短。据花园饭店停车库设计总负责人许庸楚回忆："大林组的施工管理团队相当专业，'按图施工'的精益求精的做法给中国的施工人员上了一课，工人们在现场边培训、边上岗，不合格就返工重做。"在工匠精神的感召下，开阔眼界后的施工企业开始重视施工质量、提升施工技术。"走出去"，学习好的经验和理念；"引进来"，华东院的设计人员通过杂志、媒体，以及在项目中互相交流，在工程中认真协作，逐步与国际接轨。

3 结语

对华东院的建筑师和工程师来说，他们做过国防军工保密工程，做过高精尖复杂工艺的工厂与研究所，积累了大量工业建筑的宝贵经验。在华东院的转型期，民用建筑类型里诸多的"没做过"没能难倒他们。联谊大厦项目中，结构工程师杨莲成自创了暗式沉降观测点节点设计，设计后来被吸纳进图集并在行业广泛推广与应用；电气工程师寿家兴第一次做玻璃幕墙的防雷设计，之后他与同事编制的《防雷接地安装》图集获上海市工程建设优秀标准设计一等奖。从联谊大厦设计、建成到 20 世纪 90 年代，玻璃幕墙就已国产化。如今，内地的建筑师、工程师也可以完成玻璃幕墙设计，幕墙设计规范也逐步建立。在花园饭店项目中，建筑师、工程师第一次设计多层汽车库。在上海影城及银星假日酒店项目中，设计人员之前只作过学校大礼堂，是首次设计电影艺术中心，无障碍设计也是他们的首次接触……

这一时期的工程设计人员怀着"海纳百川，有容乃大"的广阔胸襟，拼命汲取着知识的养分。他们不仅仅是在设计上一次次突破自我。那时国标以及地方标准的规范有的还没出台、有的还不够健全，只能参考国外的规范和有限的资料边学边做。工程技术人员通过项目实践，绘制通用图集、更新标准、参与完善国家及地方规范，创造出适宜国情的行业标准。20 世纪 80 年代，是华东院建筑师、工程师在学习、实践中再创造的阶段，也是他们自强不息、奋发图强、追赶先进技术的体现。华东院的工程技术人员在项目中的探索是建筑设计行业时代发展的缩影，值得后人回顾和总结。

结语

本书的完成经历了将近两年的时间，虽然成果不尽完美，但仍要感谢为本书提供帮助的华东院前辈们！时光荏苒，在访谈过程中，我们深感与时间赛跑的紧迫，对于三十多年前的设计经历，受访人的回忆会变得模糊、碎片化，甚至不同的人表述也会有所不同，但不变的是他们对华东院及同仁们深切的感情。编写和采访人员与被访者从相识到熟稔，甚至成为忘年交，当我们走近他们，已经为他们身上的精神所感染、感动。作为后辈的我们看到的是一群可爱的“华东院人”，他们爱祖国，听党的话，吃苦耐劳，哪里需要就到哪里去，以单位为家，爱岗敬业。他们之中的大多数人退休时已在华东院工作了 30 年以上，工龄超过 40 年的人也并不少见，有的人在华东院工作甚至超越了半生的时间。可以说，“华东院人”是一代人的代表，是一种奉献与执着精神的体现！

本书编写和采访人员主要是华东院《A+》杂志的编辑们。从 2020 年 3 月至 12 月，总采访人数 120 人、采访时长累计 237 小时、整理采访文字总计 857 406 字，查阅文献资料 227 份、搜集图纸 38 940 张。与被访人和出版社就文字审校、修改和核对等反复沟通的时间已无从估计。这让我们对企业的发展历程有了更深刻的了解。令人惋惜的是，项目中不少设计人员或离世或因身体状况欠佳已无法接受采访。

感谢同济大学建筑与城市规划学院的彭怒教授作为课题研究的指导专家给予的帮助。彭怒教授及其博士、硕士研究生余君望、曹晓真、董斯静、高曦也共同参与了部分访谈。此外，本书还收录了少量华东院 60 周年成果——《悠远的回声：汉口路壹伍壹号》著书时期的少量采访内容。

感谢华东院曹朔党委书记、华建集团人力资源部陆建峰主任、档案室陶祎珺主任、胥永春老师、陆正荣老师、集团退管会周静华老师的支持和帮助。感谢同济大学出版社前副总编江岱老师给予本书相当大的肯定。感谢本书责任编辑金言老师以及相关审校老师们的大力协助。感谢本书顾问——全国工程勘察设计大师汪大绥、汪孝安对本书的指导，是他们的帮助让本书变得更加完善。

在这里，我谨代表华东院向每一位默默支持的朋友表达深深的谢意！

华东院总经理、党委副书记

华东院首席总建筑师

采访集锦

蔡镇钰

陈姞

陈龙英

陈雪莉

程超然

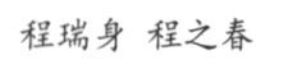

程瑞身 程之春

丁文达

方旦

傅海聪

方菊丽 姜海纳

高超

管式勤

郭美琳

马伟骏 潘玉琨 郭传铭

胡精发

胡妙华

胡其昌

胡仰耆

丁琪燕 黄良

黄秀媚 黄志平

霍维捷

江欢成

靳正先

李国宾

李国增

李莲霞

林俊煌

林在豪

刘祖懋

陆慧芬

忻运 陆道渊 张应静

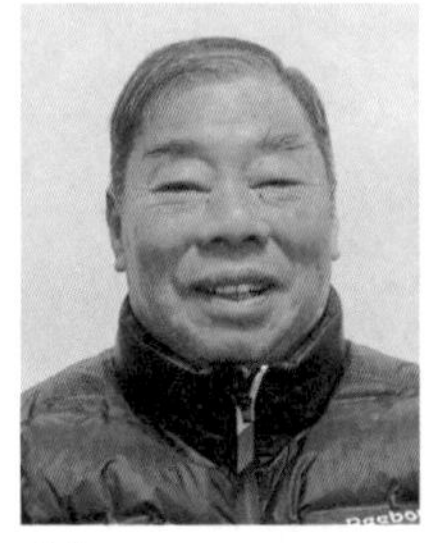
陆钦

陆仁德

陆燕

罗新扬

吕宁

吕懿范

茅颐华 毛信伟

缪兴　潘德琦　钱圣楼　秦壅　瞿二澜

邵民杰　沈久忍　寿家兴　孙传芬　孙悟寿

孙正魁　田文之　汪大绥　汪孝安　王国俭

王茂松　王明辰　王世慰　王伟杰　王银观

王长山　温伯银　吴文芳　吴银生 周志刚

徐莩俊　徐云倦　徐子方　许宏禊　杨莲成

杨梦柳　杨唐祥　余舜华 许庸楚 吴英华　虞晴芳

袁云阁　张伯仑　张富成 万嘉凤　张乾源

张磊 孙佳爽　章文英　赵济安　周伟潮

朱国华　朱金鸣　庄昂千 俞有炜　宗有嘉

图书在版编目（CIP）数据

20 世纪 80 年代上海典型高层建筑：华东建筑设计院口述记录 / 沈迪，张俊杰，姜海纳主编. -- 上海：同济大学出版社，2023.3

ISBN 978-7-5765-0218-3

Ⅰ.①2… Ⅱ.①沈… ②张… ③姜… Ⅲ.①高层建筑—介绍—上海—现代 Ⅳ.①TU97

中国版本图书馆 CIP 数据核字 (2022) 第 072861 号

20 世纪 80 年代上海典型高层建筑

华东建筑设计院口述记录

主　　编 沈迪　张俊杰　姜海纳

责任编辑 金言　**责任校对** 徐逢乔　**装帧设计** 黄臻

出版发行 同济大学出版社　www.tongjipress.com.cn

（地址：上海市四平路 1239 号 邮编：200092 电话：021-65985622）

经　　销 全国各地新华书店

印　　刷 常熟市华顺印刷有限公司

开　　本 787mm × 1092mm　1/16

印　　张 18.5

字　　数 462 000

版　　次 2023 年 3 月第 1 版

印　　次 2023 年 3 月第 1 次印刷

书　　号 ISBN 978-7-5765-0218-3

定　　价 88.00 元